U0313466

不等式·理论·方法（特殊类型不等式卷）

王向东　苏化明　王方汉　编著

◎ 特殊类型的不等式
◎ 三角不等式
◎ 几何不等式
◎ 其他特殊类型的不等式
◎ 基础卷及经典不等式卷目录

哈尔滨工业大学出版社
HARBIN INSTITUTE OF TECHNOLOGY PRESS

内 容 简 介

本书是论述不等式的理论与方法的一本专门著作,主要介绍了一些特殊类型的不等式,它们主要是三角不等式与几何不等式,以及绝对值不等式、复数不等式、数列不等式、函数不等式等.

本书可供不等式研究工作者以及高等师范类院校数学教育专业的学生和数学爱好者参考阅读.

图书在版编目(CIP)数据

不等式·理论·方法. 特殊类型不等式卷/王向东,苏化明,王方汉编著. —哈尔滨:哈尔滨工业大学出版社,2015.7
ISBN 978 - 7 - 5603 - 5426 - 2

Ⅰ.①不… Ⅱ.①王… ②苏… ③王… Ⅲ.①不等式 - 高等学校 - 教材 Ⅳ.①O1

中国版本图书馆 CIP 数据核字(2015)第 135808 号

策划编辑	刘培杰　张永芹
责任编辑	张永芹　刘立娟
封面设计	孙茵艾
出版发行	哈尔滨工业大学出版社
社　　址	哈尔滨市南岗区复华四道街 10 号　邮编 150006
传　　真	0451 - 86414749
网　　址	http://hitpress.hit.edu.cn
印　　刷	哈尔滨市石桥印务有限公司
开　　本	787mm×960mm　1/16　印张 26.75　字数 274 千字
版　　次	2015 年 7 月第 1 版　2015 年 7 月第 1 次印刷
书　　号	ISBN 978 - 7 - 5603 - 5426 - 2
定　　价	48.00 元

序言

美国当代著名数学家 L. C. Larson 曾指出:"在数学的所有分支里,不等式都是有用的,并且不等式问题也是数学中最有意义的问题之一."事实也正是这样,因为数学的基本结果往往是一些不等式而不是等式.这就难怪有如此众多的数学工作者为之感兴趣而长期专门从事不等式理论的研究,从而使不等式理论得到迅猛发展,至今方兴未艾.另外,由于不等式自身的完美性以及证明的困难性,近年来不等式问题又成了各种数学竞赛,特别是国际数学奥林匹克中的热门题目.如第1届至第31届国际数学奥林匹克共有近30道不等式的题目,此外还有许多极值问题和涉及不等式或利用不等式方法求解的题目.特别应当指出的是在数学教学中,无论是中学生或高等学校数学系学生,他们普遍感到不等式是难点,其问题难做、无定法可寻.遇到此类问题往往束手无策,一筹莫展.

综上所述,系统归纳、整理不等式的理论与方法,编写一本反映我国不等式领域的最新研究成果,为广大中学师生、各种奥林匹克学校以及不等式研究者提供一本相应的、合适的专题参考书是必要的.

本书把国内外浩如烟海的有关不等式的文献进行系统归纳、总结、整理,按照有关逻辑顺序,由浅入深,循序渐进,并吸收目前不等式研究的最新成果,给人以耳目一新的感觉.

本书包括例题在内证明了近千个不等式,其中大部分著名的经典不等式都给出了尽可能多的证明方法,这些方法都是国内外在不同时期,由不同的作者所给出.值得指出的是其中有许多不等式是由我国数学工作者得到的,当然也包括了著者们的一些研究成果.

本书有别于同类书籍的最大特点是突出不等式的理论与方法(解法、证明方法、应用技巧),系统性强、方法全面、新颖、独到、巧妙,富有启发性,内容充实,具有一定深度,对每一经典不等式,从起源(原始形式)到各种推广和改进,从各种各样的证明方法到形形色色的应用技巧以及它们之间的内在联系都给以详细阐述.无疑本书充分体现了"全、深、透"的基本思想.

不等式的内容和方法是丰富多彩的,需要指出的是本书是以论述初等不等式为主,基本上不涉及无穷不等式(即不等式中变量个数为无限)和导数、积分(即不等式的变量中含有导数或积分)不等式以及其他一些专门学科(诸如概率论、微分方程、泛函分析、数学规划、变分不等式理论、控制论等)中的不等式.

本书是作者们的一种尝试,失误和片面之处在所难免,真诚欢迎广大同行与广大读者批评指正.同时,我们也期待着有更多和更好的不等式方面的佳作问世.

张石生
于四川大学

前言

《不等式·理论·方法》一书是论述不等式的理论与方法的一本专门著作.第1章是不等式的基本概念和基本理论,其中包括不等式的定义、分类及各种性质,并论述了不等式的同解原理以及不等式与平面区域的关系.第2章全面系统地论述了各种类型的不等式和不等式组的解法,详细归纳了解不等式和不等式组的常用技巧.第3章总结了证明不等式的常用方法和基本技巧近三十多种,其中有些方法新颖、独到、具有一定的启发性.第3章前两节的方法是初等的基本方法.第3节论述了凸函数的性质、判定方法以及凸函数与不等式的关系,并利用凸函数方法证明了大量重要不等式.第4节主要阐述微积分知识在证明不等式当中的应用,并介绍了著名的 Mitrinović-Vasić 的 λ - 方法.第4章介绍了常见的经典不等式,其中包括著名的 Bernoulli 不等式、算术 - 几何 - 调和平均不等式、幂平均与加权幂平均不等式、Cauchy 不等式、Kantorovich 不等式、Hölder 不等式、Minkowski 不等

1

式、排序不等式、Jensen 不等式、Rado 不等式、Popoviciu 不等式、Minle 不等式、Aczél 不等式、Carlson 不等式、Young 不等式、Laplace 不等式和 Karamate 优化不等式等,并讨论了这些不等式的各种形式的推广. 特别是对这些经典不等式,本书着重论述它们之间的相互联系以及它们的各种应用,使之系统化. 同时,我们对每一类经典不等式都给出了各种可能的证明方法,其中有些方法是第 3 章的补充和扩展. 第 5 章是特殊类型的不等式. 其中第 1 节是三角不等式,介绍了证明三角不等式的常用方法,讨论了三角形中的各种不等式. 第 2 节是几何不等式,介绍了著名的等周问题、Fermart 问题和 Schwarz 问题,并讨论了诸如 Weisenböck 不等式、Finsler-Hadwiger 不等式、Pedoe 不等式、Erdös-Mordell 不等式以及关于三角形的主要几何不等式、多边形的几何不等式和关于四面体的不等式等,给出了它们的各种推广与应用,阐明了它们之间的关系. 同时第 5 章最后一节还介绍了绝对值不等式、有关复数的不等式、数列不等式和函数不等式等. 全书内容丰富、资料详实,并吸收了国内外最新研究成果.

在本书的编写过程中,我们参阅了数学期刊中大量的有关文章和参考书籍,本书的出版得到了广东省自然科学基金（S2013010014485、2014A030313619）、广东省高校省级重大项目（2014KZDXM063）、广东省高校特色创新项目（2014KTSCX150）、佛山科学技术学院学术出版基金、佛山科学技术学院数学重点学科的资助. 在此对作者们表示衷心地感谢.

我国著名数学家四川大学教授张石生先生在百忙中为此书作序,他还一直关心本书的写作,并提出了许多宝贵的建议，在此我们也深表感谢.王永领先生为全书绘制了插图，宋春玲博士、何夏明硕士、何敏番硕士、吴楚芬博士等对书稿做了认真的校对，对他们的辛勤劳动致以亲切致谢.

　　本书所论及的专题为大家所注目，但写起来总有力不从心之感，谨将我们之拙见，作为一家之言，抛砖引玉，敬希广大同仁们提出斧正.

王向东
2015.5

目 录

特殊类型的不等式

在这一章里,我们将介绍一些特殊类型的不等式. 它们主要是三角不等式与几何不等式,以及绝对值不等式、复数不等式、数列不等式、函数不等式等. 由于这里的每一种不等式所包含的内容都很丰富,因而我们不可能做到将所有有关的知识做面面俱到的介绍.

5.1　三角不等式

不等式中如果含有一个或若干个变量的三角函数式,就叫作三角不等式.

一、三角不等式的常用证法例说

基础卷第 3 章中的"不等式证法"在这里均可应用,这里仅举例说明第 3 章中的方法在证明三角不等式中的应用技巧,以及其他一些证明三角不等式的特殊方法.

例 1　设 α, m 为常数,θ 是任意角,证明

$$\left[\cos(\alpha+\theta)+m\cos\theta\right]^2 \leqslant 1+2m\cos\alpha+m^2$$

1

证明 因

$$1 + 2m\cos\alpha + m^2 - \cos^2(\alpha+\theta) -$$
$$2m\cos(\alpha+\theta)\cos\theta - m^2\cos^2\theta$$
$$= \sin^2(\alpha+\theta) + 2m[\cos\alpha -$$
$$\cos(\alpha+\theta)\cos\theta] + m^2\sin^2\theta$$

又

$$\cos\alpha - \cos(\alpha+\theta)\cos\theta$$
$$= \cos[(\alpha+\theta)-\theta] - \cos(\alpha+\theta)\cos\theta$$
$$= \sin(\alpha+\theta)\sin\theta$$

所以

$$\sin^2(\alpha+\theta) + 2m\sin(\alpha+\theta)\sin\theta + m^2\sin^2\theta$$
$$= [\sin(\alpha+\theta) + m\sin\theta]^2 \geq 0$$

故原不等式成立.

例2 设 $0 \leq x,y,z \leq \pi$,证明

$$\sin x + \sin y + \sin z \geq \sin(x+y+z)$$

证明 因

$$\sin x + \sin y + \sin z - \sin(x+y+z)$$
$$= 2\sin\frac{x+y}{2}\cos\frac{x-y}{2} - 2\cos\frac{x+y+2z}{2}\sin\frac{x+y}{2}$$
$$= 2\sin\frac{x+y}{2}\left(\cos\frac{x-y}{2} - \cos\frac{x+y+2z}{2}\right)$$
$$= 4\sin\frac{x+y}{2}\sin\frac{y+z}{2}\sin\frac{z+x}{2}$$

再由 $0 \leq x,y,z \leq \pi$ 知

$$0 \leq \frac{x+y}{2}, \frac{y+z}{2}, \frac{z+x}{2} \leq \pi$$

$$\sin\frac{x+y}{2} \geq 0, \sin\frac{y+z}{2} \geq 0, \sin\frac{z+x}{2} \geq 0$$

所以

$$\sin x + \sin y + \sin z \geqslant \sin(x + y + z)$$

故原不等式成立.（比较法）

例3　设 x 为任意实数,证明

$$5 + 8\cos x + 4\cos 2x + \cos 3x \geqslant 0$$

证明　因

$$\cos 2x = 2\cos^2 x - 1, \cos 3x = 4\cos^3 x - 3\cos x$$

所以

$$5 + 8\cos x + 4\cos 2x + \cos 3x$$
$$= 1 + 5\cos x + 8\cos^2 x + 4\cos^3 x$$
$$= (1 + \cos x)(1 + 2\cos x)^2 \geqslant 0$$

例4　设 $\sec \alpha \sec \beta + \tan \alpha \tan \beta = \tan \gamma$,证明:
$\cos 2\gamma \leqslant 0$.

证明　因为

$$\cos 2\gamma$$
$$= \cos^2\gamma - \sin^2\gamma$$
$$= \cos^2\gamma(1 + \tan \gamma)(1 - \tan \gamma)$$
$$= \cos^2\gamma(1 + \sec \alpha\sec \beta + \tan \alpha\tan \beta) \cdot$$
$$(1 - \sec \alpha\sec \beta - \tan \alpha\tan \beta)$$
$$= \frac{\cos^2\gamma}{\cos^2\alpha\cos^2\beta}[1 + \cos(\alpha - \beta)][\cos(\alpha + \beta) - 1]$$
$$\leqslant 0$$

所以,$\cos 2\gamma \leqslant 0$ 成立.（综合法）

例5　设 θ 为任意实数,证明

$$2 + \sin \theta + \cos \theta \geqslant \frac{2}{2 - \sin \theta - \cos \theta}$$

证明　因

$$2 + \sin \theta + \cos \theta > 0, 2 - \sin \theta - \cos \theta > 0$$

故

3

$$原不等式\Leftrightarrow 2^2 - (\sin\theta + \cos\theta)^2 \geq 2$$
$$\Leftrightarrow 4 - (1 + \sin 2\theta) \geq 2$$
$$\Leftrightarrow \sin 2\theta \leq 1$$

而 $\sin 2\theta \leq 1$ 恒成立,所以原不等式成立.

例6 设 α 为任意实数,证明

$$\left(\frac{1}{\sin^4\alpha} - 1\right)\left(\frac{1}{\cos^4\alpha} - 1\right) \geq 9$$

证明 因

$$\left(\frac{1}{\sin^4\alpha} - 1\right)\left(\frac{1}{\cos^4\alpha} - 1\right) \geq 9$$

$$\Leftrightarrow \frac{1 - \sin^4\alpha}{\sin^4\alpha} \cdot \frac{1 - \cos^4\alpha}{\cos^4\alpha} \geq 9$$

$$\Leftrightarrow \frac{(1 - \sin^2\alpha)(1 + \sin^2\alpha)(1 - \cos^2\alpha)(1 + \cos^2\alpha)}{\sin^4\alpha\cos^4\alpha} \geq 9$$

$$\Leftrightarrow (1 + \sin^2\alpha)(1 + \cos^2\alpha) \geq 9\sin^2\alpha\cos^2\alpha$$

$$\Leftrightarrow 2 + \sin^2\alpha\cos^2\alpha \geq 9\sin^2\alpha\cos^2\alpha$$

$$\Leftrightarrow \sin^2 2\alpha \leq 1$$

而 $\sin^2 2\alpha \leq 1$ 恒成立,所以原不等式成立.(分析法)

例7 设 $0 < x < \pi$, n 为自然数,证明

$$\cot\frac{x}{2^n} - \cot x \geq n$$

证明 因为

$$\cot\frac{x}{2^n} - \cot x$$

$$= \cot\frac{x}{2^n} - \cot\frac{x}{2^{n-1}} + \cot\frac{x}{2^{n-1}} - \cot\frac{x}{2^{n-2}} +$$

$$\cot\frac{x}{2^{n-2}} - \cdots + \cot\frac{x}{2} - \cot x$$

$$= \csc\frac{x}{2^{n-1}} + \csc\frac{x}{2^{n-2}} + \cdots + \csc x$$

4

又

$$0 < x < \pi, \csc \frac{x}{2^{n-1}} \geqslant 1, \csc \frac{x}{2^{n-2}} \geqslant 1, \cdots, \csc x \geqslant 1$$

所以

$$\cot \frac{x}{2^n} - \cot x \geqslant n$$

（利用三角函数的有界性）

例 8 证明

$$-\sin^2 \left(\frac{\pi}{4} - \frac{b-c}{2} \right) \leqslant \sin(ax+b) \cos(ax+c)$$

$$\leqslant \cos^2 \left(\frac{\pi}{4} - \frac{b-c}{2} \right)$$

证明

$$\sin(ax+b) \cos(ax+c)$$

$$= \frac{1}{2} \left[\sin(2ax+b+c) + \sin(b-c) \right]$$

因为

$$-1 \leqslant \sin(2ax+b+c) \leqslant 1$$

所以

$$\frac{1}{2} \left[-1 + \sin(b-c) \right] \leqslant \sin(ax+b) \cos(ax+c)$$

$$\leqslant \frac{1}{2} \left[1 + \sin(b-c) \right]$$

又

$$-1 + \sin(b-c) = \cos \left(\frac{\pi}{2} - b + c \right) - 1$$

$$= -2\sin^2 \left(\frac{\pi}{4} - \frac{b-c}{2} \right)$$

$$1 + \sin(b-c) = 1 + \cos \left(\frac{\pi}{2} - b + c \right)$$

5

$$= 2\cos^2\left(\frac{\pi}{4} - \frac{b-c}{2}\right)$$

故原不等式得证.（利用三角函数的有界性：$|\sin x| \leqslant 1, |\cos x| \leqslant 1$）

例9 求证:在锐角 $\triangle ABC$ 中

$$\sin A + \sin B + \sin C > \cos A + \cos B + \cos C + 1$$

证明

$$\sin A + \sin B + \sin C - \cos A - \cos B - \cos C$$

$$= 2\sin\frac{A+B}{2}\cos\frac{A-B}{2} + 2\sin\frac{A+B}{2}\cos\frac{A+B}{2} -$$

$$2\cos\frac{A+B}{2}\cos\frac{A-B}{2} - 2\sin^2\frac{A+B}{2} + 1$$

$$= 2\left(\sin\frac{A+B}{2} - \cos\frac{A+B}{2}\right) \cdot$$

$$\left(\cos\frac{A-B}{2} - \sin\frac{A+B}{2}\right) + 1$$

$$= 2\left(\cos\frac{C}{2} - \cos\frac{A+B}{2}\right)\left(\cos\frac{A-B}{2} - \cos\frac{C}{2}\right) + 1$$

因为 $\triangle ABC$ 是锐角三角形,所以

$$A - B < C < A + B$$

又因为余弦函数在 $(0, \pi)$ 内是递减函数,所以

$$\cos\frac{A-B}{2} > \cos\frac{C}{2} > \cos\frac{A+B}{2}$$

从而原不等式得证.

例10 设 $0 \leqslant \alpha_1 \leqslant \alpha_2 \leqslant \cdots \leqslant \alpha_n < \frac{\pi}{2}$,证明

$$\tan\alpha_1 \leqslant \frac{\sin\alpha_1 + \sin\alpha_2 + \cdots + \sin\alpha_n}{\cos\alpha_1 + \cos\alpha_2 + \cdots + \cos\alpha_n} \leqslant \tan\alpha_n$$

证明 因为

6

$$0 \leqslant \alpha_1 \leqslant \alpha_i \leqslant \alpha_n < \frac{\pi}{2} \quad (i = 1, 2, \cdots, n)$$

正切函数在 $\left[0, \frac{\pi}{2}\right)$ 上单调递增,所以

$$\tan \alpha_1 \leqslant \tan \alpha_i \leqslant \tan \alpha_n$$

或

$$\tan \alpha_1 \cdot \cos \alpha_i \leqslant \sin \alpha_i \leqslant \tan \alpha_n \cdot \cos \alpha_i$$

令 $i = 1, 2, \cdots, n$,把所得的 n 个不等式相加,得

$$\tan \alpha_1 (\cos \alpha_1 + \cos \alpha_2 + \cdots + \cos \alpha_n)$$

$$\leqslant \sin \alpha_1 + \sin \alpha_2 + \cdots + \sin \alpha_n$$

$$\leqslant \tan \alpha_n (\cos \alpha_1 + \cos \alpha_2 + \cdots + \cos \alpha_n)$$

因为 $\cos \alpha_i > 0 (i = 1, 2, \cdots, n)$,所以原不等式成立.
(利用三角函数的单调性)

例 11　证明:(1)当 $\alpha_1, \alpha_2, \alpha_3 \in [0, \pi]$ 时,有

$$\sin \alpha_1 + \sin \alpha_2 + \sin \alpha_3 \leqslant 3\sin \frac{1}{3}(\alpha_1 + \alpha_2 + \alpha_3)$$

(2)当 $\alpha_1, \alpha_2, \alpha_3 \in \left[-\frac{\pi}{2}, \frac{\pi}{2}\right]$ 时,有

$$\cos \alpha_1 + \cos \alpha_2 + \cos \alpha_3 \leqslant 3\cos \frac{1}{3}(\alpha_1 + \alpha_2 + \alpha_3)$$

证明　(1)因为

$$\sin \alpha_1 + \sin \alpha_2 + \sin \alpha_3 + \sin \frac{1}{3}(\alpha_1 + \alpha_2 + \alpha_3)$$

$$= 2\sin \frac{\alpha_1 + \alpha_2}{2}\cos \frac{\alpha_1 - \alpha_2}{2} +$$

$$2\sin \frac{1}{2}\left[\alpha_3 + \frac{1}{3}(\alpha_1 + \alpha_2 + \alpha_3)\right] \cdot$$

$$\cos \frac{1}{2}\left[\alpha_3 - \frac{1}{3}(\alpha_1 + \alpha_2 + \alpha_3)\right]$$

$$\leqslant 2\left[\sin\frac{\alpha_1+\alpha_2}{2}+\sin\frac{1}{6}(\alpha_1+\alpha_2+4\alpha_3)\right]$$

$$=4\sin\frac{1}{2}\left[\frac{1}{2}(\alpha_1+\alpha_2)+\frac{1}{6}(\alpha_1+\alpha_2+4\alpha_3)\right]\cdot$$

$$\cos\frac{1}{2}\left[\frac{1}{2}(\alpha_1+\alpha_2)-\frac{1}{6}(\alpha_1+\alpha_2+4\alpha_3)\right]$$

$$\leqslant 4\sin\frac{1}{3}(\alpha_1+\alpha_2+\alpha_3)$$

所以(1)成立. 用类似的方法可证明(2)成立.

例 12 在 $\triangle ABC$ 中,求证

$$\sin\frac{A}{2}\sin\frac{B}{2}\sin\frac{C}{2}\leqslant\frac{1}{8}$$

证明 因为

$$\sin\frac{A}{2}\sin\frac{B}{2}\sin\frac{C}{2}$$

$$=\frac{1}{2}\sin\frac{A}{2}\left(\cos\frac{B-C}{2}-\cos\frac{B+C}{2}\right)$$

$$=-\frac{1}{2}\left(\sin^2\frac{A}{2}-\cos\frac{B-C}{2}\sin\frac{A}{2}\right)$$

$$=-\frac{1}{2}\left(\sin\frac{A}{2}-\frac{1}{2}\cos\frac{B-C}{2}\right)^2+\frac{1}{8}\cos^2\frac{B-C}{2}$$

且

$$-\frac{1}{2}\left(\sin\frac{A}{2}-\frac{1}{2}\cos\frac{B-C}{2}\right)^2\leqslant 0,\cos^2\frac{B-C}{2}\leqslant 1$$

所以

$$\sin\frac{A}{2}\sin\frac{B}{2}\sin\frac{C}{2}\leqslant\frac{1}{8}$$

证毕. (放缩法)

例 13 设 $\tan x=n\tan y,n>0$,证明

$$\tan^2(x-y)\leqslant\frac{(n-1)^2}{4n}$$

8

证明　因为

$$\tan^2(x-y) = \left(\frac{\tan x - \tan y}{1 + \tan x \tan y}\right)^2 = \frac{(n-1)^2 \tan^2 y}{(1 + n\tan^2 y)^2}$$

$$= \frac{(n-1)^2}{n^2\tan^2 y + \cot^2 y + 2n}$$

又

$$n^2\tan^2 y + \cot^2 y \geqslant 2\sqrt{n^2\tan^2 y \cdot \cot^2 y} = 2n$$

故得所证.

例 14　证明：$|(1 + \cos\theta)\sin\theta| \leqslant \dfrac{3\sqrt{3}}{4}$，并由此推

证当 $A + B + C = \pi$ 时，$\sin A + \sin B + \sin C \leqslant \dfrac{3\sqrt{3}}{2}$.

证明　令 $y = (1 + \cos\theta)\sin\theta$，则

$$y^2 = (1 + \cos\theta)^2\sin^2\theta = (1 + \cos\theta)^2(1 - \cos^2\theta)$$

$$= \frac{1}{3}(1 + \cos\theta)^3(3 - 3\cos\theta)$$

利用算术 - 几何平均不等式

$$\sqrt[4]{(1 + \cos\theta)^3(3 - 3\cos\theta)}$$

$$\leqslant \frac{1}{4}\big[3(1 + \cos\theta) + 3 - 3\cos\theta\big] = \frac{3}{2}$$

所以

$$(1 + \cos\theta)^3(3 - 3\cos\theta) \leqslant \frac{81}{16}$$

故 $y^2 \leqslant \dfrac{27}{16}$，从而

$$|(1 + \cos\theta)\sin\theta| \leqslant \frac{3\sqrt{3}}{4}$$

而且等号当且仅当

$$\theta = 2k\pi \pm \frac{\pi}{3} \quad (k \text{ 为整数})$$

时成立,从而可知原结论成立.(利用代数不等式)

例 15 设 $a > b > 0$,证明:$\dfrac{a\sin x + b}{a\sin x - b}$ 不能介于 $\dfrac{a - b}{a + b}$

和 $\dfrac{a + b}{a - b}$ 之间.

证明 设 $y = \dfrac{a\sin x + b}{a\sin x - b}$,则

$$\sin x = \frac{-b(1 + y)}{a(1 - y)}$$

(因为 $y \neq 1$,否则由 $y = 1$ 和 $b = 0$ 与题设矛盾).

因为 $|\sin x| \leqslant 1$,所以

$$-1 \leqslant \frac{-b(1 + y)}{a(1 - y)} \leqslant 1$$

解之得 $y \geqslant \dfrac{a + b}{a - b}$ 或 $y \leqslant \dfrac{a - b}{a + b}$,故原结论成立.

例 16 设 θ 为任意实数,求证

$$\frac{15 - 6\sqrt{5}}{5} \leqslant \frac{5 + 4\sin \theta}{3 + 2\cos \theta} \leqslant \frac{15 + 6\sqrt{5}}{5}$$

证明 令 $\tan \dfrac{\theta}{2} = t, \dfrac{5 + 4\sin \theta}{3 + 2\cos \theta} = y$,则

$$y = \frac{5 + \dfrac{8t}{1 + t^2}}{3 + \dfrac{2(1 - t^2)}{1 + t^2}} = \frac{5t^2 + 8t + 5}{t^2 + 5}$$

由此

$$(5 - y)t^2 + 8t + 5(1 - y) = 0 \quad (y \neq 5)$$

因为 t 为实数,所以

$$64 - 20(1 - y)(5 - y) \geqslant 0$$

解之得

$$\frac{15-6\sqrt{5}}{5} \leqslant y \leqslant \frac{15+6\sqrt{5}}{5}$$

由于

$$5 \in \left[\frac{15-6\sqrt{5}}{5}, \frac{15+6\sqrt{5}}{5}\right]$$

因此原结论成立.（换元法）

例17 设 $A+B+C=\pi$，求证

$$\sin^2 A + \sin^2 B + \sin^2 C \leqslant \frac{9}{4}$$

证明

$$\sin^2 A + \sin^2 B + \sin^2 C$$

$$=\frac{3}{2}-\frac{1}{2}(\cos 2A + \cos 2B + \cos 2C)$$

$$=\frac{3}{2}-\cos(A+B)\cos(A-B)-\cos^2 C + \frac{1}{2}$$

$$=2+\cos C\cos(A-B)-\cos^2 C$$

$$\leqslant 2+|\cos C|-\cos^2 C$$

$$=-\left(|\cos C|-\frac{1}{2}\right)^2+\frac{9}{4}\leqslant\frac{9}{4}$$

因此原结论成立.

例18 证明：如果 $\tan^2\dfrac{\alpha}{2}\leqslant\tan^2\dfrac{\beta}{2}$，$\beta\neq k\pi$，则有

$$\frac{\sin^2\dfrac{\alpha}{2}}{\sin^2\dfrac{\beta}{2}}\leqslant\frac{x^2-2x\cos\alpha+1}{x^2-2x\cos\beta+1}\leqslant\frac{\cos^2\dfrac{\alpha}{2}}{\cos^2\dfrac{\beta}{2}}$$

证明 令 $y=\dfrac{x^2-2x\cos\alpha+1}{x^2-2x\cos\beta+1}$. 因为 $\sin\beta\neq 0$（否

则，$\sin\dfrac{\beta}{2}=0$ 或 $\cos\dfrac{\beta}{2}=0$，原不等式无意义），所以

11

$\sin^2\beta > 0$,故 y 的分母中,关于 x 的二次三项式的判别式

$$\Delta_1 = 4(\cos^2\beta - 1) = -4\sin^2\beta < 0$$

从而

$$x^2 - 2x\cos\beta + 1 > 0$$

于是有

$$(y-1)x^2 - 2(y\cos\beta - \cos\alpha)x + y - 1 = 0$$

当 $y = 1$ 时,$\cos\alpha = \cos\beta$,此时不等式中等号成立;

当 $y \neq 1$ 时,上式的判别式

$$\Delta_2 = 4(y\cos\beta - \cos\alpha)^2 - 4(y-1)^2$$

$$= 16\left(y\cos^2\frac{\beta}{2} - \cos^2\frac{\alpha}{2}\right)\left(\sin^2\frac{\alpha}{2} - y\sin^2\frac{\beta}{2}\right)$$

$$= 16\cos^2\frac{\beta}{2}\sin^2\frac{\beta}{2}\left(y - \frac{\cos^2\frac{\alpha}{2}}{\cos^2\frac{\beta}{2}}\right)\left(\frac{\sin^2\frac{\alpha}{2}}{\sin^2\frac{\beta}{2}} - y\right) \geq 0$$

所以

$$\frac{\cos^2\frac{\alpha}{2}}{\cos^2\frac{\beta}{2}} \leq y \leq \frac{\sin^2\frac{\alpha}{2}}{\sin^2\frac{\beta}{2}} \text{或} \frac{\sin^2\frac{\alpha}{2}}{\sin^2\frac{\beta}{2}} \leq y \leq \frac{\cos^2\frac{\alpha}{2}}{\cos^2\frac{\beta}{2}}$$

但由已知条件 $\tan^2\frac{\alpha}{2} \leq \tan^2\frac{\beta}{2}$,故原结论成立.(利用二次函数求极值的方法,包括配方法和判别式法)

例 19 设 $0 < x < \frac{\pi}{2}$,求证

$$\sin(\cos x) < \cos(\sin x)$$

证明 因为 $0 < \cos x < 1 < \frac{\pi}{2}$,所以由 $\sin x < x$ 得

$$\sin(\cos x) < \cos x$$

又因为 $0 < \sin x < x < \dfrac{\pi}{2}$，所以由余弦函数的单调性得

$$\cos(\sin x) > \cos x$$

故原不等式成立.

评注　这个不等式可以推广为更一般的情形，对于任意实数 x，以下不等式成立

$$2\sin^2\left(\frac{\pi}{4} - \frac{\sqrt{2}}{2}\right) \leqslant \cos(\sin x) - \sin(\cos x)$$

$$\leqslant 2\sin^2\left(\frac{\pi}{4} + \frac{\sqrt{2}}{2}\right)$$

例 20　设 m, n 为自然数，求证

$$\left| \frac{\cos mA\cos nB - \cos nA\cos mB}{\cos A - \cos B} \right| \leqslant |m^2 - n^2|$$

证明

$$|\cos mA\cos nB - \cos nA\cos mB|$$

$$= \frac{1}{2}|\cos(mA + nB) + \cos(mA - nB) -$$

$$\cos(nA + mB) - \cos(nA - mB)|$$

$$= \frac{1}{2}|\cos(mA + nB) - \cos(nA + mB) +$$

$$\cos(mA - nB) - \cos(nA - mB)|$$

$$= \left| \sin\left[\frac{1}{2}(m + n)(A + B)\right] \cdot \right.$$

$$\sin\left[\frac{1}{2}(n - m)(A - B)\right] +$$

$$\sin\left[\frac{1}{2}(m + n)(A - B)\right] \cdot$$

$$\left. \sin\left[\frac{1}{2}(n - m)(A + B)\right] \right|$$

$$\leqslant \left| \sin\left[\frac{1}{2}(m+n)(A+B)\right] \right| \cdot$$

$$\left| \sin\left[\frac{1}{2}(n-m)(A-B)\right] \right| +$$

$$\left| \sin\left[\frac{1}{2}(m+n)(A-B)\right] \right| \cdot$$

$$\left| \sin\left[\frac{1}{2}(n-m)(A+B)\right] \right|$$

由下面的(2)中不等式知 $|\sin n\alpha| \leqslant n|\sin \alpha|$($n$ 为自然数),所以

$$\left| \frac{\cos mA\cos nB - \cos nA\cos mB}{\cos A - \cos B} \right|$$

$$\leqslant \frac{2(m+n)|m-n|\left|\sin \frac{1}{2}(A+B)\sin \frac{1}{2}(A-B)\right|}{2\left|\sin \frac{1}{2}(A+B)\sin \frac{1}{2}(A-B)\right|}$$

$$= |m^2 - n^2|$$

例 19 与例 20 分别利用了几个重要的三角不等式:

(1)设 $0 < x < \dfrac{\pi}{2}$,则有 $\sin x < x < \tan x$;

(2)设 n 为自然数,则有

$$|\sin(\alpha_1 + \alpha_2 + \cdots + \alpha_n)|$$
$$\leqslant |\sin \alpha_1| + |\sin \alpha_2| + \cdots + |\sin \alpha_n|$$

(3)设 x, a, b 为实数,则有

$$-\sqrt{a^2 + b^2} \leqslant a\cos x + b\sin x \leqslant \sqrt{a^2 + b^2}$$

例 21 设 $0 < x < y \leqslant \pi$,求证:$\dfrac{\sin x}{x} > \dfrac{\sin y}{y}$.

证明 考虑函数

$$f(x) = \frac{\sin x}{x} \quad (0 < x \leqslant \pi)$$

因为 $f'(x) = \dfrac{x\cos x - \sin x}{x^2}$，所以当 $0 < x < \dfrac{\pi}{2}$ 时

$$f'(x) = \frac{\cos x}{x^2}(x - \tan x) < 0$$

当 $\dfrac{\pi}{2} \leqslant x \leqslant \pi$ 时

$$x\cos x < 0, \ -\sin x < 0, f'(x) < 0$$

所以在 $(0, \pi]$ 内，$f'(x) < 0$，从而 $f(x) = \dfrac{\sin x}{x}$ 在 $(0, \pi]$

内是减函数. 因此当 $0 < x < y \leqslant \pi$ 时，原式成立.

特别地，在 $\left(0, \dfrac{\pi}{2}\right)$ 内，$f(x) < f\left(\dfrac{\pi}{2}\right)$，即得著名的

Jordan 不等式：$\sin x \geqslant \dfrac{2}{\pi}x$.

例 22　设 $0 < x_i < \dfrac{\pi}{2}(i = 1, 2, \cdots, n)$，求证

$$\frac{1}{n}\sum_{i=1}^{n}\tan x_i \geqslant \tan\left(\frac{1}{n}\sum_{i=1}^{n}x_i\right)$$

证明　考虑函数

$$f(x) = \tan x \quad \left(0 < x < \frac{\pi}{2}\right)$$

因为 $f''(x) = 2\sec^2 x\tan x > 0$，所以 $f(x) = \tan x$ 在

$\left(0, \dfrac{\pi}{2}\right)$ 内为凸函数. 因此由关于凸函数的 Jensen 不等

式，本题得证.（微积分方法）

例 23　在锐角 $\triangle ABC$ 中，求证：$\tan A\tan B > 1$.

证明　如图 5.1 所示，以锐角 $\triangle ABC$ 的一边 AB

为直径作圆，则 C 必落在圆的外部. 设 E 为 AB 边上的

高 CD 和圆的交点,则 $\triangle ABE$ 为直角三角形,于是
$$AD \cdot DB = ED^2$$
因为 $CD > ED$,所以
$$\tan A \cdot \tan B = \frac{CD}{AD} \cdot \frac{CD}{BD} > \frac{ED}{AD} \cdot \frac{ED}{BD} = 1$$

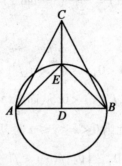

图 5.1

例 24 设 $\triangle ABC$ 为非钝角三角形,求证
$$\sin A + \sin B + \sin C > 2$$

证明 如图 5.2 所示,若 $\triangle ABC$ 为直角三角形,不妨设 $A = \dfrac{\pi}{2}$,则 $\sin A = 1$.

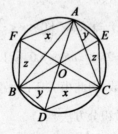

图 5.2

又因为

16

$$\sin B + \sin C = \sin B + \cos B > 1$$

所以

$$\sin A + \sin B + \sin C > 2$$

若 $\triangle ABC$ 为锐角三角形,则其外接圆圆心 O 在 $\triangle ABC$ 的内部. 联结 AO 延长后交外接圆于点 D, BO, CO 的延长线分别交外接圆于 E, F,则

$$AD = BE = CF = 2R$$

设 $AF = x, AE = y, EC = z$,则由三角形全等知

$$CD = x, DB = y, BF = z$$

因为 $\triangle ABC$ 为锐角三角形,故在 $\triangle ABF$ 中

$$AB = c > x, c > z$$

同理有

$$CA = b > y, b > z, BC = a > x, a > y$$

于是

$$ab + bc + ca > x^2 + y^2 + z^2$$

因为半圆上的圆周角为直角,又有

$$4R^2 = y^2 + c^2, 4R^2 = x^2 + b^2, 4R^2 = z^2 + a^2$$

从而

$$12R^2 = x^2 + y^2 + z^2 + a^2 + b^2 + c^2$$

(这里 R 为 $\triangle ABC$ 外接圆的半径).

又因为

$$ab + bc + ca = ab + c(a + b) > ab + c^2 > y^2 + c^2 = 4R^2$$

综合以上几式即得所证. (利用几何图形证)

二、三角形中的常见三角不等式

下面几个关于三角形的命题对我们导出有关三角不等式是有帮助的.

命题 5.1　若 x, y, z 为任意实数, $A + B + C = \pi$,则

17

有

$$x^2 + y^2 + z^2 \geq 2xy\cos C + 2yz\cos A + 2zx\cos B \quad (1.1)$$

其中等号当且仅当 $x:y:z = \sin A:\sin B:\sin C$ 时成立.

证明 因为

$$x^2 + y^2 + z^2 - 2xy\cos C - 2yz\cos A - 2zx\cos B$$
$$= (x - y\cos C - z\cos B)^2 + (y\sin C - z\sin B)^2$$
$$\geq 0$$

所以

$$x^2 + y^2 + z^2 \geq 2xy\cos C + 2yz\cos A + 2zx\cos B$$

其中等号当且仅当 $y\sin C - z\sin B = 0$ 及 $x - y\cos C - z\cos B = 0$,即 $x:y:z = \sin A:\sin B:\sin C$ 时成立.

命题 5.2 设

$$f(\sin A, \sin B, \sin C; \cos A, \cos B, \cos C;$$
$$\tan A, \tan B, \tan C; \cot A, \cot B, \cot C) \geq 0 \quad (1.2)$$

是一个对于任何锐角 $\triangle ABC$ 都成立的三角不等式. f 中除 A,B,C 及其三角函数以外,不含其他的与 A,B,C 相关的量,那么

$$f\left(\cos \frac{A}{2}, \cos \frac{B}{2}, \cos \frac{C}{2}; \sin \frac{A}{2}, \sin \frac{B}{2}, \sin \frac{C}{2};\right.$$
$$\left.\tan \frac{A}{2}, \tan \frac{B}{2}, \tan \frac{C}{2}; \cot \frac{A}{2}, \cot \frac{B}{2}, \cot \frac{C}{2}\right) \geq 0$$
$$(1.3)$$

是对任何 $\triangle ABC$ 都成立的三角不等式.

证明 对任何 $\triangle ABC$,可以构造一个锐角 $\triangle A'B'C'$,其中

$$A' = \frac{\pi - A}{2}, B' = \frac{\pi - B}{2}, C' = \frac{\pi - C}{2}$$

因为

18

$$0 < A', B', C' < \frac{\pi}{2}, A' + B' + C' = \pi$$

所以 $\triangle A'B'C'$ 是一个锐角三角形,于是对锐角 $\triangle A'B'C'$ 使用不等式(1.2),就有

$$f(\sin A', \sin B', \sin C'; \cos A', \cos B', \cos C';$$

$$\tan A', \tan B', \tan C'; \cot A', \cot B', \cot C') \geqslant 0$$

用余角的诱导公式,就可以得到式(1.3).

命题5.3 设

$$f\Big(\cos \frac{A}{2}, \cos \frac{B}{2}, \cos \frac{C}{2}; \sin \frac{A}{2}, \sin \frac{B}{2}, \sin \frac{C}{2};$$

$$\cot \frac{A}{2}, \cot \frac{B}{2}, \cot \frac{C}{2}; \tan \frac{A}{2}, \tan \frac{B}{2}, \tan \frac{C}{2}\Big) \geqslant 0$$

$$(1.4)$$

是一个对于任何 $\triangle ABC$ 都成立的三角不等式. f 中除 A, B, C 及其三角函数以外,不含其他的与 A, B, C 相关的量,那么

$$f(\sin A, \sin B, \sin C; \cos A, \cos B, \cos C;$$

$$\tan A, \tan B, \tan C; \cot A, \cot B, \cot C) \geqslant 0 \quad (1.5)$$

是对任何锐角 $\triangle ABC$ 都成立的三角不等式.

证明 对任何锐角 $\triangle ABC$,可构造一个 $\triangle A'B'C'$,其中

$$A' = \pi - 2A, B' = \pi - 2B, C' = \pi - 2C$$

因为

$$0 < A', B', C' < \pi, A' + B' + C' = \pi$$

所以 $\triangle A'B'C'$ 确是存在的,于是对 $\triangle A'B'C'$ 使用不等式(1.4)便得到(1.5).

命题5.4 设

$$f(\sin A, \sin B, \sin C; \cos A, \cos B, \cos C;$$

$$\tan A, \tan B, \tan C; \cot A, \cot B, \cot C) \geqslant 0 \quad (1.6)$$

是一个对于任何以 A 为钝角的 $\triangle ABC$ 都成立的三角不等式. f 中除 A,B,C 及其三角函数外,不含其他的与 A,B,C 相关的量,那么

$$f\left(\cos\frac{A}{2},\sin\frac{B}{2},\sin\frac{C}{2},-\sin\frac{A}{2},\cos\frac{B}{2},\cos\frac{C}{2};\right.$$
$$\left.-\cot\frac{A}{2},\tan\frac{B}{2},\tan\frac{C}{2};-\tan\frac{A}{2},\cot\frac{B}{2},\cot\frac{C}{2}\right)\geqslant 0$$
$$(1.7)$$

是对任何 $\triangle ABC$ 都成立的三角不等式.

证明 对任何 $\triangle ABC$,可以构造一个钝角 $\triangle A'B'C'$,其中

$$A'=\frac{\pi+A}{2},B'=\frac{B}{2},C'=\frac{C}{2}$$

因为

$$0<A',B',C'<\pi,\frac{\pi}{2}<A'<\pi,A'+B'+C'=\pi$$

所以 $\triangle A'B'C'$ 确是存在的,于是对钝角 $\triangle A'B'C'$ 使用不等式(1.6)便得(1.7).

命题 5.5 设

$$f\left(\cos\frac{A}{2},\sin\frac{B}{2},\sin\frac{C}{2};-\sin\frac{A}{2},\cos\frac{B}{2},\cos\frac{C}{2};\right.$$
$$\left.-\cot\frac{A}{2},\tan\frac{B}{2},\tan\frac{C}{2};-\tan\frac{A}{2},\cot\frac{B}{2},\cot\frac{C}{2}\right)\geqslant 0$$
$$(1.8)$$

是一个对于任何 $\triangle ABC$ 都成立的三角不等式,f 中除 A,B,C 及其三角函数以外,不含其他的与 A,B,C 相关的量,那么

$$f(\sin A,\sin B,\sin C;\cos A,\cos B,\cos C;$$
$$\tan A,\tan B,\tan C;\cot A,\cot B,\cot C)\geqslant 0 \quad (1.9)$$

是对任何以 A 为钝角的 $\triangle ABC$ 都成立的三角不等式.

证明 对于任何以 A 为钝角的 $\triangle ABC$,可以构造一个 $\triangle A'B'C'$,其中

$$A' = 2A - \pi, B' = 2B, C' = 2C$$

因为

$$0 < A', B', C' < \pi, A' + B' + C' = \pi$$

所以 $\triangle A'B'C'$ 确是存在的,于是对 $\triangle A'B'C'$ 使用不等式(1.8)便得(1.9).

利用前面几个命题,我们可以导出很多关于三角形的不等式,其中一些我们以不等式链的形式写在下面.

命题 5.6 在 $\triangle ABC$ 中,不等式

$$3\sqrt{3}\cos A\cos B\cos C$$

$$\leqslant \sin A\sin B\sin C$$

$$\leqslant 3\sqrt{3}\sin\frac{A}{2}\sin\frac{B}{2}\sin\frac{C}{2}$$

$$\leqslant \cos\frac{A}{2}\cos\frac{B}{2}\cos\frac{C}{2}$$

$$\leqslant 3\sqrt{3}\sin\frac{\pi-A}{4}\sin\frac{\pi-B}{4}\sin\frac{\pi-C}{4}$$

$$\leqslant \cos\frac{\pi-A}{4}\cos\frac{\pi-B}{4}\cos\frac{\pi-C}{4}\leqslant\frac{3\sqrt{3}}{8} \qquad (1.10)$$

成立,其中所有等号当且仅当 $\triangle ABC$ 为正三角形时成立.

证明 在(1.1)中令 $x = \cos A, y = \cos B, z = \cos C$,得

$$\cos^2 A + \cos^2 B + \cos^2 C \geqslant 6\cos A\cos B\cos C$$

即

$$1 - 2\cos A\cos B\cos C \geqslant 6\cos A\cos B\cos C$$

21

所以

$$\cos A \cos B \cos C \leqslant \frac{1}{8}$$

由于

$$\sin^2 A + \sin^2 B + \sin^2 C = 2 + 2\cos A \cos B \cos C$$

所以

$$\sin^2 A + \sin^2 B + \sin^2 C \leqslant \frac{9}{4} \qquad (1.11)$$

又

$$\sin^2 A + \sin^2 B + \sin^2 C \geqslant 3\sqrt[3]{\sin^2 A \sin^2 B \sin^2 C}$$

所以

$$\sin A \sin B \sin C \leqslant \frac{3\sqrt{3}}{8} \qquad (1.12)$$

对(1.12)运用命题5.2得

$$\cos \frac{A}{2} \cos \frac{B}{2} \cos \frac{C}{2} \leqslant \frac{3\sqrt{3}}{8} \qquad (1.13)$$

因为

$$0 < \frac{\pi - A}{2}, \frac{\pi - B}{2}, \frac{\pi - C}{2} < \frac{\pi}{2}$$

且

$$\frac{\pi - A}{2} + \frac{\pi - B}{2} + \frac{\pi - C}{2} = \pi$$

故 $\dfrac{\pi - A}{2}, \dfrac{\pi - B}{2}, \dfrac{\pi - C}{2}$ 可以作为一个三角形的三个内

角. 在(1.13)中分别用 $\dfrac{\pi - A}{2}, \dfrac{\pi - B}{2}, \dfrac{\pi - C}{2}$ 代替 $A, B,$

$C,$ 于是有

$$\cos \frac{\pi - A}{4} \cos \frac{\pi - B}{4} \cos \frac{\pi - C}{4} \leqslant \frac{3\sqrt{3}}{8} \qquad (1.14)$$

由恒等式

$$\tan\frac{A}{2}\tan\frac{B}{2} + \tan\frac{B}{2}\tan\frac{C}{2} + \tan\frac{C}{2}\tan\frac{A}{2} = 1$$

及不等式

$$\tan\frac{A}{2}\tan\frac{B}{2} + \tan\frac{B}{2}\tan\frac{C}{2} + \tan\frac{C}{2}\tan\frac{A}{2}$$

$$\geqslant 3\sqrt[3]{\tan^2\frac{A}{2}\tan^2\frac{B}{2}\tan^2\frac{C}{2}}$$

可得

$$\tan\frac{A}{2}\tan\frac{B}{2}\tan\frac{C}{2} \leqslant \frac{\sqrt{3}}{9} \tag{1.15}$$

分别用 $\dfrac{\pi-A}{2}$, $\dfrac{\pi-B}{2}$, $\dfrac{\pi-C}{2}$ 代替 (1.15) 中的 A,B,C, 可得

$$\tan\frac{\pi-A}{4}\tan\frac{\pi-B}{4}\tan\frac{\pi-C}{4} \leqslant \frac{\sqrt{3}}{9}$$

或

$$3\sqrt{3}\sin\frac{\pi-A}{4}\sin\frac{\pi-B}{4}\sin\frac{\pi-C}{4}$$

$$\leqslant \cos\frac{\pi-A}{4}\cos\frac{\pi-B}{4}\cos\frac{\pi-C}{4} \tag{1.16}$$

不等式 (1.14) 两边同乘以

$$8\sin\frac{\pi-A}{4}\sin\frac{\pi-B}{4}\sin\frac{\pi-C}{4}$$

利用倍角公式化简, 即得

$$\cos\frac{A}{2}\cos\frac{B}{2}\cos\frac{C}{2}$$

$$\leqslant 3\sqrt{3}\sin\frac{\pi-A}{4}\sin\frac{\pi-B}{4}\sin\frac{\pi-C}{4} \tag{1.17}$$

由 (1.15) 又可得

$$3\sqrt{3}\sin\frac{A}{2}\sin\frac{B}{2}\sin\frac{C}{2}\leqslant\cos\frac{A}{2}\cos\frac{B}{2}\cos\frac{C}{2} \quad (1.18)$$

在不等式(1.13)两边同乘以

$$8\sin\frac{A}{2}\sin\frac{B}{2}\sin\frac{C}{2}$$

并化简,即得

$$\sin A\sin B\sin C\leqslant 3\sqrt{3}\sin\frac{A}{2}\sin\frac{B}{2}\sin\frac{C}{2} \quad (1.19)$$

若 $\triangle ABC$ 为直角或钝角三角形,显然有

$$3\sqrt{3}\cos A\cos B\cos C<\sin A\sin B\sin C$$

若 $\triangle ABC$ 为锐角三角形,对不等式(1.15)运用命题5.3,则有

$$\cot A\cot B\cot C\leqslant\frac{\sqrt{3}}{9} \quad (1.20)$$

由此

$$3\sqrt{3}\cos A\cos B\cos C\leqslant\sin A\sin B\sin C \quad (1.21)$$

故(1.21)对任意三角形均成立. 由(1.14)与(1.16)~(1.19),以及(1.21)知(1.10)成立.

命题 5.7 在 $\triangle ABC$ 中,不等式

$$\cot A\cot B\cot C\leqslant\frac{8\sqrt{3}}{9}\sin\frac{A}{2}\sin\frac{B}{2}\sin\frac{C}{2}$$

$$\leqslant\tan\frac{A}{2}\tan\frac{B}{2}\tan\frac{C}{2}$$

$$\leqslant\frac{8}{27}\cos\frac{A}{2}\cos\frac{B}{2}\cos\frac{C}{2}$$

$$\leqslant\frac{\sqrt{3}}{9}\leqslant\frac{1}{27}\cot\frac{A}{2}\cot\frac{B}{2}\cot\frac{C}{2}$$

$$(1.22)$$

成立,其中所有等号当且仅当 $\triangle ABC$ 为正三角形时成

立.

证明 将(1.15)变形得

$$\cot\frac{A}{2}\cot\frac{B}{2}\cot\frac{C}{2}\geq 3\sqrt{3} \qquad (1.15')$$

由(1.15′)及(1.13),所以

$$\frac{8}{27}\cos\frac{A}{2}\cos\frac{B}{2}\cos\frac{C}{2}\leq\frac{\sqrt{3}}{9}\leq\frac{1}{27}\cot\frac{A}{2}\cot\frac{B}{2}\cot\frac{C}{2}$$

$$(1.23)$$

由算术－几何平均不等式,得

$$\sin A\sin B\sin C\leq\left[\frac{1}{3}(\sin A+\sin B+\sin C)\right]^3$$

利用恒等式

$$\sin A+\sin B+\sin C=4\cos\frac{A}{2}\cos\frac{B}{2}\cos\frac{C}{2}$$

及倍角公式化简,得

$$\sin\frac{A}{2}\sin\frac{B}{2}\sin\frac{C}{2}\leq\frac{8}{27}\cos^2\frac{A}{2}\cos^2\frac{B}{2}\cos^2\frac{C}{2}$$

$$(1.24)$$

或

$$\tan\frac{A}{2}\tan\frac{B}{2}\tan\frac{C}{2}\leq\frac{8}{27}\cos\frac{A}{2}\cos\frac{B}{2}\cos\frac{C}{2}$$

$$(1.25)$$

再由(1.13)易知

$$\frac{8\sqrt{3}}{9}\sin\frac{A}{2}\sin\frac{B}{2}\sin\frac{C}{2}\leq\tan\frac{A}{2}\tan\frac{B}{2}\tan\frac{C}{2} \quad (1.26)$$

若△ABC 为直角或钝角三角形,显然有

$$\cot A\cot B\cot C<\frac{8\sqrt{3}}{9}\sin\frac{A}{2}\sin\frac{B}{2}\sin\frac{C}{2}$$

若△ABC 为锐角三角形,对不等式(1.24)运用命

题5.3,则

$$\cos A\cos B\cos C\leqslant\frac{8}{27}\sin^2 A\sin^2 B\sin^2 C \quad (1.27)$$

或

$$\cot A\cot B\cot C\leqslant\frac{8}{27}\sin A\sin B\sin C \quad (1.27')$$

再由(1.19),所以

$$\cot A\cot B\cot C\leqslant\frac{8\sqrt{3}}{9}\sin\frac{A}{2}\sin\frac{B}{2}\sin\frac{C}{2}$$

因此对任意△ABC下式成立

$$\cot A\cot B\cot C\leqslant\frac{8\sqrt{3}}{9}\sin\frac{A}{2}\sin\frac{B}{2}\sin\frac{C}{2} \quad (1.28)$$

由(1.23),(1.25),(1.26),(1.28)知不等式(1.22)成立,由(1.19)和(1.27)知

$$\cos A\cos B\cos C\leqslant 8\sin^2\frac{A}{2}\sin^2\frac{B}{2}\sin^2\frac{C}{2} \quad (1.29)$$

如果△ABC为锐角三角形,由上式不难得到

$$\cot\frac{A}{2}\cot\frac{B}{2}\cot\frac{C}{2}\leqslant\tan A\tan B\tan C \quad (1.30)$$

因此当△ABC为锐角三角形时,不等式(1.22)右端还可以连接上

$$\frac{1}{27}\cot\frac{A}{2}\cot\frac{B}{2}\cot\frac{C}{2}\leqslant\frac{1}{27}\tan A\tan B\tan C$$

命题5.8 在△ABC中,不等式

$$\sin 2A+\sin 2B+\sin 2C$$

$$\leqslant\sin A+\sin B+\sin C$$

$$\leqslant\cos\frac{A}{2}+\cos\frac{B}{2}+\cos\frac{C}{2}\leqslant\frac{3\sqrt{3}}{2} \quad (1.31)$$

$$-(\cos 2A + \cos 2B + \cos 2C)$$

$$\leqslant \cos A + \cos B + \cos C$$

$$\leqslant \sin \frac{A}{2} + \sin \frac{B}{2} + \sin \frac{C}{2} \leqslant \frac{3}{2} \qquad (1.32)$$

$$\sin^2 A + \sin^2 B + \sin^2 C$$

$$\leqslant \cos^2 \frac{A}{2} + \cos^2 \frac{B}{2} + \cos^2 \frac{C}{2}$$

$$\leqslant \frac{4}{9} \leqslant 3\left(\sin^2 \frac{A}{2} + \sin^2 \frac{B}{2} + \sin^2 \frac{C}{2}\right)$$

$$\leqslant 3(\cos^2 A + \cos^2 B + \cos^2 C) \qquad (1.33)$$

$$3(\cos A \cos B + \cos B \cos C + \cos C \cos A)$$

$$\leqslant \sin A \sin B + \sin B \sin C + \sin C \sin A)$$

$$\leqslant 3\left(\sin \frac{A}{2} \sin \frac{B}{2} + \sin \frac{B}{2} \sin \frac{C}{2} + \sin \frac{C}{2} \sin \frac{A}{2}\right)$$

$$\leqslant \cos \frac{A}{2} \cos \frac{B}{2} + \cos \frac{B}{2} \cos \frac{C}{2} + \cos \frac{C}{2} \cos \frac{A}{2}$$

$$\leqslant \frac{9}{4} \qquad (1.34)$$

成立,其中所有的等号当且仅当 $\triangle ABC$ 为正三角形时成立.

证明 利用 $\triangle ABC$ 中的有关恒等式及命题 5.6 即可证得 $(1.31) \sim (1.33)$. 证明过程留给读者,下面仅证 (1.34).

由 (1.32) 知

$$\cos A + \cos B + \cos C \leqslant \frac{3}{2}$$

所以

$$2(\cos A \cos B + \cos B \cos C + \cos C \cos A)$$

$$\leqslant \frac{2}{3}(\cos A + \cos B + \cos C)^2$$

$$\leqslant \cos A + \cos B + \cos C$$

但

$$\cos A + \cos B + \cos C$$
$$= - \left[\cos(A+B) + \cos(B+C) + \cos(C+A) \right]$$
$$= \sin A\sin B + \sin B\sin C + \sin C\sin A -$$
$$\cos A\cos B - \cos B\cos C - \cos C\cos A$$

所以

$$\sin A\sin B + \sin B\sin C + \sin C\sin A$$
$$\geqslant 3(\cos A\cos B + \cos B\cos C + \cos C\cos A)$$

$$(1.35)$$

不妨设 $A \geqslant B \geqslant C$,则有

$$\sin \frac{A}{2}\sin \frac{B}{2} \geqslant \sin \frac{C}{2}\sin \frac{A}{2} \geqslant \sin \frac{B}{2}\sin \frac{C}{2}$$
$$\cos \frac{A}{2}\cos \frac{B}{2} \leqslant \cos \frac{C}{2}\cos \frac{A}{2} \leqslant \cos \frac{B}{2}\cos \frac{C}{2}$$

故利用 Chebyshev 不等式知

$$3\left(\sin \frac{A}{2}\sin \frac{B}{2}\cos \frac{A}{2}\cos \frac{B}{2} + \sin \frac{C}{2}\sin \frac{A}{2}\cos \frac{C}{2}\cos \frac{A}{2} + \right.$$
$$\left. \sin \frac{B}{2}\sin \frac{C}{2}\cos \frac{B}{2}\cos \frac{C}{2} \right)$$
$$\leqslant \left(\sin \frac{A}{2}\sin \frac{B}{2} + \sin \frac{B}{2}\sin \frac{C}{2} + \sin \frac{C}{2}\sin \frac{A}{2} \right) \cdot$$
$$\left(\cos \frac{A}{2}\cos \frac{B}{2} + \cos \frac{B}{2}\cos \frac{C}{2} + \cos \frac{C}{2}\cos \frac{A}{2} \right)$$

或

$$3(\sin A\sin B + \sin B\sin C + \sin C\sin A)$$
$$\leqslant 4\left(\sin \frac{A}{2}\sin \frac{B}{2} + \sin \frac{B}{2}\sin \frac{C}{2} + \sin \frac{C}{2}\sin \frac{A}{2} \right) \cdot$$
$$\left(\cos \frac{A}{2}\cos \frac{B}{2} + \cos \frac{B}{2}\cos \frac{C}{2} + \cos \frac{C}{2}\cos \frac{A}{2} \right)$$

又

28

$$\cos \frac{A}{2}\cos \frac{B}{2} + \cos \frac{B}{2}\cos \frac{C}{2} + \cos \frac{C}{2}\cos \frac{A}{2}$$

$$\leqslant \frac{1}{3}\left(\cos \frac{A}{2} + \cos \frac{B}{2} + \cos \frac{C}{2} \right)^2$$

利用(1.31),就有

$$\cos \frac{A}{2}\cos \frac{B}{2} + \cos \frac{B}{2}\cos \frac{C}{2} + \cos \frac{C}{2}\cos \frac{A}{2} \leqslant \frac{9}{4}$$

$$(1.36)$$

因此

$$\sin A\sin B + \sin B\sin C + \sin C\sin A$$

$$\leqslant 3\left(\sin \frac{A}{2}\sin \frac{B}{2} + \sin \frac{B}{2}\sin \frac{C}{2} + \sin \frac{C}{2}\sin \frac{A}{2} \right)$$

$$(1.37)$$

对不等式(1.35)运用命题5.2,得

$$\cos \frac{A}{2}\cos \frac{B}{2} + \cos \frac{B}{2}\cos \frac{C}{2} + \cos \frac{C}{2}\cos \frac{A}{2}$$

$$\geqslant 3\left(\sin \frac{A}{2}\sin \frac{B}{2} + \sin \frac{B}{2}\sin \frac{C}{2} + \sin \frac{C}{2}\sin \frac{A}{2} \right)$$

$$(1.38)$$

由(1.35)~(1.38)知(1.34)成立.

命题5.9 在 $\triangle ABC$ 中,不等式

$$\tan A + \tan B + \tan C$$

$$\geqslant 3(\cot A + \cot B + \cot C)$$

$$\geqslant \cot \frac{A}{2} + \cot \frac{B}{2} + \cot \frac{C}{2}$$

$$\geqslant 3\left(\tan \frac{A}{2} + \tan \frac{B}{2} + \tan \frac{C}{2} \right) \geqslant 3\sqrt{3} \quad (1.39)$$

成立,其中第一个不等式要求 $\triangle ABC$ 为锐角三角形,所以不等式中等号当且仅当 $\triangle ABC$ 为正三角形时成立.

证明 经简单计算知

$$\cot A + \cot B + \cot C = \frac{1 + \cos A\cos B\cos C}{\sin A\sin B\sin C}$$

$$\tan A + \tan B + \tan C = \tan A\tan B\tan C$$

$$= \frac{\sin A\sin B\sin C}{\cos A\cos B\cos C}$$

于是

$$\frac{\cot A + \cot B + \cot C}{\tan A + \tan B + \tan C}$$

$$= \frac{\cos A\cos B\cos C(1 + \cos A\cos B\cos C)}{\sin^2 A\sin^2 B\sin^2 C}$$

并利用(1.27)及(1.10)易得

$$\frac{\cot A + \cot B + \cot C}{\tan A + \tan B + \tan C} \leqslant \frac{1}{3}$$

又

$$\tan A + \tan B + \tan C > 0 \quad (\triangle ABC \text{ 为锐角三角形})$$

便有

$$\tan A + \tan B + \tan C \geqslant 3(\cot A + \cot B + \cot C)$$

$$(1.40)$$

因为

$$3(\sin^2 A + \sin^2 B + \sin^2 C) \geqslant (\sin A + \sin B + \sin C)^2$$

又

$$\sin^2 A + \sin^2 B + \sin^2 C = 2 + 2\cos A\cos B\cos C$$

$$\sin A + \sin B + \sin C = 4\cos\frac{A}{2}\cos\frac{B}{2}\cos\frac{C}{2}$$

所以

$$3(1 + \cos A\cos B\cos C) \geqslant 8\cos^2\frac{A}{2}\cos^2\frac{B}{2}\cos^2\frac{C}{2}$$

从而

30

$$3 \cdot \frac{1 + \cos A \cos B \cos C}{\sin A \sin B \sin C} \geqslant \frac{\cos \dfrac{A}{2} \cos \dfrac{B}{2} \cos \dfrac{C}{2}}{\sin \dfrac{A}{2} \sin \dfrac{B}{2} \sin \dfrac{C}{2}}$$

故

$$3\left(\cot A + \cot B + \cot C \right) \geqslant \cot \frac{A}{2} + \cot \frac{B}{2} + \cot \frac{C}{2}$$

$$\tag{1.41}$$

对不等式(1.40)运用命题 5.2,得

$$\cot \frac{A}{2} + \cot \frac{B}{2} + \cot \frac{C}{2} \geqslant \tan \frac{A}{2} + \tan \frac{B}{2} + \tan \frac{C}{2}$$

$$\tag{1.42}$$

利用恒等式

$$\tan \frac{A}{2} \tan \frac{B}{2} + \tan \frac{B}{2} \tan \frac{C}{2} + \tan \frac{C}{2} \tan \frac{A}{2} = 1$$

及不等式

$$\left(\tan \frac{A}{2} + \tan \frac{B}{2} + \tan \frac{C}{2} \right)^2$$

$$\geqslant 3 \left(\tan \frac{A}{2} \tan \frac{B}{2} + \tan \frac{B}{2} \tan \frac{C}{2} + \tan \frac{C}{2} \tan \frac{A}{2} \right) = 3$$

即得

$$\tan \frac{A}{2} + \tan \frac{B}{2} + \tan \frac{C}{2} \geqslant \sqrt{3} \qquad (1.43)$$

故由(1.40) ~ (1.43)知(1.39)成立.

命题 5.10　在 △ABC 中,不等式

$$\tan A \tan B + \tan B \tan C + \tan C \tan A$$

$$\geqslant \cot \frac{A}{2} \cot \frac{B}{2} + \cot \frac{B}{2} \cot \frac{C}{2} + \cot \frac{C}{2} \cot \frac{A}{2}$$

$$\geqslant 9 \left(\cot A \cot B + \cot B \cot C + \cot C \cot A \right)$$

$$= 9\left(\tan \frac{A}{2}\tan \frac{B}{2} + \tan \frac{B}{2}\tan \frac{C}{2} + \tan \frac{C}{2}\tan \frac{A}{2}\right) = 9$$

$$(1.44)$$

成立,其中第一个不等式要求 $\triangle ABC$ 为锐角三角形,所有不等式中的等号当且仅当 $\triangle ABC$ 为正三角形时成立.

证明　经计算知

$$\tan A\tan B + \tan B\tan C + \tan C\tan A$$

$$= 1 + \frac{1}{\cos A\cos B\cos C}$$

$$\cot \frac{A}{2}\cot \frac{B}{2} + \cot \frac{B}{2}\cot \frac{C}{2} + \cot \frac{C}{2}\cot \frac{A}{2}$$

$$= 1 + \frac{1}{\sin \frac{A}{2}\sin \frac{B}{2}\sin \frac{C}{2}}$$

再由(1.10)知

$$\sin \frac{A}{2}\sin \frac{B}{2}\sin \frac{C}{2} \geqslant \cos A\cos B\cos C$$

故若 $\triangle ABC$ 为锐角三角形,则有

$$\frac{1}{\cos A\cos B\cos C} \geqslant \frac{1}{\sin \frac{A}{2}\sin \frac{B}{2}\sin \frac{C}{2}}$$

从而

$$\tan A\tan B + \tan B\tan C + \tan C\tan A$$

$$\geqslant \cot \frac{A}{2}\cot \frac{B}{2} + \cot \frac{B}{2}\cot \frac{C}{2} + \cot \frac{C}{2}\cot \frac{A}{2} \quad (1.45)$$

由(1.22)知

$$\cot \frac{A}{2}\cot \frac{B}{2}\cot \frac{C}{2} \geqslant 3\sqrt{3}$$

利用算术 - 几何平均不等式,得

32

$$\cot\frac{A}{2}\cot\frac{B}{2}+\cot\frac{B}{2}\cot\frac{C}{2}+\cot\frac{C}{2}\cot\frac{A}{2}$$

$$\geqslant 3\left(\cot\frac{A}{2}\cot\frac{B}{2}\cot\frac{C}{2}\right)^{\frac{2}{3}}\geqslant 9 \tag{1.46}$$

另外,在 $\triangle ABC$ 中成立恒等式

$$\cot A\cot B+\cot B\cot C+\cot C\cot A$$

$$=\tan\frac{A}{2}\tan\frac{B}{2}+\tan\frac{B}{2}\tan\frac{C}{2}+\tan\frac{C}{2}\tan\frac{A}{2}$$

$$=1 \tag{1.47}$$

故由 $(1.45)\sim(1.47)$ 知 (1.44) 成立.

命题 5.11(秦泌,1985)   设 x,y,z 为任意实数,$A+B+C=\pi$,则有

$$x^2+y^2+z^2\geqslant 2xy\cos nC+2yz\cos nA+2zx\cos nB$$
$$(n \text{ 为奇数}) \tag{1.48}$$

$$x^2+y^2+z^2\geqslant -2xy\cos nC-2yz\cos nA-2zx\cos nB$$
$$(n \text{ 为奇数}) \tag{1.49}$$

$$x^2+y^2+z^2\geqslant 2xy\sin\frac{nC}{2}+2yz\sin\frac{nA}{2}+2zx\sin\frac{nB}{2}$$
$$(n=4m+1,m \text{ 为自然数}) \tag{1.50}$$

$$x^2+y^2+z^2\geqslant -2xy\sin\frac{nC}{2}-2yz\sin\frac{nA}{2}-2zx\sin\frac{nB}{2}$$
$$(n=4m+3,m \text{ 为自然数}) \tag{1.51}$$

不等式 (1.48) 显然是不等式 (1.1) 的推广,不等式 $(1.48)\sim(1.51)$ 的证法与 (1.1) 的证法类似,故这里略去它们的证明.

由命题 5.11 可得如下的推论:

推论   在 $\triangle ABC$ 中,以下不等式成立

$$\cos nA+\cos nB+\cos nC\leqslant\frac{3}{2} \quad (n \text{ 为奇数})$$
$$\tag{1.52}$$

$$\cos nA + \cos nB + \cos nC \geqslant -\frac{3}{2} \quad (n \text{ 为偶数})$$
$$(1.53)$$

$$\cos^2 nA + \cos^2 nB + \cos^2 nC \geqslant \frac{3}{4} \quad (n \in \mathbf{N})(1.54)$$

$$\cos nA\cos nB\cos nC \leqslant \frac{1}{8} \quad (n \text{ 为奇数})(1.55)$$

$$\cos nA\cos nB\cos nC \geqslant -\frac{1}{8} \quad (n \text{ 为偶数})$$
$$(1.56)$$

$$|\sin nA + \sin nB + \sin nC| \leqslant \frac{3\sqrt{3}}{2} \quad (n \in \mathbf{N})$$
$$(1.57)$$

$$\sin^2 nA + \sin^2 nB + \sin^2 nC \leqslant \frac{9}{4} \quad (n \in \mathbf{N})(1.58)$$

$$|\sin nA\sin nB\sin nC| \leqslant \frac{3\sqrt{3}}{8} \quad (n \in \mathbf{N})(1.59)$$

$$\left|\cos\frac{nA}{2} + \cos\frac{nB}{2} + \cos\frac{nC}{2}\right| \leqslant \frac{3\sqrt{3}}{2} \quad (n \text{ 为奇数})$$
$$(1.60)$$

$$\cos^2\frac{nA}{2} + \cos^2\frac{nB}{2} + \cos^2\frac{nC}{2} \leqslant \frac{9}{4} \quad (n \text{ 为奇数})$$
$$(1.61)$$

$$\left|\cos\frac{nA}{2}\cos\frac{nB}{2}\cos\frac{nC}{2}\right| \leqslant \frac{3\sqrt{3}}{8} \quad (n \text{ 为奇数})$$
$$(1.62)$$

$$\sin\frac{nA}{2} + \sin\frac{nB}{2} + \sin\frac{nC}{2} \leqslant \frac{3}{2} \quad (n = 4m+1, m \in \mathbf{N})$$
$$(1.63)$$

$$\sin \frac{nA}{2} + \sin \frac{nB}{2} + \sin \frac{nC}{2} \geqslant -\frac{3}{2} \quad (n = 4m + 3, m \in \mathbf{N})$$

$$(1.64)$$

$$\sin^2 \frac{nA}{2} + \sin^2 \frac{nB}{2} + \sin^2 \frac{nC}{2} \geqslant \frac{3}{4} \quad (n \text{ 为奇数})$$

$$(1.65)$$

$$\sin \frac{nA}{2} \sin \frac{nB}{2} \sin \frac{nC}{2} \leqslant \frac{1}{8} \quad (n = 4m + 1, m \in \mathbf{N})$$

$$(1.66)$$

$$\sin \frac{nA}{2} \sin \frac{nB}{2} \sin \frac{nC}{2} \geqslant -\frac{1}{8} \quad (n = 4m + 3, m \in \mathbf{N})$$

$$(1.67)$$

证明 在不等式(1.48)与(1.49)中分别令 $x = y = z = 1$ 得不等式(1.52)与(1.53). 由恒等式

$$\sin^2 \frac{nA}{2} + \sin^2 \frac{nB}{2} + \sin^2 \frac{nC}{2}$$

$$= \frac{3}{2} - \frac{1}{2}(\cos nA + \cos nB + \cos nC)$$

结合不等式(1.52)得不等式(1.65).

由恒等式 $\sin^2 \alpha + \cos^2 \alpha = 1$,结合不等式(1.65)得不等式(1.61).

在(1.48)中,令

$$x = \cos nA, y = \cos nB, z = \cos nC$$

得

$$\cos^2 nA + \cos^2 nB + \cos^2 nC \geqslant 6\cos nA\cos nB\cos nC$$

由恒等式

$$\cos^2 nA + \cos^2 nB + \cos^2 nC = 1 - 2\cos nA\cos nB\cos nC$$

(n 为奇数),所以可得不等式(1.55).

在(1.49)中,令

$$x = \cos nA, y = \cos nB, z = \cos nC$$

得

$$\cos^2 nA + \cos^2 nB + \cos^2 nC \geqslant -6\cos nA\cos nB\cos nC$$

结合恒等式

$$\cos^2 A + \cos^2 B + \cos^2 C = 1 + 2\cos nA\cos nB\cos nC$$

(n 为偶数),得不等式(1.56).

由不等式(1.55)和(1.56)并结合上述恒等式得不等式(1.54).

由(1.54)结合恒等式 $\sin^2 \alpha + \cos^2 \alpha = 1$ 得不等式(1.58).

由不等式

$$(\sin nA + \sin nB + \sin nC)^2$$
$$\leqslant 3(\sin^2 nA + \sin^2 nB + \sin^2 nC)$$

结合(1.58)可得不等式(1.57).

由恒等式

$$\sin nA + \sin nB + \sin nC$$
$$= 4\sin \frac{nA}{2}\sin \frac{nB}{2}\sin \frac{nC}{2} \quad (n = 4m + 2, m \in \mathbf{N})$$

及

$$\sin nA + \sin nB + \sin nC$$
$$= -4\sin \frac{nA}{2}\sin \frac{nB}{2}\sin \frac{nC}{2} \quad (n = 4m, m \in \mathbf{N})$$

综合不等式(1.57)得

$$\left| \sin \frac{nA}{2}\sin \frac{nB}{2}\sin \frac{nC}{2} \right| \leqslant \frac{3\sqrt{3}}{8} \quad (n \text{ 为偶数})$$

事实上即得不等式(1.59).

由不等式

$$\left(\cos\frac{nA}{2}+\cos\frac{nB}{2}+\cos\frac{nC}{2}\right)^2$$

$$\leqslant 3\left(\cos^2\frac{nA}{2}+\cos^2\frac{nB}{2}+\cos^2\frac{nC}{2}\right)$$

结合不等式(1.61)即得不等式(1.60).

由恒等式

$$\sin nA+\sin nB+\sin nC$$

$$=4\cos\frac{nA}{2}\cos\frac{nB}{2}\cos\frac{nC}{2}\quad(n\text{ 为奇数})$$

结合不等式(1.57)得(1.62).

在不等式(1.50)与(1.51)中分别令

$$x=y=z=1$$

得不等式(1.63)及(1.64).

在不等式(1.50)中,令

$$x=\sin\frac{nA}{2},y=\sin\frac{nB}{2},z=\sin\frac{nC}{2}$$

得

$$6\sin\frac{nA}{2}\sin\frac{nB}{2}\sin\frac{nC}{2}\leqslant\sin^2\frac{nA}{2}+\sin^2\frac{nB}{2}+\sin^2\frac{nC}{2}$$

由恒等式

$$\sin^2\frac{nA}{2}+\sin^2\frac{nB}{2}+\sin^2\frac{nC}{2}$$

$$=1-2\sin\frac{nA}{2}\sin\frac{nB}{2}\sin\frac{nC}{2}\quad(n=4m+1,m\in\mathbf{N})$$

结合不等式(1.65)得(1.66).

在不等式(1.51)中,令

$$x=\sin\frac{nA}{2},y=\sin\frac{nB}{2},z=\sin\frac{nC}{2}$$

得

$$-6\sin\frac{nA}{2}\sin\frac{nB}{2}\sin\frac{nC}{2} \leqslant \sin^2\frac{nA}{2} + \sin^2\frac{nB}{2} + \sin^2\frac{nC}{2}$$

由恒等式

$$\sin^2\frac{nA}{2} + \sin^2\frac{nB}{2} + \sin^2\frac{nC}{2}$$

$$= 1 + 2\sin\frac{nA}{2}\sin\frac{nB}{2}\sin\frac{nC}{2} \quad (n = 4m + 3, m \in \mathbf{N})$$

结合不等式(1.65)得(1.67).

评注 对不等式(1.57),设

$$M = \sin nA + \sin nB + \sin nC \quad (n \in \mathbf{N})$$

当 n 为正奇数,且

$$A = B = \frac{60°}{n}, C = \frac{1}{n}\left[(n-1) \times 180° + 60°\right]$$

或当 n 为正偶数,且

$$A = B = \frac{120°}{n}, C = \frac{1}{n}\left[(n-2) \times 180° + 120°\right]$$

时,M 可取得最大值 $\dfrac{3\sqrt{3}}{2}$.

当 n 为不小于 4 的偶数,且

$$A = B = \frac{240°}{n}, C = \frac{1}{n}\left[(n-4) \times 180° + 240°\right]$$

或当 n 为不小于 5 的奇数,且

$$A = B = \frac{300°}{n}, C = \frac{1}{n}\left[(n-5) \times 180° + 300°\right]$$

时,M 可取得最小值 $\dfrac{3\sqrt{3}}{2}$.

命题 5.12(杨学枝,1988) 设 x, y, z 是使 $xyz > 0$ 的任意实数,λ, μ, ν 为任意正数,α, β, γ 为任意实数,且 $\alpha + \beta + \gamma = n\pi (n \in \mathbf{Z})$,则有

$$x\sin\alpha + y\sin\beta + z\sin\gamma$$

$$\leqslant \frac{1}{2}\left(\frac{yz}{x}\cdot\lambda + \frac{zx}{y}\cdot\mu + \frac{xy}{z}\cdot\nu\right)\cdot\sqrt{\frac{\lambda+\mu+\nu}{\lambda\mu\nu}}$$

$$(1.68)$$

当且仅当

$$\frac{x}{\lambda}\sin\alpha = \frac{y}{\mu}\sin\beta = \frac{z}{\nu}\sin\gamma, x\cos\alpha = y\cos\beta = z\cos\gamma$$

时等号成立.

由前面的内容,我们知道,若 $\alpha+\beta+\gamma=\pi$,则

$$\sin\alpha + \sin\beta + \sin\gamma \leqslant \frac{3\sqrt{3}}{2}$$

当且仅当 $\alpha=\beta=\gamma$ 时等号成立.

1964 年,Vasić 将这个不等式推广为

$$x\sin\alpha + y\sin\beta + z\sin\gamma \leqslant \frac{\sqrt{3}}{2}\left(\frac{yz}{x} + \frac{zx}{y} + \frac{xy}{z}\right) \quad (1.69)$$

这里 x, y, z 为正数,当且仅当 $x = y = z$ 且 $\alpha = \beta = \gamma$ 时等号成立.

1984 年,M. S. Klamkin 对 (1.69) 又做了进一步推广

$$x\sin\alpha + y\sin\beta + z\sin\gamma$$

$$\leqslant \frac{1}{2}(yz + zx + xy)\sqrt{\frac{x+y+z}{xyz}} \quad (1.70)$$

这里 x, y, z 是三个正数,当且仅当 $x = y = z$ 且 $\alpha = \beta = \gamma$ 时等号成立.

而这里的命题 5.12 又对 (1.70) 做出进一步推广. 为了证明命题 5.12,首先给出两个引理.

引理 5.1 设 x_1, x_2, x_3 是任意实数,$\alpha_1, \alpha_2, \alpha_3$ 是任意实数,且 $\alpha_1 + \alpha_2 + \alpha_3 = (2k+1)\pi(k\in\mathbf{Z})$ 则有

$$x_2x_3\cos\alpha_1 + x_3x_1\cos\alpha_2 + x_1x_2\cos\alpha_3$$

$$\leqslant \frac{1}{2}(x_1^2 + x_2^2 + x_3^2) \qquad (1.71)$$

当且仅当 $x_2 x_3 \sin \alpha_1 = x_3 x_1 \sin \alpha_2 = x_1 x_2 \sin \alpha_3$ 时等号成立.

证明可仿照命题 5.1 的证明进行,这里从略.

引理 5.2 若 $\theta_1, \theta_2, \theta_3$ 均为正数,且 $\theta_1 + \theta_2 + \theta_3 = \pi$,则引理 5.1 中不等式可推广为

$$\frac{x_2 x_3 \cos \alpha_1}{\sin \theta_1} + \frac{x_3 x_1 \cos \alpha_2}{\sin \theta_2} + \frac{x_1 x_2 \cos \alpha_3}{\sin \theta_3}$$

$$\leqslant \frac{1}{2}(x_2^2 + x_3^2) \cot \theta_1 + \frac{1}{2}(x_3^2 + x_1^2) \cot \theta_2 +$$

$$\frac{1}{2}(x_1^2 + x_2^2) \cot \theta_3 \qquad (1.72)$$

当且仅当 $\dfrac{x_2 x_3 \sin \alpha_1}{\sin \theta_1} = \dfrac{x_3 x_1 \sin \alpha_2}{\sin \theta_2} = \dfrac{x_1 x_2 \sin \alpha_3}{\sin \theta_3}$ 时等号成立.

证明 用 $x_1 \sin \theta_1, x_2 \sin \theta_2, x_3 \sin \theta_3$ 代替(1.71)中的 x_1, x_2, x_3,不等式两端同除以 $\sin \theta_1 \sin \theta_2 \sin \theta_3$,并注意到

$$\cot \theta_2 + \cot \theta_3 = \frac{\sin \theta_1}{\sin \theta_2 \sin \theta_3}$$

$$\cot \theta_3 + \cot \theta_1 = \frac{\sin \theta_2}{\sin \theta_3 \sin \theta_1}$$

$$\cot \theta_1 + \cot \theta_2 = \frac{\sin \theta_3}{\sin \theta_1 \sin \theta_2}$$

即得不等式(1.72).

命题 5.12 **的证明** 我们只对 n 是偶数的情况加以证明,至于 n 是奇数时,只要用 $\pi - \alpha, \pi - \beta, \pi - \gamma$ 分别代替 α, β, γ 即可. 在(1.72)中令 $x = x_2 x_3, y =$

$x_3 x_1, z = x_1 x_2$，则易得

$$x\sin\ \alpha + y\sin\ \beta + z\sin\ \gamma$$

$$\leqslant \frac{1}{2}\left(\frac{yz}{x}\tan\ \theta_1 + \frac{zx}{y}\tan\ \theta_2 + \frac{xy}{z}\tan\ \theta_3\right) \qquad (1.73)$$

其中 $\theta_1, \theta_2, \theta_3 \in \left(0, \dfrac{\pi}{2}\right)$，且 $\theta_1 + \theta_2 + \theta_3 = \pi$. 又由

$$\tan\ \theta_1 + \tan\ \theta_2 + \tan\ \theta_3 = \tan\ \theta_1\tan\ \theta_2\tan\ \theta_3$$

可设

$$\tan\ \theta_1 = \lambda\ \sqrt{\frac{\lambda + \mu + \nu}{\lambda\mu\nu}}$$

$$\tan\ \theta_2 = \mu\ \sqrt{\frac{\lambda + \mu + \nu}{\lambda\mu\nu}}$$

$$\tan\ \theta_3 = \nu\ \sqrt{\frac{\lambda + \mu + \nu}{\lambda\mu\nu}}$$

代入(1.73)便得(1.68).

由不等式(1.68)可以导出很多不等式. 如在 (1.68)中令 $\lambda = \mu = \nu$ 便得(1.69)，而在(1.68)中令 $\lambda = x, \mu = y, \nu = z$ 便得(1.70).

更进一步，下面不等式(1.74)~(1.83)均可由 (1.68)得到.

设 λ, μ, ν 是任意正数，$\alpha, \beta, \gamma \in (0, \pi)$，且 $\alpha + \beta + \gamma = \pi$，则有

$$\sqrt{\lambda\mu\nu(\lambda + \mu + \nu)}$$

$$\leqslant \frac{1}{2}(\lambda\mu + \nu\lambda)\cot\ \alpha + \frac{1}{2}(\mu\nu + \lambda\mu)\cot\ \beta +$$

$$\frac{1}{2}(\nu\lambda + \mu\nu)\cot\ \gamma \qquad (1.74)$$

当且仅当 $\lambda\cot\ \alpha = \mu\cot\ \beta = \nu\cot\ \gamma$ 时等号成立.

为便于应用，(1.74)还可写为

41

$$\frac{1}{2}(\mu'+\gamma')\cot\alpha+\frac{1}{2}(\nu'+\lambda')\cot\beta+$$

$$\frac{1}{2}(\lambda'+\mu')\cot\nu$$

$$\geqslant\sqrt{\mu'\nu'+\nu'\lambda'+\lambda'\mu'} \qquad (1.75)$$

设 a,b,c 是三角形三边长,Δ 为面积,$\alpha,\beta,\gamma\in(0,\pi)$,且 $\alpha+\beta+\gamma=\pi$,则有

$$a\cot\alpha+b\cot\beta+c\cot\gamma\geqslant\sqrt{4\sqrt{3}\Delta} \qquad (1.76)$$

当且仅当 $a=b=c$,且 $\alpha=\beta=\gamma=\dfrac{\pi}{3}$ 时等号成立.

事实上,只要在(1.75)中令

$$\lambda'=b+c-a,\mu'=c+a-b,\nu'=a+b-c$$

并注意到

$$\mu'\nu'+\nu'\lambda'+\lambda'\mu'\geqslant\sqrt{3\lambda'\mu'\nu'(\lambda'+\mu'+\nu')}$$

即得(1.76).

此不等式也可以表达为

$$(\lambda a+\mu b+\nu c)^2\geqslant4\sqrt{3}\Delta(\mu\nu+\nu\lambda+\lambda\mu) \qquad (1.77)$$

这里 λ,μ,ν 为任意正数.

在(1.77)中令

$$\lambda=b'+c'-a',\mu=c'+a'-b',\nu=a'+b'-c'$$

注意到

$$\mu\nu+\nu\lambda+\lambda\mu\geqslant\sqrt{3\lambda\mu\nu(\lambda+\mu+\nu)}$$

便可得到.

设 $\triangle ABC$ 及 $\triangle A'B'C'$ 的边长分别为 a,b,c 及 a',b',c',面积分别为 Δ 及 Δ',则有

$$a'(b+c-a)+b'(c+a-b)+c'(a+b-c)$$

$$\geqslant\sqrt{48\Delta\Delta'} \qquad (1.78)$$

当且仅当 $\triangle ABC$ 及 $\triangle A'B'C'$ 均为正三角形时等号成

立.

设 a,b,c 与 Δ 分别表示三角形三边长及面积,λ,μ,ν 为任意正数,则

$$\lambda a^2 + \mu b^2 + \nu c^2 \geqslant 4\sqrt{\mu\nu + \nu\lambda + \lambda\mu}\,\Delta \qquad (1.79)$$

当且仅当 $\dfrac{a^2}{\mu+\nu} = \dfrac{b^2}{\nu+\lambda} = \dfrac{c^2}{\lambda+\mu}$ 时等号成立.

事实上,只要令 $x = bc\mu\nu, y = ca\nu\lambda, z = ab\lambda\mu$,代入 (1.68),并将 (1.68) 中的 λ,μ,ν 分别用 $\dfrac{1}{\lambda}, \dfrac{1}{\mu}, \dfrac{1}{\nu}$ 代替便得 (1.79).

在 (1.79) 中,令

$$\lambda = b'^2 + c'^2 - a'^2, \mu = c'^2 + a'^2 - b'^2, \nu = a'^2 + b'^2 - c'^2$$

记 $\triangle A'B'C'$ 的三边长分别为 a',b',c',面积为 Δ',则有

$$a'^2(b^2 + c^2 - a^2) + b'^2(c^2 + a^2 - b^2) +$$
$$c'^2(a^2 + b^2 - c^2) \geqslant 16\Delta\Delta' \qquad (1.80)$$

当且仅当 $\triangle ABC$ 与 $\triangle A'B'C'$ 相似时等号成立.

$\triangle ABC$ 内任意一点 P 向各边(或其延长线)作垂线,设 $\triangle ABC$ 和所得垂足三角形的面积分别为 Δ 和 Δ',则有

$$\Delta \geqslant 4\Delta' \qquad (1.81)$$

当且仅当 P 是 $\triangle ABC$ 外心时等号成立.

若在 (1.68) 中令

$$x = \cos\beta\cos\gamma, y = \cos\gamma\cos\alpha, z = \cos\alpha\cos\beta$$

便可得到

$$|\sin 2\alpha + \sin 2\beta + \sin 2\gamma|$$
$$\leqslant 2(\lambda\cos^2\alpha + \mu\cos^2\beta + \nu\cos^2\gamma) \cdot \sqrt{\dfrac{\lambda + \mu + \nu}{\lambda\mu\nu}} \qquad (1.82)$$

当且仅当$\dfrac{\tan\alpha}{\lambda}=\dfrac{\tan\beta}{\mu}=\dfrac{\tan\gamma}{\nu}$时等号成立.

设P是$\triangle ABC$内任意一点,λ,μ,ν为任意正数,则有

$$\lambda PA^2+\mu PB^2+\nu PC^2\geqslant\sqrt{\frac{\lambda\mu\nu}{\lambda+\mu+\nu}}\cdot 4\Delta \qquad (1.83)$$

当且仅当$\dfrac{\cos\angle BPC}{PA}=\dfrac{\cos\angle CPA}{PB}=\dfrac{\cos\angle APB}{PC}$且

$\lambda\cot\angle BPC=\mu\cot\angle CPA=\nu\cot\angle APB$时等号成立.

事实上,只要在(1.68)中,令

$$x=PB\cdot PC,y=PC\cdot PA,z=PA\cdot PB$$
$$\alpha=\angle BPC,\beta=\angle CPA,\gamma=\angle APB$$

即可得式(1.83).

命题 5.13(杨学枝,1989) 设x,y,z,t均为正数,角$\alpha+\beta+\gamma+\theta=(2k+1)\pi(k$为整数),则有

$$x\sin\alpha+y\sin\beta+z\sin\gamma+t\sin\theta$$
$$\leqslant\left[\frac{(xy+zt)(yz+xt)(zx+yt)}{xyzt}\right]^{\frac{1}{2}} \qquad (1.84)$$

当且仅当$x\cos\alpha=y\cos\beta=z\cos\gamma=t\cos\theta$时等式成立.

证明 令

$$u=x\sin\alpha+y\sin\beta,v=z\sin\gamma+t\sin\theta$$

因为

$$x^2\cos^2\alpha-2xy\cos\alpha\cos\beta+y^2\cos^2\beta$$
$$=(x\cos\alpha-y\cos\beta)^2$$
$$\geqslant 0$$
$$x^2\sin^2\alpha+2xy\sin\alpha\sin\beta+y^2\sin^2\beta=u^2$$

所以

$$x^2+y^2-2xy\cos(\alpha+\beta)\geqslant u^2$$

从而，有

$$\cos(\alpha + \beta) \leqslant \frac{x^2 + y^2 - u^2}{2xy}$$

$$\cos(\gamma + \theta) \leqslant \frac{z^2 + t^2 - v^2}{2zt}$$

由 $\alpha + \beta + \gamma + \theta = (2k+1)\pi$，即得

$$\frac{u^2}{xy} + \frac{v^2}{zt} \leqslant \frac{x^2 + y^2}{xy} + \frac{z^2 + t^2}{zt} = \frac{(yz + xt)(zx + yt)}{xyzt}$$

再由 Cauchy 不等式即得(1.84).

不等式(1.70)还可以推广为：

命题 5.14(杨克倡,1987)　对 $\triangle ABC$ 及任意正数 x, y, z，有

$$\sqrt{\frac{x}{y+z}}\sin A + \sqrt{\frac{y}{z+x}}\sin B + \sqrt{\frac{z}{x+y}}\sin C$$

$$\leqslant \sqrt{\frac{(x+y+z)^3}{(x+y)(y+z)(z+x)}} \qquad (1.85)$$

其中等号当且仅当

$$\frac{\sin^2 A}{x(y+z)} = \frac{\sin^2 B}{y(z+x)} = \frac{\sin^2 C}{z(x+y)} \qquad (1.86)$$

时成立.

先给出两个引理：

引理 5.3　设 $\lambda_1, \lambda_2, \lambda_3$ 为正数，则对 $\triangle ABC$ 有

$$\frac{\sin^2 A}{\lambda_1} + \frac{\sin^2 B}{\lambda_2} + \frac{\sin^2 C}{\lambda_3} \leqslant \frac{(\lambda_1 + \lambda_2 + \lambda_3)^2}{4\lambda_1 \lambda_2 \lambda_3} \qquad (1.87)$$

其中等号当且仅当

$$\frac{\sin^2 A}{\lambda_1(\lambda_2 + \lambda_3 - \lambda_1)} = \frac{\sin^2 B}{\lambda_2(\lambda_3 + \lambda_1 - \lambda_2)} = \frac{\sin^2 C}{\lambda_3(\lambda_1 + \lambda_2 - \lambda_3)}$$

$$(1.88)$$

时成立.

证明 注意到

$$\cos 2A = \cos(2B + 2C)$$

即

$$\cos 2A = \cos 2B\cos 2C - \sin 2B\sin 2C$$

则

$$(\lambda_1 + \lambda_2 + \lambda_3)^2 -$$

$$4(\lambda_2\lambda_3\sin^2 A + \lambda_3\lambda_1\sin^2 B + \lambda_1\lambda_2\sin^2 C)$$

$$= \lambda_1^2 + \lambda_2^2 + \lambda_3^2 + 2\lambda_2\lambda_3\cos 2A + 2\lambda_3\lambda_1\cos 2B + 2\lambda_1\lambda_2\cos 2C$$

$$= (\lambda_1 + \lambda_3\cos 2B + \lambda_2\cos 2C)^2 + \lambda_2^2 + \lambda_3^2 + 2\lambda_2\lambda_3\cos 2A -$$

$$\lambda_3^2\cos^2 2B - \lambda_2^2\cos^2 2C - 2\lambda_2\lambda_3\cos 2B\cos 2C$$

$$= (\lambda_1 + \lambda_3\cos 2B + \lambda_2\cos 2C)^2 + (\lambda_2\sin 2C - \lambda_3\sin 2B)^2$$

$$\geqslant 0$$

故

$$4(\lambda_2\lambda_3\sin^2 A + \lambda_3\lambda_1\sin^2 B + \lambda_1\lambda_2\sin^2 C)$$

$$\leqslant (\lambda_1 + \lambda_2 + \lambda_3)^2$$

整理即得(1.87).

引理 5.4 设 K_1, K_2, K_3 均为正数,则对任意实数 M_1, M_2, M_3 有

$$\frac{M_1^2}{K_1} + \frac{M_2^2}{K_2} + \frac{M_3^3}{K_3} \geqslant \frac{(M_1 + M_2 + M_3)^2}{K_1 + K_2 + K_3} \qquad (1.89)$$

当且仅当 $\dfrac{M_1}{K_1} = \dfrac{M_2}{K_2} = \dfrac{M_3}{K_3}$ 时等号成立.

证明 令

$$K_1 + K_2 + K_3 = K, M_1 + M_2 + M_3 = M$$

由配方可得

$$\frac{M_1^2}{K_1} + \frac{M_2^2}{K_2} + \frac{M_3^2}{K_3}$$

$$= K_1 \left(\frac{M_1}{K_1} - \frac{M}{K} \right)^2 + K_2 \left(\frac{M_2}{K_2} - \frac{M}{K} \right)^2 + K_3 \left(\frac{M_3}{K_3} - \frac{M}{K} \right)^2 +$$

$$2 \frac{M}{K} (M_1 + M_2 + M_3) - \left(\frac{M}{K} \right)^2 (K_1 + K_2 + K_3)$$

$$\geqslant 2 \frac{M}{K} M - \frac{M^2}{K^2} K$$

$$= \frac{M^2}{K}$$

故(1.89)成立.

命题 5.14 的证明　在式(1.87)中取 $\lambda_1 = y + z$,
$\lambda_2 = z + x, \lambda_3 = x + y (x, y, z$ 为任意正数),得

$$\frac{\sin^2 A}{y + z} + \frac{\sin^2 B}{z + x} + \frac{\sin^2 C}{x + y} \leqslant \frac{x + y + z}{(y + z)(z + x)(x + y)}$$
$$(1.90)$$

当且仅当

$$\frac{\sin^2 A}{x(y + z)} = \frac{\sin^2 B}{y(z + x)} = \frac{\sin^2 C}{z(x + y)}$$

即式(1.86)成立时,(1.90)等号成立.

同时,根据式(1.89),有

$$\frac{\sin^2 A}{y + z} + \frac{\sin^2 B}{z + x} + \frac{\sin^2 C}{x + y}$$

$$= \frac{\left(\sqrt{\frac{x}{y + z}} \sin A \right)^2}{x} + \frac{\left(\sqrt{\frac{y}{z + x}} \sin B \right)^2}{y} + \frac{\left(\sqrt{\frac{z}{x + y}} \sin C \right)^2}{z}$$

$$\geqslant \frac{1}{x + y + z} \left(\sqrt{\frac{x}{y + z}} \sin A + \sqrt{\frac{y}{z + x}} \sin B + \sqrt{\frac{z}{x + y}} \sin C \right)^2$$
$$(1.91)$$

综合(1.90)与(1.91)整理即得不等式(1.85)成立.

命题 5.15(叶军,1990) 设实数 $\varphi_1,\varphi_2,\cdots,\varphi_n$ 满足

$$\varphi_1 + \varphi_2 + \cdots + \varphi_n = (2k+1)\pi \quad (n \in \mathbf{N}, n \geqslant 3, k \in \mathbf{Z})$$

又

$$\alpha_1 + \alpha_2 + \cdots + \alpha_n = \pi \quad (\alpha_i > 0, i = 1, 2, \cdots, n)$$

则对任意实数 $x_1, x_2, \cdots, x_n$ 有

$$(x_1^2 + x_2^2)\cot \alpha_1 + (x_2^2 + x_3^2)\cot \alpha_2 + \cdots +$$

$$(x_{n-1}^2 + x_n^2)\cot \alpha_{n-1} + (x_n^2 + x_1^2)\cot \alpha_n$$

$$\geqslant 2\left(x_1 x_2 \frac{\cos \varphi_1}{\sin \alpha_1} + x_2 x_3 \frac{\cos \varphi_2}{\sin \alpha_2} + \cdots + \right.$$

$$\left. x_{n-1} x_n \frac{\cos \varphi_{n-1}}{\sin \alpha_{n-1}} + x_n x_1 \frac{\cos \varphi_n}{\sin \alpha_n}\right) \tag{1.92}$$

式中等号当且仅当

$$x_1 x_2 \cdot \frac{\sin \varphi_1}{\sin \alpha_1} = x_2 x_3 \cdot \frac{\sin \varphi_2}{\sin \alpha_2} = \cdots$$

$$= x_{n-1} x_n \cdot \frac{\sin \varphi_{n-1}}{\sin \alpha_{n-1}} = x_n x_1 \cdot \frac{\sin \varphi_n}{\sin \alpha_n}$$

时成立.

证明 对 n 用数学归纳法并利用命题 5.1 即可，这里从略.

由命题 5.15 可得如下推论:

推论 1(Lenhard 不等式) 设 $\varphi_1 + \varphi_2 + \cdots + \varphi_n = \pi$(其中 $n \geqslant 3$), $0 \leqslant \varphi_i \leqslant \frac{\pi}{2}, x_i \geqslant 0, i = 1, 2, \cdots, n$,则有

$$x_1^2 + x_2^2 + \cdots + x_n^2$$

$$\geqslant \sec \frac{\pi}{n}(x_1 x_2 \cos \varphi_1 + x_2 x_3 \cos \varphi_2 + \cdots +$$

$$x_{n-1} x_n \cos \varphi_{n-1} + x_n x_1 \cos \varphi_n) \tag{1.93}$$

由命题 5.15 知，Lenhard 不等式（1.93）的条件 $0 \leqslant \varphi_i \leqslant \dfrac{\pi}{2}, x_i \geqslant 0 (i = 1, 2, \cdots, n)$ 均可放宽，且还可得到 Lenhard 不等式取等号的条件为

$$x_1 x_2 \sin \varphi_1 = x_2 x_3 \sin \varphi_2 = \cdots$$
$$= x_{n-1} x_n \sin \varphi_{n-1} = x_n x_1 \sin \varphi_n$$

因此式（1.92）是 Lenhard 不等式的一种推广.

推论 2 设 P 为凸 $n (n \geqslant 3)$ 边形 $A_1 A_2 \cdots A_n$ 的内部或边上一点，$\angle A_i P A_{i+1}$ 的平分线与边 $A_i A_{i+1}$ 相交于 W_i $(i = 1, 2, \cdots, n, A_{n+1}$ 即 $A_1)$，则对于满足 $\alpha_1 + \alpha_2 + \cdots + \alpha_n = \pi$ 的任意正数 $\alpha_1, \alpha_2, \cdots, \alpha_n$ 有

$$(PA_1 + PA_2) \cot \alpha_1 + (PA_2 + PA_3) \cot \alpha_2 + \cdots +$$
$$(PA_{n-1} + PA_n) \cot \alpha_{n-1} + (PA_n + PA_1) \cot \alpha_n$$
$$\geqslant 2 \left(\frac{PW_1}{\sin \alpha_1} + \frac{PW_2}{\sin \alpha_2} + \cdots + \frac{PW_n}{\sin \alpha_n} \right) \qquad (1.94)$$

证明 由三角形角平分线长的计算公式，有

$$PW_i = \frac{2 PA_i \cdot PA_{i+1}}{PA_i + PA_{i+1}} \cdot \cos \frac{1}{2} \angle A_i P A_{i+1}$$
$$\leqslant \sqrt{PA_i \cdot PA_{i+1}} \cdot \cos \frac{1}{2} \angle A_i P A_{i+1}$$

因此在命题 5.15 中令

$$x_i^2 = PA_i, \varphi_i = \frac{1}{2} \angle A_i P A_{i+1} \quad (i = 1, 2, \cdots, n)$$

从而得到（1.94）.

若在式（1.94）中令 $\alpha_1 = \alpha_2 = \cdots = \alpha_n = \dfrac{\pi}{n}$，即可得 Barrow-Lenhard 不等式

$$PA_1 + PA_2 + \cdots + PA_n$$
$$\geqslant \sec \frac{\pi}{n} (PW_1 + PW_2 + \cdots + PW_n) \qquad (1.95)$$

并且由(1.95)和命题 5.15 知,Barrow-Lenhard 不等式取等号的条件是

$$\sin\frac{1}{2}\angle A_1 P P_2 = \sin\frac{1}{2}\angle A_2 P A_3 = \cdots$$

$$= \sin\frac{1}{2}\angle A_n P A_1$$

即

$$\angle A_1 P A_2 = \angle A_2 P A_3 = \cdots = \angle A_n P A_1$$

因此不等式(1.94)是 Barrow-Lenhard 不等式的一种推广.

推论 3 在 $\triangle ABC$ 和 $\triangle A'B'C'$ 中,对于任意实数 x,y,z,有

$$(y^2 + z^2)\cot A + (z^2 + x^2)\cot B + (x^2 + y^2)\cot C$$

$$\geq 2yz\,\frac{\cos A'}{\sin A} + 2zx\,\frac{\cos B'}{\sin B} + 2xy\,\frac{\cos C'}{\sin C} \tag{1.96}$$

式中等号当且仅当 $yz\,\dfrac{\sin A'}{\sin A} = zx\,\dfrac{\sin B'}{\sin B} = xy\,\dfrac{\sin C'}{\sin C}$ 时成立.

推论 4 在凸四边形 $ABCD$ 和凸四边形 $A'B'C'D'$ 中,对于任意实数 x,y,z,w,有

$$(y^2 + z^2)\cot\frac{A}{2} + (z^2 + w^2)\cot\frac{B}{2} +$$

$$(w^2 + x^2)\cot\frac{C}{2} + (x^2 + y^2)\cot\frac{D}{2}$$

$$\geq 2yz\,\frac{\cos\dfrac{A'}{2}}{\sin\dfrac{A}{2}} + 2zw\,\frac{\cos\dfrac{B'}{2}}{\sin\dfrac{B}{2}} + 2wx\,\frac{\cos\dfrac{C'}{2}}{\sin\dfrac{C}{2}} + 2xy\,\frac{\cos\dfrac{D'}{2}}{\sin\dfrac{D}{2}} \tag{1.97}$$

式中等号当且仅当

$$\frac{yz\sin\dfrac{A'}{2}}{\sin\dfrac{A}{2}} = \frac{zw\sin\dfrac{B'}{2}}{\sin\dfrac{B}{2}} = \frac{wx\sin\dfrac{C'}{2}}{\sin\dfrac{C}{2}} = \frac{xy\sin\dfrac{D'}{2}}{\sin\dfrac{D}{2}}$$

时成立.

例 25 在 $\triangle ABC$ 中,证明

$$\cos\frac{A}{2} + \cos\frac{B}{2} + \cos\frac{C}{2} > 2$$

证明 由例 24 并运用命题 5.2 即得证.

例 26 在 $\triangle ABC$ 中,证明:

$(1)\cos^3\dfrac{A}{3} + \cos^3\dfrac{B}{3} + \cos^3\dfrac{C}{3} \leqslant \dfrac{9}{4}\cos\dfrac{\pi}{9} + \dfrac{3}{8}$;

$(2)\csc^n A + \csc^n B + \csc^n C \geqslant 3\left(\dfrac{2}{\sqrt{3}}\right)^n$.

证明 (1)

$$\cos^3\frac{A}{3} + \cos^3\frac{B}{3} + \cos^3\frac{C}{3}$$

$$= \frac{1}{4}\left[\cos A + \cos B + \cos C + 3\left(\cos\frac{A}{3} + \cos\frac{B}{3} + \cos\frac{C}{3}\right)\right]$$

由命题 5.8 及本节例 11 中的(1)即可得证.

(2)由算术 – 几何平均不等式即得.

例 27 在 $\triangle ABC$ 中,证明:

$(1)\,1 + \sin\dfrac{A}{2} + \sin\dfrac{B}{2} + \sin\dfrac{C}{2} < \cos\dfrac{A}{2} + \cos\dfrac{B}{2} + \cos\dfrac{C}{2}$;

$(2)\,1 - \cos A + \sin B + \sin C < \sin A + \cos B + \cos C$,其中 A 为钝角.

证明 由例 9 及命题 5.2 知(1)对任意 $\triangle ABC$ 成立;再由命题 5.5 知(2)对以 A 为钝角的三角形成立.

例 28 设 x, y, z 为任意实数，$A + B + C = \pi$，求证

$$x^2 + y^2 + z^2$$

$$\geqslant 2yz\sin\left(A - \frac{\pi}{6}\right) + 2zx\sin\left(B - \frac{\pi}{6}\right) + 2xy\sin\left(C - \frac{\pi}{6}\right)$$

证明 令

$$A' = \frac{2}{3}\pi - A, B' = \frac{2}{3}\pi - B, C' = \frac{2}{3}\pi - C$$

则 $A' + B' + C' = \pi$，故由命题 5.1 即可得证.

例 29 设 $A + B + C = \pi$，证明：

（1）当 x, y, z 为正数时

$$(x + y + z)^2 \geqslant 2\sqrt{3}(yz\sin A + zx\sin B + xy\sin C)$$

（2）当 x, y, z 为实数时

$$\sqrt{3}(x^2 + y^2 + z^2) \geqslant 2yz\sin A + 2zx\sin B + 2xy\sin C$$

证明 令

$$A' = \pi - 2A, B' = \pi - 2B, C' = \pi - 2C$$

则 $A' + B' + C' = \pi$. 由命题 5.1 知

$$(x + y + z)^2 \geqslant 2yz\sin^2 A + 2zx\sin^2 B + 2xy\sin^2 C$$

$$(1.98)$$

因为 $x, y, z > 0$，故由（1.98）及 Cauchy 不等式，得

$$(x + y + z)^2 \geqslant 2\sqrt{3}(yz\sin A + zx\sin B + xy\sin C)$$

$$(1.99)$$

若 x, y, z 为实数，则由命题 5.1 得

$$\sqrt{3}(x^2 + y^2 + z^2) \geqslant 2yz\sin A + 2zx\sin B + 2xy\sin C$$

$$(1.100)$$

在不等式（1.99）与（1.100）中对 x, y, z 赋予不同的数值，便可导出很多关于三角形的不等式，例如由（1.100）很容易得到 Vasić 不等式

$$x\sin A + y\sin B + z\sin C \leqslant \frac{\sqrt{3}}{2}\left(\frac{yz}{x} + \frac{zx}{y} + \frac{xy}{z}\right)$$

$$(1.101)$$

例 30　在 $\triangle ABC$ 中,求证

$$\sec\frac{A}{2} + \sec\frac{B}{2} + \sec\frac{C}{2} - \left(\tan\frac{A}{2} + \tan\frac{B}{2} + \tan\frac{C}{2}\right) \geqslant \sqrt{3}$$

证明　由命题 5.9 中式(1.39)以及命题 5.2 即得证.

例 31　在 $\triangle ABC$ 中,证明

$$\sqrt{2}\sin A + \sqrt{5}\sin B + \sqrt{10}\sin C \leqslant 6$$

证明　在命题 5.13 中取

$$x = \sqrt{2}, y = \sqrt{5}, z = \sqrt{10}, t = 1$$
$$\alpha = A, \beta = B, \gamma = C, \theta = 0$$

即得所证(或在命题 5.14 中取 $x = 1, y = 2, z = 3$,也可以得到所要证明的不等式).

例 32　在 $\triangle ABC$ 中,对任意正数 x, y, z,证明

$$\sin^x A \sin^y B \sin^z C \leqslant \sqrt{\frac{x^x y^y z^z (x+y+z)^{x+y+z}}{(x+y)^{x+y}(y+z)^{y+z}(z+x)^{z+x}}}$$

证明　由加权的算术 – 几何平均不等式,得

$$x\frac{\sin A}{\sqrt{x(y+z)}} + y\frac{\sin B}{\sqrt{y(z+x)}} + z\frac{\sin C}{\sqrt{z(x+y)}}$$

$$\geqslant \left[\left(\frac{\sin A}{\sqrt{x(y+z)}}\right)^x \left(\frac{\sin B}{\sqrt{y(z+x)}}\right)^y \left(\frac{\sin C}{\sqrt{z(x+y)}}\right)^z\right]^{\frac{1}{x+y+z}}$$

但由命题 5.14,知

$$x\frac{\sin A}{\sqrt{x(y+z)}} + y\frac{\sin B}{\sqrt{y(x+z)}} + z\frac{\sin C}{\sqrt{z(x+y)}}$$

$$= \sqrt{\frac{x}{y+z}}\sin A + \sqrt{\frac{y}{x+z}}\sin B + \sqrt{\frac{z}{x+y}}\sin C$$

$$\leqslant \sqrt{\frac{(x+y+z)^3}{(x+y)(y+z)(z+x)}}$$

从而不等式得证.

例 33　在 $\triangle ABC$ 和 $\triangle A'B'C'$ 中,求证

$$\cot A + \cot B + \cot C \geqslant \frac{\cos A'}{\sin A} + \frac{\cos B'}{\sin B} + \frac{\cos C'}{\sin C}$$

式中等号当且仅当 $\triangle ABC \backsim \triangle A'B'C'$ 时成立.

证明　在命题 5.15 中令

$$n = 3, k = 0, x_1 = x_2 = x_3 = 1$$

再令

$$\alpha_1 = A, \alpha_2 = B, \alpha_3 = C, \varphi_1 = A', \varphi_2 = B', \varphi_3 = C'$$

即得所证的不等式.

更一般地,由命题 5.15 还可以得出:

在两个凸 n 边形 $A_1 A_2 \cdots A_n$ 和 $A_1' A_2' \cdots A_n'$ 中,有

$$\sum_{i=1}^{n} \cot \frac{A_i}{n-1} \geqslant \sum_{i=1}^{n} \frac{\cos \dfrac{A_i'}{n-2}}{\sin \dfrac{A_i}{n-2}} \qquad (1.102)$$

例 34　设 $\alpha_i > 0, \beta_i > 0 (i = 1, 2, \cdots, n, n \geqslant 2)$,且

$$\sum_{i=1}^{n} \alpha_i = \sum_{i=1}^{n} \beta_i = \pi, 证明: \sum_{i=1}^{n} \frac{\cos \beta_i}{\sin \alpha_i} \leqslant \sum_{i=1}^{n} \cot \alpha_i.$$

证明　当 $n = 2$ 时,显然不等式两边都为零,这时不等式中等号成立;当 $n \geqslant 3$ 时,在命题 5.15 中令 $x_i = 1, \varphi_i = \beta_i (i = 1, 2, \cdots, n)$,即得所证的不等式.

例 35　设 $\alpha_i > 0, i = 1, 2, \cdots, n, \alpha_1 + \alpha_2 + \cdots + \alpha_n = \pi$,则对任意实数 $x_1, x_2, \cdots, x_n$,证明

$$\sum_{i=1}^{n} (x_i^2 + x_{i+1}^2) \cot \alpha_i \geqslant 2\cos \frac{\pi}{n} \left(\sum_{i=1}^{n} x_i x_{i+1} \csc \alpha_i \right)$$

$$(1.103)$$

其中约定 $x_{n+1} = x_1$.

证明　在命题 5.15 中令 $\varphi_i = \dfrac{\pi}{n} (i = 1, 2, \cdots, n)$ 即得所证.

特别地,在不等式 (1.103) 中令 $x_i = 1 (i = 1, 2, \cdots, n)$,则有

$$\sum_{i=1}^{n} \cot \alpha_i \geqslant \cos \frac{\pi}{n} \left(\sum_{i=1}^{n} \csc \alpha_i \right) \qquad (1.104)$$

例 36　在 $\triangle ABC$ 和 $\triangle A'B'C'$ 中(其中 $\triangle ABC$ 为锐角三角形),对于任意实数 x, y, z,证明

$$x^2 \tan^2 A + y^2 \tan^2 B + z^2 \tan^2 C$$
$$\geqslant 2yz \sin A' + 2zx \sin B' + 2xy \sin C' \qquad (1.105)$$

式中等号当且仅当

$$yz \cot A \sin A' = zx \cot B \sin B' = xy \cot C \sin C'$$

及 $yz \cos A' = zx \cos B' = xy \cos C'$ 时成立.

证明　由命题 5.15 的推论 3 及命题 5.1,即得

$$yz \sin A' + zx \sin B' + xy \sin C'$$

$$= \left[yz \frac{\cos(\pi - A' - A)}{\sin A} + zx \frac{\cos(\pi - B' - B)}{\sin B} + xy \frac{\cos(\pi - C' - C)}{\sin C} \right] + \left[yz \cot A \cos A' + zx \cot B \cos B' + xy \cot C \cos C' \right]$$

$$\leqslant \left[\frac{1}{2}(y^2 + z^2) \cot A + \frac{1}{2}(z^2 + x^2) \cot B + \frac{1}{2}(x^2 + y^2) \cot C \right] + \cot A \cot B \cot C (2yz \tan B \tan C \cos A' + 2zx \tan C \tan A \cos B' + 2xy \tan A \tan B \cos C')$$

$$\leqslant \left[\frac{1}{2}(y^2 + z^2) \cot A + \frac{1}{2}(z^2 + x^2) \cot B + \frac{1}{2}(x^2 + y^2) \cot C \right] + \frac{1}{2} \cot A \cot B \cot C (x^2 \tan^2 A + y^2 \tan^2 B + z^2 \tan^2 C)$$

$$= \frac{1}{2}(\cot A \cot B + \cot B \cot C + \cot C \cot A) \cdot$$

$$(x^2 \tan A + y^2 \tan B + z^2 \tan C)$$

注意到 $\triangle ABC$ 中有恒等式

$$\cot A \cot B + \cot B \cot C + \cot C \cot A = 1$$

所以

$$x^2 \tan A + y^2 \tan B + z^2 \tan C$$

$$\geqslant 2yz \sin A' + 2xz \sin B' + 2xy \sin C'$$

其中等号成立的充要条件是

$$yz \frac{\sin(A+A')}{\sin A} = zx \frac{\sin(B+B')}{\sin B} = xy \frac{\sin(C+C')}{\sin C}$$

且

$$yz \tan B \tan C \sin A' = zx \tan C \tan A \sin B'$$
$$= xy \tan A \tan B \sin C'$$

化简得

$$yz \cot A \sin A' = zx \cot B \sin B' = xy \cot C \sin C'$$

且

$$yz \cos A' = zx \cos B' = xy \cos C'$$

5.2　几何不等式

涉及几何问题的不等式一般称为几何不等式. 对于这一部分内容,我们只介绍几个著名的初等几何不等式以及与三角形有关的若干不等式.

一、等周问题

我们首先介绍关于三角形的等周定理.

定理 5.1　在周长相同的一切三角形中以正三角形的面积为最大. 其对偶命题是:

定理 5.1* 在面积相同的一切三角形中以正三角形的周长为最短.

若设 $\triangle ABC$ 的三边分别为 a,b,c,面积为 Δ,要证明定理 5.1,也就是要证明最简单的等周不等式

$$a + b + c \geqslant 2\sqrt[4]{27} \cdot \sqrt{\Delta} \qquad (2.1)$$

其中等号当且仅当 $\triangle ABC$ 为正三角形时成立.

不等式(2.1)的证法有很多,下面我们介绍比较简单的几种.

证法 1 令 $s = \dfrac{1}{2}(a + b + c)$,由算术 – 几何平均不等式,有

$$\frac{1}{3}\left[(s-a) + (s-b) + (s-c)\right]$$

$$\geqslant \sqrt[3]{(s-a)(s-b)(s-c)} \qquad (2.2)$$

从而

$$\frac{1}{27}s^4 \geqslant s(s-a)(s-b)(s-c) = \Delta^2$$

所以

$$a + b + c = 2s \geqslant 2\sqrt[4]{27} \cdot \sqrt{\Delta}$$

证法 2 由 5.1 节的命题 5.7 知,在 $\triangle ABC$ 中不等式

$$\tan\frac{A}{2}\tan\frac{B}{2}\tan\frac{C}{2} \leqslant \frac{\sqrt{3}}{9} \qquad (2.3)$$

成立. 再由公式

$$\Delta = s^2\tan\frac{A}{2}\tan\frac{B}{2}\tan\frac{C}{2}$$

所以

$$s > \sqrt[4]{27} \cdot \sqrt{\Delta}$$

从而

$$a + b + c \geqslant 2 \sqrt[4]{27} \cdot \sqrt{\Delta}$$

证法3 利用算术 – 几何平均不等式,得

$$a + b + c \geqslant 3 \sqrt[3]{abc}$$

再由公式

$$a^2 b^2 c^2 = \frac{8\Delta^2}{\sin A \sin B \sin C}$$

及熟知的不等式

$$\sin A \sin B \sin C \leqslant \frac{3\sqrt{3}}{8}$$

即得

$$a + b + c \geqslant 2 \sqrt[4]{27} \cdot \sqrt{\Delta}$$

证法4 在 $\triangle ABC$ 中,有恒等式

$$(a + b + c)^2 = 64R^2 \cos^2 \frac{A}{2} \cos^2 \frac{B}{2} \cos^2 \frac{C}{2}$$

(R 为 $\triangle ABC$ 外接圆半径,下同). 由(2.3)知

$$\cos \frac{A}{2} \cos \frac{B}{2} \cos \frac{C}{2} \geqslant 3\sqrt{3} \sin \frac{A}{2} \sin \frac{B}{2} \sin \frac{C}{2}$$

代入上式得

$$(a + b + c)^2$$

$$\geqslant 64R^2 \cdot 3\sqrt{3} \sin \frac{A}{2} \sin \frac{B}{2} \sin \frac{C}{2} \cdot \cos \frac{A}{2} \cos \frac{B}{2} \cos \frac{C}{2}$$

$$= 24\sqrt{3} R^2 \sin A \sin B \sin C$$

$$= 12\sqrt{3} \Delta$$

所以

$$a + b + c \geqslant 2 \sqrt[4]{27} \cdot \sqrt{\Delta}$$

证法5 由算术 – 几何平均不等式,得

$$(c + a - b)(a + b - c) \leqslant a^2$$

$$(a + b - c)(b + c - a) \leqslant b^2$$
$$(b + c - a)(c + a - b) \leqslant c^2$$

以上三式相乘再开平方,并注意到

$$abc \leqslant \left[\frac{1}{3}(a + b + c) \right]^3 = \frac{8}{27}s^3$$

即得证.

证法 6　容易证明

$$\sin A \sin B + \sin B \sin C + \sin C \sin A$$
$$\leqslant \frac{1}{3}(\sin A + \sin B + \sin C)^2$$

但

$$\sin A + \sin B + \sin C \leqslant \frac{3\sqrt{3}}{2}$$

所以

$$\sin A \sin B + \sin B \sin C + \sin C \sin A$$
$$\leqslant \frac{\sqrt{3}}{2}(\sin A + \sin B + \sin C)$$

上式两边同乘以 $2R$,得

$$h_a + h_b + h_c \leqslant \frac{\sqrt{3}}{2}(a + b + c) \qquad (2.4)$$

(h_a, h_b, h_c 分别表示边 a, b, c 上的高). 再由算术 – 几何平均不等式得

$$\Delta^3 \leqslant \frac{1}{8} abc h_a h_b h_c$$
$$\leqslant \frac{1}{8} \left[\frac{1}{3}(a + b + c) \right]^3 \left[\frac{1}{3}(h_a + h_b + h_c) \right]^3$$

利用(2.4),所以

$$\Delta^3 \leqslant \frac{1}{8} \left[\frac{1}{3}(a + b + c) \right]^3 \left[\frac{\sqrt{3}}{6}(a + b + c) \right]^3$$

从而有

$$a + b + c \geq 2 \sqrt[4]{27} \cdot \sqrt{\Delta}$$

证法 7 不妨假定 $a \geq b \geq c$, 则有 $h_a \leq h_b \leq h_c$, 故由 Chebyshev 不等式得

$$18\Delta \leq (a + b + c)(h_a + h_b + h_c)$$

由式(2.4)即得证.

证法 8 设三角形 $\triangle$ 的三边长为 a, b, c, 作变换

$$T: a_1 = \frac{1}{2}(b + c), b_1 = \frac{1}{2}(c + a), c_1 = \frac{1}{2}(a + b) \tag{2.5}$$

由于

$$b_1 + c_1 - a_1 = a > 0$$
$$c_1 + a_1 - b_1 = b > 0$$
$$a_1 + b_1 - c_1 = c > 0$$

以 a_1, b_1, c_1 为三边仍可作三角形 $\triangle_1$, 记为 $\triangle_1 = T(\triangle)$. 我们首先注意下面两个事实:

(1) $\triangle$ 与 $T(\triangle)$ 有相等的周长, 且 $T(\triangle)$ 为正三角形的一个充要条件是 $\triangle$ 是正三角形;

(2) 如果 $\triangle$ 与 $\triangle_1$ 的面积用 Δ 与 Δ_1 来记, 则当 $\triangle$ 为非正三角形时, 必有

$$\Delta < \Delta_1 \tag{2.6}$$

这是因为, 用 $2s$ 表示 $\triangle$ 的周长

$$\Delta = \sqrt{s(s - a)(s - b)(s - c)}$$
$$\Delta_1 = \sqrt{s(s - a_1)(s - b_1)(s - c_1)}$$

则不等式(2.6)等价于

$$(s - a)(s - b)(s - c) < (s - a_1)(s - b_1)(s - c_1)$$

由不等式(2.5)知, 上述不等即为

$$(b + c - a)(c + a - b)(a + b - c) < abc$$

从而,得

$$(c+a-b)(a+b-c)$$
$$< \left\{ \frac{1}{2} \left[(c+a-b) + (a+b-c) \right] \right\}^2$$
$$= a^2$$

类似地,有

$$(a+b-c)(b+c-a) \leqslant b^2$$
$$(b+c-a)(c+a-b) \leqslant c^2$$

将以上三式两边分别相乘,然后开平方,即知不等式 (2.6) 成立.

设 △ 为任一非正三角形,令 $\triangle_1 = T(\triangle)$, $\triangle_2 = T(\triangle_1)$, $\cdots$, $\triangle_n = T(\triangle_{n-1})$, $\cdots$. 由前面的 (1) 与 (2),有面积关系

$$\triangle < \triangle_1 < \triangle_2 < \cdots < \triangle_{n-1} < \triangle_n < \cdots \qquad (2.7)$$

不等式 (2.7) 中的每一个三角形都有相等的周长. 我们把关系式 $a_n = s - \frac{1}{2} a_{n-1}$ 改写为

$$a_n - \frac{2}{3}s = -\frac{1}{2} \left(a_{n-1} - \frac{2}{3}s \right)$$

经过递推得出对 $n = 1, 2, 3, \cdots$,有

$$a_n - \frac{2}{3}s = \left(-\frac{1}{2} \right)^n \left(a - \frac{2}{3}s \right)$$

由于 $\lim\limits_{n \to \infty} \left(-\frac{1}{2} \right)^n = 0$,所以

$$\lim_{n \to \infty} a_n = \frac{2}{3}s = \frac{1}{3}(a+b+c)$$

对称地有

$$\lim_{n \to \infty} b_n = \lim_{n \to \infty} c_n = \frac{1}{3}(a+b+c)$$

这表明:当 $n \to \infty$ 时, $\triangle_n$ 趋于一个边长为 $\frac{1}{3}(a+b+c)$ 的正三角形 $\triangle^*$. 由不等式(2.7)可推出 $\Delta < \Delta^*$. 这就证明了定理 5.1.

证法9 设 $\triangle ABC$ 的周长为 P,面积为 Δ,作变换

$$\begin{cases} A_1 = \dfrac{1}{2}(B+C) = \dfrac{1}{2}(\pi - A) \\[2mm] B_1 = \dfrac{1}{2}(C+A) = \dfrac{1}{2}(\pi - B) \\[2mm] C_1 = \dfrac{1}{2}(A+B) = \dfrac{1}{2}(\pi - C) \end{cases}$$

并且

$$R_1 = R\left(8\sin\frac{A}{2}\sin\frac{B}{2}\sin\frac{C}{2} \right)^{\frac{1}{2}}$$

这里 R, R_1 分别表示 $\triangle ABC$ 和 $\triangle A_1 B_1 C_1$ 的外接圆半径.

若设 $\triangle A_1 B_1 C_1$ 的周长为 P_1,面积为 Δ_1,则易计算得 $\Delta_1 = \Delta$. 因此我们所说的变换是保持面积不变的变换. 对 $\triangle ABC$,令

$$A' = \frac{1}{2}(\pi - A), B' = \frac{1}{2}(\pi - B), C' = \frac{1}{2}(\pi - C)$$

则 $A' + B' + C' = \pi$. 由于对 $\triangle A'B'C'$ 不等式

$$\cos\frac{A'}{2}\cos\frac{B'}{2}\cos\frac{C'}{2} \leqslant \frac{3\sqrt{3}}{8}$$

成立,故

$$\cos\frac{\pi - A}{4}\cos\frac{\pi - B}{4}\cos\frac{\pi - C}{4} \leqslant \frac{3\sqrt{3}}{8} \qquad (2.8)$$

由算术 - 几何平均不等式并利用倍角公式化简得

$$8\cos^2\frac{A}{2}\cos^2\frac{B}{2}\cos^2\frac{C}{2} \geqslant 27\sin\frac{A}{2}\sin\frac{B}{2}\sin\frac{C}{2}$$

$$(2.9)$$

而且等号当且仅当 $\triangle ABC$ 为正三角形时成立.

由(2.8)与(2.9)知

$$\left(8\sin\frac{A}{2}\sin\frac{B}{2}\sin\frac{C}{2}\right)^{\frac{1}{2}}\cdot\cos\frac{\pi-A}{4}\cos\frac{\pi-B}{4}\cos\frac{\pi-C}{4}$$

$$\leqslant \cos\frac{A}{2}\cos\frac{B}{2}\cos\frac{C}{2}$$

所以

$$P_1 = 8R_1\cos\frac{A_1}{2}\cos\frac{B_1}{2}\cos\frac{C_1}{2}$$

$$= 8R\left(8\sin\frac{A}{2}\sin\frac{B}{2}\sin\frac{C}{2}\right)^{\frac{1}{2}}\cdot\cos\frac{\pi-A}{4}\cos\frac{\pi-B}{4}\cos\frac{\pi-C}{4}$$

$$\leqslant 8R\cos\frac{A}{2}\cos\frac{B}{2}\cos\frac{C}{2}$$

$$= P$$

故有 $P_1 \leqslant P$. 因而我们所作的变换又是周长不增的变换. 一般地, 作变换

$$A_n = \frac{1}{2}(B_{n-1}+C_{n-1}) = \frac{1}{2}(\pi-A_{n-1})$$

$$B_n = \frac{1}{2}(C_{n-1}+A_{n-1}) = \frac{1}{2}(\pi-B_{n-1})$$

$$C_n = \frac{1}{2}(A_{n-1}+B_{n-1}) = \frac{1}{2}(\pi-C_{n-1})$$

$$R_n = R_{n-1}\left(8\sin\frac{A_{n-1}}{2}\sin\frac{B_{n-1}}{2}\sin\frac{C_{n-1}}{2}\right)^{\frac{1}{2}}$$

这里 R_{n-1}, R_n 分别为 $\triangle A_{n-1}B_{n-1}C_{n-1}$ 和 $\triangle A_nB_nC_n$ 的外接圆半径, 并且规定 $A_0 = A, B_0 = B, C_0 = C,$ 且 $n = 1, 2,$

$3,\cdots$. 由 $A_n = \dfrac{1}{2}(\pi - A_{n-1})$ 知

$$A_n - \frac{\pi}{3} = -\frac{1}{2}\left(A_{n-1} - \frac{\pi}{3}\right)$$

利用这个递推公式可得到

$$A_n - \frac{\pi}{3} = \left(-\frac{1}{2}\right)^n \left(A_0 - \frac{\pi}{3}\right)$$

$$= \left(-\frac{1}{2}\right)^n \left(A - \frac{\pi}{3}\right) \quad (n = 1,2,3,\cdots)$$

因为 $\lim\limits_{n \to \infty}\left(-\dfrac{1}{2}\right)^n = 0$，解得 $\lim\limits_{n \to \infty} A_n = \dfrac{\pi}{3}$.

同理 $\lim\limits_{n \to \infty} B_n = \lim\limits_{n \to \infty} C_n = \dfrac{\pi}{3}$. 因此当 $n \to \infty$ 时，$\triangle A_n B_n C_n$ 趋于一正三角形 $\triangle A^* B^* C^*$.

设 $\triangle A_n B_n C_n$ 的周长为 P_n，面积为 Δ_n ($n = 1,2,3,\cdots$)，$\triangle A^* B^* C^*$ 的周长为 P^*，面积为 Δ^*，由于我们所作的变换是面积不变而周长不增的变换，故有

$$\Delta = \Delta_1 = \Delta_2 = \cdots = \Delta_n = \cdots = \Delta^*$$

$$P \geqslant P_1 \geqslant P_2 \geqslant \cdots \geqslant P_n \geqslant \cdots \geqslant P^*$$

从而

$$\Delta = \lim_{n \to \infty} \Delta_n = \Delta^* = \frac{\sqrt{3}}{36}P^{*2} \leqslant \frac{\sqrt{3}}{36}P^2$$

再由前所述知，不等式 $\Delta \leqslant \dfrac{\sqrt{3}}{36}P^2$ 中的等号当且仅当 $\triangle ABC$ 为正三角形时成立，即在周长为 P 的一切三角形中正三角形取得最小面积 $\dfrac{\sqrt{3}}{36}P^2$. 因此定理 5.1 得证.

不等式 (2.1) 的加权推广为如下定理：

定理 5.2　设 $\triangle ABC$ 的三边长分别为 a,b,c, 面积为 Δ, 又 α,β,γ 为任意正数, 则有

$$\alpha a + \beta b + \gamma c \geqslant 2\sqrt[4]{3}\sqrt{(\alpha\beta+\beta\gamma+\gamma\alpha)\Delta} \qquad (2.10)$$

其中等号当且仅当 $\triangle ABC$ 为正三角形且 $\alpha = \beta = \gamma$ 时成立.

证明　不等式 (2.10) 可由本章 5.1 节的不等式式 (1.77) 直接得到.

不等式 (2.1) 还可以加强为:

定理 5.3　设 $\triangle ABC$ 的三边长分别为 a,b,c, 面积为 Δ, 则有

$$ab + bc + ca \geqslant 4\sqrt{3}\,\Delta \qquad (2.11)$$

$$abc \geqslant \frac{8}{\sqrt[4]{27}}\Delta^{\frac{3}{2}} \qquad (2.12)$$

$$abc \geqslant \frac{4\sqrt{3}}{9}(a+b+c)\Delta \qquad (2.13)$$

以上三式中等号当且仅当 $\triangle ABC$ 为正三角形时成立.

证明　设 $\triangle ABC$ 的外接圆半径为 R, 则

$$a + b + c = 2R(\sin A + \sin B + \sin C)$$

由熟知的不等式

$$\sin A + \sin B + \sin C \leqslant \frac{3\sqrt{3}}{2} \qquad (2.14)$$

及恒等式 $R = \dfrac{abc}{4\Delta}$, 所以

$$a + b + c \leqslant 3\sqrt{3}\,R = \frac{3\sqrt{3}}{4}\cdot\frac{abc}{\Delta}$$

由此, 得

$$abc \geqslant \frac{4\sqrt{3}}{9}(a+b+c)\Delta$$

再利用算术 – 几何平均不等式知

$$a + b + c \geqslant 3(abc)^{\frac{1}{3}}$$

$$ab + bc + ca \geqslant 3(abc)^{\frac{2}{3}}$$

结合(2.13)即得(2.11)和(2.12).

由于(2.14)中等号当且仅当$\triangle ABC$为正三角形时成立,故(2.11)~(2.13)三式中等号当且仅当$\triangle ABC$为正三角形时成立.

不等式(2.11)~(2.13)也可以由不等式(2.10)导出.

事实上,在(2.10)中令$\alpha = bc, \beta = ca, \gamma = ab$,则有

$$3abc \geqslant 2\sqrt[4]{3}\sqrt{abc(a + b + c)\Delta}$$

上式两边平方后约去abc即得式(2.13).因式(2.13)不难得到式(2.11)和(2.12).

不等式(2.12)通常称为 Pólya-Szegö 不等式,显然式(2.13)为它的加强.下面我们介绍这两个不等式的一些应用.

设$\triangle ABC$与$\triangle A'B'C'$的边长分别为a, b, c与a', b', c',面积分别为Δ与Δ',若$\theta > 0$,则有

$$a^\theta + b^\theta + c^\theta \geqslant 3\left(\frac{4}{\sqrt{3}}\right)^{\frac{\theta}{2}}\Delta^{\frac{\theta}{2}} \tag{2.15}$$

$$a^\theta a'^\theta + b^\theta b'^\theta + c^\theta c'^\theta \geqslant 3\left(\frac{16}{3}\right)^{\frac{\theta}{2}}(\Delta\Delta')^{\frac{\theta}{2}} \tag{2.16}$$

式(2.15)中等号当且仅当$\triangle ABC$为正三角形时成立,式(2.16)中等号当且仅当$\triangle ABC$与$\triangle A'B'C'$均为正三角形时成立.

证明 因为$\theta > 0$,所以由不等式(2.12),则

$$a^\theta b^\theta c^\theta \geqslant \left(\frac{8}{\sqrt[4]{27}}\right)^\theta \Delta^{\frac{3\theta}{2}}, a'^\theta b'^\theta c'^\theta \geqslant \left(\frac{8}{\sqrt[4]{27}}\right)^\theta \Delta'^{\frac{3\theta}{2}}$$

再利用算术 – 几何平均不等式即可得到 (2. 15) 与 (2. 16).

设 $\triangle ABC$ 与 $\triangle A'B'C'$ 的三边长分别为 a,b,c 与 a',b',c',面积分别为 Δ 与 Δ',半周长分别为 p 与 p',则有

$$a(p-a)b'c' + b(p-b)c'a' + c(p-c)a'b' \geqslant 8\Delta\Delta' \tag{2.17}$$

$$a(p-a)a'^2 + b(p-b)b'^2 + c(p-c)c'^2 \geqslant 8\Delta\Delta' \tag{2.18}$$

$$a(p-a)a'(p'-a') + b(p-b)b'(p'-b') + $$
$$c(p-c)c'(p'-c') \geqslant 4\Delta\Delta' \tag{2.19}$$

三式中等号均当且仅当 $\triangle ABC$ 与 $\triangle A'B'C'$ 为正三角形时成立.

证明　由 Heron 公式知

$$p(p-a)(p-b)(p-c) = \Delta^2$$

用上式去乘式 (2.13) 的两端,注意到 $a+b+c=2p$,则有

$$abc(p-a)(p-b)(p-c) \geqslant \frac{8\sqrt{3}}{9}\Delta^3$$

所以

$$\sqrt[3]{abc(p-a)(p-b)(p-c)} \geqslant \frac{2}{\sqrt{3}}\Delta \tag{2.20}$$

其中等号当且仅当 $\triangle ABC$ 为正三角形时成立.

由算术 – 几何平均不等式,并利用不等式 (2.12) 与 (2.20),即得

$$a(p-a)b'c' + b(p-b)c'a' + c(p-c)a'b'$$
$$\geqslant 3\sqrt[3]{abc(p-a)(p-b)(p-c)(a'b'c')^2}$$

$$\geqslant 3 \cdot \frac{2}{\sqrt{3}}\Delta \cdot \frac{4}{\sqrt{3}}\Delta' = 8\Delta\Delta'$$

$$a(p-a)a'^2 + b(p-b)b'^2 + c(p-c)c'^2 \geqslant 8\Delta\Delta'$$

$$a(p-a)a'(p'-a') + b(p-b)b'(p'-b') +$$

$$c(p-c)c'(p'-c')$$

$$\geqslant 3\sqrt[3]{abc(p-a)(p-b)(p-c)a'b'c'(p'-a')(p'-b')(p'-c')}$$

$$\geqslant 3 \cdot \frac{2}{\sqrt{3}}\Delta \cdot \frac{2}{\sqrt{3}}\Delta'$$

$$= 4\Delta\Delta'$$

不等式(2.18)与(2.19)还可以分别加强为

$$a(p-a)a'^2 + b(p-b)b'^2 + c(p-c)c'^2$$

$$\geqslant 4\left(\frac{a'^2+b'^2+c'^2}{4M}\Delta^2 + \frac{4M}{a'^2+b'^2+c'^2}\Delta'^2\right) \quad (2.21)$$

$$a(p-a)a'(p'-a') + b(p-b)b'(p'-b') +$$

$$c(p-c)c'(p'-c') \geqslant 2\left(\frac{M'}{M}\Delta^2 + \frac{M}{M'}\Delta'^2\right) \quad (2.22)$$

其中

$$M = (p-a)(p-b) + (p-b)(p-c) + (p-c)(p-a)$$

$$M' = (p'-a')(p'-b') + (p'-b')(p'-c') +$$

$$(p'-c')(p'-a')$$

特别地,在式(2.17)中,令 $a'=b'=c'=1$,则 $\Delta' = \frac{\sqrt{3}}{4}$,故有

$$a(p-a) + b(p-b) + c(p-c) \geqslant 2\sqrt{3}\Delta$$

即

$$a(b+c-a) + b(c+a-b) + c(a+b-c) \geqslant 4\sqrt{3}\Delta$$

或

$$a^2 + b^2 + c^2$$

$$\geqslant 4\sqrt{3}\Delta + (a-b)^2 + (b-c)^2 + (c-a)^2 \quad (2.23)$$

此即 Finsler-Hadwiger 不等式. 利用不等式(2.20)很容易将 Finsler-Hadwiger 不等式推广到 n 个三角形的情形, 即设 $\triangle A_i B_i C_i$ 的边长及面积分别为 a_i, b_i, c_i 及 Δ_i $(i=1,2,3,\cdots,n)$, 则

$$\prod_{i=1}^{n} a_i(b_i + c_i - a_i) + \prod_{i=1}^{n} b_i(c_i + a_i - b_i) +$$

$$\prod_{i=1}^{n} c_i(a_i + b_i - c_i) \geqslant 6\left(\frac{2}{\sqrt{3}}\right)^n \prod_{i=1}^{n} \Delta_i \quad (2.24)$$

设 $\triangle ABC$ 与 $\triangle A'B'C'$ 的三边长分别为 a, b, c 与 a', b', c', 面积分别为 Δ 与 Δ', 则有

$$a'(b+c-a) + b'(c+a-b) + c'(a+b-c)$$

$$\geqslant \sqrt{48\Delta\Delta'} \quad (2.25)$$

其中等号当且仅当 $\triangle ABC$ 与 $\triangle A'B'C'$ 均为正三角形时成立.

证明 记所证不等式左端为 H, 并设 $\triangle ABC$ 与 $\triangle A'B'C'$ 的半周长为 p 与 p', 则

$$H^2 = [a'(b+c-a) + b'(c+a-b) + c'(a+b-c)] \cdot$$

$$[a(b'+c'-a') + b(c'+a'-b') + c(a'+b'-c')]$$

$$= 2[a'(p-a) + b'(p-b) + c'(p-c)] \cdot$$

$$2[a(p'-a') + b(p'-b') + c(p'-c')]$$

$$\geqslant 4 \cdot 3 \sqrt[3]{a'b'c'(p-a)(p-b)(p-c)} \cdot$$

$$3 \sqrt[3]{abc(p'-a')(p'-b')(p'-c')}$$

$$= 36 \sqrt[3]{abc(p-a)(p-b)(p-c)} \cdot$$

$$\sqrt[3]{a'b'c'(p'-a')(p'-b')(p'-c')}$$

利用(2.18), 则

$$H^2 \geqslant 36\left(\frac{2}{\sqrt{3}}\right)^2 \cdot \sqrt[3]{\Delta^3 \Delta'^3} = 48\Delta\Delta'$$

因此，$H \geqslant \sqrt{48\Delta\Delta'}$，即(2.25)成立.

定理 5.1 可以推广到平面上的多边形和空间的四面体，结论如下：

定理 5.4 在周长相同的一切 n 边形中，以正 n 边形的面积为最大.

定理 5.5 在表面积相同的一切四面体中以正四面体的体积为最大.

更一般的等周定理，在二维平面上，有如下定理：

定理 5.6 在周长相同的所有平面图形中，以圆的面积为最大.

定理 5.6* 在面积相同的所有平面图形中，以圆的周长为最小.

在三维空间中，有如下定理：

定理 5.7 在表面积相同的所有立体图形中，以球的体积为最大.

定理 5.7* 在体积相同的所有立体图形中，以球的表面积为最小.

二、Weisenböck 不等式

定理 5.8 设 $\triangle ABC$ 的三边长为 a,b,c，面积为 Δ，则

$$a^2 + b^2 + c^2 \geqslant 4\sqrt{3}\,\Delta \qquad (2.26)$$

其中等号当且仅当 $\triangle ABC$ 为正三角形时成立.

不等式(2.26)称为 Weisenböck 不等式(1919 年提出). 它曾用来作为第三届国际中学生数学竞赛(IMO)试题. 这个不等式的证法较多，我们大致介绍如下：

证法 1 由不等式(2.1)，并注意到

$$a^2 + b^2 + c^2 \geqslant \frac{1}{3}(a+b+c)^2$$

即得

$$a^2 + b^2 + c^2 \geqslant 4\sqrt{3}\,\Delta$$

证法 2　由三角形面积的 Heron 公式知

$$\Delta = \sqrt{s(s-a)(s-b)(s-c)}$$

其中 $s = \frac{1}{2}(a+b+c)$，则

$$16\Delta^2 = 2a^2b^2 + 2b^2c^2 + 2c^2a^2 - a^4 - b^4 - c^4$$

因为

$$a^4 + b^4 + c^4 - (a^2b^2 + b^2c^2 + c^2a^2)$$
$$= \frac{1}{2}\left[(a^2-b^2)^2 + (b^2-c^2)^2 + (c^2-a^2)^2\right] \geqslant 0$$

所以

$$a^4 + b^4 + c^4 \geqslant a^2b^2 + b^2c^2 + c^2a^2$$

其中等号当且仅当 $a^2 = b^2 = c^2$，即 $a = b = c$ 时成立.

由此

$$(a^2 + b^2 + c^2)^2$$
$$\geqslant 3(2a^2b^2 + 2b^2c^2 + 2c^2a^2 - a^4 - b^4 - c^4) - 48\Delta^2$$

所以

$$a^2 + b^2 + c^2 \geqslant 4\sqrt{3}\,\Delta$$

其中等号当且仅当 $a = b = c$，即 $\triangle ABC$ 为正三角形时成立.

证法 3　由余弦定理及三角形面积公式知

$$a^2 + b^2 + c^2 - 4\sqrt{3}\,\Delta \geqslant 2(a^2 + b^2 - 2ab)$$
$$= 2(a-b)^2 \geqslant 0$$

所以

$$a^2 + b^2 + c^2 \geqslant 4\sqrt{3}\,\Delta$$

证法 4　由于

$$a^2 + b^2 + c^2 = 2(a^2 + b^2 - ab\cos C)$$
$$\geqslant 2ab(2 - \cos C)$$
$$= 4\Delta \cdot \frac{2 - \cos C}{\sin C}$$

并注意到 $\cos\left(\dfrac{\pi}{3} - C\right) \leqslant 1$, 即

$$a^2 + b^2 + c^2 \geqslant 4\sqrt{3}\,\Delta$$

证法 5　由余弦定理并利用三角形面积公式, 得

$$a^2 + b^2 + c^2 = 4\Delta(\cot A + \cot B + \cot C)$$

但

$$\cot A + \cot B + \cot C \geqslant \sqrt{3}$$

所以

$$a^2 + b^2 + c^2 \geqslant 4\sqrt{3}\,\Delta$$

证法 6　由算术 - 几何平均不等式, 得

$$a^2 + b^2 + c^2 \geqslant 3(abc)^{\frac{2}{3}}$$

利用公式

$$a^2 b^2 c^2 = \frac{8\Delta^3}{\sin A \sin B \sin C}$$

及熟知的不等式

$$\sin A \sin B \sin C \leqslant \frac{3\sqrt{3}}{8}$$

即得

$$a^2 + b^2 + c^2 \geqslant 3\left(8\Delta^3 \cdot \frac{8}{3\sqrt{3}}\right)^{\frac{1}{3}} = 4\sqrt{3}\,\Delta$$

证法 7　因为

$$a^2 + b^2 + c^2 \geqslant ab + bc + ca$$

$$= 2\Delta\left(\frac{1}{\sin A} + \frac{1}{\sin B} + \frac{1}{\sin C}\right)$$

但

$$\frac{1}{\sin A} + \frac{1}{\sin B} + \frac{1}{\sin C} \geqslant 3(\sin A \sin B \sin C)^{-\frac{1}{3}}$$

且

$$\sin A \sin B \sin C \leqslant \frac{3\sqrt{3}}{8}$$

所以

$$a^2 + b^2 + c^2 \geqslant 4\sqrt{3}\Delta$$

证法 8 设 $\triangle ABC$ 与边 a, b, c 相对应的三条高及三条中线长分别为 h_a, h_b, h_c 及 m_a, m_b, m_c. 因为

$$h_a^2 + h_b^2 + h_c^2 \leqslant m_a^2 + m_b^2 + m_c^2$$

及

$$m_a^2 + m_b^2 + m_c^2 = \frac{3}{4}(a^2 + b^2 + c^2)$$

所以

$$h_a^2 + h_b^2 + h_c^2 \leqslant \frac{3}{4}(a^2 + b^2 + c^2) \qquad (2.27)$$

由算术 – 几何平均不等式

$$\Delta^6 = \frac{1}{64}a^2 b^2 c^2 h_a^2 h_b^2 h_c^2$$

$$\leqslant \frac{1}{64}\left[\frac{1}{3}(a^2 + b^2 + c^2)\right]^3 \cdot \left[\frac{1}{3}(h_a^2 + h_b^2 + h_c^2)\right]^3$$

利用式(2.27),所以有

$$\Delta^6 \leqslant \frac{1}{64} \times \frac{1}{27} \times \frac{1}{64}(a^2 + b^2 + c^2)^6$$

从而

$$a^2 + b^2 + c^2 \geqslant 4\sqrt{3}\Delta$$

证法9 不妨假定 $a \geq b \geq c$,则 $h_a \leq h_b \leq h_c$(h_a, h_b, h_c 分别为边 a, b, c 上的高),由 Chebyshev 不等式或排序原理,得

$$3(a^2 h_a^2 + b^2 h_b^2 + c^2 h_c^2) \leq (a^2 + b^2 + c^2)(h_a^2 + h_b^2 + h_c^2)$$

即

$$36\Delta^2 \leq (a^2 + b^2 + c^2)(h_a^2 + h_b^2 + h_c^2)$$

利用式(2.27),即得

$$a^2 + b^2 + c^2 \geq 4\sqrt{3}\,\Delta$$

证法10 不妨假定 $a \geq b \geq c$,则有

$$b^2 + c^2 - a^2 \leq c^2 + a^2 - b^2 \leq a^2 + b^2 - c^2$$

由 Chebyshev 不等式或排序原理,得

$$a^2(b^2 + c^2 - a^2) + b^2(c^2 + a^2 - b^2) + c^2(a^2 + b^2 - c^2)$$
$$\leq \frac{1}{3}(a^2 + b^2 + c^2)(b^2 + c^2 - a^2 + c^2 + a^2 - b^2 + a^2 + b^2 - c^2)$$

即

$$3(2a^2 b^2 + 2b^2 c^2 + 2c^2 a^2 - a^4 - b^4 - c^4) \leq (a^2 + b^2 + c^2)^2$$

但

$$2a^2 b^2 + 2b^2 c^2 + 2c^2 a^2 - a^4 - b^4 - c^4 = 16\Delta^2$$

从而

$$a^2 + b^2 + c^2 \geq 4\sqrt{3}\,\Delta$$

证法11 令

$$b + c - a = x, c + a - b = y, a + b - c = z$$

则

$$x > 0, y > 0, z > 0$$

且

$$a = \frac{1}{2}(y + z), b = \frac{1}{2}(z + x), c = \frac{1}{2}(x + y)$$
$$a + b + c = x + y + z$$

又

$$\Delta = \frac{1}{4} \sqrt{(a+b+c)(b+c-a)(c+a-b)(a+b-c)}$$

$$= \frac{1}{4} \sqrt{xyz(x+y+z)}$$

故不等式(2.26)等价于

$$\frac{1}{4}(y+z)^2 + \frac{1}{4}(z+x)^2 + \frac{1}{4}(x+y)^2$$

$$\geqslant \sqrt{3xyz(x+y+z)}$$

或

$$x^2 + y^2 + z^2 + xy + yz + xz$$

$$\geqslant 2\sqrt{3xyz(x+y+z)} \qquad (2.28)$$

下面证明比(2.28)更强的不等式

$$xy + yz + xz \geqslant \sqrt{3xyz(x+y+z)} \qquad (2.29)$$

上式两边平方得

$$(xy + yz + xz)^2 \geqslant 3xyz(x+y+z)$$

由于

$$(xy + yz + xz)^2 - 3xyz(x+y+z)$$

$$= \frac{1}{2} \left[x^2(y-z)^2 + y^2(z-x)^2 + z^2(x-y)^2 \right] > 0$$

故不等式(2.29)成立. 再由

$$x^2 + y^2 + z^2 \geqslant xy + yz + xz$$

故由式(2.29)知(2.28)成立,从而不等式(2.26)成立.

证法 12　设 $\triangle ABC$ 的内切圆半径及周长之半分别为 r 与 s,则有公式

$$s = r \cot \frac{A}{2} \cot \frac{B}{2} \cot \frac{C}{2}$$

由算术 – 几何平均不等式

$$\cot\frac{A}{2}+\cot\frac{B}{2}+\cot\frac{C}{2}\geqslant3\left(\cot\frac{A}{2}\cot\frac{B}{2}\cot\frac{C}{2}\right)^{\frac{1}{3}}$$

但

$$\cot\frac{A}{2}+\cot\frac{B}{2}+\cot\frac{C}{2}=\cot\frac{A}{2}\cot\frac{B}{2}\cot\frac{C}{2}$$

由此得

$$\cot\frac{A}{2}\cot\frac{B}{2}\cot\frac{C}{2}\geqslant3\sqrt{3} \qquad (2.30)$$

所以 $s\geqslant3\sqrt{3}\,r$. 又因为

$$a^2+b^2+c^2\geqslant\frac{1}{3}(a+b+c)^2=\frac{4}{3}s^2$$

所以

$$a^2+b^2+c^2\geqslant\frac{4}{3}s\cdot3\sqrt{3}\,r=4\sqrt{3}\,sr=4\sqrt{3}\,\Delta$$

证法 13　由式(2.30)知

$$\cos\frac{A}{2}\cos\frac{B}{2}\cos\frac{C}{2}\geqslant3\sqrt{3}\sin\frac{A}{2}\sin\frac{B}{2}\sin\frac{C}{2}$$

$$(2.30')$$

因为

$$a^2+b^2+c^2\geqslant\frac{1}{3}(a+b+c)^2$$

$$=\frac{64}{3}R^2\cos^2\frac{A}{2}\cos^2\frac{B}{2}\cos^2\frac{C}{2}$$

其中 R 为 $\triangle ABC$ 的外接圆半径. 利用(2.30′),所以

$$a^2+b^2+c^2\geqslant\frac{64}{3}R^2\cos\frac{A}{2}\cos\frac{B}{2}\cos\frac{C}{2}\cdot$$

$$3\sqrt{3}\sin\frac{A}{2}\sin\frac{B}{2}\sin\frac{C}{2}$$

$$=8\sqrt{3}\,R^2\sin A\sin B\sin C=4\sqrt{3}\,\Delta$$

证法 14　由算术 - 几何平均不等式,知

$$(s-a)(s-b) \leqslant \left[\frac{1}{2}(s-a+s-b)\right]^2 = \frac{1}{4}c^2$$

$$(s-b)(s-c) \leqslant \frac{1}{4}a^2$$

$$(s-c)(s-a) \leqslant \frac{1}{4}b^2$$

其中 $s = \dfrac{1}{2}(a+b+c)$，以上三式相加，得

$$a^2 + b^2 + c^2$$
$$\geqslant 4\left[(s-a)(s-b) + (s-b)(s-c) + (s-c)(s-a)\right]$$

又

$$(s-a)(s-b) + (s-b)(s-c) + (s-c)(s-a)$$
$$\geqslant 3\left[(s-a)(s-b)(s-c)\right]^{\frac{2}{3}}$$

从而有

$$(a^2 + b^2 + c^2)^3 \geqslant 12^3\left[(s-a)(s-b)(s-c)\right]^2$$

易知

$$a^2 + b^2 + c^2 \geqslant \frac{1}{3}(a+b+c) = \frac{4}{3}s^2$$

以上两式相乘得

$$(a^2 + b^2 + c^2)^4 \geqslant \frac{4}{3} \times 12^3 \times \Delta^4$$

由此即得

$$a^2 + b^2 + c^2 \geqslant 4\sqrt{3}\,\Delta$$

证法 15　如图 5.3，设 AB 为 $\triangle ABC$ 的最大边，AB 边上的高为 $CD = \dfrac{2\Delta}{c}$，设 $AD = x, DB = c - x$，于是

$$b^2 = \left(\frac{2\Delta}{c}\right)^2 + x^2, a^2 = \left(\frac{2\Delta}{c}\right)^2 + (c-x)^2$$

故

$$a^2 + b^2 + c^2 = 2\left(\frac{2\Delta}{c}\right)^2 + (c-x)^2 + x^2 + c^2$$

$$= \frac{3}{2}c^2 + 2\left(\frac{2\Delta}{c}\right)^2 + 2\left(x - \frac{c}{2}\right)^2$$

$$\geqslant \frac{3}{2}c^2 + 2\left(\frac{2\Delta}{c}\right)^2$$

但

$$\frac{3}{2}c^2 + 2\left(\frac{2\Delta}{c}\right)^2 \geqslant 2\sqrt{\frac{3}{2}c^2 \cdot 2\left(\frac{2\Delta}{c}\right)^2} = 4\sqrt{3}\,\Delta$$

所以

$$a^2 + b^2 + c^2 \geqslant 4\sqrt{3}\,\Delta$$

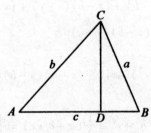

图 5.3

证法 16 设 AB 为 $\triangle ABC$ 的最大边，AB 边上的高 $CD = h$，并设 $AD = l, DB = m$，则 $l + m = c$. 又

$$\Delta = \frac{1}{2}(l+m)h, b^2 = l^2 + h^2, a^2 = m^2 + h^2$$

所以

$$a^2 + b^2 + c^2 - 4\sqrt{3}\,\Delta$$

$$= (l+m)^2 + m^2 + h^2 + l^2 + h^2 - 2\sqrt{3}(l+m)h$$

$$= 2[h^2 - \sqrt{3}(l+m)h + l^2 + lm + m^2]$$

令

$$y = h^2 - \sqrt{3}(l+m)h + l^2 + lm + m^2$$

这是一个关于 h 的二次函数,其判别式

$$3(l+m)^2 - 4(l^2 + lm + m^2) = -(l-m)^2 \leqslant 0$$

故

$$y = h^2 - \sqrt{3}(l+m)h + l^2 + lm + m^2 \geqslant 0$$

从而有

$$a^2 + b^2 + c^2 \geqslant 4\sqrt{3}\,\Delta$$

证法 17　不妨设 $AB \geqslant AC \geqslant BC$,如图 5.4 所示,以 BC 为底作正 $\triangle A'BC$,使 A 和 A' 在 BC 的同侧. 在 $\triangle ACA'$ 中,由余弦定理得

$$\begin{aligned}
AA'^2 &= a^2 + b^2 - 2ab\cos\left(C - \frac{\pi}{3}\right) \\
&= a^2 + b^2 - ab(\cos C + \sqrt{3}\sin C) \\
&= a^2 + b^2 - \frac{1}{2}(a^2 + b^2 - c^2) - 2\sqrt{3}\,\Delta \\
&= \frac{1}{2}(a^2 + b^2 + c^2 - 4\sqrt{3}\,\Delta)
\end{aligned}$$

因为 $AA'^2 \geqslant 0$,所以

$$a^2 + b^2 + c^2 \geqslant 4\sqrt{3}\,\Delta$$

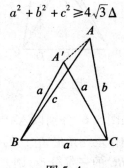

图 5.4

证法 18　如图 5.5,设 BC 为 $\triangle ABC$ 的较小边,以

79

BC 为边作正三角形,使 A 和 A' 在 BC 的同侧,分别过 A,A' 作 BC 的垂线交 BC 于 D,E. 设 $AD=h$,则

$$AA'^2 = DE^2 + \left(h - \frac{\sqrt{3}}{2}a\right)^2$$

$$= \left(BD - \frac{1}{2}a\right)^2 + h^2 + \frac{3}{4}a^2 - 2\sqrt{3}\,\Delta$$

$$= BD^2 - a \cdot BD + a^2 + h^2 - 2\sqrt{3}\,\Delta$$

所以

$$2AA'^2 + 4\sqrt{3}\,\Delta > 2BD^2 + 2h^2 + 2a^2 - 2a \cdot BD$$

$$= a^2 + BD^2 + h^2 + h^2 + a^2 - 2a \cdot BD + BD^2$$

$$= a^2 + c^2 + h^2 + (a - BD)^2$$

$$= a^2 + c^2 + h^2 + DC^2 = a^2 + b^2 + c^2$$

因为 $AA'^2 \geq 0$,所以

$$a^2 + b^2 + c^2 \geq 4\sqrt{3}\,\Delta$$

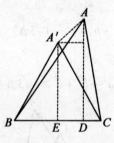

图 5.5

证法 19 如图 5.6,分别以 $\triangle ABC$ 的边 $BC,CA,$ AB 为一边向内侧作正三角形,它们的中心依次为 $A',$ B',C'. 若 KL 为 BC 的三等分点,则 $\triangle A'KL$ 为正三角形. 在 $\triangle BA'L$ 中,由余弦定理,得

$$BA'^2 = BL^2 + LA'^2 - 2BL \cdot LA' \cdot \cos \angle BLA'$$

$$= \left(\frac{2}{3}a\right)^2 + \left(\frac{1}{3}a\right)^2 - 2 \cdot \frac{2}{3}a \cdot \frac{1}{3}a \cdot \cos\frac{\pi}{3}$$

$$= \frac{1}{3}a^2$$

同理

$$BC'^2 = \frac{1}{3}c^2$$

在 $\triangle A'BC'$ 中

$$C'A'^2 = \frac{1}{3}a^2 + \frac{1}{3}c^2 - 2 \cdot \frac{a}{\sqrt{3}} \cdot \frac{c}{\sqrt{3}}\cos\left(B - \frac{\pi}{3}\right)$$

$$= \frac{1}{3}a^2 + \frac{1}{3}c^2 - \frac{1}{3}ac(\cos B + \sqrt{3}\sin B)$$

由 $\Delta = \frac{1}{2}ca\sin B$ 及 $\cos B = \frac{c^2 + a^2 - b^2}{2ca}$，故

$$C'A'^2 = \frac{1}{3}a^2 + \frac{1}{3}c^2 - \frac{1}{6}(a^2 + c^2 - b^2) - \frac{2}{\sqrt{3}}\Delta$$

$$= \frac{1}{6}(a^2 + b^2 + c^2 - 4\sqrt{3}\Delta)$$

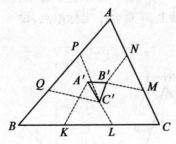

图 5.6

因为 $C'A'^2 \geqslant 0$，所以

$$a^2 + b^2 + c^2 \geqslant 4\sqrt{3}\Delta$$

同理可证

$$A'B'^2 = B'C'^2 = \frac{1}{6}(a^2 + b^2 + c^2 - 4\sqrt{3}\Delta)$$

故 $\triangle A'B'C'$ 为正三角形. $\triangle A'B'C'$ 通常称为 Napoleon 三角形,显然当 $\triangle ABC$ 为正三角形时,它退化为一点.

证法 20 如图 5.7,在平面直角坐标系中,设 $\triangle ABC$ 三个顶点的坐标为 $A(p,q)$, $B(0,0)$, $C(a,0)$,其中 $q>0$. 因为

$$b^2 = (p-q)^2 + q^2, c^2 = p^2 + q^2, \Delta = \frac{1}{2}aq$$

所以

$$a^2 + b^2 + c^2 - 4\sqrt{3}\Delta$$
$$= 2a^2 + 2p^2 + 2q^2 - 2ap - 2\sqrt{3}aq$$
$$= 2\left[\left(p - \frac{a}{2}\right)^2 + \left(q - \frac{\sqrt{3}a}{2}\right)^2\right] \geqslant 0$$

于是

$$a^2 + b^2 + c^2 \geqslant 4\sqrt{3}\Delta$$

证法 21 如图 5.8,在复平面上,置 $\triangle ABC$ 的边 BC 在正实轴上,B 重合于坐标原点,设 A,C 所对应的复数为

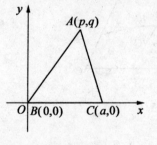

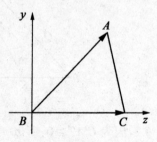

图 5.7　　　　　　　　图 5.8

$$z_1 = \xi + i\eta(\eta > 0), z_2 = a + i0 = a$$

因为

$$\Delta = \frac{1}{2} |\overrightarrow{BC}| \cdot |\overrightarrow{BA}| \cdot \sin\angle CBA$$

$$= \frac{1}{2} a |z_1| \sin\angle CBA = \frac{1}{2} a\eta$$

而

$$a^2 + b^2 + c^2$$

$$= |z_1|^2 + |z_2|^2 + |z_1 - z_2|^2$$

$$= a^2 + \xi^2 + \eta^2 + |(\xi - a) + i\eta|^2$$

$$= a^2 + \xi^2 + 2\eta^2 + (\xi - a)^2$$

$$= 2(a^2 + \xi^2 + \eta^2 - a\xi)$$

所以

$$a^2 + b^2 + c^2 - 4\sqrt{3}\Delta$$

$$= 2(a^2 + \xi^2 + \eta^2 - a\xi - \sqrt{3}a\eta)$$

$$= 2\left[\left(\xi - \frac{a}{2}\right)^2 + \left(\eta - \frac{\sqrt{3}}{2}a\right)^2\right] \geqslant 0$$

从而有

$$a^2 + b^2 + c^2 \geqslant 4\sqrt{3}\Delta$$

证法 22 如图 5.9,分别以 △ABC 三边为一边向外侧作正 △BCD,△CAE,△ABF,设它们的中心分别为 O_1, O_2, O_3. 若 △ABF 的外接圆和 △BCD 的外接圆交于 O,则 $\angle AOB = \angle BOC = 120°$,从而 $\angle AOC = 120°$,于是 △CAE 的外接圆也过点 O. 联结 BO_1, CO_1,则 $\angle BO_1 C = 120°$,△$BO_1 C$ 和 △BOC 有公共的底边 BC,且 $\angle BO_1 C = \angle BOC$. 根据三角形的一边及该边所对的顶角一定时,以此三角形的另两边为腰的等腰三角形具有最大面积(证明过程这里略去),故 △$BO_1 C$ 的面积大于或等于

$\triangle BOC$ 的面积. 若 $\triangle BOC$, $\triangle COA$, $\triangle AOB$ 的面积分别记为 Δ_1, Δ_2, Δ_3, 又

$$\triangle BO_1C \text{ 的面积} = \frac{1}{3} \triangle BCD \text{ 的面积} = \frac{1}{3} \cdot \frac{\sqrt{3}}{4}a^2$$

于是

$$\frac{1}{3} \cdot \frac{\sqrt{3}}{4}a^2 \geqslant \Delta_1$$

同理有

$$\frac{1}{3} \cdot \frac{\sqrt{3}}{4}b^2 \geqslant \Delta_2; \frac{1}{3} \cdot \frac{\sqrt{3}}{4}c^2 \geqslant \Delta_3$$

以上三式相加,得

$$\frac{\sqrt{3}}{12}(a^2 + b^2 + c^2) \geqslant \Delta_1 + \Delta_2 + \Delta_3 = \Delta$$

因此有

$$a^2 + b^2 + c^2 \geqslant 4\sqrt{3}\Delta$$

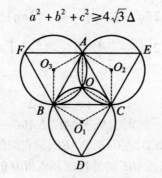

图 5.9

Weisenböck 不等式还有其他一些证法,读者可从本书其他章节中看到.

Weisenböck 不等式(2.26)可以进行改进和加强,例如不等式(2.1)与(2.11)等,都可以看作是它的改

进. 下面我们将介绍 S. Beatty 和 R. Frucht 的工作.

定理 5.9（Beatty 不等式） 设 $\triangle ABC$ 的边长和面积分别为 a, b, c 和 Δ, 记

$$H = \frac{1}{2}(a^2 + b^2 + c^2), K = ab + bc + ca$$

则

$$\frac{1}{12}(K - H)^2 \geqslant \Delta^2 \geqslant \frac{1}{12}(K - H)(3K - 5H) \quad (2.31)$$

其中等号当且仅当 $\triangle ABC$ 为正三角形时成立.

证明 先证明式 (2.31) 左端的不等式. 由于

$K - H$

$$= \frac{1}{2}[(a^2 + b^2 + c^2) - (a - b)^2 - (b - c)^2 - (c - a)^2]$$

$$\geqslant 0$$

所以, 只需证明

$$(a^2 + b^2 + c^2) - (a - b)^2 - (b - c)^2 - (c - a)^2$$

$$\geqslant 4\sqrt{3}\Delta \quad (2.32)$$

由于 $\triangle ABC$ 的半周长 $p = \frac{1}{2}(a + b + c)$, 故上式左端可以改写为

$$(a^2 + b^2 + c^2) - (a - b)^2 - (b - c)^2 - (c - a)^2$$
$$= 4[(p - a)(p - b) + (p - b)(p - c) + (p - c)(p - a)]$$

因此

$$[(a^2 + b^2 + c^2) - (a - b)^2 - (b - c)^2 - (c - a)^2]^2$$
$$= 16[(p - a)^2(p - b)^2 + (p - b)^2(p - c)^2 +$$
$$(p - c)^2(p - a)^2] + 32p(p - a)(p - b)(p - c)$$

其中

$$p = (p - a) + (p - b) + (p - c)$$

由 Heron 公式, 得

$$\left[(a^2+b^2+c^2)-(a-b)^2-(b-c)^2-(c-a)^2\right]^2-48\Delta^2$$

$$=16\left[(p-a)^2(p-b)^2+(p-b)^2(p-c)^2+\right.$$
$$\left.(p-a)^2(p-c)^2-p(p-a)(p-b)(p-c)\right]$$

$$=16\left[(p-a)^2(p-b)^2+(p-b)^2(p-c)^2+\right.$$
$$(p-c)^2(p-a)^2-(p-a)^2(p-b)(p-c)-$$
$$\left.(p-b)^2(p-c)(p-a)-(p-c)^2(p-a)(p-b)\right]$$

$$=8\left\{(p-a)^2\left[(p-b)^2-2(p-b)(p-c)+(p-c)^2\right]+\right.$$
$$(p-b)^2\left[(p-c)^2-2(p-c)(p-a)+(p-a)^2\right]+$$
$$\left.(p-c)^2\left[(p-a)^2-2(p-a)(p-b)+(p-b)^2\right]\right\}$$

$$=8\left[(p-a)^2(b-c)^2+(p-b)^2(c-a)^2+\right.$$
$$\left.(p-c)^2(a-b)^2\right]$$

因此

$$\left[(a^2+b^2+c^2)-(a-b)^2-(b-c)^2-(c-a)^2\right]^2$$
$$\geqslant 48\Delta^2$$

其中等号当且仅当 $\triangle ABC$ 为正三角形时成立. 由此即得(2.31)左端不等式. 现在证明(2.31)中右端不等式. 不难算得

$$12\Delta^2=(K-H)(3K-5H)+$$
$$(a-b)^2(a-b+c)(b+c-a)+$$
$$(b-c)^2(a+b-c)(a-b+c)+$$
$$(c-a)^2(b+c-a)(a+b-c)$$

所以

$$\Delta^2\geqslant\frac{1}{12}(K-H)(3K-5H)$$

并且等号当且仅当 $\triangle ABC$ 为等边三角形时成立.

从 Beatty 不等式的证明可以看出,(2.31)中左端不等式即为

$$(a^2+b^2+c^2)-(a-b)^2-(b-c)^2-(c-a)^2\geqslant 4\sqrt{3}\Delta$$

((2. 32) 也就是 Finsler-Hadwiger 不等式).

由于

$$a^2 + b^2 + c^2$$

$$\geqslant \frac{1}{3} (a + b + c)^2 \geqslant (ab + bc + ca)^2$$

$$\geqslant (a^2 + b^2 + c^2) - (a - b)^2 - (b - c)^2 - (c - a)^2$$

所以, Beatty 不等式优于 Weisenböck 不等式, 并且优于不等式 (2. 11) 和 (2. 1).

定理 5. 10 (Frucht 不等式)　设 $\triangle ABC$ 的边长和面积分别为 a, b, c 和 Δ, 半周长 $p = \frac{1}{2} (a + b + c)$, 记

$$q = \left\{ \frac{1}{2} \left[(a - b)^2 + (b - c)^2 + (c - a)^2 \right] \right\}^{\frac{1}{2}}$$

则

$$\frac{1}{27} p (p - q)^2 (p + 2q) \geqslant \Delta^2 \geqslant \frac{1}{27} p (p + q)^2 (p - 2q)$$

(2. 33)

其中当且仅当 $\triangle ABC$ 为等腰三角形且底边为最小 (最大) 边时左端 (右端) 等号成立.

首先我们证明如下引理:

引理 5. 5　设实系数不完全三次方程

$$x^3 + 3px + Q = 0 \quad (p \neq 0) \qquad (2. 34)$$

有三个实根 x_1, x_2, x_3, 则可以把根 x_1, x_2, x_3 适当地重新排列, 使得

$$
\begin{cases}
x_1 = 2 \sqrt{-p} \cos \theta \\
x_2 = 2 \sqrt{-p} \cos \left(\theta + \frac{2}{3} \pi \right) \\
x_3 = 2 \sqrt{-p} \cos \left(\theta + \frac{4}{3} \pi \right)
\end{cases}
\qquad (2. 35)
$$

其中辅助角 θ 满足

$$\cos\theta = \frac{-\theta}{2\sqrt{-p^3}} \quad \left(0 \leqslant \theta \leqslant \frac{\pi}{3}\right) \qquad (2.36)$$

证明 因为方程(2.34)的根都是实的,所以它的判别式

$$D = -27(4p^3 + \theta^2) \geqslant 0$$

即

$$4p^3 \leqslant -\theta^2$$

由此得 $p < 0$,因此

$$\frac{\theta^2}{-4p^3} \leqslant 1$$

所以

$$-1 \leqslant \frac{-\theta}{2\sqrt{-p^3}} \leqslant 1$$

令 $x = 2\sqrt{p}\,y$,则方程(2.34)化为

$$4y^3 - 3y = \frac{-\theta}{2\sqrt{-p^3}}$$

记 $\cos 3\theta = \dfrac{-\theta}{2\sqrt{-p^3}}$. 由三倍角公式

$$\cos 3\theta = 4\cos^3\theta - 3\cos\theta$$

知上述方程有三个根

$$y_1 = \cos\theta, \quad y_2 = \cos\left(\theta + \frac{2}{3}\pi\right)$$

$$y_3 = \cos\left(\theta + \frac{4}{3}\pi\right) \quad \left(0 \leqslant \theta \leqslant \frac{\pi}{3}\right)$$

于是方程(2.34)的三个根即为(2.35).

Frucht 不等式的证明 取

$$x_1 = a - \frac{2}{3}p, \quad x_2 = b - \frac{2}{3}p, \quad x_3 = c - \frac{2}{3}p$$

88

构造以 x_1, x_2, x_3 为实根的实系数三次方程

$$(x - x_1)(x - x_2)(x - x_3) = 0$$

由于 $x_1 + x_2 + x_3 = 0$，因此上一方程可以改写为

$$x^3 + (x_1 x_2 + x_2 x_3 + x_3 x_1) x - x_1 x_2 x_3 = 0 \quad (2.37)$$

记

$$p = \frac{1}{3}(x_1 x_2 + x_2 x_3 + x_3 x_1), \quad Q = -x_1 x_2 x_3$$

由引理 5.5 可知存在 θ，使得

$$Q = -2\sqrt{-p^3}\cos 3\theta \quad \left(0 \leqslant \theta \leqslant \frac{\pi}{3}\right)$$

经直接计算，得

$$-3p = -(x_1 x_2 + x_2 x_3 + x_3 x_1)$$

$$= \frac{1}{6}[(x_1 - x_2)^2 + (x_2 - x_3)^2 + (x_3 - x_1)^2]$$

$$= \frac{1}{6}[(a - b)^2 + (b - c)^2 + (c - a)^2]$$

$$= \frac{1}{3}q^2$$

因此

$$p = -\frac{1}{9}q^2, \quad Q = -\frac{2}{27}q^3\cos 3\theta$$

所以方程(2.37)即为

$$x^3 - \frac{1}{3}q^2 x - \frac{2}{27}q^3\cos 3\theta = 0$$

记

$$f(x) = (x - x_1)(x - x_2)(x - x_3)$$

$$= x^3 - \frac{1}{3}q^2 x - \frac{2}{27}q^3\cos 3\theta$$

由 Heron 公式知

$$f\left(\frac{p}{3}\right) = \left(\frac{p}{3} - x_1\right)\left(\frac{p}{3} - x_2\right)\left(\frac{p}{3} - x_3\right)$$

$$= (p-a)(p-b)(p-c) = \frac{\Delta^2}{p}$$

另一方面

$$f\left(\frac{p}{3}\right) = \frac{p^3}{27} - \frac{1}{9}pq^2 - \frac{2}{27}q^3 \cos 3\theta$$

因此

$$\Delta^2 = \frac{p}{27}(p^3 - 3pq^2 - 2q^3 \cos 3\theta) \quad \left(0 \leqslant \theta \leqslant \frac{\pi}{3}\right)$$

注意 $q \geqslant 0$，因此，当 $\theta = 0$ 时，Δ^2 取到最小值

$$\frac{p}{27}(p^3 - 3pq^2 - 2q^3) = \frac{p}{27}(p+q)^2(p-2q)$$

当 $\theta = \frac{\pi}{3}$ 时，Δ^2 取到最大值

$$\frac{p}{27}(p^3 - 3pq^2 + 2q^3) = \frac{p}{27}(p-q)^2(p+2q)$$

因此得到

$$\frac{p}{27}(p-q)^2(p+2q) \geqslant \Delta^2 \geqslant \frac{p}{27}(p+q)^2(p-2q)$$

此即 Frucht 不等式(2.33).

当 $\theta = 0$ 时，由引理 5.5，可设 $x_1 = 2\sqrt{-p} = \frac{2}{3}q$，

$x_2 - x_3 = -\frac{1}{3}q$. 因此，$a \geqslant b = c$，即 $\triangle ABC$ 是等腰三角形，且底边为最小边. 这就证明了式(2.33)左端(右端)等号当且仅当 $\triangle ABC$ 为等腰三角形，且底边为最小(最大)边时成立.

从上述证明可以看出，Frucht 不等式的左右两端等号当且仅当 $\triangle ABC$ 为正三角形时成立.

Weisenböck 不等式可以推广到平面上的凸 n 边形及空间的四面体.

定理 5.11　设平面 n 边形 $A_1 A_2 \cdots A_n$ 的边长分别为 $a_1, a_2, \cdots, a_n$,面积为 S_n,则有

$$a_1^2 + a_2^2 + \cdots + a_n^2 \geq 4 S_n \tan \frac{\pi}{n} \qquad (2.38)$$

其中等号当且仅当 n 边形 $A_1 A_2 \cdots A_n$ 为正 n 边形时成立.

证明　由定理 5.4 知,在周长相同的所有 n 边形中,以正 n 边形的面积为最大,从而有不等式

$$a_1 + a_2 + \cdots + a_n \geq 2 \sqrt{n S_n \tan \frac{\pi}{n}} \qquad (2.39)$$

利用幂平均不等式,有

$$a_1^2 + a_2^2 + \cdots + a_n^2 \geq \frac{1}{n} (a_1 + a_2 + \cdots + a_n)^2$$

所以

$$a_1^2 + a_2^2 + \cdots + a_n^2 \geq 4 S_n \tan \frac{\pi}{n}$$

由于(2.39)中等号当且仅当 $A_1 A_2 \cdots A_n$ 为正 n 边形时成立,故(2.38)中等号也当且仅当平面 n 边形 $A_1 A_2 \cdots A_n$ 为正 n 边形时成立.

定理 5.12　设平面 n 边形 $A_1 A_2 \cdots A_n$ 的边长分别为 $a_1, a_2, \cdots, a_n$,面积为 S_n,若 m 为大于 1 的常数,则有

$$a_1^m + a_2^m + \cdots + a_n^m \geq n \left(\sqrt{\frac{4}{n} S_n \tan \frac{\pi}{n}} \right)^m \qquad (2.40)$$

其中等号当且仅当 n 边形 $A_1 A_2 \cdots A_n$ 为正 n 边形时成立.

证明　利用不等式(2.39)及幂平均不等式即得.

当 $m \geq 2$ 时,不等式(2.40)还可以加强为:

定理 5.13 设平面 n 边形 $A_1A_2\cdots A_n$ 的边长分别为 $a_1,a_2,\cdots,a_n$,面积为 S_n,若 m 为不小于 2 的常数,则有

$$\sum_{i=1}^{n} a_i^m \geq n\left(\sqrt{\frac{4}{n}S_n\tan\frac{\pi}{n}}\right)^m + \frac{1}{n}\sum_{1\leq i<j\leq n}(a_i^{\frac{m}{2}}-a_j^{\frac{m}{2}})^2$$

$$(2.41)$$

其中等号当且仅当 n 边形 $A_1A_2\cdots A_n$ 为正 n 边形时成立.

证明 因为 $m \geq 2$,所以 $\frac{m}{2} \geq 1$,故由幂平均不等式及(2.39)得

$$\frac{1}{n}\sum_{i=1}^{n}a_i^{\frac{m}{2}} \geq \frac{1}{n}\sum_{i=1}^{n}a_i$$

从而

$$\left(\sum_{i=1}^{n}a_i^{\frac{m}{2}}\right)^2 \geq n^2\left(\frac{1}{n}\sum_{i=1}^{n}a_i\right)^m$$

由不等式(2.39),所以

$$\left(\sum_{i=1}^{n}a_i^{\frac{m}{2}}\right)^2 \geq n^2\left(\sqrt{\frac{4}{n}S_n\tan\frac{\pi}{n}}\right)^m$$

上式变形后即得(2.41)成立.

定理 5.14 设四面体 $A_1A_2A_3A_4$ 的六条棱长为 a_i($i=1,2,\cdots,6$),四个面的面积为 S_j($j=1,2,3,4$),体积为 V,则有

$$\sum_{i=1}^{6} a_i^2 \geq 12(3V)^{\frac{2}{3}} \qquad (2.42)$$

$$\sum_{j=1}^{4} S_j^2 \geq 9\sqrt[3]{3}V^{\frac{4}{3}} \qquad (2.43)$$

两式中的等号当且仅当四面体 $A_1A_2A_3A_4$ 为正四面体

时成立.

证明　由定理 5.5,在表面积相同的一切四面体中以正四面体的体积为最大,故有

$$\sum_{j=1}^{4} S_j \geqslant 6\sqrt[6]{3}\, V^{\frac{2}{3}} \qquad (2.44)$$

如图 5.10,设 A_j 的对面三角形面积为 $S_j (j=1,2,3,4)$,对四面体 $A_1 A_2 A_3 A_4$ 的四个面分别运用不等式 (2.26),即

$$a_4^2 + a_5^2 + a_6^2 \geqslant 4\sqrt{3} S_1, \quad a_2^2 + a_3^2 + a_4^3 \geqslant 4\sqrt{3} S_2$$

$$a_1^2 + a_3^2 + a_5^2 \geqslant 4\sqrt{3} S_3, \quad a_1^2 + a_2^2 + a_6^2 \geqslant 4\sqrt{3} S_4$$

将此四个不等式相加后两边同除 2,得

$$\sum_{i=1}^{6} a_i^2 \geqslant 2\sqrt{3} \sum_{j=1}^{4} S_j$$

利用 (2.44),所以

$$\sum_{i=1}^{6} a_i^2 \geqslant 12(3V)^{\frac{2}{3}}$$

由幂平均不等式

$$\left(\frac{1}{4} \sum_{j=1}^{4} S_j^2 \right)^{\frac{1}{2}} \geqslant \frac{1}{4} \sum_{j=1}^{4} S_j$$

或

$$\sum_{j=1}^{4} S_j^2 \geqslant \frac{1}{4} \left(\sum_{j=1}^{4} S_j \right)^2$$

利用 (2.42),故

$$\sum_{j=1}^{4} S_j^2 \geqslant 9\sqrt[3]{3}\, V^{\frac{4}{3}}$$

由不等式 (2.44) 等号成立的条件知 (2.42) 与 (2.43) 两式中等号当且仅当四面体 $A_1 A_2 A_3 A_4$ 为正四面体时成立.

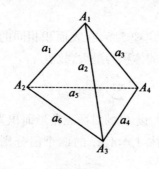

图 5.10

不等式(2.26)还有它的加权推广形式,这个问题我们留作后面去讨论.

三、Finsler-Hadwiger 不等式

作为 Weisenböck 不等式(2.26)的加强形式,我们有:

定理 5.15 设 $\triangle ABC$ 的三边长为 a,b,c,面积为 Δ,则有

$$a^2 + b^2 + c^2$$

$$\geqslant 4\sqrt{3}\Delta + (a-b)^2 + (b-c)^2 + (c-a)^2 \quad (2.45)$$

其中等号当且仅当 $\triangle ABC$ 为正三角形时成立.

不等式(2.45)通常称为 Finsler-Hadwiger 不等式(1938 年提出),也就是前面的 Beatty 不等式(2.31)的左端. 在那里我们已经给出了一种证法,下面我们给出另外几种证法.

证法 1 由余弦定理及三角形面积公式易知

$$a^2 + b^2 + c^2 - 4\sqrt{3}\Delta$$

$$= a^2 + b^2 + a^2 + b^2 - 2ab\cos C - 2\sqrt{3}\,ab\sin C$$

$$= 2(a^2 + b^2) - 4ab\cos\left(C - \frac{\pi}{3}\right)$$

$$\geq 2(a^2 - 2ab + b^2) = 2(a - b)^2$$

不妨假定 $a \geq c \geq b$. 由于

$$a - b = (a - c) + (c - b)$$

所以

$$(a - b)^2 \geq (a - c)^2 + (c - b)^2 = (c - a)^2 + (b - c)^2$$

由此即得(2.45).

证法2 由 Heron 公式易知

$$\frac{1}{4\Delta}[a^2 - (b - c)^2] = \frac{1}{4\Delta}(a + b - c)(c + a - b)$$

$$= \frac{(s - b)(s - c)}{\sqrt{s(s - a)(s - b)(s - c)}}$$

$$= \sqrt{\frac{(s - b)(s - c)}{s(s - a)}}$$

$$= \tan\frac{A}{2}$$

同理可得

$$\frac{1}{4\Delta}[b^2 - (c - a)^2] = \tan\frac{B}{2}$$

$$\frac{1}{4\Delta}[c^2 - (a - b)^2] = \tan\frac{C}{2}$$

所以

$$\frac{1}{4\Delta}[a^2 + b^2 + c^2 - (a - b)^2 - (b - c)^2 - (c - a)^2]$$

$$= \tan\frac{A}{2} + \tan\frac{B}{2} + \tan\frac{C}{2}$$

由本章 5.1 节命题 5.9 中的式(1.39)知

$$\tan\frac{A}{2} + \tan\frac{B}{2} + \tan\frac{C}{2} \geq \sqrt{3}$$

结合上面的恒等式,立得(2.45).

证法3 令

$$\frac{1}{2}(b+c-a)=x,\frac{1}{2}(c+a-b)=y,\frac{1}{2}(a+b-c)=z$$

则 $x,y,z>0$,且

$$x+y+z=\frac{1}{2}(a+b+c)=s,a=y+z,b=z+x,c=x+y$$

这时(2.45)等价于

$$(y+z)^2+(z+x)^2+(x+y)^2$$
$$\geq 4\sqrt{3(x+y+z)xyz}+(x-y)^2+(y-z)^2+(z-x)^2$$

即

$$xy+yz+zx\geq\sqrt{3xyz(x+y+z)} \qquad (2.46)$$

由于

$$x^2y^2+y^2z^2\geq 2xy^2z$$
$$y^2z^2+z^2x^2\geq 2xyz^2$$
$$z^2x^2+x^2y^2\geq 2x^2yz$$

所以

$$x^2y^2+y^2z^2+z^2x^2\geq xyz(x+y+z)$$

从而

$$x^2y^2+y^2z^2+z^2x^2+2xyz(x+y+z)\geq 3xyz(x+y+z)$$

即

$$(xy+yz+zx)^2\geq 3xyz(x+y+z)$$

两边开平方后即得(2.46),因此式(2.45)成立.

证法4 容易证明不等式(2.45)等价于

$$2(ab+bc+ca)-(a^2+b^2+c^2)\geq 4\sqrt{3}\Delta$$

因为

$$2(ab+bc+ca)-(a^2+b^2+c^2)$$
$$=(a^2+b^2+c^2)-(a-b)^2-(b-c)^2-(c-a)^2$$

$$= \left[a^2 - (b-c)^2 \right] + \left[b^2 - (c-a)^2 \right] + \left[c^2 - (a-b)^2 \right]$$
$$= (a+b-c)(c+a-b) + (b+c-a)(a+b-c) +$$
$$(c+a-b)(b+c-a) > 0$$

所以,不等式(2.45)等价于

$$\left[2(ab+bc+ca) - (a^2+b^2+c^2) \right]^2 \geqslant 48\Delta^2 \quad (2.45')$$

由 Heron 公式知

$$16\Delta^2 = (a+b+c)(a+b-c)(b+c-a)(c+a-b)$$
$$= 2(a^2b^2 + b^2c^2 + c^2a^2)$$
$$= a^4 + b^4 + c^4$$

上式代入(2.45′)并化简得

$$a^4 + b^4 + c^4 + abc(a+b+c)$$
$$\geqslant ab(a^2+b^2) + bc(b^2+c^2) + ca(c^2+a^2) \quad (2.47)$$

故不等式(2.45)与(2.47)等价.

不失一般性,设 $a \geqslant b \geqslant c$,则有

$$a^2 \geqslant b^2, a-c \geqslant b-c \geqslant 0$$

故有

$$a^2(a-c) \geqslant b^2(b-c)$$

因 $a-b \geqslant 0$,所以

$$a^4 + b^4 + a^2bc + b^2ca \geqslant a^3b + a^3c + b^3c + b^3a \quad (2.48)$$

又

$$c^2(a-c)(b-c) \geqslant 0$$

所以

$$c^4 + c^2ab \geqslant c^3a + c^3b \quad (2.49)$$

(2.48)与(2.49)两式相加,即得

$$a^4 + b^4 + c^4 + abc(a+b+c)$$
$$\geqslant ab(a^2+b^2) + bc(b^2+c^2) + ca(c^2+a^2)$$

于是不等式(2.47)成立,从而不等式(2.45)得证.

证法 5 设 $\triangle ABC$ 的内心为 I, 垂心为 H, 外接圆半径分别为 R, r, 则有

$$IH^2 = 4R^2 + 2r^2 - \frac{1}{2}(a^2 + b^2 + c^2) \qquad (2.50)$$

$$s^2 + r^2 + 4Rr = ab + bc + ca \quad \left(s = \frac{1}{2}(a + b + c)\right)$$

$$(2.51)$$

或

$$\frac{1}{4}(a^2 + b^2 + c^2) = \frac{1}{2}(ab + bc + ca) - r^2 - 4Rr$$

结合式(2.50), 有

$$IH^2 = 4R^2 + 4Rr + 3r^2 - \frac{1}{4}(a + b + c)^2$$

因为 $IH^2 \geqslant 0$, 所以

$$\frac{1}{4}(a + b + c)^2 \leqslant 4R^2 + 4Rr + 3r^2$$

上式两边同乘以 r^2 得

$$\Delta^2 \leqslant r^2 \left[\left(4R^2 + \frac{8}{3}rR + \frac{1}{3}r^2\right) + \frac{1}{3}(4Rr + 8r^2) \right]$$

因为

$$r = 4R \sin \frac{A}{2} \sin \frac{B}{2} \sin \frac{C}{2} \leqslant 4R \cdot \frac{1}{8} = \frac{1}{2}R$$

所以

$$4r^2 \leqslant 2rR \leqslant R^2$$

故

$$\Delta^2 \leqslant r^2 \left[\left(4R^2 + \frac{8}{3}rR + \frac{1}{3}r^2\right) + \frac{4}{3}R^2 \right]$$

$$= \frac{1}{3}r^2(4R + r)^2$$

从而有

$$\sqrt{3}\,\Delta \leqslant r(4R+r) \qquad\qquad (2.52)$$

再次利用式(2.51),并整理即可得证(2.45).

容易证明不等式(2.45)与下述不等式(2.53) ~ (2.58)等价.

命题 5.16　在 $\triangle ABC$ 中,有

$$\tan \frac{A}{2} + \tan \frac{B}{2} + \tan \frac{C}{2} \geqslant \sqrt{3} \qquad (2.53)$$

其中等号当且仅当 $\triangle ABC$ 为正三角形时成立.

命题 5.17　设 $\triangle ABC$ 的三边长为 a,b,c,与之对应的三个傍切圆半径为 r_a,r_b,r_c,则有

$$r_a + r_b + r_c \geqslant \frac{\sqrt{3}}{2}(a+b+c) \qquad (2.54)$$

其中等号当且仅当 $\triangle ABC$ 为正三角形时成立.

命题 5.18　设 $\triangle ABC$ 的三边长为 a,b,c,周长之半 $s = \frac{1}{2}(a+b+c)$,它的内切圆半径为 r,则有

$$\frac{1}{s-a} + \frac{1}{s-b} + \frac{1}{s-c} \geqslant \frac{\sqrt{3}}{r} \qquad (2.55)$$

其中等号当且仅当 $\triangle ABC$ 为正三角形时成立.

命题 5.19　设 $\triangle ABC$ 的三边长为 a,b,c,与之对应的三个傍切圆半径为 r_a,r_b,r_c,则有

$$\frac{a}{r_a} + \frac{b}{r_b} + \frac{c}{r_c} \geqslant 2\sqrt{3} \qquad (2.56)$$

其中等号当且仅当 $\triangle ABC$ 为正三角形时成立.

命题 5.20　设 x,y,z 均为正数,则有

$$xy + yz + zx \geqslant \sqrt{3xyz(x+y+z)} \qquad (2.57)$$

其中等号当且仅当 $x=y=z$ 时成立.

命题 5.21　设 $\triangle ABC$ 的三边长为 a,b,c,面积为

Δ,则以$\sqrt{a}$,$\sqrt{b}$,$\sqrt{c}$为边可作一$\triangle A_0B_0C_0$,其面积记为Δ_0,则有

$$\Delta_0^2 \geqslant \frac{\sqrt{3}}{4}\Delta \qquad (2.58)$$

其中等号当且仅当$\triangle ABC$为正三角形时成立.

从定理5.15的证法2知,定理5.15和命题5.16等价.

不等式

$$\tan\frac{A}{2} + \tan\frac{B}{2} + \tan\frac{C}{2} \geqslant \sqrt{3}$$

两边同乘以$s = \frac{1}{2}(a+b+c)$,利用傍切圆半径公式

$$r_a = s\tan\frac{A}{2}, \quad r_b = s\tan\frac{B}{2}, \quad r_c = s\tan\frac{C}{2}$$

即得

$$r_a + r_b + r_c \geqslant \frac{\sqrt{3}}{2}(a+b+c)$$

故命题5.16和命题5.17等价.

将傍切圆半径公式

$$r_a = \frac{\Delta}{s-a}, \quad r_b = \frac{\Delta}{s-b}, \quad r_c = \frac{\Delta}{s-c}$$

代入上式,得

$$\frac{\Delta}{s-a} + \frac{\Delta}{s-b} + \frac{\Delta}{s-c} \geqslant \sqrt{3}s$$

上式两边同除以Δ,利用公式$r = \frac{\Delta}{s}$,得

$$\frac{1}{s-a} + \frac{1}{s-b} + \frac{1}{s-c} \geqslant \frac{\sqrt{3}}{r}$$

故命题5.17与命题5.18等价.

由傍切圆半径公式 $r_a = s\tan\dfrac{A}{2}$ 以及

$$s = \frac{1}{2}(a+b+c) = 4R\cos\frac{A}{2}\cos\frac{B}{2}\cos\frac{C}{2}$$

（R 为 $\triangle ABC$ 的外接圆半径），所以

$$r_a = 4R\sin\frac{A}{2}\cos\frac{B}{2}\cos\frac{C}{2}$$

故

$$\frac{a}{r_a} = \frac{2R\sin A}{4R\sin\dfrac{A}{2}\cos\dfrac{B}{2}\cos\dfrac{C}{2}} = \frac{\cos\dfrac{A}{2}}{\cos\dfrac{B}{2}\cos\dfrac{C}{2}}$$

同理,有

$$\frac{b}{r_b} = \frac{\cos\dfrac{B}{2}}{\cos\dfrac{C}{2}\cos\dfrac{A}{2}}, \quad \frac{c}{r_c} = \frac{\cos\dfrac{C}{2}}{\cos\dfrac{A}{2}\cos\dfrac{B}{2}}$$

所以(2.56)等价于

$$\frac{\cos\dfrac{A}{2}}{\cos\dfrac{B}{2}\cos\dfrac{C}{2}} + \frac{\cos\dfrac{B}{2}}{\cos\dfrac{C}{2}\cos\dfrac{A}{2}} + \frac{\cos\dfrac{C}{2}}{\cos\dfrac{A}{2}\cos\dfrac{B}{2}} \geq 2\sqrt{3}$$

又因为

$$\tan\frac{A}{2} + \tan\frac{B}{2} = \frac{\sin\dfrac{A}{2}}{\cos\dfrac{A}{2}} + \frac{\sin\dfrac{B}{2}}{\cos\dfrac{B}{2}} = \frac{\cos\dfrac{C}{2}}{\cos\dfrac{A}{2}\cos\dfrac{B}{2}}$$

$$\tan\frac{B}{2} + \tan\frac{C}{2} = \frac{\cos\dfrac{A}{2}}{\cos\dfrac{B}{2}\cos\dfrac{C}{2}}$$

$$\tan\frac{C}{2}+\tan\frac{A}{2}=\frac{\cos\dfrac{B}{2}}{\cos\dfrac{C}{2}\cos\dfrac{A}{2}}$$

故上述不等式又等价于

$$2\left(\tan\frac{A}{2}+\tan\frac{B}{2}+\tan\frac{C}{2}\right)\geqslant2\sqrt{3}$$

此即不等式(2.53),因此命题5.16和命题5.19等价.

辅助命题 三个正数 a,b,c 可以作为某一三角形三边的充分必要条件是:存在三个正数 x,y,z,使得

$$a=y+z,b=z+x,c=x+y$$

由此辅助命题,可令

$$a=y+z,b=z+x,c=x+y$$

由于

$$\Delta=\sqrt{s(s-a)(s-b)(s-c)}=\sqrt{xyz(x+y+z)}$$

故(2.45)等价于

$$(y+z)^2+(z+x)^2+(x+y)^2\geqslant4\sqrt{3xyz(x+y+z)}$$

又显然 $\triangle ABC$ 为正三角形的充要条件是 $x=y=z$,因此定理5.15和命题5.20等价.

若 a,b,c 为 $\triangle ABC$ 的三边,则易证 $\sqrt{a},\sqrt{b},\sqrt{c}$ 可以作为三角形的三边而作成一个 $\triangle A_0B_0C_0$.

由三角形面积公式知

$$16\Delta^2=(a+b+c)(a+b-c)(b+c-a)(c+a-b)$$
$$=2a^2b^2+2b^2c^2+2c^2a^2-a^4-b^4-c^4$$

故 $\triangle A_0B_0C_0$ 的面积 Δ_0 满足

$$16\Delta_0^2=2ab+2bc+2ca-a^2-b^2-c^2$$

由上述辅助命题,令

$$a=y+z,b=z+x,c=x+y$$

则有

$$\Delta = \sqrt{xyz(x+y+z)}$$

$$16\Delta_0^2 = 2(y+z)(z+x) + 2(z+x)(x+y) +$$
$$2(x+y)(y+z) - (y+z)^2 - (z+x)^2 - (x+y)^2$$
$$= 4(xy+yz+zx)$$

即

$$\Delta_0^2 = \frac{1}{4}(xy+yz+zx)$$

故不等式(2.58)等价于

$$xy+yz+zx \geqslant \sqrt{3xyz(x+y+z)}$$

又显然$\triangle ABC$为正三角形的充要条件是$x=y=z$,因此命题5.20和命题5.21等价.

综上所述,定理5.15和命题5.16~命题5.21都等价.

作为定理5.15的推广,有如下定理:

定理5.16(马援不等式)　沿用定理5.15中的符号,若$0<\theta<1$,则有

$$a^{4\theta} + b^{4\theta} + c^{4\theta}$$

$$\geqslant 3\left(\frac{16}{3}\right)^\theta \Delta^{2\theta} + (a^{2\theta} - b^{2\theta})^2 + (b^{2\theta} - c^{2\theta})^2 + (c^{2\theta} - a^{2\theta})^2$$

$$(2.59)$$

其中等号当且仅当$\triangle ABC$为正三角形时成立.

证明　容易证明:当$x \geqslant 0$时

$$1 + x^\theta \geqslant (1+x)^\theta$$

由此易推出

$$\begin{cases} a^\theta + b^\theta > c^\theta \\ b^\theta + c^\theta > a^\theta \\ c^\theta + a^\theta > b^\theta \end{cases} \quad (2.60)$$

103

这就是说，以 $a^\theta,b^\theta,c^\theta$ 为三边可组成一个三角形. 利用 Heron 公式知(2.59)等价于

$$2a^{2\theta}b^{2\theta} + 2b^{2\theta}c^{2\theta} + 2c^{2\theta}a^{2\theta} - a^{4\theta} - b^{4\theta} - c^{4\theta} -$$
$$3^{1-\theta}(2a^2b^2 + 2b^2c^2 + 2c^2a^2 - a^4 - b^4 - c^4)^\theta \geq 0$$

$$(2.59')$$

因为(2.59′)左边关于 a,b,c 是对称齐次的，所以不妨设 $a \geq b - 1 \geq c$. 令

$$A = 2a^{2\theta} + 2c^{2\theta} + 2c^{2\theta}a^{2\theta} - a^{4\theta} - 1 - c^{4\theta}$$
$$B = 2a^2 + 2c^2 + 2c^2a^2 - a^4 - 1 - c^4$$
$$F = A - 3^{1-\theta}B^\theta$$
$$D = \{(a,c) \mid 0 \leq c \leq 1, 1 \leq a < 1 + c\}$$

如图 5.11，固定 θ，将 A,B 和 F 看成定义在 $D(D$ 的闭包)上的二元函数. 这样，要证(2.59′)只需证明 $F \geq 0$ 成立. 若 F 在 D 的内点 (a,c) 处取最小值，则该点满足方程 $\dfrac{\partial F}{\partial a} = \dfrac{\partial F}{\partial c} = 0$，计算并整理得

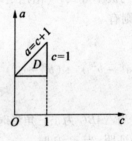

图 5.11

$$\begin{cases} a^{2\theta}(1 + c^{2\theta} - a^{2\theta}) = a^2(1 + c^2 - a^2)3^{1-\theta}B^{\theta-1} & (2.61) \\ c^{2\theta}(1 + a^{2\theta} - c^{2\theta}) = c^2(1 + a^2 - c^2)3^{1-\theta}B^{\theta-1} & (2.62) \end{cases}$$

由(2.61)与(2.62)，得

$$(a^{2\theta} - c^{2\theta})(a^{2\theta} + c^{2\theta} - 1)$$

$$= (a^2 - c^2)(a^2 + c^2 - 1)3^{1-\theta}B^{\theta-1} \qquad (2.63)$$

因 (a, c) 是 $\overline{D}$ 的内点,故 $a > 1 > c$. 由此可知 (2.63) 两端是正数,且 $a^2 > a^{2\theta} > 1 > c^{2\theta} > c^2$,故

$$0 < a^{2\theta} - c^{2\theta} < a^2 - c^2 \qquad (2.64)$$

$(2.63) \div (2.64)$ 得

$$a^{2\theta} + c^{2\theta} - 1 > (a^2 + c^2 - 1)3^{1-\theta}B^{\theta-1} \qquad (2.65)$$

$(2.61) + (2.62) + (2.65)$ 得

$$A > B \cdot 3^{1-\theta} \cdot B^{\theta-1}$$

即 $F(a, c) > 0$. 而 $F(1, 1) = 0$ 显然成立,这就与 $F(a, c)$ 是最小值相矛盾. 这表明 F 不能在 $\overline{D}$ 的内部取到最小值,但有界闭集 $\overline{D}$ 上的连续函数 F 必有最小值. 因此,要证 $F \geqslant 0$ 在 $\overline{D}$ 上成立,只需证明该式在 $\overline{D}$ 的边界上成立. 当 $x \geqslant 0$ 时,利用凸函数的性质得

$$(x^4)^\theta + 3\left[\frac{1}{3}(4x^2 - x^4)\right]^\theta$$

$$\leqslant 4\left\{\frac{1}{4}\left[x^4 + 3 \times \frac{1}{3}(4x^2 - x^4)\right]\right\}^\theta = 4x^{2\theta}$$

利用这一结论不难推出

$$F(1, c) = 4c^{2\theta} - c^{4\theta} - 3^{1-\theta}(4c^2 - c^4)^\theta \geqslant 0$$

同理有

$$F(a, 1) \geqslant 0$$

按照证明不等式组 (2.60) 的办法可以证明:以 $(1 + c)^\theta, 1, c^\theta$ 为三边可组成一个三角形(可能是退化的). 但 $A(1 + c, c)$ 恰为该三角形面积平方的 16 倍,因而非负. 又 $B(1 + c, c) = 0$ 显然成立,故 $F(1 + c, c) \geqslant 0$

这就完成了 $F \geqslant 0$ 在 $\overline{D}$ 的边界上成立的证明,从而式 $(2.59')$ 成立,亦即式 (2.59) 成立.

从以上证明过程还可以看出:若 $(a,c) \in D$,则 $F(a,c)=0$ 等价于 $a=c=1$,因此式(2.59)等号当且仅当 $\triangle ABC$ 为正三角形时成立.

显然,在式(2.59)中取 $\theta = \dfrac{1}{2}$ 即得式(2.45).

从定理 5.16 的证明可看出,若用 Δ_θ 表示以 a^θ, b^θ, c^θ 为边的三角形面积,由 Heron 公式知式(2.59′)亦即式(2.59)等价于不等式

$$\Delta_\theta \geqslant \left(\frac{\sqrt{3}}{4}\right)^{1-\theta} \Delta^\theta \qquad (2.66)$$

故定理 5.16 等价于如下定理:

定理 5.16* 对任意的 $0 < \theta < 1$,若 $\triangle ABC$ 的边长及面积分别为 a,b,c 及 Δ,则以 $a^\theta, b^\theta, c^\theta$ 为三边可组成一个三角形,设其面积为 Δ_θ,则有

$$\Delta_\theta \geqslant \left(\frac{\sqrt{3}}{4}\right)^{1-\theta} \Delta^\theta \qquad (2.67)$$

其中等号当且仅当 $\triangle ABC$ 为正三角形时成立.

显然,定理 5.16* 为命题 5.21 的推广.

在式(2.59)中,取 $\theta = 0$,则(2.59)为恒等式.再由 Heron 公式知,当 $\theta = 1$ 时,(2.59)仍为恒等式.而当 $\theta < 0$ 或 $\theta > 1$ 时,我们有如下定理:

定理 5.17(陈计不等式) 设 $\triangle ABC$ 的三边长为 a,b,c,面积为 Δ,则当 $\theta < 0$ 或 $\theta > 1$ 时,有

$$a^{4\theta} + b^{4\theta} + c^{4\theta}$$
$$\leqslant 3\left(\frac{16}{3}\right)^\theta \Delta^{2\theta} + (a^{2\theta} - b^{2\theta})^2 + (b^{2\theta} - c^{2\theta})^2 + (c^{2\theta} - a^{2\theta})^2$$

$$\qquad (2.68)$$

其中等号当且仅当 $\triangle ABC$ 为正三角形时成立.

106

证明　由定理 5.16 知,当 $0 < \theta < 1$ 时

$$2a^{2\theta}b^{2\theta} + 2b^{2\theta}c^{2\theta} + 2c^{2\theta}a^{2\theta} - a^{4\theta} - b^{4\theta} - c^{4\theta}$$
$$\geqslant 3^{1-\theta}(16\Delta^2)^{\theta}$$

或

$$\frac{16}{3}\Delta^2(a^{\theta},b^{\theta},c^{\theta}) \geqslant \left[\frac{16}{3}\Delta^2(a,b,c)\right]^{\theta}$$

其中 $\Delta(a^{\theta},b^{\theta},c^{\theta})$ 表示以 $a^{\theta},b^{\theta},c^{\theta}$ 为三边组成的三角形面积.

若以 $a^{\theta},b^{\theta},c^{\theta}$ 为边长不能构成三角形,则

$$(a^{\theta}+b^{\theta}+c^{\theta})(a^{\theta}+b^{\theta}-c^{\theta})(b^{\theta}+c^{\theta}-a^{\theta})(c^{\theta}+a^{\theta}-b^{\theta})$$
$$= 2a^{2\theta}b^{2\theta} + 2b^{2\theta}c^{2\theta} + 2c^{2\theta}a^{2\theta} - a^{4\theta} - b^{4\theta} - c^{4\theta} \leqslant 0$$

而 $3^{1-\theta}(16\Delta^2)^{\theta} > 0$,这时 (2.68) 成立.

下设以 $a^{\theta},b^{\theta},c^{\theta}$ 为边长可构成三角形. 当 $\theta > 1$ 时,$0 < \dfrac{1}{\theta} < 1$,则由上述论述知

$$\frac{16}{3}\Delta^2(a,b,c) \geqslant \left[\frac{16}{3}\Delta^2(a^{\theta},b^{\theta},c^{\theta})\right]^{\frac{1}{\theta}}$$

故

$$\left[\frac{16}{3}\Delta^2(a,b,c)\right]^{\theta} \geqslant \frac{16}{3}\Delta^2(a^{\theta},b^{\theta},c^{\theta})$$

即当 $\theta > 1$ 时,(2.68) 成立.

下面考虑 $\theta < 0$ 时,我们在 $(-\infty,+\infty)$ 上,令

$$f(\theta) = \begin{cases} \left(\dfrac{a^{2\theta}b^{2\theta} + b^{2\theta}c^{2\theta} + c^{2\theta}a^{2\theta}}{3}\right)^{\frac{1}{\theta}} - \\[2mm] \left[\dfrac{a^{4\theta} + b^{4\theta} + c^{4\theta} + 3\left(\dfrac{16}{3}\Delta^2\right)^{\theta}}{3}\right]^{\frac{1}{\theta}} & (\text{当 } \theta \neq 0 \text{ 时}) \\[4mm] (abc)^{\frac{4}{3}} - (abc)^{\frac{2}{3}}\left(\dfrac{16}{3}\Delta^2\right)^{\frac{1}{2}} & (\text{当 } \theta = 0 \text{ 时}) \end{cases}$$

当 $a = b = c$ 时,$f(\theta) = 0$. 下设 a,b,c 不全相等,由 Pólya-Szegö 不等式(2.12)

$$\Delta < \frac{\sqrt{3}}{4}(abc)^{\frac{2}{3}}$$

知 $f(\theta) > 0$.

由函数 $f(\theta)$ 的连续性,存在绝对值充分小的 $\delta < 0$,使得对于 $\theta \in [\delta, 0)$,$f(\theta) > 0$,即有

$$\left[\frac{16}{3}\Delta^2(a,b,c)\right]^{\theta} > \frac{16}{3}\Delta^2(a^{\theta}, b^{\theta}, c^{\theta})$$

对于 $\theta < \delta < 0$,有 $\frac{\theta}{\delta} < 1$,故有

$$\left[\frac{16}{3}\Delta^2(a^{\delta}, b^{\delta}, c^{\delta})\right]^{\frac{\theta}{\delta}} > \frac{16}{3}\Delta^2(a^{\theta}, b^{\theta}, c^{\theta})$$

在前面不等式中取 $\theta = \delta$,得

$$\left[\frac{16}{3}\Delta^2(a,b,c)\right]^{\delta} > \frac{16}{3}\Delta^2(a^{\delta}, b^{\delta}, c^{\delta})$$

而乘 $\frac{\theta}{\delta}$ 次方得

$$\left[\frac{16}{3}\Delta^2(a,b,c)\right]^{\theta} > \left[\frac{16}{3}\Delta^2(a^{\delta}, b^{\delta}, c^{\delta})\right]^{\frac{\theta}{\delta}}$$

联合上面两式,当 $\theta < \delta$ 时

$$\left[\frac{16}{3}\Delta^2(a,b,c)\right]^{\theta} \geqslant \frac{16}{3}\Delta^2(a^{\theta}, b^{\theta}, c^{\theta})$$

于是,上式对 $\theta < 0$ 都成立(取等号当且仅当 $a = b = c$ 时).

特别地,取 $\theta = -\frac{1}{2}$ 时,我们有

$$\frac{3\sqrt{3}}{4\Delta} \leqslant \frac{2}{ab} + \frac{2}{bc} + \frac{2}{ca} - \frac{1}{a^2} - \frac{1}{b^2} - \frac{1}{c^2}$$

或

$$\frac{1}{a^2}+\frac{1}{b^2}+\frac{1}{c^2}$$

$$\leqslant \frac{3\sqrt{3}}{4\Delta}+\left(\frac{1}{a}-\frac{1}{b}\right)^2+\left(\frac{1}{b}-\frac{1}{c}\right)^2+\left(\frac{1}{c}-\frac{1}{a}\right)^2$$

作为定理 5.17 的应用,我们来推广 Beatty 不等式 (2.31) 的右端不等式,即当 $\theta \geqslant 1$ 或 $\theta \leqslant 0$ 时,有

$$\Delta^{2\theta} \geqslant 2^{2-4\theta}3^{\theta-2}(K_* - H_*)(3K_* - 5H_*)$$

其中

$$H_* = \frac{1}{2}(a^{2\theta}+b^{2\theta}+c^{2\theta}),K_* = a^\theta b^\theta + b^\theta c^\theta + c^\theta a^\theta$$

特别地,取 $\theta = -1$,有

$$\frac{1}{\Delta^2} \geqslant \frac{64}{27}\left(\frac{1}{ab}+\frac{1}{bc}+\frac{1}{ca}-\frac{1}{2a^2}-\frac{1}{2b^2}-\frac{1}{2c^2}\right)\cdot$$

$$\left(\frac{3}{ab}+\frac{3}{bc}+\frac{3}{ca}-\frac{5}{2a^2}-\frac{5}{2b^2}-\frac{5}{2c^2}\right)$$

Finsler-Hadwiger 不等式的加权系数推广及幂指数推广我们留作后面去讨论.

四、Pedoe 不等式

定理 5.18　设 $\triangle ABC$ 与 $\triangle A'B'C'$ 的三边长分别为 a,b,c 与 a',b',c',面积为 Δ 与 Δ',则有

$$a'^2(b^2+c^2-a^2)+b'^2(c^2+a^2-b^2)+c'^2(a^2+b^2-c^2)$$

$$\geqslant 16\Delta\Delta' \tag{2.69}$$

其中等号当且仅当 $\triangle ABC$ 与 $\triangle A'B'C'$ 相似时成立.

不等式 (2.69) 是美国几何学家 Pedoe 于 1942 年重新发现并证明的一个不等式. 这个不等式事实上在 1897 年就被 J. Neuberg 发现,但直到 1979 年才被介绍到我国. 这个第一个涉及两个三角形的不等式,以它的

外形的优美对称、证法的多种多样而吸引着我国的许多读者. 近年来,有不少专家学者及数学爱好者讨论过这个不等式的加强、推广和应用. 特别要指出的是,1981 年,杨路和张景中教授对于高维空间的两个单纯形建立了类似于(2.69)的不等式. 下面我们介绍不等式(2.69)的各种证明、加强与推广.

证法 1(D. Pedoe)   如图 5.12,在 $\triangle ABC$ 的三边 BC, CA, AB 上分别向内侧作 $\triangle A''BC, \triangle AB''C, \triangle ABC''$,使它们都同另外任意指定的 $\triangle A'B'C'$ 相似,并设 $\triangle A''BC, \triangle AB''C$ 与 $\triangle ABC''$ 的外心分别为 U, V 与 W.

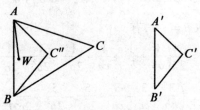

图 5.12

为了不使图形过于复杂,在图 5.12 中,我们只在 $\triangle ABC$ 的边 AB 上画 $\triangle ABC'' \backsim \triangle A'B'C'$,并标出 $\triangle ABC''$ 的外心 W.

这时

$$\angle BAW = \frac{1}{2}(\pi - 2C') = \frac{\pi}{2} - C'$$

同理,有

$$\angle CAV = \frac{\pi}{2} - B'$$

于是

$$\angle VAW = \left| A - \left(\frac{\pi}{2} - B'\right) - \left(\frac{\pi}{2} - C'\right) \right|$$

110

$$= \left| A - (\pi - B' - C') \right|$$
$$= \left| A - A' \right|$$

又由于

$$AW = \frac{\frac{c}{2}}{\cos \angle BAW} = \frac{\frac{c}{2}}{\cos\left(\frac{\pi}{2} - C'\right)} = \frac{c}{2\sin C'} , AV = \frac{b}{2\sin B'}$$

所以,由余弦定理,有

$$VW^2 = \frac{1}{4}\left[\frac{b^2}{\sin^2 B'} + \frac{c^2}{\sin^2 C'} - \frac{2bc}{\sin B' \sin C'}\cos(A - A') \right]$$

根据正弦定理,有

$$\sin B' = \frac{b'}{2R'} , \sin C' = \frac{c'}{2R'}$$

其中 R' 表示 $\triangle A'B'C'$ 的外接圆半径,代入上式,有

$$VW^2$$

$$= R'^2\left[\frac{b^2}{b'^2} + \frac{c^2}{c'^2} - \frac{2bc}{b'c'}(\cos A\cos A' + \sin A\sin A') \right]$$

$$= \frac{R'^2}{2b'^2 c'^2}\Big[2b^2 c'^2 + 2b'^2 c^2 - (2bc\cos A) \cdot (2b'c'\cos A') -$$

$$16\left(\frac{1}{2}bc\sin A\right)\left(\frac{1}{2}b'c'\sin A'\right) \Big]$$

利用余弦定理以及

$$\Delta = \frac{1}{2}bc\sin A , \Delta' = \frac{1}{2}b'c'\sin A'$$

可以得到

$$VW^2 = \frac{R'^2}{2b'^2 c'^2}\big[2b^2 c'^2 + 2b'^2 c^2 -$$

$$(b^2 + c^2 - a^2)(b'^2 + c'^2 - a'^2) - 16\Delta\Delta' \big]$$

化简此式右边,可得

$$\left(\frac{VW}{a'}\right)^2 = \frac{1}{2}\left(\frac{R'}{a'b'c'}\right)^2(H - 16\Delta\Delta')$$

其中

$$H \equiv a'^2(b^2 + c^2 - a^2) + b'^2(c^2 + a^2 - b^2) +$$
$$c'^2(a^2 + b^2 - c^2)$$

注意到上式右边是 a, b, c 及 a', b', c' 的对称式,故可以得出

$$\frac{VW}{a'} = \frac{WU}{b'} = \frac{UV}{c'}$$

这表明 $\triangle UVW$ 与 $\triangle A'B'C'$ 相似. 显然有

$$H - 16\Delta\Delta' \geqslant 0$$

其中等号当且仅当 U, V, W 三点重合时成立,亦即 $\triangle ABC \backsim \triangle A'B'C'$ 时成立,这就证明了不等式(2.69).

证法 2(D. Pedoe) 在 $\triangle ABC$ 的边 BC 上,向点 A 所在的一侧作 $\triangle A''BC$(图 5.13),使得 $\triangle A''BC \backsim \triangle A'B'C'$. 在 $\triangle ACA''$ 中,根据余弦定理

$$A''A^2 = AC^2 + A''C^2 - 2AC \cdot A''C \cdot \cos\angle ACA''$$

但因

$$AC = b, A''C = a\left(\frac{b'}{a'}\right), \angle ACA'' = |C' - C|$$

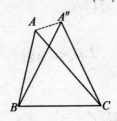

图 5.13

所以

112

$$a'^2 \cdot A''A^2 = a'^2 b^2 + a^2 b'^2 - 2aa'bb' \cos(C' - C)$$
$$= a'^2 b^2 + a^2 b'^2 - 2aa'bb' \cos C \cos C' -$$
$$2aa'bb' \sin C \sin C'$$
$$= \frac{1}{2}(H - 16\Delta\Delta')$$

其中

$$H = a'^2(b^2 + c^2 - a^2) + b'^2(c^2 + a^2 - b^2) +$$
$$c'^2(a^2 + b^2 - c^2)$$

显然 $a'^2 \cdot A''A^2 \geqslant 0$，当且仅当 $\triangle ABC \backsim \triangle A'B'C'$ 时，A'' 与 A 重合，即 $A''A = 0$. 因此式 (2.69) 成立.

证法 3（Carlitz） 令

$$a^2 = x, b^2 = y, c^2 = z, a'^2 = x', b'^2 = y', c'^2 = z'$$

则

$$H = x'(y + z - x) + y'(z + x - y) + z'(x + y - z)$$
$$= x(y' + z' - x') + y(z' + x' - y') + z(x' + y' - z')$$

这里 H 表示的意义同证法 1,2. 又

$$16\Delta^2 = 2xy + 2yz + 2zx - x^2 - y^2 - z^2$$
$$16\Delta'^2 = 2x'y' + 2y'z' + 2z'x' - x'^2 - y'^2 - z'^2$$

容易验证

$$H^2 - (16\Delta\Delta')^2 = -4(UV + VW + WU)$$

其中

$$U = yz' - y'z, V = zx' - z'x, W = xy' - x'y$$

因为 $xU + yV + zW = 0$，我们可得

$$-4xz(VW + WU + UV)$$
$$= -4xzUV + 4x(U + V)(xU + yV)$$
$$= 4x^2 U^2 + 4x(x + y - z)UV + 4xyV^2$$
$$= [2xU + (x + y - z)V]^2 + [4xy - (x + y - z)^2]V^2$$
$$= [2xU + (x + y - z)V]^2 + 16\Delta^2 \cdot V^2$$

由此可得

$$xz[H^2 - (16\Delta\Delta')^2]$$
$$= [2xU + (x+y-z)V]^2 + 16\Delta^2\Delta'^2$$

因为 $xz > 0, \Delta^2 > 0$,由上式可得

$$H^2 \geqslant (16\Delta\Delta')^2$$

所以

$$H \geqslant 16\Delta\Delta'$$

其中等号当且仅当 $U = V = W = 0$,或 $\dfrac{x}{x'} = \dfrac{y}{y'} = \dfrac{z}{z'}$,即

$\triangle ABC \backsim \triangle A'B'C'$时成立.

证法 4(张在明) 由余弦定理,得

$$H = a'^2(b^2 + c^2 - a^2) + b'^2(c^2 + a^2 - b^2) +$$
$$c'^2(a^2 + b^2 - c^2)$$
$$= 2(a^2b'^2 + a'^2b^2 - 2aba'b'\cos C\cos C')$$

又因为

$$16\Delta\Delta' = 2[a^2b'^2 + a'^2b^2 - 2aba'b'\cos(C - C')]$$
$$= 4aba'b'\sin C\sin C'$$

所以

$$H - 16\Delta\Delta'$$
$$= 2[(ab' - a'b)^2 + 2aba'b'(1 - \cos(C - C'))]$$

由此可见 $H \geqslant 16\Delta\Delta'$.

证法 5(陈计,何明秋) 由 Cauchy 不等式,知

$$[16\Delta\Delta' + 2(a^2a'^2 + b^2b'^2 + c^2c'^2)]^2$$
$$= [4\Delta \cdot 4\Delta' + \sqrt{2}a^2 \cdot \sqrt{2}a'^2 + \sqrt{2}b^2 \cdot \sqrt{2}b'^2 + \sqrt{2}c^2 \cdot \sqrt{2}c'^2]^2$$
$$\leqslant (16\Delta^2 + 2a^4 + 2b^4 + 2c^4) \cdot (16\Delta'^2 + 2a'^4 + 2b'^4 + 2c'^4)$$

但

$$16\Delta^2 = 2a^2b^2 + 2b^2c^2 + 2c^2a^2 - a^4 - b^4 - c^4$$
$$16\Delta'^2 = 2a'^2b'^2 + 2b'^2c'^2 + 2c'^2a'^2 - a'^4 - b'^4 - c'^4$$

所以
$$[16\Delta\Delta' + 2(a^2a'^2 + b^2b'^2 + c^2c'^2)]^2$$
$$\leqslant (a^2 + b^2 + c^2)(a'^2 + b'^2 + c'^2)$$

从而
$$(a^2 + b^2 + c^2)^2(a'^2 + b'^2 + c'^2)^2 -$$
$$2(a^2a'^2 + b^2b'^2 + c^2c'^2) = 16\Delta\Delta'$$

此即 (2.69),其中等号当且仅当 $\dfrac{a^2}{a'^2} = \dfrac{b^2}{b'^2} = \dfrac{c^2}{c'^2} = \dfrac{\Delta}{\Delta'}$,即

$\triangle ABC$ 和 $\triangle A'B'C'$ 相似时成立.

证法 6(常庚哲) 如图 5.14,把 $\triangle ABC$ 的顶点 C 放在复平面坐系的原点,其余两个顶点用复数 α,β 来记. 于是有
$$a = |\alpha|, b = |\beta|, c = |\alpha - \beta|$$
同样,把 $\triangle A'B'C'$ 的顶点 C' 也放在原点上,其余两个顶点用复数 α',β' 来记,故有
$$a' = |\alpha'|, b' = |\beta'|, c' = |\alpha' - \beta'|$$

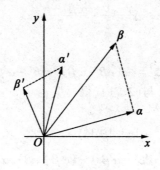

图 5.14

这样一来
$$a'^2(b^2 + c^2 - a^2) = \alpha'\overline{\alpha'}[\beta\overline{\beta} + (\alpha - \beta)(\overline{\alpha} - \overline{\beta}) - \alpha\overline{\alpha}]$$

115

$$= \alpha' \overline{\alpha}' \left[2\beta \overline{\beta} - (\alpha \overline{\beta} + \overline{\alpha}\beta) \right]$$

$$b'^2(c^2 + a^2 - b^2) = \beta' \overline{\beta}' \left[(\alpha - \beta)(\overline{\alpha} - \overline{\beta}) + \alpha \overline{\alpha} - \beta \overline{\beta} \right]$$

$$= \beta' \overline{\beta}' \left[2\alpha \overline{\alpha} - (\alpha \overline{\beta} + \overline{\alpha}\beta) \right]$$

$$c'^2(a^2 + b^2 - c^2)$$

$$= (\alpha' - \beta')(\overline{\alpha}' - \overline{\beta}') \left[\alpha \overline{\alpha} + \beta \overline{\beta} - (\alpha - \beta)(\overline{\alpha} - \overline{\beta}) \right]$$

$$= \left[\alpha' \overline{\alpha}' + \beta' \overline{\beta}' - (\alpha' \overline{\beta}' + \overline{\alpha}'\beta') \right] (\alpha \overline{\beta} + \overline{\alpha}\beta)$$

将以上三式两边分别相加,得到

$$H = a'^2(b^2 + c^2 - a^2) + b'^2(c^2 + a^2 - b^2) + c'^2(a^2 + b^2 - c^2)$$

$$= 2(|\alpha'|^2 |\beta|^2 + |\alpha|^2 |\beta'|^2) - (\alpha \overline{\beta} + \overline{\alpha}\beta)(\alpha' \overline{\beta}' + \overline{\alpha}'\beta')$$

$$\tag{2.70}$$

在图 5.14 所示的情形,我们有

$$\Delta = \frac{1}{2} \text{Im}(\overline{\alpha}\beta) = \frac{1}{2} \cdot \frac{\overline{\alpha}\beta - \alpha \overline{\beta}}{2i}$$

其中 $\text{Im}(z)$ 代表复数 z 的虚部. 同理

$$\Delta' = \frac{1}{2} \cdot \frac{\overline{\alpha}'\beta' - \alpha' \overline{\beta}'}{2i}$$

所以

$$16\Delta\Delta' = -(\overline{\alpha}\beta - \alpha \overline{\beta})(\overline{\alpha}'\beta' - \alpha' \overline{\beta}') \tag{2.71}$$

由 (2.70) 与 (2.71),得

$$H - 16\Delta\Delta'$$

$$= 2(|\alpha'|^2 |\beta|^2 + |\alpha|^2 |\beta'|^2) +$$

$$(\overline{\alpha}\beta - \alpha \overline{\beta})(\overline{\alpha}'\beta' - \alpha' \overline{\beta}') - (\alpha \overline{\beta} + \overline{\alpha}\beta)(\alpha' \overline{\beta}' + \overline{\alpha}'\beta')$$

$$= 2 \left[|\alpha'|^2 |\beta|^2 + |\alpha|^2 |\beta'|^2 - (\alpha \overline{\alpha}'\overline{\beta}\beta' + \overline{\alpha}\alpha'\beta \overline{\beta}') \right]$$

$$= 2(\alpha\beta' - \alpha'\beta)(\overline{\alpha}\overline{\beta}' - \overline{\alpha}'\overline{\beta})$$

此即

$$H - 16\Delta\Delta' = 2(\alpha\beta' - \alpha'\beta)^2 \tag{2.72}$$

由此显然可见 $H-16\Delta\Delta' \geqslant 0$，即式（2.69）成立，并且，式中等号当且仅当 $\alpha\beta' = \alpha'\beta$，即 $\triangle ABC \backsim \triangle A'B'C'$ 时成立.

Pedoe 不等式的加强与推广也有不少优美的结果. 下面我们将分别以定理的形式给出. 在以下定理中我们沿用记号

$$H = a'^2(b^2+c^2-a^2) + b'^2(c^2+a^2-b^2) + c'^2(a^2+b^2-c^2)$$

定理 5.19（程龙）　设 $\triangle ABC$ 与 $\triangle A'B'C'$ 的三边长分别为 a,b,c 与 a',b',c'，面积分别为 Δ 与 Δ'，则有

$$H \geqslant 16\Delta\Delta' + \frac{2}{3}\Big[(ab'-a'b)^2 + (bc'-b'c)^2 + (ca'-c'a)^2 \Big]$$

$$\tag{2.73}$$

其中等号当且仅当 $\triangle ABC$ 与 $\triangle A'B'C'$ 相似时成立.

证明　由余弦定理易知

$$a'^2(b^2+c^2-a^2) = a'^2(2b^2 - 2ab\cos C)$$
$$b'^2(c^2+a^2-b^2) = b'^2(2a^2 - 2ab\cos C)$$
$$c'^2(a^2+b^2-c^2) = (a'^2+b'^2-2a'b'\cos C')2ab\cos C$$

将以上三式等号两边分别相加，得

$$H = 2a^2b'^2 + 2a'^2b^2 - 4aa'bb'\cos C\cos C'$$

又由于

$$16\Delta\Delta' = 4aba'b'\sin C\sin C'$$

所以

$$H - 16\Delta\Delta' = 2a^2b'^2 + 2a'^2b^2 - 4aa'bb'[\cos C\cos C' + \sin C\sin C']$$
$$= 2a^2b'^2 + 2a'^2b^2 - 4aa'bb'\cos(C-C')$$

因为 $\cos(C-C') \leqslant 1$，所以

$$H - 16\Delta\Delta' \geqslant 2a^2b'^2 + 2a'^2b^2 - 4aa'bb'$$

117

即

$$H - 16\Delta\Delta' \geqslant 2(ab' - a'b)^2 \qquad (2.74)$$

显然,不等式(2.74)中等号当且仅当 $C = C'$ 时成立.

由于不等式(2.74)在证明中的可换性,故同样可以得到

$$H - 16\Delta\Delta' \geqslant 2(bc' - b'c)^2 \qquad (2.75)$$

$$H - 16\Delta\Delta' \geqslant 2(ca' - c'a)^2 \qquad (2.76)$$

将以上三式相加后两边同除以 3 即得(2.73),且其中等号当且仅当 $A = A'$,$B = B'$,$C = C'$,即 $\triangle ABC \backsim \triangle A'B'C'$ 时成立.

评注 可以证明不等式(2.73)右端第 2 项的系数 $\dfrac{2}{3}$ 是最优的,也就是说,不存在常数 k,当 $k > \dfrac{2}{3}$ 时,能使不等式

$$H \geqslant 16\Delta\Delta' + k\left[(ab' - a'b)^2 + (bc' + b'c)^2 + (ca' - c'a)^2\right] \qquad (2.77)$$

成立.

事实上,令

$$Q = 16\Delta\Delta' + \left[(ab' - a'b)^2 + (bc' - b'c)^2 + (ca' - c'a)^2\right] - H$$

取

$$a = a' = 1, A = A' = \frac{\pi}{2}$$

$$b = c' = \sin B, c = b' = \cos B$$

则

$$\begin{aligned}
Q &= 16\Delta^2 + k\left[(b - c)^2 + (b^2 - c^2)^2 + (b - c)^2\right] - \\
&\quad \left[(-1 + b^2 + c^2) + c^2(1 - b^2 + c^2) + b^2(1 + b^2 - c^2)\right] \\
&= 4b^2c^2 + (k - 1)(b^2 - c^2)^2 + 2k - 4kbc - 1
\end{aligned}$$

$$= \sin^2 2B + (k-1)\cos^2 2B + 2k - 2k\sin 2B - 1$$
$$= (k-2)\cos^2 2B + 2k(1-\sin 2B)$$
$$= (1-\sin 2B)[2k + (k-2)(1+\sin 2B)]$$
$$= (1-\sin 2B)[(3k-2) + (k-2)\sin 2B]$$

当 $\dfrac{2}{3} < k \leqslant 1$ 时,有 $0 < \dfrac{3k-2}{2-k} \leqslant 1$,因此存在 α,满

足 $0 < \alpha < \dfrac{\pi}{2}$,且 $\sin \alpha = \dfrac{3k-2}{2-k}$. 取 $0 < B < \dfrac{\alpha}{2}$,这时,

$\sin \alpha > \sin 2B$,则

$$Q = (1-\sin 2B)(\sin \alpha - \sin 2B)(2-k) > 0$$

故 (2.77) 成立. 当 $k > 1$ 时

$$\frac{3k-2}{2-k} > 1 > \sin 2B$$

当然 (2.77) 也成立. 由此可见 (2.73) 中的系数已不能

改进.

定理 5.20(袁家贵,常庚哲)　沿用定理 5.19 中

的符号,则有

$$H \geqslant 8\left(\frac{a'^2 + b'^2 + c'^2}{a^2 + b^2 + c^2}\Delta^2 + \frac{a^2 + b^2 + c^2}{a'^2 + b'^2 + c'^2}\Delta'^2\right) \quad (2.78)$$

其中等号当且仅当 $\triangle ABC$ 与 $\triangle A'B'C'$ 相似时成立.

证明　令

$$x_1 = a^2, x_2 = b^2, x_3 = c^2$$
$$y_1 = a'^2, y_2 = b'^2, y_3 = c'^2$$

于是 H 可以被表成

$$H = \sum_{i=1}^{3} x_i \sum_{i=1}^{3} y_i - 2 \sum_{i=1}^{3} x_i y_i \quad (2.79)$$

再由三角形面积的 Heron 公式

$$\Delta = \sqrt{s(s-a)(s-b)(s-c)}$$

其中 $s = \dfrac{1}{2}(a+b+c)$，知

$$16\Delta^2 = (a^2+b^2+c^2)^2 - 2(a^4+b^4+c^4) \qquad (2.80)$$

即

$$16\Delta^2 = \Big(\sum_{i=1}^{3} x_i\Big)^2 - 2\sum_{i=1}^{3} x_i^2 \qquad (2.81)$$

同样有

$$16\Delta'^2 = \Big(\sum_{i=1}^{3} y_i\Big)^2 - 2\sum_{i=1}^{3} y_i^2 \qquad (2.82)$$

再令

$$S_x = \sum_{i=1}^{3} x_i,\ S_y = \sum_{i=1}^{3} y_i$$

则由 Cauchy 不等式及算术 – 几何平均不等式,有

$$S_x S_y - H = \sum_{i=1}^{3} x_i \sum_{i=1}^{3} y_i - \Big(\sum_{i=1}^{3} x_i \sum_{i=1}^{3} y_i - 2\sum_{i=1}^{3} x_i y_i\Big)$$

$$= 2\sum_{i=1}^{3} x_i y_i \leqslant 2\Big(\sum_{i=1}^{3} x_i^2 \sum_{i=1}^{3} y_i^2\Big)^{\frac{1}{2}}$$

$$= \big[(S_x^2 - 16\Delta^2)(S_y^2 - 16\Delta'^2)\big]^{\frac{1}{2}}$$

$$= S_x S_y \Big[\Big(1 - \frac{16\Delta^2}{S_x^2}\Big)\Big(1 - \frac{16\Delta'^2}{S_y^2}\Big)\Big]^{\frac{1}{2}}$$

$$\leqslant S_x S_y \Big[1 - 8\Big(\frac{\Delta^2}{S_x^2} + \frac{\Delta'^2}{S_y^2}\Big)\Big]$$

由此可知

$$H \geqslant 8 S_x S_y \Big(\frac{\Delta^2}{S_x^2} + \frac{\Delta'^2}{S_y^2}\Big) = 8\Big(\frac{S_y}{S_x}\Delta^2 + \frac{S_x}{S_y}\Delta'^2\Big)$$

这样就证明了不等式(2.78).

等号成立的条件是 $x_1:x_2:x_3 = y_1:y_2:y_3$，即 $a^2:b^2:c^2 = a'^2:b'^2:c'^2$，亦即 $a:b:c = a':b':c'$，这表明 $\triangle ABC$ 与 $\triangle A'B'C'$ 相似.

对式(2.78)的右边利用算术 – 几何平均不等式,便可得出 Pedoe 不等式(2.69),可见式(2.78)是比 Pedoe 不等式更精细一些的不等式.

从式(2.78)出发,还可以导出另一个涉及两个三角形的边长和面积的不等式

$$a^2 a'^2 + b^2 b'^2 + c^2 c'^2$$

$$\geqslant 8 \left(\frac{a'^2 + b'^2 + c'^2}{a^2 + b^2 + c^2} \Delta^2 + \frac{a^2 + b^2 + c^2}{a'^2 + b'^2 + c'^2} \Delta'^2 \right) \quad (2.83)$$

其中等号当且仅当 $\triangle ABC$ 与 $\triangle A'B'C'$ 均为正三角形时成立.

事实上,对 $\triangle ABC$ 与 $\triangle A'B'C'$ 使用不等式(2.78),有

$$b'^2 (b^2 + c^2 - a^2) + c'^2 (c^2 + a^2 - b^2) + a'^2 (a^2 + b^2 - c^2)$$

$$\geqslant 8 \left(\frac{a'^2 + b'^2 + c'^2}{a^2 + b^2 + c^2} \Delta^2 + \frac{a^2 + b^2 + c^2}{a'^2 + b'^2 + c'^2} \Delta'^2 \right)$$

同样,为 $\triangle ABC$ 与 $\triangle A'B'C'$ 使用不等式(2.78),有

$$c'^2 (b^2 + c^2 - a^2) + a'^2 (c^2 + a^2 - b^2) + b'^2 (a^2 + b^2 - c^2)$$

$$\geqslant 8 \left(\frac{a'^2 + b'^2 + c'^2}{a^2 + b^2 + c^2} \Delta^2 + \frac{a^2 + b^2 + c^2}{a'^2 + b'^2 + c'^2} \Delta'^2 \right)$$

将上述两式两边分别相加并除以 2,便得(2.83).

下面我们对不等式(2.78)左边的量 H 做出几何解释,进而证明 Pedoe 不等式与所谓 Oppenheim 不等式是等价的.

为方便起见,我们用 a_1, a_2, a_3 表示第一个三角形的三边长,用 Δ_a 表示这个三角形的面积,用 b_1, b_2, b_3 与 Δ_b 分别表示第二个三角形的边长与面积,我们令

$$c_i = \left(\frac{a_i^2 + b_i^2}{2} \right)^{\frac{1}{2}} \quad (i = 1, 2, 3)$$

121

现在来证明:以三个正数 c_1, c_2, c_3 为边长,可以构成第三个三角形. 我们必须且只需证明:任意两边之和大于第三边,即

$$c_1 < c_2 + c_3, c_2 < c_3 + c_1, c_3 < c_1 + c_2$$

同时成立. 由于对称性,只需证明第一个不等式成立就行了.

由于 $a_1 < a_2 + a_3, b_1 < b_2 + b_3$,于是

$$a_1^2 + b_1^2 < (a_2 + a_3)^2 + (b_2 + b_3)^2$$
$$= a_2^2 + b_2^2 + a_3^2 + b_3^2 + 2(a_2 a_3 + b_2 b_3)$$
$$= 2[c_2^2 + c_3^2 + (a_2 a_3 + b_2 b_3)]$$

由 Cauchy 不等式,我们又有

$$a_2 a_3 + b_2 b_3 \leqslant \sqrt{(a_2^2 + b_2^2)(a_3^2 + b_3^2)} = 2c_2 c_3$$

从而便可得出

$$\frac{a_1^2 + b_1^2}{2} < (c_2 + c_3)^2$$

这正是 $c_1 < c_2 + c_3$.

以 c_1, c_2, c_3 为三边长可以构成一个三角形,其面积用 Δ_c 来表示. 人们自然要问:三个三角形的面积 $\Delta_a, \Delta_b, \Delta_c$ 之间,会有什么关系? 为简便,令 $x_i = a_i^2$, $y_i = b_i^2, z_i = c_i^2$,其中 $i = 1, 2, 3$,于是

$$16\Delta_a^2 = S_x^2 - 2\sum_{i=1}^{3} x_i^2, 16\Delta_b^2 = S_y^2 - 2\sum_{i=1}^{3} y_i^2$$

由于

$$z_i = c_i^2 = \frac{a_i^2 + b_i^2}{2} = \frac{x_i + y_i}{2}$$

所以

$$16\Delta_c^2 = \left(\sum_{i=1}^{3} z_i\right)^2 - 2\sum_{i=1}^{3} z_i^2$$

$$= \left[\frac{1}{2} \left(\sum_{i=1}^{3} x_i + \sum_{i=1}^{3} y_i \right) \right]^2 - 2 \sum_{i=1}^{3} \left(\frac{x_i + y_i}{2} \right)^2$$

$$= \frac{1}{4} \left[(S_x + S_y)^2 - 2 \sum_{i=1}^{3} (x_i^2 + 2x_i y_i + y_i^2) \right]$$

$$= \frac{1}{4} \left[S_x^2 + 2S_x S_y + S_y^2 - 2 \sum_{i=1}^{3} (x_i^2 + 2x_i y_i + y_i^2) \right]$$

$$= \frac{1}{4} \left[16(\Delta_a^2 + \Delta_b^2) + 2H \right]$$

这就是说,我们有

$$H = 32\Delta_c^2 - 8(\Delta_a^2 + \Delta_b^2) \qquad (2.84)$$

这个公式把 H 表示成了三个三角形面积之间的一个确定的关系. 由 Pedoe 不等式 $H \geqslant 16\Delta_a \Delta_b$ 及式 (2.84),立即可得

$$\Delta_c \geqslant \frac{\Delta_a + \Delta_b}{2} \qquad (2.85)$$

其中等号当且仅当 $\triangle A_1 A_2 A_3 \backsim \triangle B_1 B_2 B_3$ 时成立. 这里的式(2.85)正是在 1963 年由 Oppenheim 所建立的不等式. 显然,由不等式(2.85)及等式(2.84)也能推出 Pedoe 不等式. 这样就证明了不等式(2.69)与(2.85)是等价的.

定理 5.21(陈云烽) 沿用定理 5.19 中的符号,则有

$$H - 16\Delta\Delta' = \frac{K}{M} \geqslant 0 \qquad (2.86)$$

其中

$$K = 32 \left[(x\Delta' - x'\Delta)^2 + (y\Delta' - y'\Delta)^2 + (z\Delta' - z'\Delta)^2 \right] + 4 \left[(xy' - yx')^2 + (yz' - zy')^2 + (zx' - xz')^2 \right] \qquad (2.87)$$

$$M = (x + y + z)(x' + y' + z') +$$

$$2(xx' + yy' + zz') + 16\Delta\Delta' \qquad (2.88)$$

而 $x = a^2, y = b^2, z = c^2, x' = a'^2, y' = b'^2, z' = c'^2$.

证明 由 Heron 公式知

$$16\Delta^2 = 2(a^2b^2 + b^2c^2 + c^2a^2) - (a^4 + b^4 + c^4)$$
$$= (x + y + z)^2 - 2(x^2 + y^2 + z^2)$$

从而

$$(x + y + z)^2 = 16\Delta^2 + 2(x^2 + y^2 + z^2)$$

同理有

$$(x' + y' + z')^2 = 16\Delta'^2 + 2(x'^2 + y'^2 + z'^2)$$

以上两式相乘,并注意到

$$H = (x + y + z)(x' + y' + z') - 2(xx' + yy' + zz')$$

得

$$H - 16\Delta\Delta' = \frac{K}{M} \geqslant 0$$

而且,由于 $M > 0$,而 $K = 0$ 的充要条件是(2.87)中每个平方式均取零值,而所有平方式都取零值的充要条件是 $\triangle ABC \backsim \triangle A'B'C'$. 至此,我们已经证得如下结论:对于 $\triangle ABC$ 与 $\triangle A'B'C'$,恒有式(2.86),并且,当且仅当 $\triangle ABC \backsim \triangle A'B'C'$ 时,才有 $\frac{K}{M} = 0$,这里 K, M 如(2.87)与(2.88)两式所示,各个参变量在式中的位置都是对称出现的,其几何意义也很明显.

恒等式 $H - 16\Delta\Delta' = \frac{K}{M}$ 可看作是 Pedoe 不等式的一种加强形式,而且是再也不能加强了. 对右端做些简化,可得一些稍为简明的加强形式. 例如,利用 $16\Delta\Delta' \leqslant H$,可知

$$M \leqslant 2(x + y + z)(x' + y' + z')$$

所以有下列不等式

$$H \geqslant 16\Delta\Delta' + \frac{K}{2(x+y+z)(x'+y'+z')} \qquad (2.89)$$

$$H \geqslant 16\Delta\Delta' + \frac{2\left[(xy'-yx')^2 + (yz'-zy')^2 + (zx'-xz')^2\right]}{(x+y+z)(x'+y'+z')}$$
$$(2.90)$$

$$H \geqslant 16\Delta\Delta' + \frac{16\left[(x\Delta'-x'\Delta)^2 + (y\Delta'-y'\Delta)^2 + (z\Delta'-z'\Delta)^2\right]}{(x+y+z)(x'+y'+z')}$$
$$(2.91)$$

而且,这些不等式取等号的充要条件都是 $\triangle ABC \backsim \triangle A'B'C'$.

利用 Pedoe 不等式以及各种各样的加强形式,可推导出三角形的某些不等式,有些是不明显的,用别的方法进行论证有时还颇费周折.

例如,对任意 $\triangle ABC$,有不等式

$$\frac{a^2b^2 + b^2c^2 + c^2a^2}{a^2 + b^2 + c^2} \geqslant \frac{4\sqrt{3}}{3}\Delta \qquad (2.92)$$

其中等号当且仅当 $\triangle ABC$ 为正三角形时成立.

证明　当 $\triangle A'B'C'$ 为正三角形时,有

$$x' = y' = z', \Delta' = \frac{\sqrt{3}}{4}x'^2$$

故根据式 (2.90),可得

$$4\sqrt{3}\Delta$$

$$\leqslant (x+y+z) - \frac{2\left[(x-y)^2 + (y-z)^2 + (z-x)^2\right]}{3(x+y+z)}$$

$$= \frac{3(x+y+z)^2}{3(x+y+z)} - \frac{4\left[(x^2+y^2+z^2) - (xy+yz+zx)\right]}{3(x+y+z)}$$

$$= \frac{3(xy+yz+zx)}{x+y+z} - \frac{(x-y)^2 + (y-z)^2 + (z-x)^2}{6(x+y+z)}$$

$$\leqslant \frac{3(xy+yz+zx)}{x+y+z}$$

故式(2.92)成立,而且不等式取等号的充要条件是 $x = y = z$,即 $\triangle ABC$ 为正三角形.

易知不等式(2.92)要强于 Weisenböck 不等式 (2.26),因为

$$3(a^2b^2 + b^2c^2 + c^2a^2) \leqslant (a^2 + b^2 + c^2)^2$$

定理 5.22(安振平) 在 $\triangle ABC$ 和 $\triangle A'B'C'$ 中,设其边长和半周长分别为 a, b, c, p 和 a', b', c', p',面积分别为 Δ 和 Δ',则有

$$a'(p' - a')(p - b)(p - c) + b'(p' - b')(p - c)(p - a) +$$
$$c'(p' - c')(p - a)(p - b) \geqslant 2\Delta\Delta' \qquad (2.93)$$

等号当且仅当 $\triangle ABC \backsim \triangle A'B'C'$ 时成立.

证明 因为 $A' + B' + C' = \pi$,故由命题 5.1 知,对于任意实数 x, y, z,有

$$x^2 + y^2 + z^2 \geqslant 2xy\cos C' + 2yz\cos A' + 2zx\cos B'$$

从而

$$(x + y + z)^2 \geqslant 4xy\cos^2 \frac{C'}{2} + 4yz\cos^2 \frac{A'}{2} + 4zx\cos^2 \frac{B'}{2}$$
$$(2.94)$$

等号当且仅当 $\dfrac{x}{\sin A'} = \dfrac{y}{\sin B'} = \dfrac{z}{\sin C'}$ 时成立.

在不等式(2.94)中,令

$$x = \cos^2 \frac{A'}{2}\tan \frac{A}{2}, y = \cos^2 \frac{B'}{2}\tan \frac{B}{2}, z = \cos^2 \frac{C'}{2}\tan \frac{C}{2}$$

则有

$$\left(\cos^2 \frac{A'}{2}\tan \frac{A}{2} + \cos^2 \frac{B'}{2}\tan \frac{B}{2} + \cos^2 \frac{C'}{2}\tan \frac{C}{2} \right)^2$$
$$\geqslant 4\cos^2 \frac{A'}{2}\cos^2 \frac{B'}{2}\cos^2 \frac{C'}{2} \cdot$$
$$\left(\tan \frac{A}{2}\tan \frac{B}{2} + \tan \frac{B}{2}\tan \frac{C}{2} + \tan \frac{C}{2}\tan \frac{A}{2} \right)$$

注意到

$$\tan\frac{A}{2}\tan\frac{B}{2} + \tan\frac{B}{2}\tan\frac{C}{2} + \tan\frac{C}{2}\tan\frac{A}{2} = 1$$

故有

$$\cos^2\frac{A'}{2}\tan\frac{A}{2} + \cos^2\frac{B'}{2}\tan\frac{B}{2} + \cos^2\frac{C'}{2}\tan\frac{C}{2}$$

$$\geqslant 2\cos\frac{A'}{2}\cos\frac{B'}{2}\cos\frac{C'}{2} \tag{2.95}$$

根据半角公式

$$\tan\frac{A}{2} = \sqrt{\frac{(p-b)(p-c)}{p(p-a)}} = \frac{1}{\Delta}(p-b)(p-c)$$

$$\tan\frac{B}{2} = \frac{1}{\Delta}(p-c)(p-a)$$

$$\tan\frac{C}{2} = \frac{1}{\Delta}(p-a)(p-b)$$

$$\cos\frac{A'}{2} = \sqrt{\frac{p'(p'-a')}{b'c'}}$$

$$\cos\frac{B'}{2} = \sqrt{\frac{p'(p'-b')}{c'a'}}$$

$$\cos\frac{C'}{2} = \sqrt{\frac{p'(p'-c')}{a'b'}}$$

将以上六式代入式(2.95)得

$$\frac{p'(p'-a')(p-b)(p-c)}{\Delta \cdot b' \cdot c'} + \frac{p'(p'-b')(p-c)(p-a)}{\Delta \cdot c' \cdot a'} +$$

$$\frac{p'(p'-c')(p-a)(p-b)}{\Delta \cdot a' \cdot b'}$$

$$\geqslant 2\sqrt{\frac{p'^3(p'-a')(p'-b')(p'-c')}{a'^2 b'^2 c'^2}}$$

上式两边同乘以 $\dfrac{1}{p}a'b'c'\Delta$,并应用 Heron 公式,即得式

(2.93).

　　将不等式(2.93)左端展开后变形得

$$H \geqslant 16\Delta\Delta' + 2Q \tag{2.93'}$$

其中

$$\begin{aligned}
Q &= a'^2bc - abb'c' + a^2b'c' - a'b'bc + b'^2ca - \\
&\quad bcc'a' + b^2c'a' - b'c'ca + c'^2ab - \\
&\quad caa'b' + c^2a'b' - c'a'ab \\
&= a'c(a'b - ab') + b'a(b'c - bc') + \\
&\quad c'b(c'a - ca') + ac'(ab' - a'b) + \\
&\quad ba'(bc' - b'c) + cb'(ca' - c'a) \\
&= -\big[(a'b - ab')(c'a - a'c) + \\
&\quad (b'c - bc')(a'b - ab') + \\
&\quad (c'a - ca')(b'c - bc') \big] \\
&= -a'^3b'^3c'^3\Big[a'\Big(\frac{a}{a'} - \frac{b}{b'}\Big)\Big(\frac{c}{c'} - \frac{a}{a'}\Big) + \\
&\quad b'\Big(\frac{b}{b'} - \frac{c}{c'}\Big)\Big(\frac{a}{a'} - \frac{b}{b'}\Big)\Big] + \\
&\quad c'\Big(\frac{c}{c'} - \frac{a}{a'}\Big)\Big(\frac{b}{b'} - \frac{c}{c'}\Big)\Big] \\
&= -a'^3b'^3c'^3 Q'
\end{aligned}$$

令

$$x = \frac{a}{a'} - \frac{b}{b'}, y = \frac{b}{b'} - \frac{c}{c'}, z = \frac{c}{c'} - \frac{a}{a'}$$

则

$$x + y + z = 0, Q' = a'xz + b'xy + c'yz$$

由 $z = -(x+y)$ 代入上式,得

$$\begin{aligned}
Q' &= -a'x(x+y) + b'xy - c'y(x+y) \\
&= -a'x^2 + (-a' + b' - c')yx - c'y^2
\end{aligned}$$

判别式

$$\Delta_x = (-a' + b' - c')^2 y^2 - 4a'c'y^2$$
$$= (a'^2 + b'^2 + c'^2 - 2a'b' - 2b'c' - 2c'a')y^2$$
$$= [a'(a' - b' - c') + b'(-a' + b' - c') +$$
$$c'(-a' - b' + c')]y^2 \leqslant 0$$

因二次项系数 $-a' < 0$，所以 $Q' \leqslant 0$，即 $Q \geqslant 0$. 事实上，对 Q' 施行配方法，得

$$Q' = -a'\left(x + \frac{p' - b'}{a'}y\right)^2 - \frac{H'}{4a'}y^2$$

其中

$$H' = a'(-a' + b' + c') + b'(a' - b' + c') +$$
$$c'(a' + b' - c')$$

注意到 Q' 的轮换对称性，类似可得

$$Q' = -b'\left(y + \frac{p' - c'}{b'}z\right)^2 - \frac{H'}{4b'}z^2$$

$$Q' = -c'\left(z + \frac{p' - a'}{c'}x\right)^2 - \frac{H'}{4c'}x^2$$

所以由 $Q = -a'^3 b'^3 c'^3$ 得 Q 的对称形式

$$Q = \frac{1}{3}a'^3 b'^3 c'^3 \left[a'\left(x + \frac{p' - b'}{a'}y\right)^2 + b'\left(y + \frac{p' - c'}{b'}z\right)^2 + c'\left(z + \frac{p' - a'}{c'}x\right)^2 + \frac{H'}{4}\left(\frac{y^2}{a'} + \frac{z^2}{b'} + \frac{x^2}{c'}\right)\right]$$

注意到 $Q \geqslant 0$，显然由式（2.84）成立，得

$$H \geqslant 16\Delta\Delta'$$

此即 Pedoe 不等式，显然不等式（2.93）加强了 Pedoe 不等式.

在不等式（2.93）中，取 $\triangle A'B'C' \cong \triangle ABC$，这时（2.93）成为等式

$$\Delta^2 = p(p - a)(p - b)(p - c)$$

此即 Heron 公式.

在式(2.93)中令 $a' = b' = c' = 1$,则 $\Delta' = \dfrac{\sqrt{3}}{4}$,因此 (2.93)即为

$$(p-b)(p-c) + (p-c)(p-a) + (p-a)(p-b)$$
$$\geqslant \sqrt{3}\Delta$$

展开变形得

$$a^2 + b^2 + c^2 \geqslant 4\sqrt{3}\Delta + (a-b)^2 + (b-c)^2 + (c-a)^2$$

此即 Finsler-Hadwiger 不等式.

定理 5.23(马援) 设 $\triangle ABC$ 与 $\triangle A'B'C'$ 的三边长分别为 a,b,c 与 a',b',c',面积分别为 Δ 与 Δ',则有

$$a'^{2\theta}(b^{2\theta} + c^{2\theta} - a^{2\theta}) + b'^{2\theta}(c^{2\theta} + a^{2\theta} - b^{2\theta}) +$$
$$c'^{2\theta}(a^{2\theta} + b^{2\theta} - c^{2\theta}) \geqslant 3\left(\frac{16}{3}\right)^{\theta}\Delta^{\theta}\Delta'^{\theta} \qquad (2.96)$$

其中 $\theta \in [0,1]$. 当 $\theta = 0$ 时,(2.96)为恒等式;当 $\theta = 1$ 时,式中等号当且仅当 $\triangle ABC$ 与 $\triangle A'B'C'$ 相似时成立;当 $\theta \in (0,1)$ 时,式中等号当且仅当 $\triangle ABC$ 与 $\triangle A'B'C'$ 都是正三角形时成立.

证明 由 Pedoe 不等式(2.69)知,当 $\theta = 1$ 时,式 (2.96)成立;当 $\theta = 0$ 时,式(2.96)成立是显然的;当 $\theta \in (0,1)$ 时,由定理 5.16^* 知,以 $a^{\theta}, b^{\theta}, c^{\theta}$ 为三边可以构成一个三角形,以 $a'^{\theta}, b'^{\theta}, c'^{\theta}$ 为三边可以构成另一个三角形,将其面积分别记作 Δ_{θ} 和 Δ'_{θ}. 对这两个新构成的三角形运用 Pedoe 不等式得,式(2.96)左端大于或等于 $16\Delta_{\theta}\Delta'_{\theta}$,再由定理 5.16^* 中不等式(2.67)知

$$\Delta_{\theta}\Delta'_{\theta} \geqslant \left(\frac{\sqrt{3}}{4}\right)^{2-2\theta}\Delta^{\theta}\Delta'^{\theta}$$

因此,式(2.96)左端大于或等于 $3\left(\dfrac{16}{3}\right)^{\theta}\Delta^{\theta}\Delta'^{\theta}$,故不等

式(2.96)成立.

特别地,在(2.96)中取 $a' = a, b' = b, c' = c$,则有

$$a^{4\theta} + b^{4\theta} + c^{4\theta}$$

$$\geqslant 3\left(\frac{16}{3}\right)^{\theta}\Delta^{\theta} + (a^{2\theta} - b^{2\theta})^2 + (b^{2\theta} - c^{2\theta})^2 + (c^{2\theta} - a^{2\theta})^2$$

在(2.96)中取 $\theta = \dfrac{1}{2}$,则有

$$a'(b + c - a) + b'(c + a - b) + c'(a + b - c)$$

$$\geqslant \sqrt{48\Delta\Delta'} \tag{2.97}$$

其中等号当且仅当 $\triangle ABC$ 与 $\triangle A'B'C'$ 均为正三角形时成立.

不等式(2.97)是高灵于 1981 年首先提出的,它也可以利用 Pedoe 不等式(2.69)及命题 5.21,直接得到. 在不等式(2.97)中令 $a' = a, b' = b, c' = c$,又可得到 Finsler-Hadwiger 不等式(2.45).

五、几个著名几何不等式的统一证明

关于三角形边长与面积关系的最简单的几个等周不等式,我们将利用一个代数不等式给出它们的统一证明,以及若干推广及应用.

定理 5.24(杨克倡)　设 α, β, γ 中至少有两个正数且 $\alpha\beta + \beta\gamma + \gamma\alpha > 0, x, y, z \in \mathbf{R}$,则

$$(\alpha x + \beta y + \gamma z)^2$$

$$\geqslant (\alpha\beta + \beta\gamma + \gamma\alpha)(2xy + 2yz + 2zx - x^2 - y^2 - z^2) \tag{2.98}$$

其中等号当且仅当 $\dfrac{x}{\beta + \gamma} = \dfrac{y}{\gamma + \alpha} = \dfrac{z}{\alpha + \beta}$ 时成立.

证明　由已知可推得 α, β, γ 中任两数之和为正. 假若不然,不妨设 $\alpha + \beta \leqslant 0$,注意到 α, β, γ 中至少有两

个正数,则 $\alpha\beta \leqslant 0$, $\gamma > 0$,因而得 $\gamma(\alpha+\beta) + \alpha\beta \leqslant 0$,这与已知 $\alpha\beta + \beta\gamma + \gamma\alpha > 0$ 矛盾,故 $\alpha+\beta > 0$. 同理可知 $\beta+\gamma > 0$, $\gamma+\alpha > 0$.

对(5.98)作移项、展开、配方,得

$$I \equiv (\alpha x + \beta y + \gamma z)^2 - (\alpha\beta + \beta\gamma + \gamma\alpha) \cdot$$
$$(2xy + 2yz + 2zx - x^2 - y^2 - z^2)$$
$$\equiv (\alpha+\beta)(\gamma+\alpha)x^2 + (\beta+\gamma)(\alpha+\beta)y^2 +$$
$$(\gamma+\alpha)(\beta+\gamma)z^2 - 2\gamma(\alpha+\beta)xy -$$
$$2\beta(\gamma+\alpha)zx - 2\alpha(\beta+\gamma)yz$$

即

$$I \equiv (\alpha+\beta)(\beta+\gamma)(\gamma+\alpha)\left[\gamma\left(\frac{x}{\beta+\gamma} - \frac{y}{\gamma+\alpha}\right)^2 + \right.$$
$$\left.\alpha\left(\frac{y}{\gamma+\alpha} - \frac{z}{\alpha+\beta}\right)^2 + \beta\left(\frac{z}{\alpha+\beta} - \frac{x}{\beta+\gamma}\right)^2\right] \quad (2.99)$$

(1)若 α,β,γ 均为正数,或其中一个为零另两个为正数,由上面配方式(2.99)知 $I \geqslant 0$;

(2)若 α,β,γ 中有一个为负,不妨设 $\gamma < 0$. 因为

$$\frac{x}{\beta+\gamma} - \frac{y}{\gamma+\alpha} = \left(\frac{x}{\beta+\gamma} - \frac{z}{\alpha+\beta}\right) + \left(\frac{z}{\alpha+\beta} - \frac{y}{\gamma+\alpha}\right)$$

故

$$\gamma\left(\frac{x}{\beta+\gamma} - \frac{y}{\gamma+\alpha}\right)^2 + \alpha\left(\frac{y}{\gamma+\alpha} - \frac{z}{\alpha+\beta}\right)^2 + \beta\left(\frac{z}{\alpha+\beta} - \frac{x}{\beta+\gamma}\right)^2$$
$$= (\gamma+\alpha)\left(\frac{y}{\gamma+\alpha} - \frac{z}{\alpha+\beta}\right)^2 + (\beta+\gamma)\left(\frac{z}{\alpha+\beta} - \frac{x}{\beta+\gamma}\right)^2 +$$
$$2\gamma\left(\frac{y}{\gamma+\alpha} - \frac{z}{\alpha+\beta}\right)\left(\frac{z}{\alpha+\beta} - \frac{x}{\beta+\gamma}\right) \quad (2.100)$$

(i)若 $\dfrac{y}{\gamma+\alpha} - \dfrac{z}{\alpha+\beta}$ 与 $\dfrac{z}{\alpha+\beta} - \dfrac{z}{\beta+\gamma}$ 异号或其中至少一个为零,易见

$$\gamma\left(\frac{y}{\gamma+\alpha}-\frac{x}{\alpha+\beta}\right)\left(\frac{z}{\alpha+\beta}-\frac{x}{\beta+\gamma}\right)\geqslant0$$

由(2.99)与(2.100)即得 $I\geqslant0$；

（ii）若 $\dfrac{y}{\gamma+\alpha}-\dfrac{z}{\alpha+\beta}$ 与 $\dfrac{z}{\alpha+\beta}-\dfrac{x}{\beta+\gamma}$ 同号，由平均值

不等式，并注意到

$$\sqrt{(\alpha+\gamma)(\beta+\gamma)}>|\gamma|$$

$$(\gamma+\alpha)\left(\frac{y}{\gamma+\alpha}-\frac{z}{\alpha+\beta}\right)^2+(\beta+\gamma)\left(\frac{z}{\alpha+\beta}-\frac{x}{\beta+\gamma}\right)^2$$

$$\geqslant2\sqrt{(\gamma+\alpha)(\beta+\gamma)}\left(\frac{y}{\gamma+\alpha}-\frac{z}{\alpha+\beta}\right)\left(\frac{z}{\alpha+\beta}-\frac{x}{\beta+\gamma}\right)$$

$$\geqslant2|\gamma|\left(\frac{y}{\gamma+\alpha}-\frac{z}{\alpha+\beta}\right)\left(\frac{z}{\alpha+\beta}-\frac{x}{\beta+\gamma}\right)$$

由(2.99)与(2.100)即知 $I\geqslant0$.

由(1)与(2)即知(2.98)得证.

若 $\lambda,\mu,e\in\mathbf{R}$，令 $x=\mu+e,y=e+\lambda,z=\lambda+\mu$，则由式(2.98)，得以下定理：

定理 5.24* 设 α,β,γ 中至少有两个正数而且 $\alpha\beta+\beta\gamma+\gamma\alpha>0,\lambda,\mu,e\in\mathbf{R}$，则

$$[\alpha(\mu+e)+\beta(e+\lambda)+\gamma(\lambda+\mu)]^2$$

$$\geqslant4(\alpha\beta+\beta\gamma+\gamma\alpha)(\lambda\mu+\mu e+e\lambda)\qquad(2.101)$$

其中等号当且仅当 $\dfrac{\lambda}{\alpha}=\dfrac{\mu}{\beta}=\dfrac{e}{\gamma}$ 时成立.

在(2.98)中令

$$x=\mu+l,y=l+\lambda,z=\lambda+\mu$$

由于

$$2xy+2yz+2zx-x^2-y^2-z^2=4(\lambda\mu+\mu l+l\lambda)$$

故(2.101)成立. 由式(2.98)等号成立的条件知，(2.101)中等号当且仅当

$$\frac{\mu + l}{\beta + \gamma} = \frac{l + \lambda}{\gamma + \alpha} = \frac{\lambda + \mu}{\alpha + \beta}$$

即

$$\frac{\lambda}{\alpha} = \frac{\mu}{\beta} = \frac{l}{\gamma}$$

时成立.

定理 5.25 设 $\triangle ABC$ 的三边长分别为 a, b, c,面积为 Δ,又 α, β, γ 中至少有两个正数,且 $\alpha\beta + \beta\gamma + \gamma\alpha > 0$,则

$$\alpha a^2 + \beta b^2 + \gamma c^2 \geqslant 4 \sqrt{\alpha\beta + \beta\gamma + \gamma\alpha} \cdot \Delta \qquad (2.102)$$

其中等号当且仅当 $\dfrac{a^2}{\beta + \gamma} = \dfrac{b^2}{\gamma + \alpha} = \dfrac{c^2}{\alpha + \beta}$ 或 $\alpha : \beta : \gamma = (b^2 + c^2 - a^2) : (c^2 + a^2 - b^2) : (a^2 + b^2 - c^2)$ 时成立.

证明 在 (2.98) 中令 $x = a^2, y = b^2, z = c^2$,注意到

$$2a^2 b^2 + 2b^2 c^2 + 2c^2 a^2 - a^4 - b^4 - c^4 = 16\Delta^2$$

即得 (2.102).

不等式 (2.102) 可以看作是 Weisenböck 不等式 (2.26) 的加权推广.

特别地,在 (2.102) 中取

$$\alpha = b'^2 + c'^2 - a'^2, \beta = c'^2 + a'^2 - b'^2, \gamma = a'^2 + b'^2 - c'^2$$

其中 a', b', c' 为 $\triangle A'B'C'$ 的三边长,则得 Pedoe 不等式.

定理 5.26 设 $\triangle ABC$ 的三边长为 a, b, c,面积为 Δ,若正数 x, y, z 满足

$$2(xy + yz + zx) - (x^2 + y^2 + z^2) > 0$$

则

$$x[a^2 - (b - c)^2] + y[b^2 - (c - a)^2] + z[c^2 - (a - b)^2]$$
$$\geqslant 4 \sqrt{2(xy + yz + zx) - (x^2 + y^2 + z^2)} \cdot \Delta \qquad (2.103)$$

134

其中等号当且仅当

$$\frac{a}{x(y+z-x)} = \frac{b}{y(z+x-y)} = \frac{c}{z(x+y-z)}$$

时成立.

证明　在(2.98)中令

$$\alpha = a^2 - (b-c)^2, \beta = b^2 - (c-a)^2, \gamma = c^2 - (a-b)^2$$

则 α, β, γ 满足定理 5.24 的条件且

$$\begin{aligned}
& \alpha\beta + \beta\gamma + \gamma\alpha \\
&= 2(a^2 b^2 + b^2 c^2 + c^2 a^2) - (a^4 + b^4 + c^4) \\
&= 16\Delta^2
\end{aligned}$$

因此由式(2.98)即得不等式(2.103).

特别地,在(2.103)中取 $x=y=z>0$,即得 Finsler-Hadwiger 不等式. 故(2.103)为 Finsler-Hadwiger 不等式的加权推广.

在(2.103)中取 $x=a'^2, y=b'^2, z=c'^2$,这里 a', b', c' 为 $\triangle A'B'C'$ 的三边长,则得

$$\begin{aligned}
& a'^2[a^2 - (b-c)^2] + b'^2[b^2 - (c-a)^2] + \\
& c'^2[c^2 - (a-b)^2] \geq 16\Delta\Delta'
\end{aligned} \tag{2.104}$$

或

$$\begin{aligned}
& a'^2(p-b)(p-c) + b'^2(p-c)(p-a) + \\
& c'^2(p-a)(p-b) \geqslant 4\Delta\Delta'
\end{aligned} \tag{2.105}$$

$\left(p = \dfrac{1}{2}(a+b+c)\right)$,其中等号当且仅当

$$\frac{a'^2}{a(p-a)} = \frac{b'^2}{b(p-b)} = \frac{c'^2}{c(p-c)}$$

时成立.

定理 5.26[*]　设 α, β, γ 中至少有两个正数,且

$$\alpha\beta + \beta\gamma + \gamma\alpha > 0$$

若 $\triangle ABC$ 的三边长为 a, b, c,面积为 Δ,则有

$$\alpha a(b+c-a)+\beta b(c+a-b)+\gamma c(a+b-c)$$
$$\geqslant 4\sqrt{\alpha\beta+\beta\gamma+\gamma\alpha}\cdot\Delta \qquad (2.106)$$

其中等号当且仅当

$$\alpha(b+c-a)=\beta(c+a-b)=\gamma(a+b-c)$$

时成立.

证明 在 $\triangle ABC$ 中,作代换

$$\frac{1}{2}(b+c-a)=x,\frac{1}{2}(c+a-b)=y,\frac{1}{2}(a+b-c)=z$$

则

$$a=y+z,b=z+x,c=x+y,\Delta=\sqrt{xyz(x+y+z)}$$

从而不等式(2.106)等价于

$$\alpha x(y+z)+\beta y(z+x)+\gamma z(x+y)$$
$$\geqslant 2\sqrt{(\alpha\beta+\beta\gamma+\gamma\alpha)(x+y+z)xyz} \qquad (2.107)$$

在定理 5.24^* 的(2.101)中令 $\lambda=yz,\mu=zx,e=xy$,注意到 $x>0,y>0,z>0$ 及定理 5.26^* 中的条件,将所得的不等式两边开方,即得(2.107),故(2.106)得证.

特别地,在不等式(2.106)中令 $\alpha=\beta=1$,则有

$$a^2+b^2+c^2$$
$$\geqslant 4\sqrt{3}\Delta+(a-b)^2+(b-c)^2+(c-a)^2$$

此即 Finsler-Hadwiger 不等式(2.45).

定理 5.27 设 $\triangle ABC$ 的三边长为 a,b,c,面积为 Δ,若 $\lambda\geqslant 2$,则有

$$a^\lambda+b^\lambda+c^\lambda$$
$$\geqslant 2^\lambda\cdot 3^{1-\frac{\lambda}{4}}\cdot\Delta^{\frac{\lambda}{2}}+|a-b|^\lambda+|b-c|^\lambda+|c-a|^\lambda \qquad (2.108)$$

其中等号当且仅当 $\triangle ABC$ 为正三角形时成立.

证明 首先我们易证:若 $x\geqslant 0,y\geqslant 0,k\geqslant 1$,则

$$(x+y)^k \geqslant x^k + y^k \qquad (2.109)$$

其中等号当且仅当 $xy = 0$ 或 $k = 1$ 时成立.

令

$$f(x) = (x+y)^k - x^k - y^k \quad (x \geqslant 0)$$

因为

$$f'(x) = k[(x+y)^{k-1} - x^{k-1}] \geqslant 0$$

故 $f(x)$ 在 $[0, +\infty)$ 上为单调递增函数. 又 $f(0) = y^k - y^k = 0$,所以 $f(x) \geqslant 0$,即

$$(x+y)^k \geqslant x^k + y^k$$

其中等号当且仅当 $xy = 0$ 或 $k = 1$ 时成立.

将不等式 (2.106) 改写为

$$\alpha a^2 + \beta b^2 + \gamma c^2 \geqslant 4\sqrt{\alpha\beta + \beta\gamma + \gamma\alpha} \cdot \Delta + Q$$

其中

$$Q = (\alpha a - \beta b)(a - b) + (\beta b - \gamma c)(b - c) + (\gamma c - \alpha a)(c - a)$$

再令 $\alpha = a^{\lambda-2}, \beta = b^{\lambda-2}, \gamma = c^{\lambda-2}$,得

$$a^\lambda + b^\lambda + c^\lambda \geqslant 4\sqrt{P} \cdot \Delta + Q \qquad (2.110)$$

等号当且仅当

$$a^{\lambda-2}(b + c - a) = b^{\lambda-2}(c + a - b) = c^{\lambda-2}(a + b - c)$$

时成立. 而其中

$$P = (ab)^{\lambda-2} + (bc)^{\lambda-2} + (ca)^{\lambda-2}$$

因 $\lambda \geqslant 2$,故由算术 – 几何平均不等式并利用 Pólya-Szegö 不等式 (2.12),即

$$P \geqslant 3(abc)^{\frac{2}{3}(\lambda-2)} \geqslant 3(2^3 \times 3^{-\frac{3}{4}} \times \Delta^{\frac{3}{2}})^{\frac{2}{3}(\lambda-2)}$$

从而

$$\sqrt{P} \geqslant 2^{\lambda-2} \cdot 3^{1-\frac{\lambda}{4}} \cdot \Delta^{\frac{\lambda}{2}-1} \qquad (2.111)$$

又

$$Q = (a^{\lambda-1} - b^{\lambda-1})(a-b) +$$
$$(b^{\lambda-1} - c^{\lambda-1})(b-c) + (c^{\lambda-1} - a^{\lambda-1})(c-a)$$

下面证明

$$(a^{\lambda-1} - b^{\lambda-1})(a-b) \geqslant |a-b|^{\lambda}$$

由 a,b 的对称性,不妨设 $x = a - b \geqslant 0$,则由不等式 (2.109),有

$$(a^{\lambda-1} - b^{\lambda-1})(a-b) \geqslant |a-b|^{\lambda}$$
$$(b^{\lambda-1} - c^{\lambda-1})(b-c) \geqslant |b-c|^{\lambda}$$
$$(c^{\lambda-1} - a^{\lambda-1})(c-a) \geqslant |c-a|^{\lambda}$$

故

$$Q \geqslant |a-b|^{\lambda} + |b-c|^{\lambda} + |c-a|^{\lambda} \quad (2.112)$$

综合 (2.110) ~ (2.112) 即得 (2.108).

特别地,在 (2.108) 中令 $\lambda = 2$ 即得 Finsler-Hadwiger 不等式.

定理 5.28(杨克倡) 设 $\triangle ABC$ 与 $\triangle A'B'C'$ 的边长分别为 a,b,c 与 a',b',c',它们的面积分别为 Δ 与 Δ',实数 k_1, k_2, k_3 满足条件

$$k_1 + k_2 + k_3 = \sqrt{-(k_1 k_2 + k_2 k_3 + k_3 k_1)} > 0$$

则

$$W \equiv a'^2 (k_1 a^2 + k_2 b^2 + k_3 c^2) +$$
$$b'^2 (k_3 a^2 + k_1 b^2 + k_2 c^2) +$$
$$c'^2 (k_2 a^2 + k_3 b^2 + k_1 c^2)$$
$$\geqslant 16(k_1 + k_2 + k_3) \Delta \Delta' \quad (2.113)$$

其中等号当且仅当

$$\frac{a'^2}{\lambda_2 + \lambda_3} = \frac{b'^2}{\lambda_3 + \lambda_1} = \frac{c'^2}{\lambda_1 + \lambda_2}$$

时成立,而这里

$$\lambda_1 = k_1 a^2 + k_2 b^2 + k_3 c^2$$

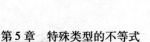

$$\lambda_2 = k_3 a^2 + k_1 b^2 + k_2 c^2$$

$$\lambda_3 = k_2 a^2 + k_3 b^2 + k_1 c^2$$

证明　令

$$k_1 a^2 + k_2 b^2 + k_3 c^2 = \lambda_1$$

$$k_3 a^2 + k_1 b^2 + k_2 c^2 = \lambda_2$$

$$k_2 a^2 + k_3 b^2 + k_1 c^2 = \lambda_3$$

容易证明:$\lambda_1,\lambda_2,\lambda_3$ 中至少有两个正数. 假若不然,不失一般性,设 $\lambda_1 \leqslant 0, \lambda_2 \leqslant 0$,则 $\lambda_1 + \lambda_2 \leqslant 0$,即

$$(k_3 + k_1) a^2 + (k_1 + k_2) b^2 + (k_2 + k_3) c^2 \leqslant 0$$

$$(2.114)$$

而 (2.114) 是不可能成立的.

事实上,记

$$k_2 + k_3 = m_1, k_3 + k_1 = m_2, k_1 + k_2 = m_3$$

由已知条件,得

$$m_1 + m_2 + m_3 > 0 \qquad (2.115)$$

及

$$m_1 m_2 + m_2 m_3 + m_3 m_1 = 0 \qquad (2.116)$$

由 (2.115),显然 m_1, m_2, m_3 中至少有一个正数.

不失一般性,设 $m_1 > 0$:

(i)若 $m_2 + m_3 = 0$,由 (2.116) 知 $m_2 m_3 = 0$,从而 $m_2 = m_3 = 0$,因此

$$m_2 a^2 + m_3 b^2 + m_1 c^2 > 0$$

此与式 (2.114) 矛盾;

(ii)若 $m_2 + m_3 \neq 0$,由 (2.116) 得 $m_1 = \dfrac{-m_2 m_3}{m_2 + m_3}$,代入式 (2.115),化简得

$$\frac{m_2^2 + m_3^2 + m_2 m_3}{m_2 + m_3} > 0$$

因 $m_2^2 + m_3^2 + m_2 m_3 > 0$，则 $m_2 + m_3 > 0$，即 m_2, m_3 中至少有一个正数，亦即 m_1, m_2, m_3 中至少有两个正数

$$m_2 a^2 + m_3 b^2 + m_1 c^2 > 0$$

同样与式(2.114)矛盾. 故 $\lambda_1, \lambda_2, \lambda_3$ 中至少有两个正数. 从而,可求得

$$\lambda_1 \lambda_2 + \lambda_2 \lambda_3 + \lambda_3 \lambda_1$$
$$= (k_1^2 + k_2^2 + k_3^2 + k_1 k_2 + k_2 k_3 + k_3 k_1)(a^2 b^2 + b^2 c^2 + c^2 a^2) +$$
$$(k_1 k_2 + k_2 k_3 + k_3 k_1)(a^4 + b^4 + c^4)$$
$$= (k_1 + k_2 + k_3)^2 [2(a^2 b^2 + b^2 c^2 + c^2 a^2) - (a^4 + b^4 + c^4)]$$
$$= (k_1 + k_2 + k_3)^2 \cdot 16\Delta^2 > 0$$

从而由定理5.25中的式(2.102)即得(2.113).

例1 设 $\triangle ABC$ 与 $\triangle A'B'C'$ 的三边长为 a, b, c 与 a', b', c'，与之对应的三条中线长为 m_a, m_b, m_c 与 m'_a, m'_b, m'_c，它们的面积分别为 Δ 与 Δ'，则有

$$m_a'^2 (m_b^2 + m_c^2 - m_a^2) + m_b'^2 (m_c^2 + m_a^2 - m_b^2) +$$
$$m_c'^2 (m_a^2 + m_b^2 - m_c^2) \geqslant 9\Delta\Delta' \qquad (2.117)$$
$$a^2 a'^2 + b^2 b'^2 + c^2 c'^2$$
$$\geqslant \frac{1}{4} [a'^2 (b^2 + c^2 - a^2) + b'^2 (c^2 + a^2 - b^2) +$$
$$c'^2 (a^2 + b^2 - c^2)] + 12\Delta\Delta' \qquad (2.118)$$

其中(2.117)中等号当且仅当 $\triangle ABC$ 与 $\triangle A'B'C'$ 相似时成立;(2.118)中等号成立当且仅当以 $\triangle ABC$ 的三条中线为边作成的三角形 $\triangle A_0 B_0 C_0$ 和 $\triangle A'B'C'$ 相似.

证明 由平面几何知识,任意三角形的三条中线可作为一个三角形的三边,并且,由此而作成的三角形的面积等于原三角形面积的 $\frac{3}{4}$.

设以 m_a, m_b, m_c 和 m'_a, m'_b, m'_c 为边的三角形分别为

140

$\triangle A_0 B_0 C_0$ 和 $\triangle A_0' B_0' C_0'$. 对 $\triangle A_0 B_0 C_0$ 和 $\triangle A_0' B_0' C_0'$ 运用 Pedoe 不等式(2.69)即得(2.117).

若对以 $\triangle ABC$ 的三条中线为边的 $\triangle A_0 B_0 C_0$ 和 $\triangle A'B'C'$ 运用 Pedoe 不等式(2.69),则有

$$a'^2(m_b^2 + m_c^2 - m_a^2) + b'^2(m_c^2 + m_a^2 - m_b^2) +$$

$$c'^2(m_a^2 + m_b^2 - m_c^2) \geqslant 16\Delta' \cdot \frac{3}{4}\Delta = 12\Delta\Delta'$$

由中线公式即得(2.118).

对不等式(2.118)的右端运用 Pedoe 不等式,得

$$a^2 a'^2 + b^2 b'^2 + c^2 c'^2 \geqslant 16\Delta\Delta' \qquad (2.119)$$

用证明不等式(2.117)类似的方法,可得

$$m_a'^2(m_b^2 + m_c^2 - m_a^2) + m_b'^2(m_c^2 + m_a^2 - m_b^2) +$$

$$m_c'^2(m_a^2 + m_b^2 - m_c^2)$$

$$\geqslant 9\Delta\Delta' + \frac{2}{3}\big[(m_a m_b' - m_b m_a')^2 +$$

$$(m_b m_c' - m_c m_b')^2 + (m_c m_a' - m_a m_c')^2 \big] \quad (2.120)$$

$$m_a'^2(m_b^2 + m_c^2 - m_a^2) + m_b'^2(m_c^2 + m_a^2 - m_b^2) +$$

$$m_c'^2(m_a^2 + m_b^2 - m_c^2)$$

$$\geqslant \frac{9}{2}\left(\frac{m_a'^2 + m_b'^2 + m_c'^2}{m_a^2 + m_b^2 + m_c^2}\Delta^2 + \frac{m_a^2 + m_b^2 + m_c^2}{m_a'^2 + m_b'^2 + m_c'^2}\Delta'^2 \right)$$

$$(2.121)$$

$$m_a^2 m_a'^2 + m_b^2 m_b'^2 + m_c^2 m_c'^2$$

$$\geqslant \frac{9}{2}\left(\frac{m_a'^2 + m_b'^2 + m_c'^2}{m_a^2 + m_b^2 + m_c^2}\Delta^2 + \frac{m_a^2 + m_b^2 + m_c^2}{m_a'^2 + m_b'^2 + m_c'^2}\Delta'^2 \right)$$

$$(2.122)$$

$$m_a'(m_b + m_c - m_a) + m_b'(m_c + m_a - m_b) +$$

$$m_c'(m_a + m_b - m_c) \geqslant \sqrt{27\Delta\Delta'} \qquad (2.123)$$

其中(2.120)与(2.121)两式中等号当且仅当 $\triangle ABC$

和 $\triangle A'B'C'$ 相似时成立;(2.122) 与 (2.123) 两式中等号当且仅当 $\triangle ABC$ 和 $\triangle A'B'C'$ 均为正三角形时成立.

例2 设 $\triangle ABC$ 与 $\triangle A'B'C'$ 的三边长为 a,b,c 与 a',b',c',与之对应的中线长为 m_a,m_b,m_c 与 m_a',m_b',m_c';又 $\triangle ABC$ 与 a,b,c 对应的傍切圆半径为 r_a,r_b,r_c,$\triangle ABC$ 与 $\triangle A'B'C'$ 的面积为 Δ 与 Δ',则有

$$\frac{m_a'}{r_a} + \frac{m_b'}{r_b} + \frac{m_c'}{r_c} \geq 3\sqrt{\frac{\Delta'}{\Delta}} \qquad (2.124)$$

证明 由不等式 (2.97) 并利用傍切圆半径公式得

$$\frac{a'}{r_a} + \frac{b'}{r_b} + \frac{c'}{r_c} \geq 2\sqrt{3} \cdot \sqrt{\frac{\Delta'}{\Delta}}$$

若对以 m_a',m_b',m_c' 为边的 $\triangle A_0'B_0'C_0'$ 及 $\triangle ABC$ 运用上面的不等式,则有

$$\frac{m_a'}{r_a} + \frac{m_b'}{r_b} + \frac{m_c'}{r_c} \geq 2\sqrt{3} \cdot \sqrt{\frac{\frac{3}{4}\Delta'}{\Delta}} = 3\sqrt{\frac{\Delta'}{\Delta}}$$

特别地,取 $m_a' = m_a, m_b' = m_b, m_c' = m_c$,则有

$$\frac{m_a}{r_a} + \frac{m_b}{r_b} + \frac{m_c}{r_c} \geq 3 \qquad (2.125)$$

例3 在 $\triangle ABC$ 和 $\triangle A'B'C'$ 中,设其边长和半圆周长分别为 a,b,c,p 和 a',b',c',p',面积分别为 Δ 和 Δ',则

$$a(p-a)(p'-b')(p'-c') + b(p-b)(p'-c')(p'-a') +$$
$$c(p-c)(p'-a')(p'-b') \geq 2\Delta\Delta'$$

其中等号当且仅当 $\triangle ABC \backsim \triangle A'B'C'$ 时成立.

证明 在不等式 (2.106) 中,取

$$\alpha = (p'-b')(p'-c')$$
$$\beta = (p'-c')(p'-a')$$

$$\gamma = (p' - a')(p' - b')$$

即得证.

例 4 设 $\triangle ABC$ 的三边长为 a, b, c,面积为 Δ,则

$$a^4 + b^4 + c^4 \geqslant 16\Delta^2 + (a - b)^4 + (b - c)^4 + (c - a)^4$$

$$(2.126)$$

其中等号当且仅当 $\triangle ABC$ 为正三角形时成立.

证明 在不等式 (2.108) 中,取 $\lambda = 4$ 即得 (2.126).

例 5 设 $\triangle ABC$ 的半周长为 p,$\triangle A'B'C'$ 的外接圆半径为 R',则

$$bca'^2 + cab'^2 + abc'^2 \leqslant 4p^2 R'^2 \qquad (2.127)$$

证明 由 (2.102) 并注意到 $\Delta' = \dfrac{a'b'c'}{4R'}$ 即得 (2.127).

例 6 设 $\triangle ABC$ 和 $\triangle A'B'C'$ 的三边长为 a, b, c 和 a', b', c',面积为 Δ 和 Δ',求证

$$W \equiv a'^2(b^2 + 11c^2 - 5a^2) + b'^2(c^2 + 11a^2 - 5b^2) +$$
$$c'^2(a^2 + 11b^2 - 5c^2) \geqslant 112\Delta\Delta'$$

证明 验证 $k_1 = -5, k_2 = 1, k_3 = 11$ 符合定理5.27的条件. 故由(2.113)知

$$W \geqslant 16(-5 + 1 + 11)\Delta\Delta' = 112\Delta\Delta'$$

六、Fermat 问题

已知平面上的不共线三点 A, B, C,试求一点 P,使得 $PA + PB + PC$ 最小.

这个问题通常称为 Fermat 问题,它的答案是:

(1)若 $\triangle ABC$ 的各内角均小于 $120°$,则在 $\triangle ABC$ 内必有满足 $\angle APB = \angle BPC = \angle CPA = 120°$ 的点 P,使

得 $PA + PB + PC$ 最小;

(2)若 $\triangle ABC$ 中 $\angle A \geqslant 120°$,则当点 P 与点 A 重合时, $PA + PB + PC = AB + AC$ 最小.

解法 1 (1)若 $\triangle ABC$ 的每个内角均小于 $120°$.

如图 5.15,以 BC 为边作正 $\triangle BCA'$,使点 A',A 位于 BC 的两侧,再作 $\triangle BCA'$ 的外接圆. 因 $\angle A < 120°$,所以点 A 必落在此圆外部. 联结 AA' 交此圆于点 P,则点 P 即为所求. 易知此时

$$\angle BPC = \angle CPA = \angle APB = 120°$$

点 P 称为 $\triangle ABC$ 的 Fermat 点.

设点 P' 是异于点 P 的任意一点,则由推广的 Ptolemy 定理知

$$P'B \cdot A'C + P'C \cdot A'B \geqslant P'A' \cdot BC$$

其中等号当且仅当 P',B,A',C 共圆时成立. 但由 $A'C = A'B = BC$,所以

$$P'B + P'C \geqslant P'A'$$

从而

$$P'A + P'B + P'C \geqslant P'A' + P'A > AA' = PA + PA'$$
$$= PA + PB + PC$$

(因 P 在圆上,易知 $PA' = PB + PC$). 于是我们证明了 P 即为所求的点.

(2)若 $\triangle ABC$ 的内角有一个等于 $120°$,不妨设 $\angle A = 120°$. 如图 5.16,以 BC 为边作正 $\triangle BCA'$,使 A, A' 位于 BC 的两侧. 因为 $\angle A = 120°$,故点 A 必在此圆上,这时点 A 即为所求的点 P.

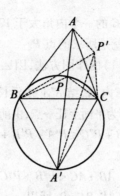

图 5. 15

设 P' 为异于 A 的任意一点，由 Ptolemy 定理

$$AB \cdot A'C + AC \cdot A'B = BC \cdot AA'$$

从而 $AB + AC = AA'$. 再由推广的 Ptolemy 定理知

$$P'B \cdot A'C + P'C \cdot A'B \geqslant P'A' \cdot BC$$

从而 $P'B + P'C \geqslant P'A'$. 于是

$$P'A + P'B + P'C \geqslant P'A + P'A' > AA' = AB + AC$$

因此当 $\angle A = 120°$ 时，点 A 就是所求使 $PA + PB + PC$ 最小的点.

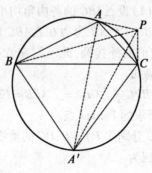

图 5. 16

145

(3)若△ABC的一个内角大于120°,不妨设∠A > 120°,这时点A就是所求的点P.

事实上,按(1)的作图方法,因∠BAC > 120°,故点A必落在劣弧$\overparen{BC}$内,联结A′A并延长交圆于P″,联结P″B与P″C.若P′为平面上任一点,由前面已证的结果知
$$P''B + P''C \leqslant P'A + P'B + P'C$$
而
$$AB + AC < P''B + P''C$$
故当点P为点A时,PA = 0,所以
$$PA + PB + PC < P'A + P'B + P'C$$
因此点A即为所求的使PA + PB + PC最小的点P.

在情形(1)的条件下,Fermat点在△ABC内部,按作图方法可以找到Fermat点;在情形(2)与(3)的条件下,△ABC内无Fermat点,这时△ABC的顶点A即为Fermat点.

引理5.6 正三角形内任一点到三边所作的垂线线段之和小于平面上其他点到三垂足的距离之和.

此引理利用平面几何中的面积关系即可证明.

解法2 (1)设△ABC的各内角均小于120°.如图5.17,分别以BC,CA,AB为边在△ABC的外侧作三个正三角形及它们的外接圆,此三圆在△ABC内部有一个公共点P,易知
$$\angle BPC = \angle CPA = \angle APB = 120°$$
则点P即为所求的Fermat点.

过A,B,C分别作PA,PB,PC的垂线,设它们交于点A′,B′,C′.因为
$$\angle BPC = \angle CPA = \angle APB = 120°$$
所以

146

$$\angle A' = \angle B' = \angle C' = 60°$$

$\triangle A'B'C'$ 为正三角形.

设 P' 为异于 P 的任一点,则由引理 5.6 知

$$PA + PB + PC < P'A + P'B + P'C$$

故点 P 即为所求的点.

(2)设 $\triangle ABC$ 的一个内角等于 120°,不妨设 $\angle A = 120°$. 以 AB 为边向 $\triangle ABC$ 外侧作 $\triangle BAA'$ 使 $\angle BAA' = 120°$,联结 $A'C$,则

$$\angle BAC = \angle BAA' = \angle CAA' = 120°$$

(图 5.18),所以 $\angle 1, \angle 2, \cdots, \angle 6$ 均小于 60°,从而 $\triangle A'BC$ 的各内角均小于 120°.

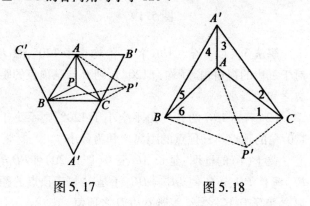

图 5.17　　　　图 5.18

设 P' 为异于 A 的任一点,由(1)的证明结果即知

$$AB + AC + AA' < P'A' + P'B + P'C$$

即

$$AB + AC < P'A' - AA' + P'B + P'C \leqslant P'A + P'B + P'C$$

因此点 A 即为所求的点.

若 $\triangle ABC$ 有一个内角大于 120°,不妨设 $\angle A > 120°$(图 5.19). 在 $\angle A$ 内作 $\angle BAD = 120°$,其中 D 在

BC 上. 设 P' 为异于 A 的任一点, AD 的延长线交 $P'C$ 于 E. 由前面已证的结果知

$$AB + AE < P'A + P'B + P'E$$

所以

$$AB + AC \leqslant AB + AE + EC < P'A + P'B + P'E + EC$$
$$= P'A + P'B + P'C$$

因此当 $\angle A > 120°$ 时, 点 A 即为所求.

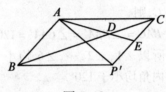

图 5.19

解法3 (1)若 $\triangle ABC$ 各内角均小于 $120°$, 点 P 对于三边的视角相等(均为 $120°$), 则 P 与三顶点的距离之和为最小.

(2)若 $\triangle ABC$ 的各内角不全小于 $120°$, 则不小于 $120°$ 角的顶点与三顶点的距离之和为最小.

关于(1)的证明: 延长 AP 至 D(图 5.20)使 $PD = PB$, 延长 PD 至 C' 使 $DC' = DC$, 于是 P 与三顶点的距离之和等于 AC' 之长. 等腰 $\triangle BPD$ 之顶角

$$\angle BPD = 180° - \angle APB = 60°$$

故 $\triangle BPD$ 为正三角形. 从而可证 $\triangle BPC \cong \triangle BDC'$, 因此

$$BC = BC', \angle CBC' = \angle PBD = 60'$$

设 Q 为异于 P 的任一点(图 5.21), 将 $\triangle ABC$ 连同 Q, 一起绕 B 旋转 $60°$, 使 C 重合于 C', Q 的新位置记作 Q', 则

$$QC = Q'C', QB = Q'B, \angle QBQ' = 60°$$

因等腰 $\triangle QBQ'$ 的顶角 $\angle QBQ' = 60°$，故 $\triangle QBQ'$ 为正三角形，所以 $QB = QQ'(Q, B$ 重合时亦成立).

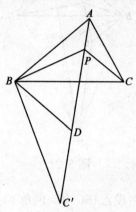

图 5.20

Q 不在 AC' 上时，折线 $AQQ'C$ 不与 AC' 重合，Q 在 AC' 上时，$AQQ'C$ 也不与 AC' 重合. 这是因为当 Q 在射线 PA 上时，$\angle BQC' < 60°$，当 Q 在 PC' 上时，$\angle BQC' > 60°$，但 $\angle BQQ' = 60°$. 故 Q' 不在 AC' 上.

综上可得

$$QA + QB + QC = AQ + QQ' + Q'C' > AC'$$

根据 P 在 AC' 上，得到点 P 的如下作法：以 BC 为半径，分别以 B 和 C 为圆心作弧，相交得 C'. 同样，以 AC 为半径，A, C 为圆心作弧，相交得 A'. 连 A, C' 和 B, A'，AC' 与 BA' 的交点就是 P.

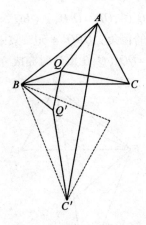

图 5.21

（2）的证明：设 $\triangle ABC$ 有一内角不小于 $120°$，不妨设 $\angle ABC \geqslant 120°$（图 5.22）。延长 AB 至 C'，使 $BC' = BC$，于是 B 与三顶点距离之和为 AC'.

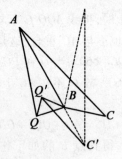

图 5.22

若 Q 异于 B，将 $\triangle ABC$ 及 Q 绕 B 旋转，使 C 与 C' 重合，此时 Q 的位置记作 Q'，则有

$$QC = Q'C'$$

$$\angle QBQ' = \angle CBC' = 180° - \angle ABC \leqslant 60°$$

150

$$\angle BQ'Q = \frac{1}{2}(180° - \angle QBQ') \geqslant 60°, QB \geqslant QQ'$$

因而

$$QA + QB + QC \geqslant AQ + QQ' + Q'C'$$

又因 $0° < \angle QBQ' \leqslant 60°$，$Q$ 和 Q' 不能在 AC' 上，所以

$$AQ + QQ' + Q'C' > AC'$$

解法 4（复数解法）　设 A, B, C 三点所对应的复数分别为 a, b, c, P 为平面内任一点，它对应的复数为 z. 我们可以证明以下不等式成立

$$|a - z| + |b - z| + |c - z| \geqslant |a + b\omega + c\omega^2|$$

$$(2.128)$$

（其 ω 是三次单位原根，$\omega = \cos 120° + i\sin 120°$，$\omega^2 = \cos 240° + i\sin 240°$）. 因为

$$|a - z| + |b - z| + |c - z|$$
$$= |a - z| + |(b - z)\omega| + |(c - z)\omega^2|$$

而

$$|a - z| + |(b - z)\omega| + |(c - z)\omega^2|$$
$$\geqslant |(a - z) + (b - z)\omega + (c - z)\omega^2| \quad (2.129)$$

故

$$|a - z| + |b - z| + |c - z|$$
$$\geqslant |(a + b\omega + c\omega^2) - z(1 + \omega + \omega^2)|$$
$$= |a + b\omega + c\omega^2|$$

这就证明了（2.128）.

因（2.128）右端是定值，故使（2.128）中等号成立的点即为所求之点. 由（2.128）的证明过程知，（2.128）中等号成立的条件就是（2.129）中等号成立的条件，即三复数 $a - z, (b - z)\omega, (c - z)\omega^2$ 所对应的向量方向相同. 这时 $a - z, b - z, c - z$ 所对应的向量

$\vec{PA},\vec{PB},\vec{PC}$两两夹角为$120°$,即对$\triangle ABC$的三边视角相等的点使$(2.128)$中等号成立. 当$\triangle ABC$各内角均小于$120°$时(图$5.23$),这种点存在,即为 Fermat 点. 它到三顶点距离之和最小,最小值为$|a+b\omega+c\omega^2|$.

当$\triangle ABC$各内角中有一角(例如角$\angle A$)大于或等于$120°$时(图5.24),对三边视角相等的点不存在. 此时我们可以证明点A即为所求的点.

事实上,设$\angle A=\alpha$,则$60°\leqslant\dfrac{\alpha}{2}<90°$,从而

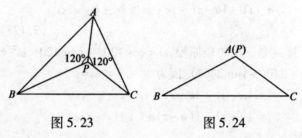

图 5.23   图 5.24

$$|1+\cos\alpha+\mathrm{i}\sin\alpha|$$
$$=\sqrt{(1+\cos\alpha)^2+\sin^2\alpha}=\sqrt{2(1+\cos\alpha)}$$
$$=2\cos\dfrac{\alpha}{2}\leqslant 1$$

故

$$|a-z|+|b-z|+|c-z|$$
$$\geqslant|(1+\cos\alpha+\mathrm{i}\sin\alpha)(z-a)|+|b-z|+$$
$$|(\cos\alpha+\mathrm{i}\sin\alpha)(c-z)|$$
$$\geqslant|(1+\cos\alpha+\mathrm{i}\sin\alpha)(z-a)+(b-z)+$$
$$(\cos\alpha+\mathrm{i}\sin\alpha)(c-z)|$$
$$=|(b-a)+(\cos\alpha+\mathrm{i}\sin\alpha)(c-a)|$$

从而

$$|(b-a)+(\cos\alpha+i\sin\alpha)(c-a)|$$
$$=|b-a|+|(\cos\alpha+i\sin\alpha)(c-a)|$$
$$=|b-a|+|c-a|$$

于是得

$$|a-z|+|b-z|+|c-z|\geqslant|b-a|+|c-a|$$

$$(2.130)$$

式 (2.130) 表明点 A 到三顶点距离之和最小. 因此,当 $\angle A\geqslant120°$ 时,点 A 就是所求的点.

另外,根据力学原理,也可求出 $\triangle ABC$ 的 Fermat 点.

下面我们介绍 Fermat 问题的一些推广,首先我们介绍杨之在这方面的工作.

对凸多边形一条边所在的直线来说,如果某点与图形在其同侧,则称它在这边的内侧,否则就说在这条边的外侧. 如图 5.25,X 在 AB 内侧,Y 在 AB 外侧,Z 在 AB 和 BC 外侧. 在所有边内侧的点,就是在多边形内部,如点 X. 凡在内部或边上的点,统称为多边形上的点.

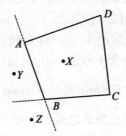

图 5.25

设任意 $\triangle ABC$,以 h_a,h_b,h_c 分别表示其上任意一点 P 到三边 a,b,c 的距离. 一般说来,$h_a+h_b+h_c$ 不是

定值,但三角形面积 Δ 是一定值. 如果分别计算 $\triangle PBC,\triangle PCA,\triangle PAB$ 的面积(图 5. 26),则有

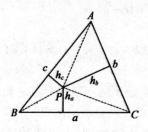

图 5. 26

$$\frac{1}{2}ah_a + \frac{1}{2}bh_b + \frac{1}{2}ch_c = \Delta \qquad (2.131)$$

设 $\triangle ABC$ 外接圆半径为 R,由正弦定理,得

$$h_a\sin A + h_b\sin B + h_c\sin C = \frac{\Delta}{R} \qquad (2.132)$$

故我们有如下命题:

命题 5. 22 三角形上任一点到三边的距离与相应边对角正弦相乘积的和是一个定值,这个定值是三角形面积同外接圆半径之比.

此命题是著名的 V. Viviani 定理的推广.

令 P 分别重合于顶点 A,B,C,就得到

$$\frac{\Delta}{R} = a\sin B\sin C = b\sin C\sin A = c\sin A\sin B \qquad (2.133)$$

现考虑 P 在三角形之外的情形. 令 P 为 $\triangle ABC$ 的 BC 边外侧(AB,AC 内侧)任一点,先设 P 到 BC 边的距离 h_a 不大于 $\triangle ABC$ 的 a 边上的高(图 5.27). 在 AB,AC 延长线上分别取 $BB' = AB,CC' = AC$,联结 $B'C'$,有

$$h'_a \sin A + h_b \sin B + h_c \sin C'$$

$$= \frac{\triangle AB'C' \text{的面积}}{\triangle AB'C' \text{外接圆半径}} = \frac{4\Delta}{2R} = \frac{2\Delta}{R}$$

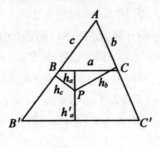

图 5.27

但

$$(h'_a + h_a)\sin A = h\sin A = \frac{\Delta}{R}$$

且注意

$$\angle B' = \angle B, \angle C' = \angle C$$

则得

$$-h_a \sin A + h_b \sin B + h_c \sin C = \frac{\Delta}{R} \quad (2.134)$$

对于 $h_a > h$ 的情形,可分成

$$nh < h_a \le (n+1)h \quad (n=1,2,\cdots)$$

应用数学归纳法证明式(2.134)仍成立. 类似地,如果 P 在两条边(例如 BC 和 CA 边)之外,那么

$$-h_a \sin A - h_b \sin B + h_c \sin C = \frac{\Delta}{R} \quad (2.135)$$

于是得到命题 5.22 的一个推广:

命题 5.23　平面上任意点到三角形三边的距离与相应边对角正弦乘积的代数和是一定值 $\frac{\Delta}{R}$,其中对

应于点在哪条边的内侧、边上和外侧,其距离分别取正值、零和负值.

容易证明:(2.134)或(2.135)对于有两边平行的情形也是成立的(图5.28和图5.29).

这只要分别计算式(2.134)两边的值:当$b /\!/ c$时,$\angle A = 0°$,$\angle B + \angle C = 180°$,故$\sin B = \sin C$,于是

$$-h_a \sin A + h_b \sin B + h_c \sin C$$

$$= (h_b + h_c) \sin B = a \sin C \sin B$$

虽然当$\angle A > 0°$时,$\Delta \to \infty$,$R \to \infty$,但是

$$\lim_{A \to 0} \frac{\Delta}{R} = \lim_{A \to 0} \frac{\frac{1}{2} ac \sin B}{\frac{c}{2 \sin C}} = a \sin C \sin B$$

这就证明了结论.

当b, c交于反侧A'的情况(图5.29),由于

$$\angle A' = 360° - \angle A, \angle B' = 180° - \angle B, \angle C' = 180° - \angle C$$

那么

$$-h_a \sin A + h_b \sin B + h_c \sin C$$

$$= h_a \sin A' + h_b \sin B' + h_c \sin C'$$

$$= a \sin B' \sin C' = a \sin B \sin C = \frac{\Delta}{R}$$

故此时(2.134)成立.

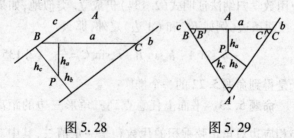

图5.28 　　　　　　　　图5.29

　　下面求任意凸 n 边形的定值. 设 P 是凸 n 边形 $A_1A_2\cdots A_iA_{i+1}\cdots A_n$ 上任一点，h_i 表示 P 到 $a_i = A_iA_{i+1}$ 的距离. 考虑三边 a_{i-1},a_i,a_{i+1} 上由于延长多边形的边而得到的三角形 $\triangle_{i-1},\triangle_i,\triangle_{i+1}$（图 5.30）. 设 $\triangle_i$ 的三个内角分别为 $\alpha_i,\beta_i,\gamma_i$，则由命题 5.23，得

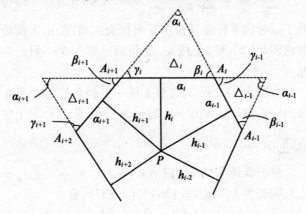

图 5.30

$$h_{i-2}\sin\gamma_{i-1} - h_{i-1}\sin\alpha_{i-1} + h_i\sin\beta_{i-1} = \frac{\triangle_{i-1}}{R_{i-1}}$$

$$h_{i-1}\sin\gamma_i - h_i\sin\alpha_i + h_{i+1}\sin\beta_i = \frac{\triangle_i}{R_i}$$

$$h_i\sin\gamma_{i+1} - h_{i+1}\sin\alpha_{i+1} + h_{i+2}\sin\beta_{i+1} = \frac{\triangle_{i+1}}{R_{i+1}}$$

这里有

$$\sin\beta_i = \sin\gamma_{i-1} = \sin A_i$$
$$\sin\beta_{i+1} = \sin\gamma_i = \sin A_{i+1}$$
$$\sin\alpha_i = -\sin(A_i + A_{i+1})$$

对凸 n 边形的 n 条边外"三角形"，如果都写出它们相应的定值式，那么含有 h_i 的有且只有如上三个表达

式. 因此,令

$$m_i = \sin A_{i-1} + \sin(A_i + A_{i+1}) + \sin A_{i+2} \quad (2.136)$$

$(i = 1, 2, \cdots, n, A_n \equiv A_0, A_{n+1} \equiv A_1, A_{n+2} \equiv A_2)$ 将所有对应于 Δ_i 的定值式相加,得

$$\sum_{i=1}^{n} h_i m_i = \sum_{i=1}^{n} \frac{\Delta_i}{R_i} = \sum_{i=1}^{n} a_i \sin A_i \sin A_{i+1} \quad (2.137)$$

对于隔邻边平行或延长在反向相交的情况,由于前面的说明知(2.137)仍成立. 故我们得到一个一般的命题:

命题 5.24 凸 n 边形上任一点到各边的距离 h_i 与相应正弦系数 $m_i(i = 1, 2, \cdots, n)$ 的乘积之和等于定值 $\sum_{i=1}^{n} a_i \sin A_i \sin A_{i+1}$.

对于等角多边形,设 $\angle A_1 = \angle A_2 = \cdots = \angle A_n = \angle A$,周长为 L,则由(2.136)与(2.137),有

$$\sum_{i=1}^{n} h_i = \frac{1}{m_i} \sin^2 A \sum_{i=1}^{n} a_i = \frac{L}{2} \tan \frac{A}{2}$$

对于正 n 边形,有

$$\sum_{i=1}^{n} h_i = \frac{na}{2} \tan \frac{A}{2} = \frac{na}{2} \cot \frac{\pi}{n}$$

至于凹多边形,是否有类似结论尚不知道.

设平面上有 n 个点 $A_i(x_i, y_i)$,分别带有权系数 P_i $(i = 1, 2, \cdots, n)$,而 $X(x, y)$ 为平面上任一点,现求点 $X_0(x_0, y_0)$,使

$$G(X_0) = \min G(X)$$

$$G(X) = \sum_{i=1}^{n} P_i X A_i = \sum_{i=1}^{n} P_i \sqrt{(x - x_i)^2 + (y - y_i)^2}$$

X_0 就叫作加权点组 $(A_1(P_1), A_2(P_2), \cdots, A_n(P_n))$ 的 Fermat 点.

　　先考虑三维情况. 由模拟的力学结构(图 5. 31)可推知如下必要条件

$$\begin{cases} P_1 \cos \beta + P_2 \cos \alpha = P_3 \\ P_2 \cos \gamma + P_3 \cos \beta = P_1 \\ P_3 \cos \alpha + P_1 \cos \gamma = P_2 \end{cases} \quad (2.138)$$

其中 $\alpha + \beta + \gamma = 180°$. 于是推出如下"三角形条件"

$$P_1 \leqslant P_2 + P_3, P_2 \leqslant P_3 + P_1, P_3 \leqslant P_1 + P_2 \quad (2.139)$$

即若权过大,那么相应点就是 Fermat 点. 下面我们证明:若(2. 139)成立,那么由(2. 138)中的 α, β, γ 确定的点 X_0 就是 Fermat 点.

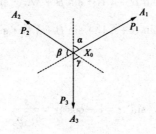

图 5. 31

　　命题 5. 25　设 p_1, p_2, p_3 为满足(2. 139)的正数,若存在点 X_0 与 A_1, A_2, A_3 连线构成如图 5. 32 所示的三个角 α, β, γ 满足(2. 138),那么 X_0 就是加权点组 $(A_1(p_1), A_2(p_2), A_3(p_3))$ 的 Fermat 点.

　　证明　过 A_1, A_2, A_3 分别作 $X_0 A_1, X_0 A_2, X_0 A_3$ 的垂线,得到 $\triangle A_1^0 A_2^0 A_3^0$(图 5. 32),并称为加权点组的定值三角形,其内角分别为 α, β, γ. 由命题 5. 23,有

$$X_0 A_1 \cdot \sin \alpha + X_0 A_2 \cdot \sin \beta + X_0 A_3 \cdot \sin \gamma = \frac{\Delta}{R}$$

$$(2.140)$$

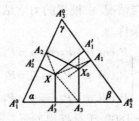

图 5.32

设 X 为 $\triangle A_1^0 A_2^0 A_3^0$ 内任一点,作三边垂线 XA_1', XA_2', XA_3',
由 $XA_i \geqslant XA_i'(i=1,2,3)$,得

$$XA_1 \cdot \sin\alpha + XA_2 \cdot \sin\beta + XA_3 \cdot \sin\gamma$$

$$\geqslant XA_1' \cdot \sin\alpha + XA_2' \cdot \sin\beta + XA_3' \cdot \sin\gamma = \frac{\Delta}{R}$$

$$(2.141)$$

由(2.138)知

$$\sin^2\alpha = 1 - \cos^2\alpha = \frac{s}{4p_2^2 p_3^2}$$

$$\sin^2\beta = \frac{s}{4p_3^2 p_1^2}, \sin^2\gamma = \frac{s}{4p_1^2 p_2^2}$$

这里

$$s = 2p_1^2 p_2^2 + 2p_2^2 p_3^2 + 2p_3^2 p_1^2 - p_1^4 - p_2^4 - p_3^4 > 0$$

因此

$$\frac{p_1}{\sin\alpha} = \frac{p_2}{\sin\beta} = \frac{p_3}{\sin\gamma} = \frac{2p_1 p_2 p_3}{\sqrt{s}} = k \quad (常数)$$

$$(2.142)$$

由(2.140)~(2.142),得

$$XA_1 \cdot p_1 + XA_2 \cdot p_2 + XA_3 \cdot p_3$$
$$= X_0 A_1 \cdot p_1 + X_0 A_2 \cdot p_2 + X_0 A_3 \cdot p_3 \quad (2.143)$$

此即 X_0 为 Fermat 点.

特别当 $p_1 = p_2 = p_3$ 时,(2.140)等价于

$$\angle A_1 X_0 A_2 = \angle A_2 X_0 A_3 = \angle A_3 X_0 A_1 = 120°$$

即前面已证得的结果.

对凸 n 边形 $A_1 A_2 \cdots A_n$ 内任一点 X,记

$$\angle A_1 X A_2 = \alpha_1 , \angle A_2 X A_3 = \alpha_2 , \cdots , \angle A_n X A_1 = \alpha_n$$

(图 5.33),则有下面的:

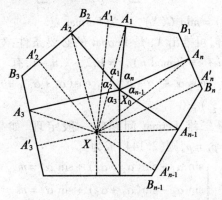

图 5.33

命题 5.26　设 $A_1 A_2 \cdots A_n$ 构成凸 n 边形. 若存在一点 X_0,满足条件

$$\frac{P_i}{m_i} = M(\text{常数}) \quad (i = 1,2,\cdots,n) \quad (2.144)$$

其中 $m_i = \sin \alpha_{i-1} - \sin(\alpha_i + \alpha_{i+1}) + \sin \alpha_{i+2}, \alpha_0 = \alpha_n,$ $\alpha_{n+1} = \alpha_1, \alpha_{n+2} = \alpha_2$,那么 X_0 就是加权点组 $(A_1(p_1),$ $A_2(p_2),\cdots,A_n(p_n))$ 的 Fermat 点.

为了证明,分别过 A_i 作 $X_0 A_i$ 的垂线,得加权点组关于 X_0 的定值 n 边形 $B_1 B_2 \cdots B_n$(图 5.33). 设 X 是其内任一点,作 $X A_i' \perp B_i B_{i+1}, i = 1,2,\cdots,n, B_{n+1} \equiv B_1$,则由命题是 5.24,知

$$\sum_{i=1}^{n} X_0 A_i \cdot m_i = \sum_{i=1}^{n} X A_i' \cdot m_i = \sum_{i=1}^{n} \frac{\Delta_i}{R_i} \quad (\text{定值})$$

但 $X A_i \geqslant X A_i', p_i > 0, i = 1, 2, \cdots, n$,所以,由(2.144),得

$$\sum_{i=1}^{n} X A_i \cdot p_i \geqslant \sum_{i=1}^{n} X A_i' \cdot p_i = M \sum_{i=1}^{n} X A_i' \cdot m_i$$

$$= M \sum_{i=1}^{n} X_0 A_i \cdot m_i = \sum_{i=1}^{n} X_0 A_i \cdot p_i$$

即 $G(X_0) = \min G(X)$,X_0 为 Fermat 点.

同样,可推出 X_0 是 Fermat 的必要条件:对 $i = 1$, $2, \cdots, n, i + k \equiv j \pmod{n}, k = 1, 2, \cdots, n - 1$,有

$$p_i + p_{i+1} \cos \alpha_i + \cdots + p_{i+(n-1)} \cos(\alpha_i + \alpha_{i+1} + \cdots + \alpha_{i+(n-2)}) = 0$$

这是二维 Fermat 问题的一般定理. 如果 $p_1 = p_2 = \cdots = p_n = p$,则(2.144)成为

$$\begin{cases} \sin \alpha_1 - \sin(\alpha_2 + \alpha_3) + \sin \alpha_4 = m \\ \sin \alpha_2 - \sin(\alpha_3 + \alpha_4) + \sin \alpha_5 = m \\ \qquad\qquad \vdots \\ \sin \alpha_n - \sin(\alpha_1 + \alpha_2) + \sin \alpha_3 = m \\ \alpha_1 + \alpha_2 + \cdots + \alpha_n = 360° \end{cases}$$
$$(0 < \alpha_i < 180°, i = 1, 2, \cdots, n) \qquad (2.145)$$

其中 $m = \dfrac{p}{M}$.

为了进一步介绍其他关于 Fermat 问题的推广,我们先给出一个辅助性引理:

辅助引理 设 $B_1 B_2 \cdots B_n$ 是一凸 n 边形,其外角依次为 $\theta_1, \theta_2, \cdots, \theta_n$(指依逆时针方向的次序,下同),如果它们满足

$$\sum_{k=1}^{n} e^{i(\theta_1 + \theta_2 + \cdots + \theta_k)} = 0 \quad (i = \sqrt{-1}) \quad (2.146)$$

162

则 n 边形 $B_1B_2\cdots B_n$ 内任一点到各边距离之和为常数.

证明　由 $e^{i(\theta_1+\theta_2+\cdots+\theta_n)}=e^{i2\pi}=1$,知

$$1+e^{i\theta_1}+\cdots+e^{i(\theta_1+\theta_2+\cdots+\theta_{n-1})}=0$$

今在复平面上,取 n 个点,$0,1,1+e^{i\theta_1},1+e^{i\theta_2},\cdots,1+$ $e^{i\theta_1}+\cdots+e^{i(\theta_1+\theta_2+\cdots+\theta_{n-2})}$,如图 5.34 所示,依次联结它们,得到一外角依次为 $\theta_1,\theta_2,\cdots,\theta_n$,边长均为 1 的等边 n 边形.

对于等边 n 边形,易见其内部任一点到各边距离之和为一常数. 由于 n 边形 $B_1B_2\cdots B_n$ 的外角亦依次为 $\theta_1,\theta_2,\cdots,\theta_n$,故可知将图 5.34 中的等边形的各边经平行移动后可得 n 边形 $B_1B_2\cdots B_n$. 由平行线间的垂线距离一定,易推知 n 边形 $B_1B_2\cdots B_n$ 内任一点到各边距离之和为一常数.

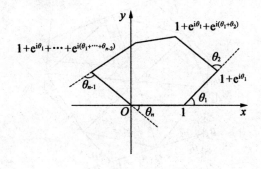

图 5.34

命题 5.27(王凯宁)　设 O 是凸 n 边形 $A_1A_2\cdots A_n$ 的内部一点,点 O 对各边的张角依次为 $\theta_1,\theta_2,\cdots,\theta_n$ 且满足

$$\sum_{k=1}^{n}e^{i(\theta_1+\theta_2+\cdots+\theta_k)}=0$$

则 O 是 n 边形 $A_1A_2\cdots A_n$ 内的唯一 Fermat 点.

如图 5.35,连 OA_1,OA_2,$\cdots$,OA_n,过点 A_1,A_2,$\cdots$,A_n 作直线 $B_nB_1 \perp OA_1$,$B_1B_2 \perp OA_2$,$\cdots$,$B_{n-1}B_n \perp OA_n$ 构成一新的 n 边形 $B_1B_2\cdots B_n$. 易见 n 边形 $B_1B_2\cdots B_n$ 的外角依次为 θ_1,θ_2,$\cdots$,θ_n,即满足辅助引理的条件. 任取 n 边形 $A_1A_2\cdots A_n$ 内一点 O',且 O' 异于 O,连 $O'A_1$,$O'A_2$,$\cdots$,$O'A_n$,作 $O'P_1 \perp B_nB_1$,$\cdots$,$O'P_n \perp B_{n-1}B_n$,且 P_1,P_2,$\cdots$,P_n 为垂足. 由辅助引理,知

$$O'P_1 + O'P_2 + \cdots + O'P_n = OA_1 + OA_2 + \cdots + OA_n$$

$$(2.147)$$

另一方面,有

$$O'P_1 \leqslant O'A_1, O'P_2 \leqslant O'A_2, \cdots, O'P_n \leqslant O'A_n$$

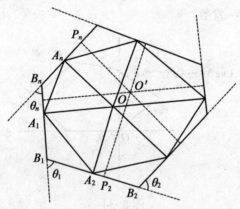

图 5.35

且上式中至多只能有一个等号成立,否则 O' 与 O 重合. 于是

$$O'P_1 + O'P_2 + \cdots + O'P_n < O'A_1 + O'A_2 + \cdots + O'A_n$$

由于(2.147)得

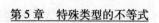

$$OA_1 + OA_2 + \cdots + OA_n < O'A_1 + O'A_2 + \cdots + O'A_n$$

所以,点 O 是 n 边形 $A_1A_2\cdots A_n$ 内唯一的 Fermat 点. 故命题得证.

从命题 5.27 的证明过程易看出有如下有趣的结论成立:

命题 5.28　点 O 是凸 n 边形 $A_1A_2\cdots A_n$ 内 Fermat 点的充要条件是:依图 5.35 所给的方法作出的 n 边形 $B_1B_2\cdots B_n$ 满足其形内任一点到各边距离之和为常数.

还要指出,这里的方法对凸 n 边形内带权系数的 Fermat 点也是适用的. 这时相应的结论是:

对一组正数 $\lambda_1, \lambda_2, \cdots, \lambda_n$,凸 n 边形 $A_1A_2\cdots A_n$ 内存在一点 O,使得

$$\lambda_1 \cdot OA_1 + \lambda_2 \cdot OA_2 + \cdots + \lambda_n \cdot OA_n$$

为最小的充分必要条件是

$$\sum_{i=1}^{n} \lambda_i \cdot \overrightarrow{P_i} = 0 \quad \left(\overrightarrow{P_i} = \frac{\overrightarrow{OA_i}}{\mid \overrightarrow{OA_i} \mid}, i = 1, 2, \cdots, n \right)$$

同时也成立着与命题 5.28 相应的结论.

对于三维空间的 Fermat 问题,我们只考虑四点的情况,有如下的命题:

命题 5.29　设 A, B, C, D 为空间四点,如果存在点 P_0 同每两点所张的角相等 $\left(\text{等于 } 2\arccos\dfrac{\sqrt{3}}{3}\right)$,则 P_0 到这四点的距离之和最小,即 P_0 为点组 (A, B, C, D) 的 Fermat 点.

证明　如图 5.36,过 A, B, C, D 分别作 P_0A, P_0B, P_0C, P_0D 的垂面,则四个平面两两相交构成的二面角分别与 P_0 同 A, B, C, D 张的六个角互补,由题设知它们相等. 易证六个二面角均相等的四面体是正四面体,

故这样所作的四个平面构成正四面体 $A^0 B^0 C^0 D^0$ (图 5.36). 设 X 为其内任意一点, 作各面垂线 XA_1, XB_1, XC_1, XD_1, 连线 XA, XB, XC, XD, 故得

$$f(X) = XA + XB + XC + XD$$
$$\geqslant XA_1 + XB_1 + XC_1 + XD_1$$

由于正四面体内任意一点到四个面的距离之和为定值 (即正四面体的高), 所以

$$XA_1 + XB_1 + XC_1 + XD_1$$
$$= P_0A + P_0B + P_0C + P_0D = f(P_0)$$

故有 $f(X) \geqslant f(P_0)$, 其中等号当且仅当 $X = P_0$ 时成立. 所以 P_0 为点组 (A,B,C,D) 的 Fermart 点. 于是命题获证.

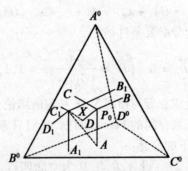

图 5.36

七、Schwarz 问题

在锐角 $\triangle ABC$ 内作内接 $\triangle DEF$ (即三个顶点 D, E, F 分别在三条边 BC, CA, AB 内部), 使 $\triangle DEF$ 的周长为最小.

这个问题通常称为 Schwarz 问题.

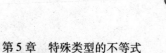

解法 1　首先我们考虑如下问题：

点 A, B 在直线 MN 的同侧,在 MN 上求一点 S,使 $SA + SB$ 最小.

事实上,作点 B 关于 MN 的轴对称点 B',联结 AB' 和 MN 交于 S,则 S 即为所求的点(图 5.37). 这是因为对 MN 上任一点 S',因

$$S'A + S'B = S'A + S'B' \geqslant AB' = AS + SB' = AS + SB$$

即 S 使 $SA + SB$ 最小.

上述事实亦可用光学的原理来解释:我们知道光是沿最短线传播的,我们设想 MN 是一面镜子,则 B 关于 MN 的对称点 B' 也就是 B 在镜中的像(图 5.38). 如果光线从点 A 出发,经过镜面上一点 S 再反射到 B,则

$$AS + SB = AS + SB'$$

但因光线所走的距离 $SA + SB$(即 ASB')应当是最短的,故 A, S, B' 应成一直线. 这样就得到如下光学上的定律:

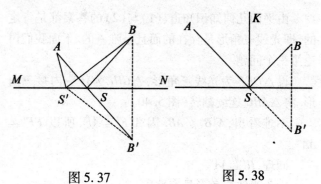

图 5.37　　　　图 5.38

反射角等于入射角(即 $\angle ASK = \angle BSK$,SK 为法线).

下面我们求解 Schwarz 问题:如图 5.39,固定 D,

E,当 F 在 AB 上变动时,要求 $FE + FD$ 为最小. 由前面已证的事实,应当有 $\angle 5 = \angle 6$. 同理,$\angle 1 = \angle 2$,$\angle 3 = \angle 4$. 这就是最小三角形必须满足的条件,有时也称满足上述性质的三角形为光线三角形.

现在有三个问题需要解决:

(1)光线三角形是否存在?

(2)光线三角形如果存在,是不是唯一的?

(3)光线三角形是不是最小三角形?

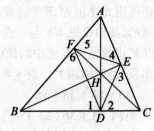

图 5. 39

由平面几何知识知道,(1)与(2)的答案都是肯定的,即光线三角形是存在的而且是唯一的. 下面我们讨论第三个问题.

设 $\triangle DEF$ 为光线三角形,$\triangle GHI$ 为任一内接三角形. 将 $\triangle ABC$ 连续翻转(图 5.40):

不难看出,$A''B'' \parallel AB$. 因 $A''F'' \underset{=}{\parallel} AF$,所以 $FF' \underset{=}{\parallel} AA''$.

同理,$II' \underset{=}{\parallel} AA''$.

由于光线三角形具有性质

168

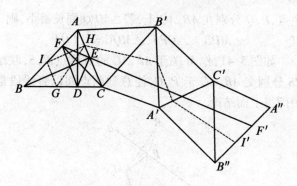

图 5.40

$$\angle 1 = \angle 2, \angle 3 = \angle 4, \angle 5 = \angle 6$$

所以

$$FF' = 2 \times \triangle DEF \text{ 的周长}$$

而

$$2 \times \triangle GHI \text{ 的周长} = \text{折线} IH\cdots I' \geqslant II' = 2 \times \triangle DEF \text{ 的周长}$$

故光线 $\triangle DEF$ 是周长最小的内接三角形.

不难看出上面的等号仅在 $\triangle GHI$ 为光线三角形时成立.

值得指出的是,如果 $\triangle ABC$ 不是锐角三角形,则具有性质

$$\angle 1 = \angle 2, \angle 3 = \angle 4, \angle 5 = \angle 6$$

的内接三角形不存在. 这时最小值在钝角(或直角)三角形的顶点上取得. 也就是说,若设 $\angle A$ 为最大角,AD 为高,$\triangle PQR$ 为任意一个内接三角形,则有

$$\triangle PQR \text{ 的周长} > 2AD$$

$2AD$ 可以看成一个退化三角形的周长,即光从 A 出发,垂直射到镜面 BC 上,再仅射回 A 所走过的距离.

解法 2　我们首先注意到:若 M 是 $\angle BAC$ 内的一

定点,P,Q 分别在 AB,AC 上,若 $\triangle MPQ$ 周长最小,则
$$\angle MPB = \angle QPA, \angle MQC = \angle PQA$$

如图 5.41,作 M 关于 AB,AC 的对称点 R,S,联结 RS 分别交 AB,AC 于 P,Q,注意到两点间以直线段最短即得上面结论.

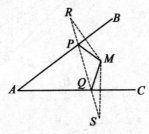

图 5.41

设 $\triangle DEF$ 是 $\triangle ABC$ 的周长最小的内接三角形,则
$$\angle FDB = \angle EDC, \angle DEC = \angle FEA, \angle EFA = \angle DFB$$
(图 5.39).否则,若 $\angle FDB + \angle EDC$,对于 BC 的同侧的点 E,F 来说,D 不是使 $ED + FD$ 最小的点,即不是使 $\triangle DEF$ 周长最小的 BC 上的点.对于 $\angle B$(或 $\angle C$)内的一点 E(或 F)来说,点 D,点 F(或点 E)不是使 $\triangle DEF$ 周长最小的 BC 与 AB(或 AC)上的两点,于是三个等式均成立.若设
$$BC = a, CA = b, AB = c, BD = x, CE = y, AF = z$$
因为易证 $\triangle BDF \backsim \triangle BAC$,于是 $ax + cz = c^2$.同样可得
$$ax + by = a^2, by + cz = b^2$$
所以
$$ax + by + cz = \frac{1}{2}(a^2 + b^2 + c^2)$$
$$ax = \frac{1}{2}(c^2 + a^2 - b^2) = ac\cos B$$

$$by = ab\cos C, cz = bc\cos A$$

即有

$$x = c\cos B, y = a\cos C, z = b\cos A$$

故 D, E, F 为 $\triangle ABC$ 的三高线垂足. 从而锐角三角形的内接三角形中以垂足三角形周长最短.

以上的证明引用的结论假定了 E, F 不在 BC 上, 因此点 D, E, F 之一是 $\triangle ABC$ 的顶点时, 这个证明就不适用. 所以, 为了完成全部证明, 我们还必须证明垂足三角形的周长不大于 $\triangle ABC$ 的任一高线的两倍.

如图 5.42, 延长 $\triangle ABC$ 的垂足三角形的两边 FD 与 FE, 并自点 C 作 FD, DE 和 FE 的垂线, 垂足为 M, N, L, 则 FM 与 FL 是高线 CF 在 FD 和 FE 上的射影, 所以 $FM + FL < 2CF$. 又易知 $\triangle CDM \cong \triangle CDN$, 于是 $DM = DN$. 同理 $EL = EN$.

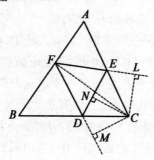

图 5.42

因此

$$DE = DN + EN = DM + EL$$

$$FD + FE + DE = FD + DM + FE + EL = FM + FL$$

所以

$$FD + FE + DE < 2CF$$

171

用完全同样的方法可证得上面不等式当 CF 用高线 BE 或 AD 代替时仍成立.

解法3 设△PQR 是锐角△ABC 的任一内接正三角形(图 5.43). 假定 P 关于边 AC 和 AB 的对称点分别为 P' 和 P'',则有 $PQ = P'Q, PR = P''R$. 于是△PQR 的周长 $S = PQ + QR + RP$ 等于折线 $P'QRP''$ 之长.

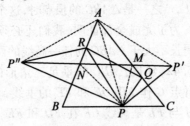

图 5.43

现固定 P,而移动 Q 与 R,则 P' 与 P'' 仍然不动. 这时△PQR 的周长等于联结两定点 P' 和 P'' 的折线 $P'QRP''$ 之长. 而由 P' 到 P'' 的最短折线就是直线段 $P'P''$,所以线段 $P'P''$ 是固定一个顶点 P 的所有内接三角形中可能的最小周长. 具有这个顶点 P 且周长为 $P'P''$ 的三角形是图 5.43 中的△PMN. 下面只需从点 P 在 BC 上各个位置的△PMN 中,选出周长最短的三角形,则此三角形即为一切内接三角形中周长最短者. 为此,注意到 P' 关于 AC 与 P 对称,因而 AC 垂直平分 PP'. 同理 AB 垂直平分 PP'',于是 $AP' = AP = AP''$,$\angle P'AC = \angle PAC$,$\angle P''AB = \angle PAB$,即 $\angle P'AP'' = 2\angle BAC$. 这说明△$AP''P'$ 是等腰三角形,其顶角大小固定,而腰长等于 AP 随点 P 在 BC 上的位置而异. 显然,对于顶角大小不变的等腰三角形,当其有最短的腰时,

也必有最短的底. 这样, 为确定 P 在 BC 上的位置, 以使 $P'P''$ 最短, 只需使 AP 最短, 因此点 P 应取 A 在 BC 上的投影 D.

下面我们作出所求的周长最短的内接三角形. 作 $AD \perp BC$, D 为垂足, 再作 D 关于 AC 和 AB 的对称点 D' 和 D'', 连 $D'D''$ 分别交 AC, AB 于 E, F, 则 $\triangle DEF$ 即为所求内接于 $\triangle ABC$ 的周长最短的三角形 (图 5.44). 事实上, 对异于 $\triangle DEF$ 的每一内接 $\triangle PQR$, 若 P 异于 D, 则线段 $P'P''$ 必大于 $D'D''$, 而 $\triangle PQR$ 的周长不小于 $P'P''$, 从而大于 $\triangle DEF$ 的周长 $D'D''$; 若 P 与 D 重合, 则 Q 和 R 中至少有一点不同于 E 或 F, 因而折线 $D'RD''$ 必不同于直线 $D'EFD''$, 故 $\triangle PQR$ 的周长——折线 $D'QRD''$ 之长必大于 $\triangle DEF$ 的周长 $D'D''$. 所以不论哪种情况, $\triangle PQR$ 的周长都大于 $\triangle DEF$ 的周长.

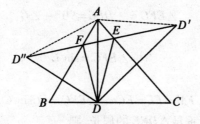

图 5.44

以上我们证明了内接于锐角 $\triangle ABC$, 且周长最短的三角形是存在, 而且是唯一的. 据唯一性, 容易知道这个三角形就是 $\triangle ABC$ 的垂足三角形. 事实上, 我们已经知道 $AD \perp BC$. 如果分别用 B 和 C 代替 A 作为讨论的起点, 重复上面的讨论, 我们同样会得到过边 CA 和 AB 上的高线的垂足分别有一个周长最短的内接三角形. 由唯一性,这些三角形都与△DEF重合. 所以BE⊥CA,CF⊥AB,E,F为垂足,即△DEF是△ABC的垂足三角形.

从△DEF的作图知道,∠DEC = ∠D'EC,但∠D'EC = ∠FEA,故∠DEC = ∠FEA,即△DEF过顶点E的两条边AC交成等角. 对于其他两个顶点有相同的结论. 于是由以上证法,我们附带得到了周长最短的内接三角形的一个结论:

△DEF过每个顶点的两条边与△ABC的相应的边交成等角.

垂足三角形周长的计算也是一个有意义的问题:

根据前面的证法,我们知道

$$\angle AFE = \angle BFD = \angle C$$

所以

$$\angle EFC = \angle DFC = 90° - \angle C$$

于是

$$\cos \angle EFC = \sin C$$

从而

$$FM = FL = FC\cos \angle EFC = FC\sin C$$

用 P 表示垂足△DEF的周长,则

$$P = FM + FL = 2CF\sin C \qquad (2.148)$$

同理可得

$$P = 2BE\sin B, P = 2AD\sin A \qquad (2.149)$$

又因为

$$CF = a\sin B, AD = b\sin C, BE = c\sin A$$

所以

$$P = 2a\sin B\sin C = 2b\sin C\sin A = 2c\sin A\sin B$$

$$(2.150)$$

再设 R 为 $\triangle ABC$ 外接圆半径, 则由正弦定理

$$a = 2R\sin A$$

代入式(2.150), 得

$$P = 4R\sin A\sin B\sin C \qquad (2.151)$$

计算垂足三角形的周长时, 可根据已知条件的情况应用公式(2.148) ~ (2.150)或(2.151).

最后, 我们讨论非锐角三角形的情况.

如果 $\triangle ABC$ 为非锐角三角形, 则至少有一个角是直角或钝角, 设 $\angle A \geqslant 90°$. 当 $\angle A = 90°$ 时, 高线 BE 与 CF 的垂足 E, F 与顶点 A 重合(图 5.45), 因而垂足三角形退化为两条重合的线段 AD; 当 $\angle A > 90°$ 时, 垂足 E, F 在 $\triangle ABC$ 之外(图 5.46). 由 $A, D, C, F; A, D, B, E$ 及 B, C, F, E 分别共圆, 易知

$$\angle BDF = \angle A = \angle CDE$$

$$\angle CED = \angle AEF = \angle B$$

$$\angle AFE = \angle BFD = \angle C$$

因而顶点 A 成为 $\triangle DEF$ 的内心. 此时 $\triangle DEF$ 的周长显然大于 $2AD$. 而 $\triangle ABC$ 的内接三角形中以 D 为一个顶点, 另两个顶点充分接近点 A 的三角形的周长, 可以任意接近 $2AD$. 所以 $\triangle DEF$ 的周长不可能是 $\triangle ABC$ 的所有内接三角形周长的最小值了.

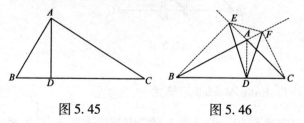

图 5.45　　　　　图 5.46

综上讨论, 可以看出, 不论 $\angle A = 90°$ 或 $\angle A > 90°$,

175

这时的最小值被 $2AD$ 所取代. 确切地说,设 $\triangle ABC$ 中 $\angle A \geqslant 90°$,AD 是 BC 边上的高,$\triangle PQR$ 是 $\triangle ABC$ 的任一个内接三角形,$S = PQ + QR + RP$,则有 $S > 2AD$.

事实上,如图 5.47,以 A 为对称中心作整个图形 $\triangle ABC$ 的中心对称图形 $\triangle AB'C'$. 由 D' 是 D 的对称点,故 D',A,D 共线且 $DD' = 2AD$. 又由于 $\triangle P'Q'R'$ 对称于 $\triangle PQR$,故 $P'Q' = PQ$,$AQ' = AQ$. 在 $\triangle RAQ$ 与 $\triangle R'AQ'$ 中,$AQ = AQ'$,$AR = AR'$,而夹角 $\angle RAQ \geqslant 90° \geqslant \angle RAQ'$,故 $RQ > RQ'$. 于是有

$$PR + RQ + PQ \geqslant PR + RQ' + P'Q'$$

即

$$S \geqslant 折线 PRQ'P' > PP'$$

由于 DD' 是 BC,$C'B'$ 的公垂线且 P,P' 分别在 BC,$C'B'$ 上,故 $PP' \geqslant DD'$. 从而可得 $S > DD' = 2AD$.

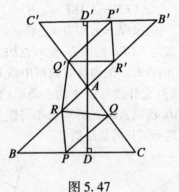

图 5.47

八、Erdös-Mordell 不等式

定理 5.29 设 P 为 $\triangle ABC$ 内部或边上一点,P 到三边距离为 PD,PE,PF,则有

$$PA + PB + PC \geqslant 2(PD + PE + PF) \quad (2.152)$$

等号成立当且仅当 $\triangle ABC$ 为正三角形且 P 为其中心.

不等式 (2.152) 是 P. Erdös 于 1935 年提出的,
1937 年, L. J. Mordell 给出了它的证明, 故通常被称之
为 Erdös-Mordell 不等式. 这一不等式自发表以来, 国
外数学工作者发表了很多文章讨论它的证法与推广,
自 1983 年以来国内一些中等数学杂志也陆续发表了一
些文章对这一不等式做进一步的研究. 我们在这里将简
要地介绍关于这一不等式的一些问题和进展情况.

证法 1(L. J. Mordell)　如图 5.48, 记

$$PA = x, PB = y, PC = z, PD = p, PE = q, PF = r$$

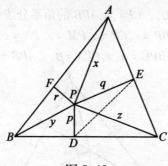

图 5.48

显然

$$\angle DPE = 180° - \angle ACB$$

在 $\triangle DEP$ 中, 由余弦定理,

$$
\begin{aligned}
DE^2 &= p^2 + q^2 + 2pq\cos C \\
&= p^2 + q^2 + 2pq\sin A\sin B - 2pq\cos A\cos B \\
&= (p\sin B + q\sin A)^2 + (p\cos B - q\cos A)^2 \\
&\geqslant (p\sin B + q\sin A)^2
\end{aligned}
$$

所以

177

$$DE \geqslant p\sin B + q\sin A$$

因 P, D, C, E 四点共圆, CP 为这个圆的直径, 所以

$$z = \frac{DE}{\sin C} \geqslant p\,\frac{\sin B}{\sin C} + q\,\frac{\sin A}{\sin C}$$

同理

$$x \geqslant r\,\frac{\sin B}{\sin A} + q\,\frac{\sin C}{\sin A}$$

$$y \geqslant r\,\frac{\sin A}{\sin B} + p\,\frac{\sin C}{\sin B}$$

从而易得

$$x + y + z \geqslant 2(p + q + r)$$

证法 2(D. F. Barrow)   如图 5.49, 设 PM, PN, PQ 分别是 $\angle BPC, \angle CPA, \angle APB$ 的角平分线长. 记

$$AP = x, BP = y, CP = z, PM = u, PN = v, PQ = w$$

$$\angle BPC = \alpha, \angle CPA = \beta, \angle APB = \gamma$$

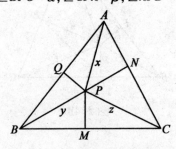

图 5.49

则由内角平分线长公式, 并注意到 $y + z \geqslant 2\sqrt{yz}$, 得

$$u \leqslant \sqrt{yz}\cos\frac{\alpha}{2}, v \leqslant \sqrt{zx}\cos\frac{\beta}{2}, w \leqslant \sqrt{xy}\cos\frac{\gamma}{2}$$

于是

$$u + v + w \leqslant \sqrt{xy}\cos\frac{\gamma}{2} + \sqrt{zx}\cos\frac{\beta}{2} + \sqrt{yz}\cos\frac{\alpha}{2}$$

因 $\alpha + \beta + \gamma = \pi$,故由命题 5.1 知

$$2\sqrt{xy}\cos\frac{\gamma}{2} + 2\sqrt{zx}\cos\frac{\beta}{2} + 2\sqrt{yz}\cos\frac{\alpha}{2} \leqslant x + y + z$$

所以

$$x + y + z \geqslant 2(u + v + w) \qquad (2.153)$$

由于 $u \geqslant p, v \geqslant q, w \geqslant r$,所以(2.152)得证.

证法 3(Veldkamp and Eggleston) 沿用证法 1 的符号,并设 $BC = a, CA = b, AB = c$,用 $\triangle ABC$ 表示 $\triangle ABC$ 的面积. 如图 5.50,作点 P 关于 $\angle BAC$ 的角平分线的对称点 P'. 易证 $P'A = PA = x$,且 P' 至 CA 的距离为 r,至 AB 的距离为 q. 若 P' 至 BC 的距离为 h_0,则

$$\frac{1}{2}(x + h_0)a \geqslant \triangle ABC$$

从而

$$\frac{1}{2}xa \geqslant \triangle ABP' + \triangle ACP' = \frac{1}{2}qc + \frac{1}{2}rb$$

于是

$$x \geqslant q \cdot \frac{c}{a} + r \cdot \frac{b}{a}$$

同理可证

$$y \geqslant p \cdot \frac{c}{b} + r \cdot \frac{a}{b}, z \geqslant p \cdot \frac{b}{c} + q \cdot \frac{a}{c}$$

以上三式相加,得

$$x + y + z \geqslant p\left(\frac{b}{c} + \frac{c}{b}\right) + q\left(\frac{c}{a} + \frac{a}{c}\right) + r\left(\frac{a}{b} + \frac{b}{a}\right)$$

$$(2.154)$$

但由于

$$\frac{b}{c} + \frac{c}{b} \geqslant 2, \frac{c}{a} + \frac{a}{c} \geqslant 2, \frac{a}{b} + \frac{b}{a} \geqslant 2$$

故(2.152)得证.

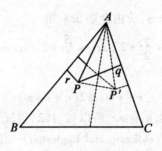

图 5.50

证法 4(L. Bankoff) 如图 5.51,设 D,E 在 AB 上的射影为 F_1,F_2,E,F 在 BC 上的射影为 $D_1,D_2.F,D$ 在 CA 上的射影为 E_1,E_2. 显然

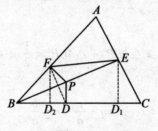

图 5.51

$$D_1D + DD_2 \leqslant EF, E_1E + EE_2 \leqslant FD, F_1F + FF_2 \leqslant DE$$

从而

$$x + y + z \geqslant x\frac{D_1D + DD_2}{EF} + y\frac{E_1E + EE_2}{FD} + z\frac{F_1F + FF_2}{DE}$$

$$(2.155)$$

又因 $\mathrm{Rt}\triangle BPF \backsim \mathrm{Rt}\triangle FDD_2$,于是易得 $DD_2 = \dfrac{PF \cdot FD}{PB}$;

同理

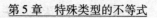

$$D_1D = \frac{PE \cdot DE}{PC}, EE_2 = \frac{PD \cdot DE}{PC}$$

$$E_1E = \frac{PF \cdot EF}{PA}, F_2F = \frac{PE \cdot EF}{PA}, F_1F = \frac{PD \cdot FD}{PB}$$

将此代入(2.155)并整理即可得

$$x + y + z \geqslant PD\left(\frac{y \cdot DE}{z \cdot FD} + \frac{z \cdot FD}{y \cdot DE}\right) +$$

$$PE\left(\frac{x \cdot DE}{z \cdot EF} + \frac{z \cdot EF}{x \cdot DE}\right) +$$

$$PF\left(\frac{x \cdot FD}{y \cdot EF} + \frac{y \cdot EF}{x \cdot FD}\right) \qquad (2.156)$$

由此即得所证.

证法 5(田隆岗)　如图 5.52,过 P 作直线 $B'C'$ 分别交 AC, AB 于 B', C',使 $\angle AB'C' = \angle ABC$,则

$$\triangle AB'C' \backsim \triangle ABC$$

因

$$S_{\triangle AB'P} + S_{\triangle AC'P} = S_{\triangle AB'C'} \leqslant \frac{1}{2}B'C' \cdot AP$$

即

$$AB' \cdot q + AC' \cdot r \leqslant B'C' \cdot x$$

所以

$$x \geqslant \frac{AB'}{B'C'} \cdot q + \frac{AC'}{B'C'} \cdot r$$

若记 $BC = a, CA = b, AB = c$,则由 $\triangle AB'C' \backsim \triangle ABC$ 可得

$$x \geqslant \frac{c}{a} \cdot q + \frac{b}{a} \cdot r$$

同理

$$y \geqslant \frac{a}{b} \cdot r + \frac{c}{b} \cdot p, z \geqslant \frac{b}{c} \cdot p + \frac{a}{c} \cdot q$$

将此三式相加即得(2.154),于是(2.152)获证.

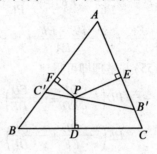

图 5.52

证法6(于志洪) 首先易知,若 A_1, A_2, A_3, A_1' 为平面上的四点,且 O 为 A_1A_1' 的中点,则有

$$A_1A_2^2 + A_2A_3^2 + A_3A_1'^2 \geqslant OA_1^2 + OA_2^2 + OA_3^2 \qquad (2.157)$$

其中等号当且仅当 $A_2A_3 \underline{\underline{/\!/}} OA_1$ 时成立.

以 O 为坐标原点,直线 A_1A_1' 为 x 轴建立平面直角坐标系,设 A_1, A_2, A_3, A_1' 的坐标分别为 $(a_1, 0)$,(a_2, a_2') ,(a_3, a_3') ,$(-a_1, 0)$,则

$$A_1A_2^2 + A_2A_3^2 + A_3A_1'^2 - (OA_1^2 + OA_2^2 + OA_3^2)$$
$$= (a_1 - a_2)^2 + a_2'^2 + (a_2 - a_3)^2 + (a_2' - a_3')^2 +$$
$$\quad (a_3 + a_1)^2 + a_3'^2 - a_1^2 - (a_2^2 + a_2'^2) - (a_3^2 + a_3'^2)$$
$$= a_1^2 + a_2^2 + a_3^2 + a_2'^2 + a_3'^2 + 2a_3a_1 - 2a_1a_2 - 2a_2a_3 - 2a_2'a_3'$$
$$= (a_1 - a_2 + a_3)^2 + (a_2' - a_3')^2 \geqslant 0$$

等号当且仅当 $a_1 = a_2 = a_3$ 且 $a_2' = a_3'$,亦即 $A_2A_3 \underline{\underline{/\!/}} OA_1$ 时成立.

如图 5.53,以 P 为极点,PA 的延长线为极轴,设 $\angle APB = 2\theta_1$,$\angle BPC = 2\theta_2$,则

$$\angle CPA = 2\theta_3 = 2\pi - (2\theta_1 + 2\theta_2)$$

则 A, B, C 三点的坐标为 $A(\rho_1, 0)$,$B(\rho_2, 2\theta_1)$,$C(\rho_3,$

$2\theta_1 + 2\theta_2)$.

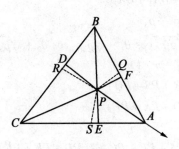

图 5.53

令 PQ, PR, PS 分别为 $\angle APB, \angle BPC, \angle CPA$ 的平分线,则 Q, R, S 的坐标为 $Q(m_1, \theta_1), R(m_2, 2\theta_1 + 2\theta_2), S(m_3, 2\pi - \theta_3)$. 由极坐标系中过两点的直线的两点式方程公式知,过 AB 的直线方程为

$$\frac{\sin(2\theta_1 - 0)}{\rho} = \frac{\sin(2\theta_1 - \theta)}{\rho_1} + \frac{\sin(\theta - 0)}{\rho_2} \quad (2.158)$$

将 $Q(m_1, \theta_1)$,代入(2.158),得

$$m_1 = \frac{2\rho_1\rho_2}{\rho_1 + \rho_2}\cos\theta_1 \leqslant \sqrt{\rho_1\rho_2}\cos\theta_1 \quad (2.159)$$

同样可得

$$m_2 \leqslant \sqrt{\rho_2\rho_3}\cos\theta_2 \quad (2.160)$$

$$m_3 \leqslant \sqrt{\rho_3\rho_1}\cos\theta_3 \quad (2.161)$$

设 $\sqrt{\rho_1}, \sqrt{\rho_2}, \sqrt{\rho_3}$ 分别为(2.157)中的 OA_1, OA_2, OA_3,且 $\angle A_1OA_2 = \theta_1, \angle A_2OA_3 = \theta_2, \angle A_3OA_1' = \theta_3$,则由(2.157)及余弦定理得

$$A_1A_2^2 + A_2A_3^2 + A_3A_1^2$$

$$= \rho_1 + \rho_2 - 2\sqrt{\rho_1\rho_2}\cos\theta_1 + \rho_2 + \rho_3 -$$

$$2\sqrt{\rho_2\rho_3}\cos\theta_2 + \rho_3 + \rho_1 - 2\sqrt{\rho_3\rho_1}\cos\theta_3$$

$$\geqslant OA_1^2 + OA_2^2 + OA_3^2$$

$$= \rho_1 + \rho_2 + \rho_3$$

$$\geqslant 2\left(\sqrt{\rho_1 \rho_2} \cos\theta_1 + \sqrt{\rho_2 \rho_3} \cos\theta_2 + \sqrt{\rho_3 \rho_1} \cos\theta_3 \right)$$

$$\geqslant 2(m_1 + m_2 + m_3)$$

$$= 2(PR + PS + PQ)$$

$$\geqslant 2(PD + PE + PF)$$

于是

$$PA + PB + PC \geqslant 2(PD + PE + PF)$$

证法 7(顾忠德,刘汉标) 如图 5.54,设 AP, BP, CP 延长后交 $\triangle PBC, \triangle PCA, \triangle PAB$ 的外接圆于 L, M, N. 则

$$\triangle LBC \backsim \triangle AMC \backsim \triangle ABN$$

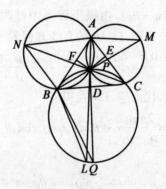

图 5.54

记 $LB : BC : CL = p : q : r$. 在四边形 $PBLC$ 中,由 Ptolemy 定理,得

$$PL \cdot q = PB \cdot r + PC \cdot p$$

作 $\triangle BCL$ 的直径 PQ,由 $\triangle PBQ \backsim \triangle PDC$,得

$$PQ = \frac{PB \cdot PC}{PD}$$

又因 $PQ \geqslant PL$, 故

$$\frac{PB \cdot PC}{PD} \cdot q \geqslant PB \cdot r + PC \cdot p$$

$$\frac{1}{PD} \geqslant \frac{r}{q} \cdot \frac{1}{PC} + \frac{p}{q} \cdot \frac{1}{PB}$$

同理有

$$\frac{1}{PE} \geqslant \frac{q}{r} \cdot \frac{1}{PC} + \frac{p}{r} \cdot \frac{1}{PA}$$

$$\frac{1}{PF} \geqslant \frac{q}{p} \cdot \frac{1}{PB} + \frac{r}{p} \cdot \frac{1}{PA}$$

从而我们得到如下

$$\frac{1}{PD} + \frac{1}{PE} + \frac{1}{PF} \geqslant 2 \left(\frac{1}{PA} + \frac{1}{PB} + \frac{1}{PC} \right) \quad (2.162)$$

如图 5.55, 延长 PD, PE, PF 至 D_1, E_1, F_1, 使

$$PD \cdot PD_1 = PE \cdot PE_1 = PF \cdot PF_1 = 1$$

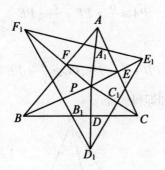

图 5.55

$\triangle D_1 E_1 F_1$ 三边分别交 PA, PB, PC 于 A_1, B_1, C_1, 联结 EF. 由于 E, E_1, F_1, F 四点共圆, 故 $\angle PEF = \angle FF_1E_1$; 由于 P, E, A, F 四点共圆, 故 $\angle PEF = \angle PAF$, 所以 $\angle PAF = FF_1E_1$. 从而 A_1, A, F_1, F 四点共圆

185

$$PA_1 \cdot PA = PF \cdot PF_1 = 1$$

因此 $PA = \dfrac{1}{PA_1}$ 且 $PA \perp E_1F_1$. 同样可证 $PB \perp F_1D_1$,

$PC \perp D_1E_1$ 且 $PB = \dfrac{1}{PB_1}$, $PC = \dfrac{1}{PC_1}$. 在 $\triangle D_1E_1F_1$ 中运用式(2.162)即得所证.

证法 8(陈传孟) 如图 5.56,在 AB 上取一点 Q,使 $\angle APQ = \angle ACB$,过 Q 作 $QR /\!/ BC$ 交 AC 于 R,联结 PR,则易知 A, Q, P, R 四点共圆. 由 Ptolemy 定理得

$$PA = \dfrac{AR}{QR} \cdot PQ + \dfrac{AQ}{QR} \cdot PR$$

但

$$PQ \geqslant PF, PR \geqslant PE, \dfrac{AR}{QR} = \dfrac{AC}{BC} = \dfrac{b}{a}, \dfrac{AQ}{QR} = \dfrac{AB}{AC} = \dfrac{c}{a}$$

所以

$$PA \geqslant \dfrac{b}{a} \cdot PF + \dfrac{c}{a} \cdot PE$$

同理,有

$$PB \geqslant \dfrac{c}{b} \cdot PD + \dfrac{a}{b} \cdot PF, PC \geqslant \dfrac{a}{c} \cdot PE + \dfrac{b}{c} \cdot PD$$

将此三式相加即得所证.

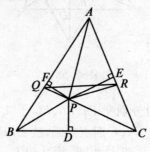

图 5.56

不等式（2.152）有许多加强和推广，例如（2.153），（2.154）与（2.156）都是它的加强. 下面我们再给出（2.152）的一些其他形式的推广.

定理 5.30（田隆岗）　设 P 为 $\triangle ABC$ 内部或边上一点，P 到三边距离为 PD,PE,PF. 记 $PA=x,PB=y$，$PC=z,PD=p,PE=q,PF=r(n\in\mathbf{N})$，则有

$$x^n+y^n+z^n\geqslant 2(p^n+q^n+r^n)+6(2^n-1)(3\sqrt{pqr})^n$$
$$(2.163)$$

证明　记 $BC=a,CA=b,AB=c$，则由定理 5.29 的证法 1 知

$$x\geqslant\frac{c}{a}q+\frac{b}{a}r \tag{2.164}$$

$$y\geqslant\frac{a}{b}r+\frac{c}{b}p \tag{2.165}$$

$$z\geqslant\frac{b}{c}p+\frac{a}{c}q \tag{2.166}$$

在式（2.164）两边 n 次方，得

$$x^n\geqslant\left(\frac{c}{a}q+\frac{b}{a}r\right)^n$$

$$=\left(\frac{c}{a}\right)^n q^n+\left(\frac{b}{a}\right)^n r^n+\sum_{k=1}^{n-1}C_n^k\left(\frac{c}{a}\right)^{n-k}\cdot\left(\frac{b}{a}\right)^k q^{n-k}r^k$$
$$(2.167)$$

同理可得

$$y^n\geqslant\left(\frac{a}{b}\right)^n r^n+\left(\frac{c}{b}\right)^n p^n+\sum_{k=1}^{n-1}C_n^k\left(\frac{a}{b}\right)^{n-k}\cdot\left(\frac{c}{b}\right)^k r^{n-k}p^k$$
$$(2.168)$$

$$z^n\geqslant\left(\frac{b}{c}\right)^n p^n+\left(\frac{a}{c}\right)^n q^n+\sum_{k=1}^{n-1}C_n^k\left(\frac{b}{c}\right)^{n-k}\cdot\left(\frac{a}{c}\right)^k p^{n-k}q^k$$
$$(2.169)$$

由$(2.167)+(2.168)+(2.169)$,得

$$x^n + y^n + z^n$$

$$\geqslant \left[\left(\frac{c}{b}\right)^n + \left(\frac{b}{c}\right)^n\right]p^n + \left[\left(\frac{c}{a}\right)^n + \left(\frac{a}{c}\right)^n\right]q^n +$$

$$\left[\left(\frac{b}{a}\right)^n + \left(\frac{a}{b}\right)^n\right]r^n + \sum_{k=1}^{n-1} C_n^k\left[\left(\frac{c}{a}\right)^{n-k}\left(\frac{b}{a}\right)^k q^{n-k}r^k + \right.$$

$$\left.\left(\frac{a}{b}\right)^{n-k}\left(\frac{c}{b}\right)^k r^{n-k}p^k + \left(\frac{b}{c}\right)^{n-k}\left(\frac{a}{c}\right)^k p^{n-k}q^k\right]$$

$$\geqslant 2p^n + 2q^n + 2r^n + \sum_{k=1}^{n-1} C_n^k\left\{3\left[\left(\frac{c}{a}\right)^{n-k}\left(\frac{b}{a}\right)^k q^{n-k}r^k \cdot\right.\right.$$

$$\left.\left.\left(\frac{a}{b}\right)^{n-k}\left(\frac{c}{b}\right)^k r^{n-k}p^k \left(\frac{b}{c}\right)^{n-k}\left(\frac{a}{c}\right)^k p^{n-k}q^k\right]^{\frac{1}{3}}\right\}$$

$$= 2(p^n + q^n + r^n) + \sum_{k=1}^{n-1} C_n^k \cdot 3\sqrt[3]{p^n q^n r^n}$$

$$= 2(p^n + q^n + r^n) + (2^n - 2) \cdot 3\sqrt[3]{(pqr)^n}$$

$$= 2(p^n + q^n + r^n) + 6(2^{n-1} - 1)\sqrt[3]{(pqr)^n}$$

故不等式(2.163)成立.

特别在(2.163)中取$n=1$,则即得(2.152).

定理5.31　设$x_i, \varphi_i \in \mathbf{R}(i = 1, 2, \cdots, n; n \geqslant 3)$且

$0 < \sum_{i=1}^{n} \varphi_i \leqslant \pi$. 记$\theta = \frac{1}{n}\sum_{i=1}^{n} \varphi_i$,并约定$x_{n+1} = x_1$,则

$$\sum_{i=1}^{n} x_i^2 \geqslant \sec \theta \cdot \sum_{i=1}^{n} x_i x_{i+1} \cos \varphi_i \quad (2.170)$$

为证明(2.170),我们先给出两个熟知的引理:

引理5.7　设$0 < \theta \leqslant \frac{\pi}{n}, n \geqslant 3$,记$P_k = \frac{\sin k\theta}{\sin \theta}$

$(k = 0, 1, 2, \cdots, n)$,则有

$$\frac{P_{k-2}+P_k}{P_{k-1}}=2\cos\theta \quad (k=2,3,\cdots,n) \quad (2.171)$$

$$\frac{1}{P_1P_2}+\frac{1}{P_2P_3}+\cdots+\frac{1}{P_{n-2}P_{n-1}}+\frac{P_n}{P_{n-1}}=2\cos\theta$$

$$(2.172)$$

$$\frac{1}{P_{n-1}}\left[P_n\cos(\theta-\varphi)-\cos(n\theta-\varphi)\right]=\cos\varphi$$

$$(2.173)$$

引理 5.8 设 $A,B,C,\alpha,\beta\in\mathbf{R}$,则

$$A^2+B^2+C^2$$

$$\geqslant 2\left[AB\cos\alpha+BC\cos\beta-AC\cos(\alpha+\beta)\right] \quad (2.174)$$

上述两个引理的证明都可经过简单计算得到,限于篇幅,这里从略.

定理 5.31 的证明 记

$$\delta_k=\sum_{i=1}^{k}\varphi_i(k=1,2,\cdots,n),P_k=\frac{\sin k\theta}{\sin\theta}$$

则

$$P_k>0 \quad (k=1,2,\cdots,n-1,P_n\geqslant0)$$

当 $2\leqslant k\leqslant n-1$ 时,在引理 5.8 中取

$$A=\frac{x_1}{\sqrt{P_{k-1}P_k}},B=\sqrt{\frac{P_k}{P_{k-1}}}\cdot x_k,C=\sqrt{\frac{P_{k-1}}{P_k}}\cdot x_{k+1}$$

及 $\alpha=\delta_{k-1},\beta=\varphi_k$(从而 $\alpha+\beta=\delta_{k-1}+\varphi_k=\delta_k$). 由 (2.174),得

$$\frac{x_1^2}{P_{k-1}P_k}+\frac{P_k}{P_{k-1}}\cdot x_k^2+\frac{P_{k-1}}{P_k}\cdot x_{k+1}^2$$

$$\geqslant 2\left[\frac{x_1x_k}{P_{k-1}}\cos\delta_{k-1}+x_kx_{k+1}\cos\varphi_k-\frac{x_1x_{k+1}}{P_k}\cos\delta_k\right]$$

令 $k=2,3,\cdots,n-1$,由上式得 $n-2$ 个不等式并相加

得

$$x_1^2\left(\frac{1}{P_1P_2}+\frac{1}{P_2P_3}+\cdots+\frac{1}{P_{n-2}P_{n-1}}\right)+x_2^2\cdot\frac{P_2}{P_1}+$$

$$x_3^2\cdot\frac{P_1+P_3}{P_2}+\cdots+x_{n-1}^2\cdot\frac{P_{n-3}+P_{n-1}}{P_{n-2}}+x_n^2\cdot\frac{P_{n-2}}{P_{n-1}}$$

$$\geqslant2\Big[\frac{x_1x_2}{P_1}\cos\delta_1+x_2x_3\cos\varphi_2+x_3x_4\cos\varphi_4+\cdots+$$

$$x_{n-1}x_n\cos\varphi_{n-1}-\frac{x_1x_n}{P_{n-1}}\cos\delta_{n-1}\Big] \qquad (2.175)$$

在引理 5.8 中取 $A=\sqrt{\dfrac{P_n}{P_{n-1}}}\cdot x_1, B=\sqrt{\dfrac{P_n}{P_{n-1}}}\cdot x_n, C=$

0 及 $\alpha=\theta-\varphi_n, \beta=0,$ 由 (2.174) 得

$$\frac{P_n}{P_{n-1}}\cdot x_1^2+\frac{P_n}{P_{n-1}}\cdot x_n^2\geqslant2x_1x_n\cdot\frac{P_n}{P_{n-1}}\cos(\theta-\varphi_n)$$

将上式与式 (2.175) 相加,得

$$\sum_{i=1}^{n}a_ix_i^2\geqslant2\Big[\frac{x_1x_2}{P_1}\cos\delta_1+\sum_{i=2}^{n-1}x_ix_{i+1}\cos\varphi_i+x_1x_nb\Big]$$

$$(2.176)$$

其中,由式 (2.172),得

$$a_1=\frac{1}{P_1P_2}+\frac{1}{P_2P_3}+\cdots+\frac{1}{P_{n-2}P_{n-1}}+\frac{P_n}{P_{n-1}}$$

$$=2\cos\theta$$

$$a_2=\frac{P_2}{P_1}=\frac{P_0+P_2}{P_1}=2\cos\theta \quad (\text{注意 } P_0=0)$$

由式 (2.171),得

$$a_i=\frac{P_{i-2}+P_i}{P_{i-1}}=2\cos\theta \quad (i=3,4,\cdots,n)$$

而

190

$$b = \frac{P_n}{P_{n-1}} \cos(\theta - \varphi_n) - \frac{1}{P_{n-1}} \cos \delta_{n-1}$$

$$= \frac{1}{P_{n-1}} [P_n \cos(\theta - \varphi_n) - \cos(n\theta - \varphi_n)]$$

$$= \cos \varphi_n \quad (\text{由式}(2.173)\text{取} \varphi = \varphi_n)$$

（因 $\delta_{n-1} = \sum_{i=1}^{n-1} \varphi_i = \sum_{i=1}^{n} \varphi_i - \varphi_n = n\theta - \varphi_n$）. 又显然

$$P_1 = \frac{\sin \theta}{\sin \theta} = 1, \delta_1 = \varphi_1$$

故由式(2.176)，即得(2.170). 显然，当 $x_1 = x_2 = \cdots = x_n$ 且 $\varphi_1 = \varphi_2 = \cdots = \varphi_n = \theta$ 时，式(2.170)中等号成立.

定理 5.32 设 P 为凸 n 边形 $A_1 A_2 \cdots A_n$ 的内部或边上一点，$\angle A_i P A_{i+1}$ 的平分线与边 $A_i A_{i+1}$ 相交于 E_i（其中 $i = 1, 2, \cdots, n, A_{n+1} = A_1$），则

$$PA_1 + PA_2 + \cdots + PA_n$$

$$\geqslant \sec \frac{\pi}{n} (PE_1 + PE_2 + \cdots + PE_n) \qquad (2.177)$$

证明 如图 5.57，设 $\angle A_i P A_{i+1} = \beta_i (i = 1, 2, \cdots, n)$，则 $\sum_{i=1}^{n} \beta_i = 2\pi$. 由三角形内角平分线长公式知

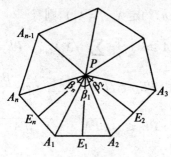

图 5.57

191

$$PE_i = \frac{2PA_i \cdot PA_{i+1}}{PA_i + PA_{i+1}} \cdot \cos\frac{\beta_i}{2}$$

$$\leqslant \sqrt{PA_i \cdot PA_{i+1}} \cdot \cos\frac{\beta_i}{2} \quad (i=1,2,\cdots,n)$$

故

$$\sum_{i=1}^{n} \sqrt{PA_i \cdot PA_{i+1}} \cdot \cos\frac{\beta_i}{2} \geqslant \sum_{i=1}^{n} PE_i$$

在定理 5.31 中取 $x_i = \sqrt{PA_i}, \varphi_i = \dfrac{\beta_i}{2}$，则

$$\sum_{i=1}^{n} \varphi_i = \frac{1}{2}\sum_{i=1}^{n}\beta_i = \pi, \theta = \frac{\pi}{n}$$

则由(2.170)知

$$\sum_{i=1}^{n} PA_i \geqslant \sec\frac{\pi}{n}\sum_{i=1}^{n} \sqrt{PA_i \cdot PA_{i+1}} \cdot \cos\frac{\beta_i}{2}$$

所以

$$\sum_{i=1}^{n} PA_i \geqslant \sec\frac{\pi}{n}\sum_{i=1}^{n} PE_i$$

利用定理 5.31 还可以对定理 5.32 做如下的加权推广：

定理 5.33　沿用定理 5.32 中的记号，并设 $\lambda_i > 0$ $(i=1,2,\cdots,n,$ 约定 $\lambda_{n+1} = \lambda_1)$，则有

$$\sum_{i=1}^{n} \lambda_i PA_i \geqslant \sec\frac{\pi}{n}\sum_{i=1}^{n} \sqrt{\lambda_i\lambda_{i+1}} \cdot PE_i \quad (2.178)$$

证明　由 $PE_i \leqslant \sqrt{PA_i \cdot PA_{i+1}} \cdot \cos\dfrac{\beta_i}{2}$，知

$$\sqrt{\lambda_i\lambda_{i+1}} \cdot PE_i \leqslant \sqrt{\lambda_i PA_i} \cdot \sqrt{\lambda_{i+1}PA_{i+1}} \cdot \cos\frac{\beta_i}{2}$$

从而

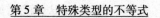

$$\sum_{i=1}^{n} \sqrt{\lambda_i PA_i} \cdot \sqrt{\lambda_{i+1} PA_{i+1}} \cdot \cos\frac{\beta_i}{2}$$

$$\geqslant \sum_{i=1}^{n} \sqrt{\lambda_i \lambda_{i+1}} \cdot PE_i$$

在定理 5.31 中取 $x_i = \sqrt{\lambda_i PA_i}$，$\varphi_i = \dfrac{\beta_i}{2}$，则由（2.170）得

$$\sum_{i=1}^{n} \lambda_i PA_i$$

$$\geqslant \sec\frac{\pi}{n} \sum_{i=1}^{n} \sqrt{\lambda_i PA_i} \cdot \sqrt{\lambda_{i+1} PA_{i+1}} \cdot \cos\frac{\beta_i}{2}$$

所以

$$\sum_{i=1}^{n} \lambda_i PA_i \geqslant \sec\frac{\pi}{n} \cdot \sum_{i=1}^{n} \sqrt{\lambda_i \lambda_{i+1}} \cdot PE_i$$

不等式（2.170）和（2.178）是简超 1984 年提出的，（2.177）是 H. C. Lenhard 在 1961 年提出的.

由定理 5.32 和定理 5.33 很容易得到如下定理：

定理 5.34　设凸 n 边形 $A_1 A_2 \cdots A_n$ 内部或边上一点 P 到各边的距离分别为 $PD_1, PD_2, \cdots, PD_n$，则

$$\sum_{i=1}^{n} PA_i \geqslant \sec\frac{\pi}{n} \sum_{i=1}^{n} PD_i \qquad (2.179)$$

$$\sum_{i=1}^{n} \lambda_i PA_i \geqslant \sec\frac{\pi}{n} \sum_{i=1}^{n} \sqrt{\lambda_i \lambda_{i+1}} \cdot PD_i$$

$$(2.180)$$

其中 $\lambda_i > 0 (i = 1, 2, \cdots, n, \lambda_{n+1} = \lambda_1)$.

由定理 5.31 易得如下的 Lenhard 不等式：

定理 5.35　设

$$\sum_{i=1}^{n} \varphi_i = \pi, 0 \leqslant \varphi_i \leqslant \frac{\pi}{2}, x_i \geqslant 0 \quad (n \geqslant 3; i = 1, 2, \cdots, n)$$

则有

$$\sum_{i=1}^{n} x_i^2 \geqslant \sec \frac{\pi}{n} \sum_{i=1}^{n} x_i x_{i+1} \cos \varphi_i \quad (2.181)$$

其中 $\lambda_{n+1} = \lambda_1$.

证明 作

$$\angle A_1 P A_2 = \varphi_1 + \frac{\pi}{n}$$

$$\angle A_2 P A_3 = \varphi_2 + \frac{\pi}{n}$$

$$\vdots$$

$$\angle A_{n-1} P A_n = \varphi_{n-1} + \frac{\pi}{n}$$

则

$$\angle A_n P A_1 = 2\pi - \left(\varphi_1 + \frac{\pi}{n} + \varphi_2 + \frac{\pi}{n} + \cdots + \varphi_{n-1} + \frac{\pi}{n} \right)$$

$$= \varphi_n + \frac{\pi}{n}$$

顺次截取 $PA_1 = x_1, PA_2 = x_2, \cdots, PA_n = x_n$,联结 $A_1 A_2$, $A_2 A_3, \cdots, A_n A_1$,并记

$$A_1 A_2 = a_1, A_2 A_3 = a_2, \cdots, A_{n-1} A_n = a_{n-1}, A_n A_1 = a_n$$

n 边形 $A_1 A_2 \cdots A_n$ 的面积为 S_n. 由定理 5.4 知

$$4 S_n \tan \frac{\pi}{n} \leqslant \frac{1}{n} (a_1 + a_2 + \cdots + a_n)^2 \leqslant a_1^2 + a_2^2 + \cdots + a_n^2$$

再由余弦定理,得

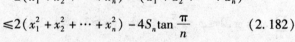

$$2 x_1 x_2 \cos\left(\varphi_1 + \frac{\pi}{n}\right) + \cdots + 2 x_{n-1} x_n \cos\left(\varphi_{n-1} + \frac{\pi}{n}\right) +$$

$$2 x_n x_1 \cos\left(\varphi_n + \frac{\pi}{n}\right)$$

$$= 2(x_1^2 + x_2^2 + \cdots + x_n^2) - (a_1^2 + a_2^2 + \cdots + a_n^2)$$

$$\leqslant 2(x_1^2 + x_2^2 + \cdots + x_n^2) - 4 S_n \tan \frac{\pi}{n} \quad (2.182)$$

但

$$2S_n = x_1 x_2 \sin(\varphi_1 + \frac{\pi}{n}) + x_2 x_3 \sin(\varphi_2 + \frac{\pi}{n}) + \cdots +$$

$$x_{n-1} x_n \sin(\varphi_{n-1} + \frac{\pi}{n}) + x_n x_1 \sin(\varphi_n + \frac{\pi}{n})$$

$$(2.183)$$

由(2.182)与(2.183)可得

$$x_1^2 + x_2^2 + \cdots + x_n^2$$

$$\geqslant x_1 x_2 \left[\cos(\varphi_1 + \frac{\pi}{n}) + \tan \frac{\pi}{n} \sin(\varphi_1 + \frac{\pi}{n}) \right] +$$

$$x_2 x_3 \left[\cos(\varphi_2 + \frac{\pi}{n}) + \tan \frac{\pi}{n} \sin(\varphi_2 + \frac{\pi}{n}) \right] + \cdots +$$

$$x_n x_1 \left[\cos(\varphi_n + \frac{\pi}{n}) + \tan \frac{\pi}{n} \sin(\varphi_n + \frac{\pi}{n}) \right]$$

$$= \sec \frac{\pi}{n} (x_1 x_2 \cos \varphi_1 + x_2 x_3 \cos \varphi_2 + \cdots + x_n x_1 \cos \varphi_n)$$

故式(2.181)成立.

评注　本证明是陈传孟给出的.

利用定理 5.35 也可推出定理 5.32 ~ 定理 5.34. 具体推导过程从略.

定理 5.36　设 $\sum\limits_{i=1}^{n} \varphi_i = \pi(n \geqslant 3)$，$0 \leqslant \varphi_i \leqslant \frac{\pi}{2}$，$x_i \geqslant 0$，$i = 1,2,\cdots,n$，$0 < k < 1$. 则有

$$\sum_{i=1}^{n} x_i^2 \geqslant \left(\sec \frac{\pi}{n} \right)^k \sum_{i=1}^{n} x_i x_{i+1} (\cos \varphi_i)^k \qquad (2.184)$$

其中 $x_{n+1} = x_1$.

证明　由 Bernoulli 不等式及(2.181)即得证.

定理 5.37　设凸 n 边形 $A_1 A_2 \cdots A_n$ 内部一点 P 到各顶点和各边的距离分别为 $R_1, R_2, \cdots, R_n$ 和 $r_1, r_2, \cdots, r_n$，用 $M_k(R)$ 和 $M_k(r)$ 分别表 $R_1, R_2, \cdots, R_n$ 和

$r_1, r_2, \cdots, r_n$ 的 k 次幂平均,则当 $|k| \leqslant 1$ 时,有

$$M_k(R) \geqslant \sec \frac{\pi}{n} M_k(r) \qquad (2.185)$$

当 $|k| > 1$ 时,有

$$M_k(R) > \left(\sec \frac{\pi}{n}\right)^{\frac{1}{|k|}} M_k(r) \qquad (2.186)$$

证明 首先我们注意到如下事实:

若在 $\triangle ABC$ 中,$AB = c, AC = b, BC$ 边上的高为 h_a,$\triangle ABC$ 的外接圆半径为 R,则有

$$h_a \leqslant \sqrt{bc} \cos \frac{A}{2} \qquad (2.187)$$

$$\frac{1}{2R} \leqslant \sqrt{\frac{1}{bc}} \cos \frac{A}{2} \qquad (2.188)$$

因为

$$h_a = h \sin C = 2R \sin B \sin C$$

$$b = 2R \sin B, c = 2R \sin C$$

故不等式(2.187)与(2.188)均等价于

$$\sin B \sin C \leqslant \cos^2 \frac{A}{2} = \frac{1}{2}(1 + \cos A)$$

$$= \frac{1}{2}[1 - \cos(B + C)]$$

即

$$1 \geqslant 2\sin B \sin C + \cos(B + C) = \cos(B - C)$$

而这是显然成立的.

如图 5.58,设过 P 作 $A_i A_{i+1}$ 的垂线与 $A_i A_{i+1}$ 的交点为 $D_i (i = 1, 2, \cdots, n, A_{n+1} = A_1)$. 在 $\triangle A_i P A_{i+1}$ 中,由 (2.187)得

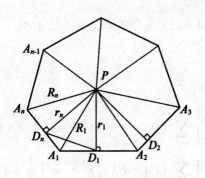

图 5.58

$$PD_i \leqslant \sqrt{PA_i \cdot PA_{i+1}} \cos\left(\frac{\angle A_i PA_{i+1}}{2}\right) \quad (2.189)$$

在 $\triangle D_{i-1} PD_i(D_0 = D_n)$ 中,由 (2.188),得

$$\frac{1}{PA_i} \leqslant \sqrt{\frac{1}{PD_{i-1} \cdot PD_i}} \cos\left(\frac{\angle D_{i-1} PD_i}{2}\right) \quad (2.190)$$

(1)当 $0 < k \leqslant 1$ 时,在 (2.184) 中令

$$x_i^2 = (PA_i)^k, \varphi_i = \frac{1}{2} \angle A_i PA_{i+1}$$

则由式 (2.189) 即得

$$\sum_{i=1}^n (PA_i)^k \geqslant \left(\sec\frac{\pi}{n}\right)^k \sum_{i=1}^n (PD_i)^k \quad (2.191)$$

(2)当 $-1 \leqslant k < 0$ 时,在 (2.184) 中将 k 用 $-k$ 来代替,并令

$$x_i^2 = (PD_{i-1})^k, \varphi_i = \frac{1}{2} \angle D_{i-1} PD_i$$

则由 (2.190) 得

$$\sum_{i=1}^n (PD_i)^k \geqslant \left(\sec\frac{\pi}{n}\right)^{-k} \sum_{i=1}^n (PA_i)^k \quad (2.192)$$

(3)当 $k > 1$ 时,在不等式 (2.184) 中令

197

$$k=1, x_i^2 = (PA_i)^k, \varphi_i = \frac{1}{2} \angle A_i P A_{i+1}$$

则有

$$\sum_{i=1}^{n} (PA_i)^k$$

$$\geqslant \left(\sec \frac{\pi}{n} \right) \sum_{i=1}^{n} (PA_i \cdot PA_{i+1})^{\frac{k}{2}} \cdot \cos \left(\frac{1}{2} \angle A_i P A_{i+1} \right)$$

$$> \left(\sec \frac{\pi}{n} \right) \sum_{i=1}^{n} (PA_i \cdot PA_{i+1})^{\frac{k}{2}} \cdot \cos^k \left(\frac{1}{2} \angle A_i P A_{i+1} \right)$$

$$\geqslant \left(\sec \frac{\pi}{n} \right) \sum_{i=1}^{n} (PD_i)^k \qquad (2.193)$$

(4)当 $k < -1$ 时,在(2.184)中令

$$k=1, x_i^2 = (PD_{i-1})^k, \varphi_i = \frac{1}{2} \angle D_{i-1} P D_i$$

则有

$$\sum_{i=1}^{n} (PD_i)^k$$

$$\geqslant \left(\sec \frac{\pi}{n} \right) \sum_{i=1}^{n} (PD_i \cdot PD_{i+1})^{\frac{k}{2}} \cdot \cos \left(\frac{1}{2} \angle D_i P D_{i+1} \right)$$

$$> \left(\sec \frac{\pi}{n} \right) \sum_{i=1}^{n} (PD_i \cdot PD_{i+1})^{\frac{k}{2}} \cdot \cos^{-k} \left(\frac{1}{2} \angle D_i P D_{i+1} \right)$$

$$\geqslant \left(\sec \frac{\pi}{n} \right) \sum_{i=1}^{n} (PA_i)^k \qquad (2.194)$$

于是定理 5.37 得证.

特别地,若 $A(R), H(R), G(K)$ 与 $A(r), H(r)$, $G(r)$ 分别表示 $R_1, R_2, \cdots, R_n$ 与 $r_1, r_2, \cdots, r_n$ 的算术平均、调和平均和几何平均,则由式(2.120)知

$$A(R) \geqslant \sec \frac{\pi}{n} A(r)$$

$$H(R) \geqslant \sec \frac{\pi}{n} H(r)$$

$$G(R) \geqslant \sec \frac{\pi}{n} G(r)$$

定理 5.38　设 P 为凸 n 边形 $A_1 A_2 \cdots A_n$ 内一点，$\angle A_i P A_{i+1}$ 的平分线与边 $A_i A_{i+1}$ 相交于 E_i（$i = 1, 2, \cdots, n, n \geqslant 3, A_{n+1} = A_1$）. 又 $\lambda_i > 0$（$i = 1, 2, \cdots, n, \lambda_{i+1} = \lambda_i$），则当 $0 < k \leqslant 1$ 时，有

$$\sum_{i=1}^{n} \lambda_i (PA_i)^k$$

$$\geqslant \left(\sec \frac{\pi}{n} \right)^k \sum_{i=1}^{n} \frac{\lambda_i \lambda_{i+1} (PA_i^k + PA_{i+1}^k)}{\lambda_i PA_i^k + \lambda_{i+1} PA_{i+1}^k} (PE_i)^k$$

$$(2.195)$$

证明　由三角形内角平分线长公式知

$$PE_i = \frac{2 PA_i \cdot PA_{i+1}}{PA_i + PA_{i+1}} \cdot \cos \frac{1}{2} \angle A_i P A_{i+1} \quad (2.196)$$

在 (2.184) 中令

$$x_i^2 = \lambda_i (PA_i)^k, \varphi_i = \frac{1}{2} \angle A_i P A_{i+1}$$

得

$$\sum_{i=1}^{n} \lambda_i (PA_i)^k$$

$$\geqslant \left(\sec \frac{\pi}{n} \right)^k \sum_{i=1}^{n} \sqrt{\lambda_i \lambda_{i+1}} (PA_i \cdot PA_{i+1})^{\frac{k}{2}} \cdot \left(\cos \frac{1}{2} \angle A_i P A_{i+1} \right)^k$$

$$= \left(\sec \frac{\pi}{n} \right)^k \sum_{i=1}^{n} \frac{\sqrt{\lambda_i \lambda_{i+1}} (PA_i + PA_{i+1})^k}{2^k (PA_i \cdot PA_{i+1})^{\frac{k}{2}}} (PE_i)^k$$

$$(2.197)$$

再由幂平均单调性定理即得 (2.195).

特别地，在 (2.195) 中令 $\lambda_i = (PA_i)^{-k}$，则易得

$$2^n \prod_{i=1}^{n} PA_i^k \geqslant \left(\sec \frac{\pi}{n} \right)^{kn} \prod_{i=1}^{n} (PE_i^k + PE_{i+1}^k)$$

$$(2.198)$$

在(2.198)中令 $k=1, n=3$,则得

$$PA_1 \cdot PA_2 \cdot PA_3$$
$$\geqslant (PE_1 + PE_2)(PE_2 + PE_3)(PE_3 + PE_1)$$

由此不难得到:若 $\triangle ABC$ 内一点 P 到三边的距离分别为 PD, PE, PF,则

$$PA \cdot PB \cdot PC$$
$$\geqslant (PD + PE)(PE + PF)(PF + PD) \qquad (2.199)$$

定理 5.36 和定理 5.37 是王振、陈计于 1988 年提出并证明的;定理 5.38 是陈计于 1989 年提出并证明的.

若记

$$PA = x, PB = y, PC = z, PD = p, PE = q, PF = r$$

则 Erdös-Mordell 不等式(2.152)即成为

$$x + y + z \geqslant 2(p + q + r) \qquad (2.200)$$

自从这个不等式被发现以来,讨论 x, y, z, p, q, r 之间关系的论文有很多.下面我们列出若干这方面的不等式,供读者参考:

(1) $px + qy + rz \geqslant 2(pq + qr + rp)$;

(2) $xy + yz + zx \geqslant 2(px + qy + rz)$;

(3) $xy + yz + zx \geqslant (p+q)(q+r) + (q+r)(r+p) + (r+p)(p+q)$;

(4) $x(p+q) + y(q+r) + z(r+p) \geqslant (p+q)(q+r) + (q+r)(r+p) + (r+p)(p+q)$;

(5) $(x+y)(y+z) + (y+z)(z+x) + (z+x)(x+y) \geqslant 4[(p+q)(q+r) + (q+r)(r+p) + (r+p)(p+$

$q)$];

$(6)\ x^2y^2z^2\geqslant pqr(x+y)(y+z)(z+x)$;

$(7)\ x^2y^2z^2\geqslant (px+qy)(qy+rz)(rz+px)$;

$(8)\ \dfrac{1}{p}+\dfrac{1}{q}+\dfrac{1}{r}\geqslant 2\left(\dfrac{1}{x}+\dfrac{1}{y}+\dfrac{1}{z}\right)$;

$(9)\ \dfrac{1}{pq}+\dfrac{1}{qr}+\dfrac{1}{rp}\geqslant 2\left(\dfrac{1}{px}+\dfrac{1}{qy}+\dfrac{1}{rz}\right)$;

$(10)\ \dfrac{1}{px}+\dfrac{1}{qy}+\dfrac{1}{rz}\geqslant 2\left(\dfrac{1}{xy}+\dfrac{1}{yz}+\dfrac{1}{zx}\right)$;

(11) 若 $t<-1$,则

$$x^t+y^t+z^t<2(p^t+q^t+t^t)$$

若 $-1\leqslant t\leqslant 0$,则

$$x^t+y^t+z^t\leqslant 2^t(p^t+q^t+r^t)$$

若 $0\leqslant t\leqslant 1$,则

$$x^t+y^t+z^t\geqslant 2^t(p^t+q^t+r^t)$$

若 $t>1$,则

$$x^t+y^t+z^t>2(p^t+q^t+r^t)$$

$(12)\ \dfrac{x}{q+r}+\dfrac{y}{r+p}+\dfrac{z}{p+q}\geqslant 3$;

$(13)\ \dfrac{q+r}{x}+\dfrac{r+p}{y}+\dfrac{p+q}{z}\leqslant 3$;

$(14)\ \dfrac{p+q}{p+2z+q}+\dfrac{q+r}{q+2x+r}+\dfrac{r+p}{r+2y+p}\leqslant 1$;

$(15)\ x^2\sin^2 A+y^2\sin^2 B+z^2\sin C\leqslant 3(p^2+q^2+r^2)$;

$(16)\ x\sin\dfrac{A}{2}+y\sin\dfrac{B}{2}+z\sin\dfrac{C}{2}\geqslant p+q+r.$

九、关于三角形的主要几何不等式

我们只对一些常见的或常用的以及一些外形上新

颖而且美观的不等式做简要介绍. 这些内容包括三角形主要长度元素之间的关系;三角形长度元素与面积的关系;若干涉及两个三角形的不等式.

1. 三角形主要长度元素之间的关系

在 $\triangle ABC$ 中,用 A,B,C 表示三个内角;a,b,c 分别表示它们的对边,且记 $s = \dfrac{1}{2}(a+b+c)$;R,r 分别表示外接圆半径和内切圆半径;m_a,t_a,h_a 分别表示边 a 上的中线长、内角平分线长、高线长等;r_a 表示和边 a 相对应的傍切圆半径等,Δ 表示 $\triangle ABC$ 的面积.

定理 5.39   三角形的主要长度元素之间有关系式

$$2r \leqslant \frac{2}{9}(h_a + h_b + h_c) \leqslant \frac{2}{9}(t_a + t_b + t_c)$$

$$\leqslant \frac{\sqrt{3}}{9}(a+b+c) \leqslant \frac{2}{9}(r_a + r_b + r_c) \leqslant R \quad (2.201)$$

$$4r^2 \leqslant \frac{4}{27}(h_a h_b + h_b h_c + h_c h_a)$$

$$\leqslant \frac{4}{27}(t_a t_b + t_b t_c + t_c t_a)$$

$$\leqslant \frac{1}{9}(ab + bc + ca) \leqslant \frac{4}{27}(r_a r_b + r_b r_c + r_c r_a)$$

$$\leqslant R^2 \qquad (2.202)$$

$$8r^3 \leqslant \frac{8}{27} h_a h_b h_c \leqslant \frac{8}{27} t_a t_b t_c \leqslant \frac{8}{27} r_a r_b r_c$$

$$\leqslant \frac{\sqrt{3}}{9} abc \leqslant R^3 \qquad (2.203)$$

$$27r^2 \leqslant h_a^2 + h_b^2 + h_c^2 \leqslant t_a^2 + t_b^2 + t_c^2$$

$$\leqslant m_a^2 + m_b^2 + m_c^2 = \frac{3}{4}(a^2 + b^2 + c^2)$$

$$\leqslant \frac{27}{4}R^2 \leqslant r_a^2 + r_b^2 + r_c^2 \qquad (2.204)$$

其中所有不等式中的等号当且仅当 $\triangle ABC$ 为正三角形时成立.

　　证明　由算术 – 几何平均不等式并由公式 $2\Delta = ah_a = bh_b = ch_c$ 及 $2\Delta = r(a+b+c)$,得

$$h_a h_b h_c \geqslant 27r^3 \qquad (2.205)$$

再利用算术 – 几何平均不等式,并由(2.205),即得

$$\frac{2}{9}(h_a + h_b + h_c) \geqslant 2r \qquad (2.206)$$

由三角形内角平分线长公式易知

$$t_a = \frac{2bc}{b+c}\cos\frac{A}{2}$$

因为

$$b + c \geqslant 2\sqrt{bc}$$

所以

$$t_a \leqslant \sqrt{bc}\cos\frac{A}{2}$$

$$t_b \leqslant \sqrt{ca}\cos\frac{B}{2}$$

$$t_c \leqslant \sqrt{ab}\cos\frac{C}{2}$$

将以上三式相加,得

$$t_a + t_b + t_c \leqslant \sqrt{bc}\cos\frac{A}{2} + \sqrt{ca}\cos\frac{B}{2} + \sqrt{ab}\cos\frac{C}{2}$$

由 Cauchy 不等式,知

$$\left(\sqrt{bc}\cos\frac{A}{2} + \sqrt{ca}\cos\frac{B}{2} + \sqrt{ab}\cos\frac{C}{2}\right)^2$$

$$\leqslant (ab + bc + ca)\left(\cos^2\frac{A}{2} + \cos^2\frac{B}{2} + \cos^2\frac{C}{2}\right)$$

而

$$\cos^2 \frac{A}{2} + \cos^2 \frac{B}{2} + \cos^2 \frac{C}{2} = 2 + 2\sin \frac{A}{2}\sin \frac{B}{2}\sin \frac{C}{2} \leqslant \frac{9}{4}$$

所以

$$(t_a + t_b + t_c)^2 \leqslant \frac{9}{4}(ab + bc + ca) \quad (2.207)$$

利用不等式

$$3(ab + bc + ca) \leqslant (a + b + c)^2$$

及(2.207),得

$$(t_a + t_b + t_c)^2 \leqslant \frac{3}{4}(a + b + c)$$

从而

$$\frac{\sqrt{3}}{9}(a + b + c) \geqslant \frac{3}{9}(t_a + t_b + t_c) \quad (2.208)$$

再由傍切圆半径公式,得

$$r_a r_b + r_b r_c + r_c r_a = s^2 = \frac{1}{4}(a + b + c)^2 \quad (2.209)$$

利用

$$(r_a + r_b + r_c)^2 \geqslant 3(r_a r_b + r_b r_c + r_c r_a)$$

并结合(2.209),即有

$$\frac{2}{9}(r_a + r_b + r_c) \geqslant \frac{\sqrt{3}}{9}(a + b + c) \quad (2.210)$$

由于

$$r_a + r_b + r_c = s\left(\tan \frac{A}{2} + \tan \frac{B}{2} + \tan \frac{C}{2}\right)$$

而

$$s = 4R\cos \frac{A}{2}\cos \frac{B}{2}\cos \frac{C}{2}$$

$$\tan \frac{A}{2} + \tan \frac{B}{2} + \tan \frac{C}{2} = \frac{1 + \sin \frac{A}{2} \sin \frac{B}{2} \sin \frac{C}{2}}{\cos \frac{A}{2} \cos \frac{B}{2} \cos \frac{C}{2}}$$

所以

$$r_a + r_b + r_c = 4R \left(1 + \sin \frac{A}{2} \sin \frac{B}{2} \sin \frac{C}{2} \right)$$

又因

$$\sin \frac{A}{2} \cdot \sin \frac{B}{2} \cdot \sin \frac{C}{2} \leqslant \frac{1}{8}$$

故

$$R \geqslant \frac{2}{9} (r_a + r_b + r_c) \qquad (2.211)$$

显然下面的不等式是成立的

$$\frac{2}{9} (h_a + h_b + h_c) \leqslant \frac{2}{9} (t_a + t_b + t_c) \qquad (2.212)$$

因此由 $(2.206) \sim (2.211)$ 即知 (2.201) 得证.

由算术 – 几何平均不等式及 (2.205), 有

$$\frac{4}{27} (h_a h_b + h_b h_c + h_c h_a) \geqslant 4r^2 \qquad (2.213)$$

显然又有

$$\frac{4}{27} (t_a t_b + t_b t_c + t_c t_a) \geqslant \frac{4}{27} (h_a h_b + h_b h_c + h_c h_a)$$

$$\qquad (2.214)$$

利用 $(t_a + t_b + t_c)^2 \geqslant 3 (t_a t_b + t_b t_c + t_c t_a)$ 及 (2.207), 得

$$\frac{1}{9} (ab + bc + ca) \geqslant \frac{4}{27} (t_a t_b + t_b t_c + t_c t_a) \qquad (2.215)$$

利用不等式 $(a + b + c)^3 \geqslant 3 (ab + bc + ca)$ 及 (2.209), 得

$$\frac{4}{27} (r_a r_b + r_b r_c + r_c r_a) \geqslant \frac{1}{9} (ab + bc + ca) \qquad (2.216)$$

再由(2.209)及

$$s = 4R\cos\frac{A}{2}\cos\frac{B}{2}\cos\frac{C}{2} \leqslant 4R \cdot \frac{3\sqrt{3}}{8} = \frac{3\sqrt{3}}{2}R$$

得

$$\frac{4}{27}(r_a r_b + r_b r_c + r_c r_a) \leqslant R^2 \qquad (2.217)$$

因此由(2.213)~(2.217)便知(2.202)得证.

由(2.205)知

$$\frac{8}{27}h_a h_b h_c \geqslant 8r^3 \qquad (2.218)$$

下面的不等式成立是显然的

$$\frac{8}{27}t_a t_b t_c \geqslant \frac{8}{27}h_a h_b h_c \qquad (2.219)$$

由三角形内角平分线长公式,得

$$t_a = \frac{2bc}{b+c}\cos\frac{A}{2} = \frac{2bc}{b+c}\sqrt{\frac{s(s-a)}{bc}} = \frac{2\sqrt{bc}}{b+c}\sqrt{s(s-a)}$$

但

$$2\sqrt{bc} \leqslant b+c$$

所以

$$t_a \leqslant \sqrt{s(s-a)}, t_b \leqslant \sqrt{s(s-b)}, t_c \leqslant \sqrt{s(s-c)}$$

将以上三式相乘,得

$$\frac{8}{27}r_a r_b r_c \geqslant \frac{8}{27}t_a t_b t_c \qquad (2.220)$$

又因

$$r_a r_b r_c = s^2 \tan\frac{A}{2}\tan\frac{B}{2}\tan\frac{C}{2}$$

$$= 64R^3 \cos^2\frac{A}{2}\cos^2\frac{B}{2}\cos^2\frac{C}{2}\sin\frac{A}{2}\sin\frac{B}{2}\sin\frac{C}{2}$$

$$= 8R^3 \sin A\sin B\sin C\cos\frac{A}{2}\cos\frac{B}{2}\cos\frac{C}{2}$$

$$= abc\cos\frac{A}{2}\cos\frac{B}{2}\cos\frac{C}{2}$$

而

$$\cos\frac{A}{2}\cos\frac{B}{2}\cos\frac{C}{2}\leqslant\frac{3\sqrt{3}}{8}$$

所以

$$r_a r_b r_c \leqslant \frac{3\sqrt{3}}{8}abc$$

从而

$$\frac{\sqrt{3}}{9}abc \geqslant \frac{8}{27}r_a r_b r_c \qquad (2.221)$$

由于

$$abc = 8R^3 \sin A\sin B\sin C$$

而

$$\sin A\sin B\sin C \leqslant \frac{3\sqrt{3}}{8}$$

所以

$$abc \leqslant 3\sqrt{3}R^3$$

从而

$$R^3 \geqslant \frac{\sqrt{3}}{9}abc \qquad (2.222)$$

因此由 (2.218) ~ (2.222) 便知

$$8r^3 \leqslant \frac{8}{27}h_a h_b h_c \leqslant \frac{8}{27}t_a t_b t_c \leqslant \frac{8}{27}r_a r_b r_c \leqslant \frac{\sqrt{3}}{9}abc \leqslant R^3$$

由算术 – 几何平均不等式, 得

$$h_a^2 + h_b^2 + h_c^2 \geqslant 3(h_a h_b h_c)^{\frac{2}{3}}$$

利用 (2.205) 得

$$h_a^2 + h_b^2 + h_c^2 \geqslant 27r^2 \qquad (2.223)$$

下面的不等式成立是显然的

$$m_a^2 + m_b^2 + m_c^2 \geqslant t_a^2 + t_b^2 + t_c^2 \geqslant h_a^2 + h_b^2 + h_c^2 \quad (2.224)$$

由中线长公式,易得

$$m_a^2 + m_b^2 + m_c^2 = \frac{3}{4}(a^2 + b^2 + c^2) \quad (2.225)$$

因为

$$a^2 + b^2 + c^2 = 4R^2(\sin^2 A + \sin^2 B + \sin^2 C)$$
$$= 8R^2(1 + \cos A \cos B \cos C)$$

而

$$\cos A \cos B \cos C \leqslant \frac{1}{8}$$

所以

$$\frac{27}{4}R^2 \geqslant \frac{3}{4}(a^2 + b^2 + c^2) \quad (2.226)$$

令

$$\sin \frac{A}{2} \sin \frac{B}{2} \sin \frac{C}{2} = x$$

则

$$0 < x \leqslant \frac{1}{8}$$

由此得

$$4x + \frac{5}{8} \geqslant \frac{1}{3}(1 + 4x)^2 + 3x$$

此即

$$4\sin \frac{A}{2} \sin \frac{B}{2} \sin \frac{C}{2} + \frac{5}{8}$$

$$\geqslant \frac{1}{3}(\cos A + \cos B + \cos C)^2 + 3\sin \frac{A}{2} \sin \frac{B}{2} \sin \frac{C}{2}$$

又因为

208

$$\sin\frac{A}{2}\sin\frac{B}{2}\sin\frac{C}{2} > \cos A\cos B\cos C$$

(参见第 4 章命题 4.6)及

$$\frac{1}{3}(\cos A + \cos B + \cos C)^2$$

$$\geqslant \cos A\cos B + \cos B\cos C + \cos C\cos A$$

所以

$$4\sin\frac{A}{2}\sin\frac{B}{2}\sin\frac{C}{2} + \frac{5}{8}$$

$$\geqslant \cos A\cos B + \cos B\cos C + \cos C\cos A +$$

$$3\cos A\cos B\cos C$$

或

$$3 + \cos A + \cos B + \cos C - \cos A\cos B - \cos B\cos C -$$

$$\cos C\cos A - 3\cos A\cos B\cos C \geqslant \frac{27}{8}$$

即

$$(1 - \cos A)(1 + \cos B)(1 + \cos C) +$$

$$(1 - \cos B)(1 + \cos C)(1 + \cos A) +$$

$$(1 - \cos C)(1 + \cos A)(1 + \cos B) \geqslant \frac{27}{8}$$

利用倍角公式,上式变为

$$8\left(\sin^2\frac{A}{2}\cos^2\frac{B}{2}\cos^2\frac{C}{2} + \sin^2\frac{B}{2}\cos^2\frac{C}{2}\cos^2\frac{A}{2} +\right.$$

$$\left.\sin^2\frac{C}{2}\cos^2\frac{A}{2}\cos^2\frac{B}{2}\right) \geqslant \frac{27}{8}$$

上式两边同乘以 $2R^2$,并利用

$$r_a = s\tan\frac{A}{2} = 4R\sin\frac{A}{2}\cos\frac{B}{2}\cos\frac{C}{2}$$

知

$$r_a^2 + r_b^2 + r_c^2 \geqslant \frac{27}{4}R^2 \qquad (2.227)$$

因此由(2.223)~(2.227)即知(2.204)得证.

定理 5.40　三角形的主要长度元素之间有关系式

$$2r \leqslant \frac{2}{9}(h_a + h_b + h_c) \leqslant \frac{2}{9}(t_a + t_b + t_c)$$

$$\leqslant \frac{2}{9}(m_a + m_b + m_c) \leqslant \frac{2}{9}(r_a + r_b + r_c) \leqslant R$$

$$(2.228)$$

$$4r^2 \leqslant \frac{4}{27}(h_a h_b + h_b h_c + h_c h_a)$$

$$\leqslant \frac{4}{27}(t_a t_b + t_b t_c + t_c t_a)$$

$$\leqslant \frac{4}{27}(m_a m_b + m_b m_c + m_c m_a) \leqslant R^2 \qquad (2.229)$$

$$8r^3 \leqslant \frac{8}{27}h_a h_b h_c \leqslant \frac{8}{27}t_a t_b t_c \leqslant \frac{8}{27}r_a r_b r_c$$

$$\leqslant \frac{8}{27}m_a m_b m_c \leqslant R^3 \qquad (2.230)$$

其中所有不等式的等号当且仅当△ABC 为正三角形时成立.

不等式(2.228)~(2.230)的证明留给读者去完成.

2. 三角形主要长度元素和面积的关系

定理 5.41　三角形的主要长度元素和面积之间有关系式

$$r \leqslant \frac{\sqrt[4]{3}}{3}\sqrt{\Delta} \qquad (2.231)$$

$$R \leqslant \frac{\sqrt[4]{3}}{6}\sqrt{\Delta} \qquad (2.232)$$

$$abc \geqslant \frac{8}{3}\sqrt[4]{3}\Delta^{\frac{3}{2}} \qquad (2.233)$$

$$h_a h_b + h_b h_c + h_c h_a \leqslant 3\sqrt{3}\Delta \qquad (2.234)$$

$$m_a m_b m_c \geqslant \sqrt[4]{27}\Delta^{\frac{3}{2}} \qquad (2.235)$$

$$r_a r_b r_c \geqslant \sqrt[4]{27}\Delta^{\frac{3}{2}} \qquad (2.236)$$

所有不等式中的等号当且仅当 $\triangle ABC$ 为正三角形时成立.

证明　由公式

$$\Delta = r^2 \cot\frac{A}{2}\cot\frac{B}{2}\cot\frac{C}{2}$$

及不等式

$$\cot\frac{A}{2}\cot\frac{B}{2}\cot\frac{C}{2} \geqslant 3\sqrt{3}$$

即得(2.231);由公式

$$\Delta = 2R^2 \sin A \sin B \sin C$$

及不等式

$$\sin A \sin B \sin C \leqslant \frac{3\sqrt{3}}{8}$$

即得(2.232);由公式

$$a^2 b^2 c^2 = \frac{8\Delta^2}{\sin A \sin B \sin C}$$

及不等式

$$\sin A \sin B \sin C \leqslant \frac{3\sqrt{3}}{8}$$

即得(2.233).

又因

$$h_a = 2R\sin B \sin C$$

$$h_b = 2R\sin C \sin A$$

211

$$h_c = 2R\sin A\sin B$$

所以

$$h_a h_b + h_b h_c + h_c h_a$$
$$= 4R^2 \sin A\sin B\sin C(\sin A + \sin B + \sin C)$$
$$= 2\Delta(\sin A + \sin B + \sin C)$$

再由

$$\sin A + \sin B + \sin C \leqslant \frac{3\sqrt{3}}{2}$$

即得

$$h_a h_b + h_b h_c + h_c h_a \leqslant 3\sqrt{3}\,\Delta$$

此即(2.234).

由平面几何知识及(2.233)即可得(2.235).

由于

$$r_a = s\tan\frac{A}{2},\ r_b = s\tan\frac{B}{2},\ r_c = s\tan\frac{C}{2}$$

所以

$$r_a r_b r_c = s^3 \tan\frac{A}{2}\tan\frac{B}{2}\tan\frac{C}{2} = s\Delta$$

再由定理 5.1 知

$$s = \frac{1}{2}(a + b + c) \geqslant \sqrt[4]{27}\sqrt{\Delta}$$

因此 $r_a r_b r_c \geqslant \sqrt[4]{27}\Delta^{\frac{3}{2}}$，此即(2.236).

由定理 5.41 可得如下的推论：

推论

$$h_a h_b h_c \leqslant \sqrt[4]{27}\Delta^{\frac{3}{2}} \tag{2.237}$$

$$a^2 + b^2 + c^2 \geqslant \frac{1}{3}(a + b + c)^2$$

$$\geqslant ab + bc + ca \geqslant 4\sqrt{3}\,\Delta \tag{2.238}$$

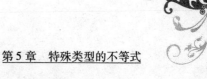

$$m_a^2 + m_b^2 + m_c^2 \geq \frac{1}{3}(m_a + m_b + m_c)^2$$

$$\geq m_a m_b + m_b m_c + m_c m_a$$

$$\geq 3\sqrt{3}\,\Delta \qquad (2.239)$$

$$r_a^2 + r_b^2 + r_c^2 \geq \frac{1}{3}(r_a r_b + r_b r_c + r_c r_a)$$

$$\geq r_a r_b + r_b r_c + r_c r_a$$

$$\geq 3\sqrt{3}\,\Delta \qquad (2.240)$$

其中所有不等式中的等号当且仅当 $\triangle ABC$ 为正三角形时成立.

3. 三角形主要长度元素比的几个定理

定理 5.42　在 $\triangle ABC$ 中,有

$$\frac{m_a m_b}{ab} + \frac{m_b m_c}{bc} + \frac{m_c m_a}{ca} \geq \frac{9}{4} \qquad (2.241)$$

$$\frac{ab}{m_a m_b} + \frac{bc}{m_b m_c} + \frac{ca}{m_c m_a} \geq 4 \qquad (2.242)$$

其中两式等号成立当且仅当 $\triangle ABC$ 为正三角形.

证明　首先易证:若设 z 是任一复数,z_1, z_2, z_3 是三个互不相同的复数,则有

$$\frac{(z-z_1)(z-z_2)}{(z_3-z_1)(z_3-z_2)} + \frac{(z-z_2)(z-z_3)}{(z_1-z_2)(z_1-z_3)} +$$

$$\frac{(z-z_3)(z-z_1)}{(z_2-z_3)(z_2-z_1)} \equiv 1 \qquad (2.243)$$

这是因为(2.243)可以看作是以 z 为根的二次方程,易知 z_1, z_2, z_3 为方程(2.243)的三个根. 因此(2.243)只能是恒等式.

又若 P 为 $\triangle ABC$ 所在平面上的任一点,记 $PA = r$,$PB = s$,$PC = t$,则

$$\frac{rs}{ab} + \frac{st}{bc} + \frac{tr}{ca} \geqslant 1 \qquad (2.244)$$

事实上,取$\triangle ABC$所在平面作为复平面,设$A,B,$
C,P所对应的复数分别为z_1,z_2,z_3,z,利用(2.243),有

$$\left| \frac{(z-z_1)(z-z_2)}{(z_3-z_1)(z_3-z_2)} \right| + \left| \frac{(z-z_2)(z-z_3)}{(z_1-z_2)(z_1-z_3)} \right| +$$

$$\left| \frac{(z-z_3)(z-z_1)}{(z_2-z_3)(z_2-z_1)} \right|$$

$$\geqslant \left| \frac{(z-z_1)(z-z_2)}{(z_3-z_1)(z_3-z_2)} + \frac{(z-z_2)(z-z_3)}{(z_1-z_2)(z_1-z_3)} + \right.$$

$$\left. \frac{(z-z_3)(z-z_1)}{(z_2-z_3)(z_2-z_1)} \right| \equiv 1$$

因此

$$\frac{rs}{ab} + \frac{st}{bc} + \frac{tr}{ca} \geqslant 1$$

而(2.244)中等号当且仅当P为$\triangle ABC$的垂心时成
立.

特别地,取P为$\triangle ABC$的重心,则有

$$r = \frac{2}{3}m_a, s = \frac{2}{3}m_b, t = \frac{2}{3}m_c$$

故由(2.244)即得

$$\frac{4}{9}\left(\frac{m_a m_b}{ab} + \frac{m_b m_c}{bc} + \frac{m_c m_a}{ca} \right) \geqslant 1$$

从而

$$\frac{m_a m_b}{ab} + \frac{m_b m_c}{bc} + \frac{m_c m_a}{ca} \geqslant \frac{9}{4}$$

再由平面几何知识及已证的(2.241)即可得
(2.242).

由定理5.42可得如下推论:

推论 1　设 $\lambda \geqslant 1$，则在 $\triangle ABC$ 中不等式

$$\left(\frac{m_a}{a}\right)^{\lambda} + \left(\frac{m_b}{b}\right)^{\lambda} + \left(\frac{m_c}{c}\right)^{\lambda} \geqslant 3\left(\frac{\sqrt{3}}{2}\right)^{\lambda} \quad (2.245)$$

$$\left(\frac{a}{m_a}\right)^{\lambda} + \left(\frac{b}{m_b}\right)^{\lambda} + \left(\frac{c}{m_c}\right)^{\lambda} \geqslant 3\left(\frac{2\sqrt{3}}{3}\right)^{\lambda} \quad (2.246)$$

成立，且两式中等号当且仅当 $\triangle ABC$ 为正三角形时成立.

证明　由

$$\left(\frac{m_a}{a} + \frac{m_b}{b} + \frac{m_c}{c}\right)^2 \geqslant 3\left(\frac{m_a m_b}{ab} + \frac{m_b m_c}{bc} + \frac{m_c m_a}{ca}\right)$$

及 (2.241)，得

$$\left(\frac{m_a}{a} + \frac{m_b}{b} + \frac{m_c}{c}\right)^2 > \frac{27}{4}$$

故

$$\frac{m_a}{a} + \frac{m_b}{b} + \frac{m_c}{c} \geqslant \frac{3\sqrt{3}}{2} \quad (2.247)$$

由幂平均不等式知，当 $\lambda > 1$ 时，有

$$\left\{\frac{1}{3}\left[\left(\frac{m_a}{a}\right)^{\lambda} + \left(\frac{m_b}{b}\right)^{\lambda} + \left(\frac{m_c}{c}\right)^{\lambda}\right]\right\}^{\frac{1}{\lambda}}$$

$$\geqslant \frac{1}{3}\left(\frac{m_a}{a} + \frac{m_b}{b} + \frac{m_c}{c}\right)$$

再由 (2.247)，可得

$$\left\{\frac{1}{3}\left[\left(\frac{m_a}{a}\right)^{\lambda} + \left(\frac{m_b}{b}\right)^{\lambda} + \left(\frac{m_c}{c}\right)^{\lambda}\right]\right\}^{\frac{1}{\lambda}} \geqslant \frac{\sqrt{3}}{2}$$

故

$$\left(\frac{m_a}{a}\right)^{\lambda} + \left(\frac{m_b}{b}\right)^{\lambda} + \left(\frac{m_c}{c}\right)^{\lambda} \geqslant 3\left(\frac{\sqrt{3}}{2}\right)^{\lambda} \quad (2.248)$$

因此由 (2.247) 和 (2.248) 便知式 (2.245) 成立，且其

中等号当且仅当△ABC 为正三角形时成立.

同理可证不等式(2.246).

推论 2 设 $\lambda \geqslant 1$,则△ABC 中不等式

$$\frac{ab}{h_a h_b} + \frac{bc}{h_b h_c} + \frac{ca}{h_c h_a} \geqslant \frac{ab}{t_a t_b} + \frac{bc}{t_b t_c} + \frac{ca}{t_c t_a} \geqslant 4 \quad (2.249)$$

$$\left(\frac{a}{h_a}\right)^\lambda + \left(\frac{b}{h_b}\right)^\lambda + \left(\frac{c}{h_c}\right)^\lambda$$

$$\geqslant \left(\frac{a}{t_a}\right)^\lambda + \left(\frac{b}{t_b}\right)^\lambda + \left(\frac{c}{t_c}\right)^\lambda \geqslant 3\left(\frac{2\sqrt{3}}{3}\right)^\lambda \quad (2.250)$$

成立,且两式中等号当且仅当△ABC 为正三角形时成立.

证明 利用

$$h_a \leqslant t_a \leqslant m_a, h_b \leqslant t_b \leqslant m_b, h_c \leqslant t_c \leqslant m_c$$

以及不等式(2.242)与(2.246)即得(2.249)与(2.250).

定理 5.43 在△ABC 中,不等式

$$\frac{h_a h_b}{r_a r_b} + \frac{h_b h_c}{r_b r_c} + \frac{h_c h_a}{r_c r_a} \geqslant 3 \quad (2.251)$$

$$\frac{r_a r_b}{t_a t_b} + \frac{r_b r_c}{t_b t_c} + \frac{r_c r_a}{t_c t_a} \geqslant 3 \quad (2.252)$$

成立,且两式中等号当且仅当△ABC 为正三角形时成立.

证明 因为

$$h_a = 2R\sin B\sin C$$

$$t_a = \frac{2\sqrt{bc}}{b+c}\sqrt{s(s-a)}$$

$$r_a = \frac{\Delta}{s-a} = s\tan\frac{A}{2} = 4R\sin\frac{A}{2}\cos\frac{B}{2}\cos\frac{C}{2}$$

于是

$$h_a h_b = 4R^2 \sin B \sin C \sin C \sin A$$

$$r_a r_b = 16R^2 \sin \frac{A}{2} \cos \frac{B}{2} \cos \frac{C}{2} \sin \frac{B}{2} \cos \frac{C}{2} \cos \frac{A}{2}$$

从而

$$\frac{h_a h_b}{r_a r_b} = 4\sin^2 \frac{C}{2}$$

同理有

$$\frac{h_b b_c}{r_b r_c} = 4\sin^2 \frac{A}{2}$$

$$\frac{h_c h_a}{r_c r_a} = 4\sin^2 \frac{B}{2}$$

故

$$\frac{h_a h_b}{r_a r_b} + \frac{h_b h_c}{r_b r_c} + \frac{h_c h_a}{r_c r_a}$$

$$= 4\left(\sin^2 \frac{A}{2} + \sin^2 \frac{B}{2} + \sin^2 \frac{C}{2} \right)$$

$$= 4\left(1 - 2\sin \frac{A}{2} \sin \frac{B}{2} \sin \frac{C}{2} \right)$$

由熟知的不等式

$$\sin \frac{A}{2} \sin \frac{B}{2} \sin \frac{C}{2} \leqslant \frac{1}{8}$$

即知 (2.251) 成立. 因为

$$b + c \geqslant 2\sqrt{bc}$$

所以

$$t_a \leqslant \sqrt{s(s-a)}$$

同理,有

$$t_b \leqslant \sqrt{s(s-b)}, t_c \leqslant \sqrt{s(s-c)}$$

于是

$$\frac{r_a r_b}{t_a t_b} \geqslant \frac{r_a r_b}{\sqrt{s(s-b)} \cdot \sqrt{s(s-a)}}$$

$$= \frac{\dfrac{1}{s-a} \cdot \dfrac{1}{s-b} \cdot s(s-a)(s-b)(s-c)}{s\sqrt{(s-a)(s-b)}}$$

$$= \frac{s-c}{\sqrt{(s-a)(s-b)}}$$

同理有

$$\frac{r_b r_c}{t_b t_c} \geqslant \frac{s-a}{\sqrt{(s-b)(s-c)}}, \frac{r_c r_a}{t_c t_a} \geqslant \frac{s-b}{\sqrt{(s-c)(s-a)}}$$

因此,有

$$\frac{r_a r_b}{t_a t_b} + \frac{r_b r_c}{t_b t_c} + \frac{r_c r_a}{t_c t_a}$$

$$\geqslant \frac{s-a}{\sqrt{(s-b)(s-c)}} + \frac{s-b}{\sqrt{(s-c)(s-a)}} + \frac{s-c}{\sqrt{(s-a)(s-b)}}$$

$$\geqslant 3 \cdot \sqrt[3]{\frac{(s-a)(s-b)(s-c)}{(s-a)(s-b)(s-c)}} = 3 \qquad (2.253)$$

而且易知不等式中等号当且仅当 $a = b = c$, 即 $\triangle ABC$ 为正三角形时成立.

由定理 5.43 可得如下的推论:

推论 1 在 $\triangle ABC$ 中不等式

$$\frac{m_a m_b}{r_a r_b} + \frac{m_b m_c}{r_b r_c} + \frac{m_c m_a}{r_c r_a}$$

$$\geqslant \frac{t_a t_b}{r_a r_b} + \frac{t_b t_c}{r_b r_c} + \frac{t_c t_a}{r_c r_a} \geqslant 3 \qquad (2.254)$$

$$\frac{r_a r_b}{h_a h_b} + \frac{r_b r_c}{h_b h_c} + \frac{r_c r_a}{h_c h_a} \geqslant 3 \qquad (2.255)$$

成立,且两式中等号当且仅当 $\triangle ABC$ 为正三角形时成立.

推论 2　设 $\lambda \geqslant 1$，则在 $\triangle ABC$ 中不等式

$$\left(\frac{m_a}{r_a}\right)^\lambda + \left(\frac{m_b}{r_b}\right)^\lambda + \left(\frac{m_c}{r_c}\right)^\lambda$$

$$\geqslant \left(\frac{t_a}{r_a}\right)^\lambda + \left(\frac{t_b}{r_b}\right)^\lambda + \left(\frac{t_c}{r_c}\right)^\lambda$$

$$\geqslant \left(\frac{h_a}{r_a}\right)^\lambda + \left(\frac{h_b}{r_b}\right)^\lambda + \left(\frac{h_c}{r_c}\right)^\lambda \geqslant 3 \qquad (2.256)$$

$$\left(\frac{r_a}{h_a}\right)^\lambda + \left(\frac{r_b}{h_b}\right)^\lambda + \left(\frac{r_c}{h_c}\right)^\lambda$$

$$\geqslant \left(\frac{r_a}{t_a}\right)^\lambda + \left(\frac{r_b}{t_b}\right)^\lambda + \left(\frac{r_c}{t_c}\right)^\lambda \geqslant 3 \qquad (2.257)$$

成立，且两式中等号当且仅当 $\triangle ABC$ 为正三角形时成立.

定理 5.44　在 $\triangle ABC$ 中不等式

$$\frac{ab}{r_a r_b} + \frac{bc}{r_b r_c} + \frac{ca}{r_c r_a} \geqslant 4 \qquad (2.258)$$

$$\frac{r_a r_b}{ab} + \frac{r_b r_c}{bc} + \frac{r_c r_a}{ca} \leqslant \frac{9}{4} \qquad (2.259)$$

成立，两式中等号当且仅当 $\triangle ABC$ 为正三角形时成立.

证明　由

$$r_a = 4R \sin \frac{A}{2} \cos \frac{B}{2} \cos \frac{C}{2}$$

$$r_b = 4R \sin \frac{B}{2} \cos \frac{C}{2} \cos \frac{A}{2}$$

知

$$r_a r_b = 4R^2 \sin A \sin B \cos^2 \frac{C}{2} = ab \cos^2 \frac{C}{2}$$

所以

$$\frac{ab}{r_a r_b} = \sec^2 \frac{C}{2}, \frac{r_a r_b}{ab} = \cos^2 \frac{C}{2}$$

219

同理有

$$\frac{bc}{r_b r_c} = \sec^2 \frac{A}{2}, \frac{r_b r_c}{bc} = \cos^2 \frac{A}{2}$$

$$\frac{ca}{r_c r_a} = \sec^2 \frac{B}{2}, \frac{r_c r_a}{ca} = \cos^2 \frac{B}{2}$$

于是,有

$$\frac{ab}{r_a r_b} + \frac{bc}{r_b r_c} + \frac{ca}{r_c r_a} = \sec^2 \frac{A}{2} + \sec^2 \frac{B}{2} + \sec^2 \frac{C}{2}$$

$$\frac{r_a r_b}{ab} + \frac{r_b r_c}{bc} + \frac{r_c r_a}{ca} = \cos^2 \frac{A}{2} + \cos^2 \frac{B}{2} + \cos^2 \frac{C}{2}$$

由算术 – 几何平均不等式及熟知的不等式

$$\cos \frac{A}{2} \cos \frac{B}{2} \cos \frac{C}{2} \leqslant \frac{3\sqrt{3}}{8}$$

知

$$\sec^2 \frac{A}{2} + \sec^2 \frac{B}{2} + \sec^2 \frac{C}{2}$$

$$\geqslant 3 \left(\sec \frac{A}{2} \sec \frac{B}{2} \sec \frac{C}{2} \right)^{\frac{2}{3}}$$

$$= 3 \left(\cos \frac{A}{2} \cos \frac{B}{2} \cos \frac{C}{2} \right)^{-\frac{2}{3}}$$

$$\geqslant 4$$

所以

$$\frac{ab}{r_a r_b} + \frac{bc}{r_b r_c} + \frac{ca}{r_c r_a} \geqslant 4$$

再由

$$\cos^2 \frac{A}{2} + \cos^2 \frac{B}{2} + \cos^2 \frac{C}{2} = 2 + 2\sin \frac{A}{2} \sin \frac{B}{2} \sin \frac{C}{2}$$

及

$$\sin \frac{A}{2} \sin \frac{B}{2} \sin \frac{C}{2} \leqslant \frac{1}{8}$$

即得(2.259),其中等号当且仅当 $\triangle ABC$ 为正三角形时成立.

由不等式(2.258)易得如下的推论:

推论 设 $\lambda \geqslant 1$,则在 $\triangle ABC$ 中不等式

$$\left(\frac{a}{r_a}\right)^\lambda + \left(\frac{b}{r_b}\right)^\lambda + \left(\frac{c}{r_c}\right)^\lambda \geqslant 3\left(\frac{2\sqrt{3}}{3}\right)^\lambda \quad (2.260)$$

成立,其中等号当且仅当 $\triangle ABC$ 为正三角形时成立.

4. 其他涉及两个三角形的不等式

(1)设 $\triangle ABC$ 与 $\triangle A'B'C'$ 的高、内角平分线长、外接圆半径、内切圆半径、周长之半分别为 $h_a, h_b, h_c, t_a, t_b, t_c, R, r, s$ 与 $h_a', h_b', h_c', t_a', t_b', t_c', R', r', s'$,则有

$$27rr' \leqslant h_a h_a' + h_b h_b' + h_c h_c'$$

$$\leqslant t_a t_a' + t_b t_b' + t_c t_c' \leqslant ss' \leqslant \frac{27}{4}RR' \quad (2.261)$$

其中所有不等式中的等号均当且仅当 $\triangle ABC$ 与 $\triangle A'B'C'$ 为正三角形时成立.

证明 设 $\triangle ABC$ 与 $\triangle A'B'C'$ 和 $h_a, h_b, h_c, t_a, t_b, t_c$ 与 $h_a', h_b', h_c', t_a', t_b', t_c'$ 相对应的三边分别为 a, b, c 与 a', b', c'. 由定理 5.39 的(2.203)得

$$h_a h_a' + h_b h_b' + h_c h_c' \geqslant 27rr' \quad (2.262)$$

下面的不等式成立是显然的

$$h_a h_a' + h_b h_b' + h_c h_c' \leqslant t_a t_a' + t_b t_b' + t_c t_c' \quad (2.263)$$

由式(2.203)的证明过程,易看出

$$t_a^2 + t_b^2 + t_c^2 \leqslant s^2, t_a'^2 + t_b'^2 + t_c'^2 \leqslant s'^2$$

故由 Cauchy 不等式,得

$$t_a t_a' + t_b t_b' + t_c t_c' \leqslant ss' \quad (2.264)$$

再由定理 5.39 的式(2.201),易知

$$ss' \leqslant \frac{27}{4}RR' \quad (2.265)$$

综合以上 $(2.262)\sim(2.265)$,即知 (2.261) 获证.

(2)在 $\triangle ABC$ 与 $\triangle A'B'C'$ 中,有

$$36rr' \leqslant aa' + bb' + cc' \leqslant 9RR' \qquad (2.266)$$

$$27rr' \leqslant m_a m_a' + m_b m_b' + m_c m_c' \leqslant \frac{27}{4}RR' \quad (2.267)$$

其中等号成立均当且仅当 $\triangle ABC$ 与 $\triangle A'B'C'$ 为正三角形.

证明 由 Cauchy 不等式及定理 5.39 的 (2.204),得

$$aa' + bb' + cc' \leqslant 9RR' \qquad (2.268)$$

由定理 5.39 的 (2.203) 及算术 – 几何平均不等式,得

$$aa' + bb' + cc' \geqslant 3(abca'b'c')^{\frac{1}{3}} \geqslant 36rr' \quad (2.269)$$

由 (2.268) 与 (2.269),即得 (2.266).

类似地,可证 (2.267).

(3)在 $\triangle ABC$ 与 $\triangle A'B'C'$ 中,有

$$h_a h_a' + h_b h_b' + h_c h_c' \leqslant \frac{3}{4}(aa' + bb' + cc') \qquad (2.270)$$

证明 在

$$xy + yz + zx \leqslant \frac{1}{3}(x + y + z)^2$$

中令

$$x = \sin A\sin A', y = \sin B\sin B', z = \sin C\sin C'$$

并利用 Cauchy 不等式即可证得 (2.270).

(4)设 $\triangle ABC$ 与 $\triangle A'B'C'$ 的三条内角平分线长及与之对应的三个傍切圆半径分别为 $t_a, t_b, t_c, r_a, r_b, r_c$ 与 $t_a', t_b', t_c', r_a', r_b', r_c'$,则有

$$t_a t_a' + t_b t_b' + t_c t_c' \leqslant r_a r_a' + r_b r_b' + r_c r_c' \qquad (2.271)$$

证明 由内角平分线长公式,并注意到 $b + c \geqslant$

$2\sqrt{bc}$,得

$$t_a \leqslant \sqrt{bc}\cos\frac{A}{2} \qquad (2.272)$$

再由傍切圆半径公式,知

$$\sqrt{r_b r_c} = \sqrt{bc}\cos\frac{A}{2} \qquad (2.273)$$

由(2.272)与(2.273),得

$$t_a \leqslant \sqrt{r_b r_c}$$

同理有

$$t_b \leqslant \sqrt{r_c r_a}, r_c \leqslant \sqrt{r_a r_b}$$

$$t'_a \leqslant \sqrt{r'_b r'_c}, t'_b \leqslant \sqrt{r'_c r'_a}, t'_c \leqslant \sqrt{r'_a r'_b}$$

于是

$$t_a t'_a + t_b t'_b + t_c t'_c$$

$$\leqslant \sqrt{r_a r'_a r_b r'_b} + \sqrt{r_b r'_b r_c r'_c} + \sqrt{r_c r'_c r_a r'_a}$$

由此即可推出(2.271).

(5)设 $\triangle ABC$ 与 $\triangle A'B'C'$ 的三边及与之对应的三条高分别为 a,b,c,h_a,h_b,h_c 与 a',b',c',h'_a,h'_b,h'_c,它们的面积分别为 Δ 与 Δ',则有

$$\frac{h_a}{h'_a}\left(\frac{b}{b'} + \frac{c}{c'} - \frac{a}{a'}\right) + \frac{h_b}{h'_b}\left(\frac{c}{c'} + \frac{a}{a'} - \frac{b}{b'}\right) +$$

$$\frac{h_c}{h'_c}\left(\frac{a}{a'} + \frac{b}{b'} - \frac{c}{c'}\right) \geqslant 3\,\frac{\Delta}{\Delta'} \qquad (2.274)$$

其中等号成立当且仅当 $\triangle ABC \backsim \triangle A'B'C'$.

证明　因

$$h_a = \frac{2\Delta}{a}, h'_a = \frac{2\Delta'}{a'}$$

所以

$$\frac{h_a}{h_a'} = \frac{\Delta}{\Delta'} \cdot \frac{a'}{a}$$

同样有

$$\frac{h_b}{h_b'} = \frac{\Delta}{\Delta'} \cdot \frac{b'}{b}, \frac{h_c}{h_c'} = \frac{\Delta}{\Delta'} \cdot \frac{c'}{c}$$

于是式(2.274)的左端变为

$$\frac{\Delta}{\Delta'}\left(\frac{ba'}{b'a} + \frac{ca'}{c'a} + \frac{cb'}{c'b} + \frac{ab'}{a'b} + \frac{ac'}{a'c} + \frac{bc'}{b'c} - 3\right) \geqslant 3\frac{\Delta}{\Delta'}$$

(6)设 $\triangle ABC$ 与 $\triangle A'B'C'$ 的三边分别为 a,b,c 与 a',b',c',它们的周长之半、外接圆半径、内切圆半径分别为 s,R,r 与 s',R',r',则有

$$\frac{1}{4rr'} \geqslant \frac{1}{aa'} + \frac{1}{bb'} + \frac{1}{cc'} \geqslant \frac{27}{4ss'} \geqslant \frac{1}{RR'} \quad (2.275)$$

(等号成立的条件同(1)).

证明 由不等式(2.261)即可得证.

(7)设 $\triangle ABC$ 与 $\triangle A'B'C'$ 的三条中线长分别为 m_a,m_b,m_c 与 m_a',m_b',m_c',它们的外接圆半径、内切圆半径分别为 R,r 与 R',r',则有

$$\frac{1}{3rr'} \geqslant \frac{1}{m_a m_a'} + \frac{1}{m_b m_b'} + \frac{1}{m_c m_c'} \geqslant \frac{4}{3RR'} \quad (2.276)$$

其中等号成立当且仅当 $\triangle ABC$ 与 $\triangle A'B'C'$ 均为正三角形时成立.

证明 由

$$xy + yz + zx \leqslant \frac{1}{3}(x + y + z)^2$$

易知

$$\frac{1}{s}\left(\frac{1}{s-a} + \frac{1}{s-b} + \frac{1}{s-c}\right) \leqslant \frac{1}{3r^2} \quad (2.277)$$

利用三角形的中线长公式,得

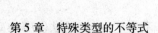

$$\frac{1}{m_a^2} \leqslant \frac{1}{s(s-a)}, \frac{1}{m_b^2} \leqslant \frac{1}{s(s-b)}, \frac{1}{m_c^2} \leqslant \frac{1}{s(s-c)}$$

将此三式相加并利用(2.277),则有

$$\frac{1}{m_a^2} + \frac{1}{m_b^2} + \frac{1}{m_c^2} \leqslant \frac{1}{3r^2}$$

同理,有

$$\frac{1}{m_a'^2} + \frac{1}{m_b'^2} + \frac{1}{m_c'^2} \leqslant \frac{1}{3r'^2}$$

利用 Cauchy 不等式,得

$$\frac{1}{m_a m_a'} + \frac{1}{m_b m_b'} + \frac{1}{m_c m_c'} \leqslant \frac{1}{3rr'} \qquad (2.278)$$

由算术 – 几何平均不等式,有

$$\frac{1}{m_a m_a'} + \frac{1}{m_b m_b'} + \frac{1}{m_c m_c'}$$

$$\geqslant 3(m_a m_b m_c m_a' m_b' m_c')^{\frac{1}{3}}$$

但由定理 5.40 的(2.230)知

$$m_a m_b m_c \leqslant \frac{27}{8} R^3, m_a' m_b' m_c' \leqslant \frac{27}{8} R'^3$$

所以

$$\frac{1}{m_a m_a'} + \frac{1}{m_b m_b'} + \frac{1}{m_c m_c'} \geqslant \frac{4}{3RR'} \qquad (2.279)$$

由(2.278)与(2.279),即得(2.276).

(8)设 $\triangle ABC$ 与 $\triangle A'B'C'$ 的三边分别为 a, b, c 与 a', b', c',$\triangle ABC$ 的外接圆半径为 R. 则有

$$\frac{a^2}{a'} + \frac{b^2}{b'} + \frac{c^2}{c'} \leqslant R^2 \frac{(a'+b'+c')^2}{a'b'c'} \qquad (2.280)$$

其中等号当且仅当 $\triangle ABC$ 为锐角三角形且 $\triangle A'B'C'$ 和 $\triangle ABC$ 的垂足三角形相似时成立.

证明 易知(2.280)等价于

$$a'^2 + b'^2 + c'^2 \geqslant 2a'b' \cos C'' + 2b'c' \cos A'' +$$
$$2c'a' \cos B'' \qquad (2.281)$$

其中 $A'' = \pi - 2A, B'' = \pi - 2B, C'' = \pi - 2C$,但由命题 5.1 知(2.281)成立,故(2.280)成立.

不等式(2.280)有如下更一般的形式:

设 $\triangle ABC$ 的三边为 a,b,c,外接圆半径为 R,则

$$\lambda\mu\nu(\lambda a^2 + \mu b^2 + \nu c^2) \leqslant R^2 (\lambda\mu + \mu\nu + \nu\lambda)^2$$
$$(2.282)$$

其 $\lambda,\mu,\nu \in \mathbf{R}$,当 $\lambda\mu\nu \neq 0$,A,B,C 中无直角时,等号当且仅当 $\mu\nu : \nu\lambda : \lambda\mu = \sin 2A : \sin 2B : \sin 2C$ 时成立.

由 5.1 节中命题 5.1 即可证明(2.282).

特别地,在(2.282)中令 $\lambda = \dfrac{1}{a'}, \mu = \dfrac{1}{b'}, \nu = \dfrac{1}{c'}$ 即得(2.280).

(9)设 $\Delta(x,y,z)$ 是以 x,y,z 为边长的三角形面积,则对任意两个边长分别为 a_1,b_1,c_1 以及 a_2,b_2,c_2 的三角形,有

$$\sqrt{\Delta(a_1,b_1,c_1)} + \sqrt{\Delta(a_2,b_2,c_2)}$$
$$\leqslant \sqrt{\Delta(a_1 + a_2, b_1 + b_2, c_1 + c_2)} \qquad (2.283)$$

其中等号当且仅当两个三角形相似时成立.

证明 令

$$s_1 = \frac{1}{2}(a_1 + b_1 + c_1), t_1 = s_1 - a_1, u_1 = s_1 - b_1, v_1 = s_1 - c_1$$

$$s_2 = \frac{1}{2}(a_2 + b_2 + c_2), t_2 = s_2 - a_2, u_2 = s_2 - b_2, v_2 = s_2 - c_2$$

由 Heron 公式,则(2.283)等价于不等式

$$\sqrt[4]{s_1 t_1 u_1 v_1} + \sqrt[4]{s_2 t_2 u_2 v_2}$$
$$\leqslant \sqrt[4]{(s_1 + s_2)(t_1 + t_2)(u_1 + u_2)(v_1 + v_2)} \qquad (2.284)$$

对任意正数 x_1, y_1, x_2, y_2，应用 Cauchy 不等式，有

$$\sqrt{x_1 y_1} + \sqrt{x_2 y_2} \leqslant \sqrt{(x_1 + x_2)(y_1 + y_2)} \quad (2.285)$$

在 (2.285) 中设

$$x_1 = \sqrt{s_1 t_1}, x_2 = \sqrt{s_2 t_2}, y_1 = \sqrt{u_1 v_1}, y_2 = \sqrt{u_2 v_2}$$

并对右端再次应用 (2.285)，可得

$$\sqrt[4]{s_1 t_1 u_1 v_1} + \sqrt[4]{s_2 t_2 u_2 v_2}$$

$$\leqslant \sqrt{(\sqrt{s_1 t_1} + \sqrt{s_2 t_2})(\sqrt{u_1 v_1} + \sqrt{u_2 v_2})}$$

$$\leqslant \sqrt{\sqrt{(s_1 + s_2)(t_1 + t_2)} \cdot \sqrt{(u_1 + u_2)(v_1 + v_2)}}$$

这就证明了 (2.284) 成立.

利用数学归纳法可将 (2.283) 推广到 n 个三角形的情形，即易证如下的不等式：

若 $\Delta(x, y, z)$ 表示以 x, y, z 为边长的三角形面积，则对任意 n 个边长分别为 $a_i, b_i, c_i (i = 1, 2, \cdots, n)$ 的三角形，有

$$\sqrt{\Delta(a_1, b_1, c_1)} + \sqrt{\Delta(a_2, b_2, c_2)} + \cdots + \sqrt{\Delta(a_n, b_n, c_n)}$$

$$\leqslant \sqrt{\Delta(a_1 + a_2 + \cdots + a_n, b_1 + b_2 + \cdots + b_n, c_1 + c_2 + \cdots + c_n)}$$

$$(2.286)$$

其中等号当且仅当这 n 个三角形都相似时成立.

（10）设 $\triangle A_i B_i C_i$ 的三边长、周长之半和面积分别为 a_i, b_i, c_i, p_i 和 $\Delta_i (i = 1, 2)$. 若 $\lambda_1, \lambda_2, \lambda_3$ 为任意三个正数，则有

$$\lambda_1 a_1 a_2 + \lambda_2 b_1 b_2 + \lambda_3 c_1 c_2$$

$$\geqslant 4\sqrt{(\lambda_1 \lambda_2 + \lambda_2 \lambda_3 + \lambda_3 \lambda_1) \Delta_1 \Delta_2} \quad (2.287)$$

其中等号当且仅当 $\triangle A_1 B_1 C_1 \backsim \triangle A_2 B_2 C_2$ 且 $\dfrac{a_1^2}{\lambda_2 + \lambda_3} = \dfrac{b_1^2}{\lambda_3 + \lambda_1} = \dfrac{c_1^2}{\lambda_1 + \lambda_2}$ 时成立.

证明 记 $x = \lambda_1 a_1 a_2, y = \lambda_2 b_1 b_2, z = \lambda_3 c_1 c_2$,则 $x > 0, y > 0, z > 0$. 应用三角形面积公式,经计算得

$$(\lambda_1 a_1 a_2 + \lambda_2 b_1 b_2 + \lambda_3 c_1 c_2)^2 -$$
$$16(\lambda_1 \lambda_2 + \lambda_2 \lambda_3 + \lambda_3 \lambda_1)\Delta_1 \Delta_2$$
$$= x^2 + y^2 + z^2 + 2xy(1 - 2\sin C_1 \sin C_2) +$$
$$2yz(1 - 2\sin A_1 \sin A_2) + 2zx(1 - 2\sin B_1 \sin B_2)$$

因为

$$1 - 2\sin A_1 \sin A_2$$
$$= 1 + [\cos(A_1 + A_2) - \cos(A_1 - A_2)]$$
$$= 2\sin^2 \frac{A_1 - A_2}{2} + \cos(A_1 + A_2)$$

所以

$$1 - 2\sin A_1 \sin A_2 \geqslant \cos(A_1 + A_2) \quad (2.288)$$

同理

$$1 - 2\sin B_1 \sin B_2 \geqslant \cos(B_1 + B_2) \quad (2.289)$$
$$1 - 2\sin C_1 \sin C_2 \geqslant \cos(C_1 + C_2) \quad (2.290)$$

由 $(2.288) \sim (2.290)$,得

$$(\lambda_1 a_1 a_2 + \lambda_2 b_1 b_2 + \lambda_3 c_1 c_2)^2 -$$
$$16(\lambda_1 \lambda_2 + \lambda_2 \lambda_3 + \lambda_3 \lambda_1)\Delta_1 \Delta_2$$
$$\geqslant x^2 + y^2 + z^2 - 2xy\cos C' - 2yz\cos A' - 2zx\cos B'$$
$$(2.291)$$

其中

$$A' = \pi - (A_1 + A_2)$$
$$B' = \pi - (B_1 + B_2)$$
$$C' = \pi - (C_1 + C_2)$$
$$A' + B' + C'$$
$$= 3\pi - (A_1 + B_1 + C_1) - (A_2 + B_2 + C_2) = \pi$$

由 5.1 节中的命题 5.1 知

$$x^2 + y^2 + z^2 - 2xy\cos C' - 2yz\cos A' - 2zx\cos B' \geqslant 0$$
$$(2.292)$$

所以

$$(\lambda_1 a_1 a_2 + \lambda_2 b_1 b_2 + \lambda_3 c_1 c_2)^2 -$$
$$16(\lambda_1\lambda_2 + \lambda_2\lambda_3 + \lambda_3\lambda_1)\Delta_1\Delta_2 \geqslant 0$$

从而

$$\lambda_1 a_1 a_2 + \lambda_2 b_1 b_2 + \lambda_3 c_1 c_2$$
$$\geqslant 4\sqrt{(\lambda_1\lambda_2 + \lambda_2\lambda_3 + \lambda_3\lambda_1)\Delta_1\Delta_2}$$

由不等式（2.287）知如下推论：

推论 1 设 $\lambda_1, \lambda_2, \lambda_3 \in \mathbf{R}_+$，则

$$\lambda_1 a_1 \sqrt{(p_2 - a_2)a_2} + \lambda_2 b_2 \sqrt{(p_2 - b_2)b_2} + \lambda_3 c_3 \sqrt{(p_2 - c_2)c_2}$$
$$\geqslant 2 \cdot \sqrt{2(\lambda_1\lambda_2 + \lambda_2\lambda_3 + \lambda_3\lambda_1)\Delta_1\Delta_2} \qquad (2.293)$$

其中等号当且仅当

$$2A_1 + A_2 = 2B_1 + B_2 = 2C_1 + C_2 = \pi$$

且

$$\frac{a_1^2}{\lambda_2 + \lambda_3} = \frac{b_1^2}{\lambda_3 + \lambda_1} = \frac{c_1^2}{\lambda_1 + \lambda_2}$$

时成立.

推论 2 设 $\lambda_1, \lambda_2, \lambda_3 \in \mathbf{R}_+$，则

$$\lambda_1 \sqrt{(p_1 - a_1)(p_2 - a_2)a_1 a_2} +$$
$$\lambda_2 \sqrt{(p_1 - b_1)(p_2 - b_2)b_1 b_2} +$$
$$\lambda_3 \sqrt{(p_1 - c_1)(p_2 - c_2)c_1 c_2}$$
$$\geqslant 2\sqrt{(\lambda_1\lambda_2 + \lambda_2\lambda_3 + \lambda_3\lambda_1)\Delta_1\Delta_2} \qquad (2.294)$$

其中等号当且仅当 $\triangle A_1 B_1 C_1 \backsim \triangle A_2 B_2 C_2$，且

$$\frac{a_1(p_1 - a_1)}{\lambda_2 + \lambda_3} = \frac{b_1(p_1 - b_1)}{\lambda_3 + \lambda_1} = \frac{c_1(p_1 - c_1)}{\lambda_1 + \lambda_2}$$

时成立.

利用不等式(2.287),(2.293),(2.294)可导出很多著名的不等式. 如在(2.287)中取$\triangle A_1 B_1 C_1 \cong \triangle A_2 B_2 C_2$即得$(2.102)$;在$(2.294)$中取$\lambda_1 = \lambda_2 = \lambda_3 = 1$,即得本节$(2.45)$;在$(2.287)$中取

$$\lambda_1 = b_3 + c_3 - a_3 , \lambda_2 = c_3 + a_3 - b_3 , \lambda_3 = a_3 + b_3 - c_3$$

则得到

$$a_1 a_2 (b_3 + c_3 - a_3) + b_1 b_2 (c_3 + a_3 - b_3) +$$

$$c_1 c_2 (a_3 + b_3 - c_3) \geqslant 8\sqrt{\sqrt{3}\Delta_1 \Delta_2 \Delta_3} \qquad (2.295)$$

式中等号当且仅当$\triangle A_i B_i C_i (i=1,2,3)$均为正三角形时成立.

特别地,若取$a_1 = b_1 = c_1 = 1$,则得本节(2.97).

若在(2.287)中取$a_2 = b_1 , b_2 = c_1 , c_2 = a_1$,则得

$$\lambda_1 a_1 b_1 + \lambda_2 b_1 c_1 + \lambda_3 c_1 a_1$$

$$\geqslant 4\sqrt{\lambda_1 \lambda_2 + \lambda_2 \lambda_3 + \lambda_3 \lambda_1} \cdot \Delta_1 \qquad (2.296)$$

式中等号当且仅当$a_1 = b_1 = c_1 , \lambda_1 = \lambda_2 = \lambda_3$时成立.

不等式(2.296)是本节(2.11)的加权推广. 取

$$\lambda_1 = b_3^2 + c_3^2 - a_3^2$$

$$\lambda_2 = c_3^2 + a_3^2 - b_3^2$$

$$\lambda_3 = a_3^2 + b_3^2 - c_3^2$$

则由本节(2.287)可得到

$$a_1 a_2 (b_3^2 + c_3^2 - a_3^2) + b_1 b_2 (c_3^2 + a_3^2 - b_3^2) +$$

$$c_1 c_2 (a_3^2 + b_3^2 - c_3^2) \geqslant 16\sqrt{\Delta_1 \Delta_2} \cdot \Delta_3 \qquad (2.297)$$

其中等号当且仅当$\triangle A_1 B_1 C_1 \backsim \triangle A_2 B_2 C_2 \backsim \triangle A_3 B_3 C_3$时成立.

(2.297)可看成 Pedoe 不等式的一种推广.

在(2.294)中取

$$\lambda_1 = (p_3 - b_3)(p_3 - c_3)$$

$$\lambda_2 = (p_3 - c_3)(p_3 - a_3)$$
$$\lambda_3 = (p_3 - a_3)(p_3 - b_3)$$

再令 $\triangle A_1 B_1 C_1 \cong \triangle A_2 B_2 C_2$，由（2.294）可得本节（2.93）.

若将上述 $\lambda_1, \lambda_2, \lambda_3$ 分别代入本节（2.287），则有

$$a_1 a_2 (p_3 - b_3)(p_3 - c_3) + b_1 b_2 (p_3 - c_3)(p_3 - a_3) +$$
$$c_1 c_2 (p_3 - a_3)(p_3 - b_3) \geqslant 4 \sqrt{\Delta_1 \Delta_2 \Delta_3} \qquad (2.298)$$

式中等号成立当且仅当 $\triangle A_1 B_1 C_1 \backsim \triangle A_2 B_2 C_2$ 且

$$\frac{a_1^2}{a_3 (p_3 - a_3)} = \frac{b_1^2}{b_3 (p_3 - b_3)} = \frac{c_1^2}{c_3 (p_3 - c_3)}$$

时成立.

在本节（2.287）中取 $a_2 = b_2 = c_2 = 1, \Delta_2 = \dfrac{\sqrt{3}}{4}$，则可得本节（2.10）.

关于不等式（2.287）还可进一步做出推广：

设 $\lambda_1, \lambda_2, \lambda_3 > 0$，则两次应用（2.287），得

$$\lambda_1 a_1 a_2 a_3 + \lambda_2 b_1 b_2 b_3 + \lambda_3 c_1 c_2 c_3$$
$$\geqslant 8 \sqrt[4]{\lambda_1 \lambda_2 \lambda_3 (\lambda_1 + \lambda_2 + \lambda_3)} \cdot \sqrt{\Delta_1 \Delta_2 \Delta_3} \quad (2.299)$$

其中等号当且仅当三个三角形均为正三角形，且 $\lambda_1 = \lambda_2 = \lambda_3$ 时成立.

对于 $\lambda_1, \lambda_2, \lambda_3 > 0$，应用（2.299）与（2.287）及本节不等式（2.12）即得

$$\lambda_1 a_1 a_2 a_3 a_4 + \lambda_2 b_1 b_2 b_3 b_4 + \lambda_3 c_1 c_2 c_3 c_4$$
$$\geqslant \frac{16}{\sqrt[8]{3}} \sqrt[4]{\lambda_1 \lambda_2 \lambda_3} \sqrt{\lambda_1 \lambda_2 + \lambda_2 \lambda_3 + \lambda_3 \lambda_1} \cdot \sqrt{\Delta_1 \Delta_2 \Delta_3 \Delta_4}$$

$$(2.300)$$

其中等号当且仅当四个三角形均为正三角形，且 $\lambda_1 = \lambda_2 = \lambda_3$ 时成立.

十、几个恒等式及其应用

命题 5.30 设 $A_1, A_2, \cdots, A_n$ 为平面上的 n 个点,在 $A_1, A_2, \cdots, A_n$ 上分别放置重量为 $m_1, m_2, \cdots, m_n$ 的质点,G 为此质点系的重心,若 P 为该平面上的任意一点,则有

$$\sum_{i=1}^{n} \left[m_i (PA_i)^2 \right]$$

$$= (PG)^2 \sum_{i=1}^{n} m_i + \sum_{i=1}^{n} \left[m_i (A_i G)^2 \right] \qquad (2.301)$$

$$\left(\sum_{i=1}^{n} m_i \right) \sum_{i=1}^{n} \left[m_i (PA_i)^2 \right]$$

$$= (PG)^2 \left(\sum_{i=1}^{n} m_i \right)^2 + \sum_{1 \leqslant i \leqslant j \leqslant n} m_i m_j (A_i A_j)^2 \qquad (2.302)$$

证明 设 A_i 的坐标为 (x_i, y_i) $(i = 1, 2, \cdots, n)$,利用数学归纳法不难证明质点系 $\{A_1, A_2, \cdots, A_n\}$ 的重心坐标为

$$\left(\frac{\sum\limits_{i=1}^{n} m_i x_i}{\sum\limits_{i=1}^{n} m_i}, \frac{\sum\limits_{i=1}^{n} m_i y_i}{\sum\limits_{i=1}^{n} m_i} \right)$$

再设 P 的坐标为 (x, y),则由两点间距离公式知

$$\sum_{i=1}^{n} \left[m_i (PA_i)^2 \right] = \sum_{i=1}^{n} m_i (x - x_i)^2 + \sum_{i=1}^{n} m_i (y - y_i)^2$$

$$(PG)^2 \sum_{i=1}^{n} m_i + \sum_{i=1}^{n} \left[m_i (A_i G)^2 \right]$$

$$= \left(x - \frac{\sum\limits_{i=1}^{n} m_i x_i}{\sum\limits_{i=1}^{n} m_i} \right)^2 \sum_{i=1}^{n} m_i + \left(y - \frac{\sum\limits_{i=1}^{n} m_i y_i}{\sum\limits_{i=1}^{n} m_i} \right)^2 \sum_{i=1}^{n} m_i +$$

$$\sum_{i=1}^{n}\left[m_i\left(x_i-\frac{\sum\limits_{i=1}^{n}m_ix_i}{\sum\limits_{i=1}^{n}m_i}\right)^2\right]+\sum_{i=1}^{n}\left[m_i\left(y_i-\frac{\sum\limits_{i=1}^{n}m_iy_i}{\sum\limits_{i=1}^{n}m_i}\right)^2\right]$$

因为

$$\sum_{i=1}^{n}m_i(x-x_i)^2=x^2\sum_{i=1}^{n}m_i-2x\sum_{i=1}^{n}m_ix_i+\sum_{i=1}^{n}m_ix_i^2$$

$$\left(x-\frac{\sum\limits_{i=1}^{n}m_ix_i}{\sum\limits_{i=1}^{n}m_i}\right)^2\sum_{i=1}^{n}m_i+\sum_{i=1}^{n}\left[m_i\left(x_i-\frac{\sum\limits_{i=1}^{n}m_ix_i}{\sum\limits_{i=1}^{n}m_i}\right)^2\right]$$

$$=x^2\sum_{i=1}^{n}m_i-2x\sum_{i=1}^{n}m_ix_i+\frac{\left(\sum\limits_{i=1}^{n}m_ix_i\right)^2}{\sum\limits_{i=1}^{n}m_i}+$$

$$\sum_{i=1}^{n}m_ix_i^2-2\frac{\left(\sum\limits_{i=1}^{n}m_ix_i\right)^2}{\sum\limits_{i=1}^{n}m_i}+\frac{\left(\sum\limits_{i=1}^{n}m_ix_i\right)^2}{\sum\limits_{i=1}^{n}m_i}$$

$$=x^2\sum_{i=1}^{n}m_i-2x\sum_{i=1}^{n}m_ix_i+\sum_{i=1}^{n}m_ix_i^2$$

所以

$$\sum_{i=1}^{n}m_i(x-x_i)^2=\left(x-\frac{\sum\limits_{i=1}^{n}m_ix_i}{\sum\limits_{i=1}^{n}m_i}\right)^2\sum_{i=1}^{n}m_i+$$

$$\sum_{i=1}^{n}\left[m_i\left(x_i-\frac{\sum\limits_{i=1}^{n}m_ix_i}{\sum\limits_{i=1}^{n}m_i}\right)^2\right]$$

同理有

$$\sum_{i=1}^{n} m_i (y - y_i)^2 = \left(y - \frac{\sum_{i=1}^{n} m_i x_i}{\sum_{i=1}^{n} m_i} \right)^2 \sum_{i=1}^{n} m_i +$$

$$\sum_{i=1}^{n} \left[m_i \left(y_i - \frac{\sum_{i=1}^{n} m_i y_i}{\sum_{i=1}^{n} m_i} \right)^2 \right]$$

因此

$$\sum_{i=1}^{n} \left[m_i (PA_i)^2 \right] = (PG)^2 \sum_{i=1}^{n} m_i + \sum_{i=1}^{n} \left[m_i (A_i G)^2 \right]$$

类似的方法可证(2.302).

恒等式(2.301)与(2.302)称为 Lagrange 恒等式.
显然,当 $A_1, A_2, \cdots, A_n$ 分别为三维空间以至于 $n(n \geqslant 4)$ 维空间的 n 个点时,(2.301)与(2.302)两式仍成立.

命题 5.31 设 z_1, z_2, z_3 是三个互不相同的复数,z 与 z' 是任意两个复数,则有

$$\frac{(z - z_1)(z - z_2)}{(z_3 - z_1)(z_3 - z_2)} + \frac{(z - z_2)(z - z_3)}{(z_1 - z_2)(z_1 - z_3)} +$$
$$\frac{(z - z_3)(z - z_1)}{(z_2 - z_3)(z_2 - z_1)} = 1 \qquad (2.303)$$
$$\frac{(z - z_1)(z' - z_1)}{(z_2 - z_1)(z_3 - z_1)} + \frac{(z - z_2)(z' - z_2)}{(z_3 - z_2)(z_1 - z_2)} +$$
$$\frac{(z - z_3)(z' - z_3)}{(z_1 - z_3)(z_2 - z_3)} = 1 \qquad (2.304)$$

证明 把(2.303)与(2.304)分别看作是以 z 为根的二次方程和一次方程,容易验证 z_1, z_2, z_3 为方程

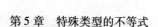

（2.303）的根，z_1，z_2 为方程（2.304）的根，因此（2.303）与（2.304）只能为恒等式.

由命题 5.31，可得如下推论：

推论 1　设 P 为 $\triangle ABC$ 所在平面上的任意一点，记 $BC = a$，$CA = b$，$AB = c$，$PA = r$，$PB = s$，$PC = t$，则有

$$\frac{rs}{ab} + \frac{st}{bc} + \frac{tr}{ca} \geqslant 1 \qquad (2.305)$$

$$\frac{r}{a} + \frac{s}{b} + \frac{t}{c} \geqslant \sqrt{3} \qquad (2.306)$$

$$\frac{r^2}{a^2} + \frac{s^2}{b^2} + \frac{t^2}{c^2} \geqslant 1 \qquad (2.307)$$

（2.305）中等号当且仅当 P 为 $\triangle ABC$ 的垂心时成立；（2.306）与（2.307）中等号当且仅当 $\triangle ABC$ 为正三角形且 P 为其中心时成立.

推论 2　设 P_1，P_2 为 $\triangle ABC$ 所在平面上的任意两点，记

$$BC = a, CA = b, AB = c$$
$$P_1 A = x_1, P_1 B = y_1, P_1 C = z_1$$
$$P_2 A = x_2, P_2 B = y_2, P_2 C = z_2$$

则有

$$\frac{x_1 x_2}{bc} + \frac{y_1 y_2}{ca} + \frac{z_1 z_2}{ab} \geqslant 1 \qquad (2.308)$$

证明　取 $\triangle ABC$ 所在平面作为复平面，设 A，B，C，P 所对应的复数分别为 z_1，z_2，z_3，z. 利用（2.303），有

$$\left| \frac{(z-z_1)(z-z_2)}{(z_3-z_1)(z_3-z_2)} \right| + \left| \frac{(z-z_2)(z-z_3)}{(z_1-z_2)(z_1-z_3)} \right| + \left| \frac{(z-z_3)(z-z_1)}{(z_2-z_3)(z_2-z_1)} \right|$$

$$\geqslant \left| \frac{(z-z_1)(z-z_2)}{(z_3-z_1)(z_3-z_2)} + \frac{(z-z_2)(z-z_3)}{(z_1-z_2)(z_1-z_3)} + \frac{(z-z_3)(z-z_1)}{(z_2-z_3)(z_2-z_1)} \right|$$

$$\equiv 1$$

因此

$$\frac{rs}{ab} + \frac{st}{bc} + \frac{tr}{ca} \geqslant 1$$

再由

$$3\left(\frac{r^2}{a^2} + \frac{s^2}{b^2} + \frac{t^2}{c^2}\right) \geqslant \left(\frac{r}{a} + \frac{s}{b} + \frac{t}{c}\right)^2$$

$$\geqslant 3\left(\frac{rs}{ab} + \frac{st}{bc} + \frac{tr}{ca}\right)$$

即得(2.306)及(2.307)两式. 取$\triangle ABC$所在平面为复平面,设A,B,C,P_1,P_2所对应的复数分别为z_1,z_2,z_3,z,z',利用(2.304)仿上述证法即可.

例7 设P为$\triangle ABC$所在平面上的任意一点,$BC = a, CA = b, AB = c$,则有

$$a(PA)^2 + b(PB)^2 + c(PC)^2 \geqslant abc \quad (2.309)$$

其中等号当且仅当P为$\triangle ABC$的内心时成立.

证明 在式(2.301)中取$n = 3, A_1, A_2, A_3$分别为$\triangle ABC$的三个顶点A, B, C,取

$$m_1 = a = BC, m_2 = b = CA, m_3 = c = AB$$

并由命题5.30即可得证.

若在(2.309)中取P为锐角$\triangle ABC$的垂心,容易计算出

$$PA = 2R\cos A, PB = 2R\cos B, PC = 2R\cos C$$

再利用正弦定理,则有

$$\sin A\cos^2 A + \sin B\cos^2 B + \sin C\cos^2 C$$

$$\geqslant \sin A\sin B\sin C$$

或

$$\frac{\cos^2 A}{\sin B\sin C} + \frac{\cos^2 B}{\sin C\sin A} + \frac{\cos^2 C}{\sin A\sin B} \geqslant 1$$

$$(2.310)$$

其中等号当且仅当 $\triangle ABC$ 为正三角形时成立.

例8　设 $\lambda_1,\lambda_2,\lambda_3$ 为任意三个正数, $\triangle ABC$ 的三边长为 $BC=a,CA=b,AB=c$, $\triangle ABC$ 的外接圆半径为 R,则有

$$\lambda_2\lambda_3 a^2 + \lambda_3\lambda_1 b^2 + \lambda_1\lambda_2 c^2 \leqslant (\lambda_1+\lambda_2+\lambda_3)^2 R^2 \tag{2.311}$$

其中等号当且仅当 $\triangle ABC$ 的外心和质点系 $\{A_1,A_2,A_3\}$ 的重心重合时成立,其中质点 A_1,A_2,A_3 的重量分别为 $\lambda_1,\lambda_2,\lambda_3$.

证明　在命题 5.30 中取

$$n=3,A_1=A,A_2=B,A_3=C,m_1=\lambda_1,m_2=\lambda_2,m_3=\lambda_3$$

并取 P 为 $\triangle ABC$ 的外心,则由式(2.302)即可得证.

由正弦定理,式(2.311)也可以写为

$$4(\lambda_2\lambda_3\sin^2 A + \lambda_3\lambda_1\sin^2 B + \lambda_1\lambda_2\sin^2 C)$$
$$\leqslant (\lambda_1+\lambda_2+\lambda_3)^2 \tag{2.312}$$

利用(2.312),则又有

$$4(\lambda_2\lambda_3\sin A + \lambda_3\lambda_1\sin B + \lambda_1\lambda_2\sin C)^2$$
$$\leqslant (\lambda_1+\lambda_2+\lambda_3)^2(\lambda_2\lambda_3+\lambda_3\lambda_1+\lambda_1\lambda_2) \tag{2.313}$$

若令 $\lambda_1^2=\dfrac{yz}{x},\lambda_2^2=\dfrac{zx}{y},\lambda_3^2=\dfrac{xy}{z}$ (x,y,z 为任意正数),则由式(2.313),得

$$x\sin A + y\sin B + z\sin C \leqslant \frac{1}{2}(xy+yz+zx)\sqrt{\frac{x+y+z}{xyz}} \tag{2.314}$$

其中等号当且仅当 $\triangle ABC$ 为正三角形时成立.

不等式(2.314)即是 Klamkin 不等式.

特别地,分别在(2.312)中取 $\lambda_1=\lambda_2=\lambda_3$,在(2.314)中取 $x=y=z$,则有

$$\sin^2 A + \sin^2 B + \sin^2 C \leqslant \frac{9}{4}$$

$$\sin A + \sin B + \sin C \leqslant \frac{3\sqrt{3}}{2}$$

例 9 设 $\triangle ABC$ 的三边长为 $BC = a, CA = b, AB = c, BC, CA, AB$ 边上的中线长分别为 m_a, m_b, m_c,求证

$$\frac{m_a^2}{bc} + \frac{m_b^2}{ca} + \frac{m_c^2}{ab} \geqslant \frac{9}{4} \qquad (2.315)$$

其中等号当且仅当 $\triangle ABC$ 为正三角形时成立.

证明 在不等式(2.309)中取 P 为 $\triangle ABC$ 的重心即可得(2.315).

若在命题 5.31 的推论 2 中取 $P_1 = P_2 = G(\triangle ABC$ 的重心),则由不等式(2.308)也可以得到(2.315). 更一般地,取 $P_1 = P_2 = P$,由(2.308)也可得到不等式(2.309).

由于以 m_a, m_b, m_c 为三边可作成一个 $\triangle A'B'C'$,且 $\triangle A'B'C'$ 的三条中线长分别为 $\frac{3}{4}a, \frac{3}{4}b, \frac{3}{4}c$. 对 $\triangle A_1 B_1 C_1$ 运用不等式(2.315),则可得到

$$\frac{a^2}{m_b m_c} + \frac{b^2}{m_c m_a} + \frac{c^2}{m_a m_b} \geqslant 4 \qquad (2.315')$$

例 10 平面内半径为 R 的圆 O 上有一内接正 n 边形 $A_1 A_2 \cdots A_n$,P 是平面内任意一点,求证:

(1) P 在圆内 $\Leftrightarrow \sum_{i=1}^{n} (PA_i)^2 < 2nR^2$;

(2) P 在圆上 $\Leftrightarrow \sum_{i=1}^{n} (PA_i)^2 = 2nR^2$;

(3) P 在圆外 $\Leftrightarrow \sum_{i=1}^{n} (PA_i)^2 > 2nR^2$.

证明　在恒等式(2.302)中取

$$m_1 = m_2 = \cdots = m_n = 1$$

由于正 n 边形的重心就是它的中心 O,故

$$A_i G = A_i O = R \quad (i = 1, 2, \cdots, n)$$

于是由(2.302)即得证.

例 11　P 为四边形 $A_1 A_2 A_3 A_4$ 所在平面上任意一点,若四边形 $A_1 A_2 A_3 A_4$ 的面积 S. 求证

$$\sum_{i=1}^{4} (PA_i)^2 \geqslant 2S \qquad (2.316)$$

其中等号当且仅当四边形 $A_1 A_2 A_3 A_4$ 为正方形且 P 为其中心时成立.

证明　在恒等式(2.302)中取

$$m_1 = m_2 = m_3 = m_4 = 1$$

即可得证.

例 12　在 $\triangle ABC$ 中,求证

$$\frac{\sin \frac{B}{2} \sin \frac{C}{2}}{\sin A} + \frac{\sin \frac{C}{2} \sin \frac{A}{2}}{\sin B} + \frac{\sin \frac{A}{2} \sin \frac{B}{2}}{\sin C} \geqslant \frac{\sqrt{3}}{2}$$

$$(2.317)$$

证明　设 $\triangle ABC$ 的内心为 I,外接圆半径为 R,经简单计算知

$$AI = 4R \sin \frac{B}{2} \sin \frac{C}{2}$$

$$BI = 4R \sin \frac{B}{2} \sin \frac{C}{2}$$

$$CI = 4R \sin \frac{A}{2} \sin \frac{B}{2}$$

又

$$a = 2R \sin A, b = 2R \sin B, C = 2R \sin C$$

在命题 5.31 的推论 1 中取 P 为 $\triangle ABC$ 的内心,则由 (2.306)即可得到(2.317).

例 13 设四面体的底面为一三边长为 a,b,c 的三角形,令 A,B,C 分别表示 a,b,c 所对应的棱长,求证

$$\frac{AB}{ab} + \frac{BC}{bc} + \frac{CA}{ca} \geqslant 1 \qquad (2.318)$$

证明 由于斜线长不小于它在某一平面内的射影长,因此我们只要证明上面的不等式对退化的四面体(即四面的顶点落在底面三角形所在平面上)成立就可以了,但由不等式(2.305)这是显然的,故上面的不等式得证.

十一、关于多边形的几何不等式

有关三角形的很多几何不等式都可以推广到平面四边形或平面 n 边形($n \geqslant 4$)的情形.

定理 5.45 设凸 n 边形 $A_1A_2\cdots A_n$ 的周长为 P,外接圆半径为 R,则有

$$P \leqslant 2nR\sin\frac{\pi}{n} \qquad (2.319)$$

其中等号当且仅当凸 n 边形 $A_1A_2\cdots A_n$ 为正 n 边形时成立.

证明 如图 5.59,设 n 边形 $A_1A_2\cdots A_n$ 的边 A_1A_2,$A_2A_3,\cdots,A_nA_1$ 所对的中心角分别为 $\alpha_1,\alpha_2,\cdots,\alpha_n$.

在 $\triangle OA_1A_2$ 中,由余弦定理知

$$A_1A_2 = 2R\sin\frac{\alpha_1}{2}, A_2A_3 = 2R\sin\frac{\alpha_2}{2}, \cdots, A_nA_1 = 2R\sin\frac{\alpha_n}{2}$$

故

$$P = A_1A_2 + A_2A_3 + \cdots + A_nA_1$$

$$= 2R\left(\sin\frac{\alpha_1}{2} + \sin\frac{\alpha_2}{2} + \cdots + \sin\frac{\alpha_n}{2} \right)$$

因为函数 $y = \sin x$ 是 $(0, \pi)$ 上的凸函数,又显然

$$0 < \frac{\alpha_i}{2} < \frac{\pi}{2} \quad (i = 1, 2, \cdots, n)$$

故由 Jensen 不等式知

$$\frac{1}{n}\left(\sin\frac{\alpha_1}{2} + \sin\frac{\alpha_2}{2} + \cdots + \sin\frac{\alpha_n}{2} \right)$$

$$\leqslant \sin\frac{1}{2n}(\alpha_1 + \alpha_2 + \cdots + \alpha_n) = \sin\frac{\pi}{n}$$

从而

$$\sin\frac{\alpha_1}{2} + \sin\frac{\alpha_2}{2} + \cdots + \sin\frac{\alpha_n}{2} \leqslant n\sin\frac{\pi}{n}$$

其中等号当且仅当 $\alpha_1 = \alpha_2 = \cdots = \alpha_n$,即 n 边形 $A_1 A_2 \cdots A_n$ 为正 n 边形时成立. 所以,$P \leqslant 2nR\sin\dfrac{\pi}{n}$.

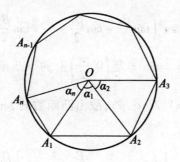

图 5.59

定理 5.46　设凸 n 边形 $A_1 A_2 \cdots A_n$ 的面积为 S,内切圆半径为 r,则有

$$S \geqslant nr^2\tan\frac{\pi}{n} \tag{2.320}$$

241

其中等号当且仅当 n 边形 $A_1A_2\cdots A_n$ 为正 n 边形时成立.

证明 如图 5.60,设 n 边形 $A_1A_2\cdots A_n$ 的内切圆圆心为 O',边 $A_1A_2,A_2A_3,\cdots,A_nA_1$ 和圆 O' 分别切于 B_1,$B_2,\cdots,B_n$,并设

$$\angle B_nO'B_1=\beta_1,\angle B_1O'B_2=\beta_2,\cdots,\angle B_{n-1}O'B_n=\beta_n$$

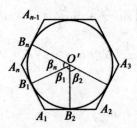

图 5.60

则有

$$S=r^2\left(\tan\frac{\beta_1}{2}+\tan\frac{\beta_2}{2}+\cdots+\tan\frac{\beta_n}{2}\right)$$

因为函数 $y=\tan x$ 是 $\left(0,\dfrac{\pi}{2}\right)$ 上的下凸函数,又 $0<\dfrac{\beta_i}{2}<\dfrac{\pi}{2}(i=1,2,\cdots,n)$,故由凸函数的 Jensen 不等式知

$$\frac{1}{n}\left(\tan\frac{\beta_1}{2}+\tan\frac{\beta_2}{2}+\cdots+\tan\frac{\beta_n}{2}\right)$$

$$\geqslant\tan\frac{1}{2n}(\beta_1+\beta_2+\cdots+\beta_n)$$

$$=\tan\frac{\pi}{n}$$

从而

242

$$\tan\frac{\beta_1}{2}+\tan\frac{\beta_2}{2}+\cdots+\tan\frac{\beta_n}{2}\geqslant n\tan\frac{\pi}{n}$$

其中等号当且仅当 $\beta_1=\beta_2=\cdots=\beta_n$，亦即 n 边形 $A_1A_2\cdots A_n$ 为正 n 边形时成立. 所以 $S\geqslant nr^2\tan\frac{\pi}{n}$.

评注　定理 5.45 和定理 5.46 可以叙述为：

外接半径相同的所有 n 边形中以正 n 边形的周长为最大；内接圆半径相同的所有 n 边形中以正 n 边形的面积为最小.

定理 5.47　设凸 n 边形 $A_1A_2\cdots A_n$ 的周长为 P，面积为 S，若 n 边形 $A_1A_2\cdots A_n$ 有外接圆也有内切圆（这种多边形称为双圆 n 边形），且它们的半径分别为 R 和 r，则有

$$2nR\sin\frac{\pi}{n}\geqslant P\geqslant 2\sqrt{nS\tan\frac{\pi}{n}}\geqslant 2nr\tan\frac{\pi}{n}\quad(2.321)$$

其中所有的等号均当且仅当 n 边形 $A_1A_2\cdots A_n$ 为正 n 边形时成立.

证明　由不等式 (2.309)，(2.39) 与 (2.310) 即得证.

推论 1　若凸 n 边形 $A_1A_2\cdots A_n$ 有内切圆，与各边分别切于 $A_1',A_2',\cdots,A_n'$，设 n 边形 $A_1A_2\cdots A_n$ 与 n 边形 $A_1'A_2'\cdots A_n'$ 的周长和面积分别为 P,S 和 P',S'，则有

$$P'\leqslant P\cos\frac{\pi}{n}\quad(2.322)$$

$$S'\leqslant S\cos^2\frac{\pi}{n}\quad(2.323)$$

两式中等号当且仅当 n 边形 $A_1A_2\cdots A_n$ 为正 n 边形时成立.

证明　注意到 n 边形 $A_1'A_2'\cdots A_n'$ 的外接圆半径 R'，

即 n 边形 $A_1A_2\cdots A_n$ 的内切圆半径 r, 故由式(2.321)知

$$P' \leqslant 2nR'\sin\frac{\pi}{n} = 2nr\sin\frac{\pi}{n}$$

$$P \geqslant 2nr\tan\frac{\pi}{n}$$

所以

$$P' \leqslant P\cos\frac{\pi}{n}$$

又

$$4nS'\tan\frac{\pi}{n} \leqslant 4n^2R'^2\sin^2\frac{\pi}{n}$$

即

$$S' \leqslant nR'^2\sin\frac{\pi}{n}\cos\frac{\pi}{n} = nr^2\sin\frac{\pi}{n}\cos\frac{\pi}{n}$$

且有

$$4nS\tan\frac{\pi}{n} \geqslant 4n^2r^2\tan^2\frac{\pi}{n}$$

即 $S \geqslant nr^2\tan\frac{\pi}{n}$, 所以, $S' \leqslant S\cos^2\frac{\pi}{n}$.

又若 n 边形 $A_1A_2\cdots A_n$ 还有外接圆, n 边形 $A_1'A_2'\cdots A_n'$ 还有内切圆, 它们的半径分别为 R, r', 则不难证明

$$R' \leqslant R\cos\frac{\pi}{n} \qquad (2.324)$$

$$r' \leqslant r\cos\frac{\pi}{n} \qquad (2.325)$$

两式中等号当且仅当 n 边形 $A_1A_2\cdots A_n$ 为正 n 边形时成立.

推论2 设圆内接 n 边形 $A_1A_2\cdots A_n$ 的边长分别为 $a_1, a_2, \cdots, a_n$, 圆的半径为 R, 若 m 为正常数, 则有

$$\frac{1}{a_1^m} + \frac{1}{a_2^m} + \cdots + \frac{1}{a_n^m} \geqslant \frac{n}{\left(2R\sin\dfrac{\pi}{n}\right)^m} \qquad (2.326)$$

其中等号当且仅当 n 边形 $A_1A_2\cdots A_n$ 为正 n 边形时成立.

证明　由算术 – 几何平均不等式,有

$$\frac{1}{a_1^m} + \frac{1}{a_2^m} + \cdots + \frac{1}{a_n^m} \geqslant n(a_1 a_1 \cdots a_n)^{-\frac{m}{n}}$$

$$(a_1 + a_2 + \cdots + a_n)^m \geqslant n^m (a_1 a_2 \cdots a_n)^{\frac{m}{n}}$$

两式相乘并变形得

$$\frac{1}{a_1^m} + \frac{1}{a_2^m} + \cdots + \frac{1}{a_n^m} \geqslant \frac{n^{m+1}}{(a_1 + a_2 + \cdots + a_n)^m}$$

又由式(2. 321)知

$$a_1 + a_2 + \cdots + a_n = P \leqslant 2nR\sin\frac{\pi}{n}$$

从而

$$(a_1 + a_2 + \cdots + a_n)^m \leqslant \left(2nR\sin\frac{\pi}{n}\right)^m$$

所以(2. 326)得证,且其中等号当且仅当 n 边形 $A_1A_2\cdots A_n$ 为正 n 边形时成立.

式(2. 326)不难被加强为

$$\sum_{i=1}^{n} \frac{1}{a_i^m} \geqslant \frac{n}{\left(2R\sin\dfrac{\pi}{n}\right)^m} + \frac{1}{n} \sum_{1 \leqslant i < j \leqslant n} \left(\frac{1}{a_i^{\frac{m}{2}}} - \frac{1}{a_j^{\frac{m}{2}}}\right)^2$$

$$(2.327)$$

式中等号当且仅当 n 边形 $A_1A_2\cdots A_n$ 为正 n 边形时成立.

定理 5. 48　设四边形 $ABCD$ 的四条边长分别为 a, b, c, d,它的面积为 Δ,则

$$ab + ac + ad + bc + bd + cd \geqslant 6\Delta \quad (2.328)$$

其中等号当且仅当四边形 *ABCD* 为正方形时成立.

证明　由于在边长给定的所有四边形中以内接于圆的四边形具有最大面积,因此我们只要证明四边形 *ABCD* 内接于圆时不等式(2.328)成立就可以了,此时,若令

$$s = \frac{1}{2}(a + b + c + d)$$

则由圆内接四边形的面积公式,有

$$\Delta = \sqrt{(s-a)(s-b)(s-c)(s-d)}$$

因此我们只要证明

$$ab + ac + ad + bc + bd + cd$$
$$\geqslant 6\sqrt{(s-a)(s-b)(s-c)(s-d)} \quad (2.329)$$

即可. 令

$$s - a = \frac{1}{2}(b + c + d - a) = x > 0$$

$$s - b = \frac{1}{2}(c + d + a - b) = y > 0$$

$$s - c = \frac{1}{2}(d + a + b - c) = z > 0$$

$$s - d = \frac{1}{2}(a + b + c - d) = t > 0$$

则不难验证

$$ab + ac + ad + bc + bd + cd = xy + xz + xt + yz + yt + zt$$

因此不等式(2.329)和下面不等式等价

$$xy + xz + xt + yz + yt + zt \geqslant 6\sqrt{xyzt} \quad (2.330)$$

因为 x, y, z, t 均为正数,所以,利用算术 – 几何平均不等式,知式(2.330)成立. 从而(2.329)成立. 于是(2.328)成立. 由于(2.330)中等号当且仅当 $x = y =$

$z = t$ 时成立,故式(2.329)中等号当且仅当 $a = b = c = d$ 时成立. 又四边形 $ABCD$ 内接于圆,此时四边形为正方形,故(2.328)中等号成立当且仅当四边形 $ABCD$ 为正方形时成立.

不等式(2.328)可加强为如下两个不等式

$$(ab + cd)(ac + bd)(ad + bc) \geqslant 8\Delta^3 \quad (2.331)$$

其中等号当且仅当四边形 $ABCD$ 为正方形时成立. 由

$$(a + b)(a + c)(a + d)(b + c)(b + d)(c + d) \geqslant 64\Delta^3$$
$$(2.332)$$

易知其中等号当且仅当四边形 $ABCD$ 为正方形时成立.

评注 不等式(2.328)为当 $n = 4$ 时的多边形等周不等式的加强.

下面介绍不等式(2.328)的另一种加强.

引理 5.9 若圆内接四边形 $ABCD$ 的各边长分别为 a, b, c, d,面积为 Δ,外接圆半径为 R,则有

$$(ab + cd)(ac + bd)(ad + bc) = 16\Delta^2 R^2 \quad (2.333)$$

证明 在圆内接四边形 $ABCD$ 中

$$AB = a, BC = b, CD = c, DA = d, AC = m, BD = n$$

则在 $\triangle ABC$ 和 $\triangle ACD$ 中有

$$S_{\triangle ABC} = \frac{abm}{4R}, S_{\triangle ACD} = \frac{cdm}{4R}$$

从而

$$\Delta = S_{\triangle ABC} + S_{\triangle ACD} = \frac{(ab + cd)m}{4R}$$

即

$$(ab + cd)m = 4R\Delta$$

由 Ptolemy 定理即得证.

定理 5.49 若四边形 $ABCD$ 的各边长分别为 $a,$

b,c,d,面积为 Δ,则

$$(ab+cd)(ad+bc)(ac+bd)$$

$$\geqslant \frac{1}{2}(a+b+c+d)^2\Delta^2 \tag{2.334}$$

其中等号当且仅当 $ABCD$ 为正方形时成立.

证明 由于给定边长的四边形以圆内接四边形面积为最大,故下面讨论仅在圆内接四边形中进行. 由不等式(2.321)知

$$R^2 \geqslant \frac{1}{32}(a+b+c+d)^2$$

故由式(2.333)得

$$(ab+cd)(ad+bc)(ac+bd)$$

$$\geqslant \frac{1}{2}(a+b+c+d)^2\Delta^2$$

且其中等号当且仅当 $ABCD$ 为正方形时成立. 由四边形等周不等式知

$$a+b+c+d \geqslant 4\sqrt{\Delta}$$

故

$$(ab+cd)(ad+bc)(ac+bd) \geqslant 8\Delta^3$$

由此即得欲证结论.

评注 不等式(2.334)是不等式(2.328)的加强,而不等式(2.328)是苏化明于 1989 年提出的.

定理 5.50 设半径为 R 的圆内接四边形 $ABCD$ 四边之长依次为 a,b,c,d,则有

$$2R^2(a^2+b^2+c^2+d^2) \geqslant (ac+bd)^2 \tag{2.335}$$

$$\frac{abcd(ac+bd)}{(ab+cd)(ad+bc)} \leqslant R^2 \tag{2.336}$$

两式中等号当且仅当四边形 $ABCD$ 为矩形时成立.

证明 如图 5.61 所示,在圆内接四边形 $ABCD$

中,设

$$AB = a, BC = b, CD = c, DA = d$$

$$\angle DAB = \alpha, \angle ABC = \beta, \angle BCD = \gamma$$

四边形 $ABCD$ 的面积为 Δ,则

$$\Delta = S_{\triangle ABD} + S_{\triangle BCD}$$

$$= \frac{1}{2}ad\sin \alpha + \frac{1}{2}bc\sin \gamma$$

$$= \frac{1}{2}(ad + bc)\sin \alpha$$

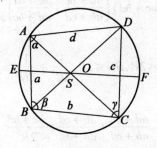

图 5.61

同理

$$\Delta = \frac{1}{2}(ab + cd)\sin \beta$$

由正弦定理 $AC = 2R\sin \beta, BD = 2R\sin \alpha$,所以

$$\frac{AC}{BD} = \frac{\sin \beta}{\sin \alpha} = \frac{\Delta \sin \beta}{\Delta \sin \alpha} = \frac{\frac{1}{2}(ad + bc)\sin \alpha \sin \beta}{\frac{1}{2}(ab + cd)\sin \beta \sin \alpha}$$

$$= \frac{ad + bc}{ab + cd}$$

及 Ptolemy 定理,得

$$AC^2 = \frac{(ac+bd)(ad+bc)}{ab+cd}, BD^2 = \frac{(ac+bd)(ab+dc)}{ad+bc}$$

$$(2.337)$$

另一方面,任意凸四边形四条边的平方和等于两条对角线的平方和再加上对角线中点连线的平方的四倍,所以

$$a^2 + b^2 + c^2 + d^2$$
$$\geqslant AC^2 + BD^2$$
$$= (ac+bd)\left(\frac{ad+bc}{ab+cd} + \frac{ab+cd}{ad+bc}\right) \qquad (2.338)$$

因

$$AC \leqslant 2R, BD \leqslant 2R, \frac{1}{AC^2} + \frac{1}{BD^2} \geqslant \frac{1}{2R^2}$$

即

$$\frac{ad+bc}{ab+cd} + \frac{ab+cd}{ad+bc} \geqslant \frac{ac+bd}{2R^2}$$

以此代入(2.338)即得不等式(2.335).因为(2.338)当且仅当四边形 $ABCD$ 为平行四边形时取等号,注意到圆内接平行四边形必是矩形,所以当且仅当四边形 $ABCD$ 为矩形时(2.335)中等号成立.

设四边形 $ABCD$ 的外接圆圆心为 O,设 AC,BC 交于 S,联结 OS 并延长交圆于 E,F.因为

$$\frac{SA}{SC} = \frac{S_{\triangle ABS}}{S_{\triangle BCS}} = \frac{S_{\triangle ADS}}{S_{\triangle CDS}} = \frac{S_{\triangle ABS} + S_{\triangle ADS}}{S_{\triangle BCS} + S_{\triangle CDS}} = \frac{S_{\triangle ABD}}{S_{\triangle BCD}} = \frac{ad}{bc}$$

所以

$$SA = \frac{ad}{ad+bc}AC, SC = \frac{bc}{ad+bc}AC$$

记 $SO = h$,根据相交弦定理有

$$R^2 - h^2 = (R+h)(R-h)$$

$$= SF \cdot SE - SA \cdot SC$$

$$= \frac{abcd}{(ad+bc)^2} \cdot AC^2$$

$$= \frac{abcd(ac+bd)}{(ad+bc)(ab+cd)}$$

这里引用了等式(2.337). 由于 $h^2 \geqslant 0$,故

$$\frac{abcd(ac+bd)}{(ad+bc)(ab+cd)} \leqslant R^2$$

其中等号当且仅当 $h = 0$,即四边形 $ABCD$ 为矩形时成立.

评注　不等式(2.335)也可由下面较简单的方法来证明:

因为

$$a^2 + c^2 \geqslant 2ac, b^2 + d^2 \geqslant 2bd$$

所以

$$a^2 + b^2 + c^2 + d^2 \geqslant 2(ac+bd)$$

又因为

$$ac + bd = AC \cdot BD \leqslant 2R \cdot 2R = 4R^2$$

所以

$$2R^2(a^2 + b^2 + c^2 + d^2) \geqslant (ac+bd)^2$$

其中等号当且仅当四边形 $ABCD$ 为矩形时成立.

定理 5.51　设 a,b,c,d 与 a',b',c',d' 为凸四边形 $ABCD$ 与 $A'B'C'D'$ 的边长,它们的面积分别为 Δ 与 Δ',则有

$$aa' + bb' + cc' + dd' \geqslant 4\sqrt{\Delta\Delta'} \qquad (2.339)$$

其中等号当且仅当凸四边形 $ABCD$ 与 $A'B'C'D'$ 都内接于圆,且

$$(s-a)(s'-a') = (s-b)(s'-b')$$

$$= (s-c)(s'-c')$$
$$= (s-d)(s'-d')$$

时成立,这里

$$s = \frac{1}{2}(a + b + c + d)$$

$$s' = \frac{1}{2}(a' + b' + c' + d')$$

证明   因为在边长给定的所有四边形中以内接于圆的四边形具有最大面积,因此我们只要证明四边形 $ABCD$ 和四边形 $A'B'C'D'$ 都内接于圆时不等式 (2.339)成立即可. 由圆内接四边形的面积公式,有

$$\Delta = \sqrt{(s-a)(s-b)(s-c)(s-d)}$$
$$\Delta' = \sqrt{(s'-a')(s'-b')(s'-c')(s'-d')}$$

由算术 – 几何平均不等式即得到

$$aa' + bb' + cc' + dd'$$
$$= (s-a)(s'-a') + (s-b)(s'-b') +$$
$$\quad (s-c)(s'-c') + (s-d)(s'-d')$$
$$\geqslant 4\big[(s-a)(s-b)(s-c)(s-d) \cdot$$
$$\quad (s'-a')(s'-b')(s'-c')(s'-d')\big]^{\frac{1}{4}}$$
$$= 4\sqrt{\Delta\Delta'}$$

故不等式(2.339)成立,且其中等号当且仅当四边形 $ABCD$ 与四边形 $A'B'C'D'$ 内接于圆且

$$(s-a)(s'-a') = (s-b)(s'-b')$$
$$= (s-c)(s'-c')$$
$$= (s-d)(s'-d')$$

时成立.

在定理 5.51 中取四边形 $A'B'C'D'$ 为正方形,则由式(2.339)可得

$$a + b + c + d \geqslant 4\sqrt{\Delta}$$

其中等号当且仅当四边形 $ABCD$ 为正方形时成立.

此即四边形的等周不等式.

若在式(2.339)中分别取

$$a' = b, b' = c, c' = d, d' = a$$
$$a' = c, b' = d, c' = a, d' = b$$
$$a' = d, b' = a, c' = b, d' = c$$

则有

$$ab + bc + cd + da \geqslant 4\Delta$$
$$ac + bd + ca + db \geqslant 4\Delta$$
$$ad + ba + cb + dc \geqslant 4\Delta$$

三式相加并整理得

$$ab + ac + ad + bc + bd + cd \geqslant 6\Delta$$

其中等号当且仅当四边形 $ABCD$ 为正方形时成立.

因此可以看出定理 5.51 为定理 2.48 的推广.

不等式(2.339)是杨学枝于 1989 年提出的.

十二、关于四面体的不等式

三角形中的很多不等式可以推广到三维空间的四面体. 为了应用上的方便,我们将有关四面体的三角不等式和几何不等式放在一起论述.

定理 5.52　设四面体 $A_1A_2A_3A_4$ 的顶点 A_i 所对的侧面为 $f_i(i = 1, 2, 3, 4)$,任意两个侧面 f_i, f_j 所成的内二面角记为 $\stackrel{\wedge}{f_i f_j} = Q_{ij} = Q_{ji}(1 \leqslant i < j \leqslant 4)$. 则有

$$\sum_{1 \leqslant i < j \leqslant 4} \cos Q_{ij} \leqslant 2 \qquad (2.340)$$

其中等号当且仅当四面体 $A_1A_2A_3A_4$ 为等腰四面体(即三对对棱相等的四面体)时成立.

要证明这个定理,需要如下几个引理.

引理 5.10 若任意四面体的六条棱长为 $a_i(i = 1,2,\cdots,6)$,外接球半径为 R,则

$$\sum_{i=1}^{6} a_i^2 \leqslant 16R^2 \qquad (2.341)$$

其中等号成立的充分必要条件是四面体的重心和外心重合.

证明 取四面体的外接球球心(外心)为笛卡儿空间坐标原点,则四面体各棱平方和为

$$\sum_{1\leqslant i<j\leqslant 4}(x_i - x_j)^2 + \sum_{1\leqslant i<j\leqslant 4}(y_i - y_j)^2 + \sum_{1\leqslant i<j\leqslant 4}(z_i - z_j)^2$$

这里 $(x_i,y_i,z_i)(i = 1,2,3,4)$ 为四面体的四顶点坐标. 由于

$$x_i^2 + y_i^2 + z_i^2 = R^2 \quad (i = 1,2,3,4)$$

因而只需证

$$\sum_{1\leqslant i<j\leqslant 4}(x_i - x_j)^2 + \sum_{1\leqslant i<j\leqslant 4}(y_i - y_j)^2 + \sum_{1\leqslant i<j\leqslant 4}(z_i - z_j)^2$$

$$\leqslant 4\left(\sum_{i=1}^{4}x_i^2 + \sum_{i=1}^{4}y_i^2 + \sum_{i=1}^{4}z_i^2\right)$$

也就是

$$\left(\sum_{i=1}^{4}x_i\right)^2 + \left(\sum_{i=1}^{4}y_i\right)^2 + \left(\sum_{i=1}^{4}z_i\right)^2 \geqslant 0$$

而这是显然的. 当等号成立时

$$\sum_{i=1}^{4}x_i = \sum_{i=1}^{4}y_i = \sum_{i=1}^{4}z_i = 0$$

这表明四面体的重心坐标和外心重合.

证明也可利用命题 5.30 中的恒等式(2.302)得到. 因为对于三维空间中的点集 $\{A_1,A_2,\cdots,A_n\}$,恒等式(2.302)也成立. 在恒等式(2.302)中取 $n = 4$,再取 P 为四面体 $A_1A_2A_3A_4$ 的外接球球心 O,则由

$$PA_i = R \quad (i = 1,2,3,4)$$

注意到 $PG \geqslant 0$，故有

$$\sum_{1 \leqslant i < j \leqslant 4} m_i m_j (A_i A_j)^2 \leqslant \Big(\sum_{i=1}^{4} m_i \Big)^2 R^2 \quad (2.342)$$

其中等号当且仅当 $PG = 0$，即四面体 $A_1 A_2 A_3 A_4$ 的重心和外心重合时成立.

特别在 (2.342) 中取 $m_1 = m_2 = m_3 = m_4$，即得 (2.341)，故式 (2.342) 为 (2.341) 的加权推广.

引理 5.11　四面体 $A_1 A_2 A_3 A_4$ 过 A_i 的中线长 (A_i 和对面三角形重心的联结线段) 为 $m_i (i = 1,2,3,4)$，六条棱长为 $a_i (i = 1,2,\cdots,6)$，则

$$\sum_{i=1}^{4} m_i^2 = \frac{4}{9} \sum_{i=1}^{6} a_i^2 \quad (2.343)$$

证明　如图 5.62，设 G_1 为 $\triangle A_2 A_3 A_4$ 的重心，$A_1 G_1 = m_1$，四面体 $A_1 A_2 A_3 A_4$ 的六条棱长为

$$A_2 A_3 = a_1, A_3 A_4 = a_2, A_4 A_2 = a_3$$

$$A_1 A_4 = a_4, A_1 A_3 = a_5, A_1 A_2 = a_6$$

联结 $A_4 G_1$ 延长后交 $A_2 A_3$ 于 E，联结 $A_1 E$，并设

$$A_4 E = x, A_1 E = y, \angle A_1 G_1 A_4 = \alpha$$

则由三角形中线长公式有

$$x^2 = \frac{1}{4}(2a_2^2 + 2a_3^2 - a_1^2) \quad (在 \triangle A_2 A_3 A_4 中)$$

$$y^2 = \frac{1}{4}(2a_5^2 + 2a_6^2 - a_1^2) \quad (在 \triangle A_1 A_2 A_3 中)$$

利用余弦定理，在 $\triangle A_1 A_4 G_1$ 中

$$a_4^2 = m_1^2 + \Big(\frac{2}{3} x \Big)^2 - 2 m_1 \Big(\frac{2}{3} x \Big) \cos \alpha$$

在 $\triangle A_1 E G_1$ 中

$$y^2 = m_1^2 + \left(\frac{1}{3}x\right)^2 - 2m_1\left(\frac{1}{3}x\right)\cos(\pi - \alpha)$$

$$(2.344)$$

由 $(2.344) \times 2 + (2.343)$，并将 x^2, y^2 代入可得

$$m_1^2 = \frac{1}{9}(3a_4^2 + 3a_5^2 + 3a_6^2 - a_1^2 - a_2^2 - a_3^2)$$

$$(2.345)$$

同理可得

$$m_2^2 = \frac{1}{9}(3a_1^2 + 3a_3^2 + 3a_6^2 - a_2^2 - a_4^2 - a_5^2)$$

$$(2.346)$$

$$m_3^2 = \frac{1}{9}(3a_1^2 + 3a_2^2 + 3a_5^2 - a_3^2 - a_4^2 - a_6^2)$$

$$(2.347)$$

$$m_4^2 = \frac{1}{9}(3a_2^2 + 3a_3^2 + 3a_4^2 - a_1^2 - a_3^2 - a_6^2)$$

$$(2.348)$$

四式相加，即得

$$\sum_{i=1}^{4} m_i^2 = \frac{4}{9}\sum_{i=1}^{4} a_i^2$$

显然，上面的式(2.345) ~ (2.348)即为四面体的中线长公式. 它可叙述为：

四面体过某一顶点中线的平方等于过顶点的三条棱长平方和的三倍与其余三条棱长平方和之差的 $\frac{1}{9}$.

而(2.343)也可叙述为：

任意四面体的四条中线的平方和等于它的六条棱长平方和的 $\frac{4}{9}$.

引理 5.12 四面体为等腰四面体的充分必要条

件是它的重心和外心重合.

证明从略.

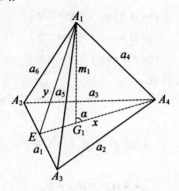

图 5.62

引理 5.13 四面体为等腰四面体的充分必要条件是它的重心和内心(内切球球心)重合.

证明 必要性显然.

在没有证明充分性之前,首先介绍一个辅助命题.

辅助命题 四面体的各面若为等积的三角形,则各面必为全等的三角形.

证明 如图 5.63,设四面体 $ABCD$ 的四个侧面面积相等. 如果过四面体 $ABCD$ 各棱的二面角的平面角分别用 $x,y,z,\alpha,\beta,\gamma$ 表示,若把 $\triangle ABC$,$\triangle ACD$,$\triangle ADB$ 向平面 BCD 作正投影,则有

$$S_{\triangle ABC} \cdot \cos\gamma + S_{\triangle ACD} \cdot \cos\alpha + S_{\triangle ADB} \cdot \cos\beta$$

$$= S_{\triangle BCD} \quad (S \text{ 表示面积})$$

由

$$S_{\triangle ABC} = S_{\triangle ACD} = S_{\triangle ADB} = S_{\triangle BCD}$$

得

257

$$\cos \alpha + \cos \beta + \cos \gamma = 1$$

同理

$$\cos \alpha + \cos y + \cos z = 1$$
$$\cos \beta + \cos x + \cos z = 1$$
$$\cos x + \cos y + \cos \gamma = 1$$

由以上四式,易得

$$\cos x = \cos \alpha, \cos y = \cos \beta, \cos z = \cos \gamma$$

因为

$$0 < \alpha, \beta, \gamma, x, y, z < \pi$$

所以

$$x = \alpha, y = \beta, z = \gamma$$

作 AM 垂直于平面 BCD,垂足为 M,作 AN 垂直于 BC,垂足为 N,作 BP 垂直于平面 ACD,垂足为 P,作 BQ 垂直于 AD,垂足为 Q. 由三垂线逆定理,$MN \perp BC$, $PQ \perp AD$. 因为

$$\frac{1}{3} \cdot AM \cdot S_{\triangle BCD} = \frac{1}{3} \cdot BP \cdot S_{\triangle ACD}$$

故由 $S_{\triangle BCD} = S_{\triangle ACD}$ 知 $AM = BP$. 在 Rt $\triangle AMN$ 和 Rt$\triangle BPQ$ 中

$$\angle ANM = \gamma = z = \angle BQP$$

所以 $\triangle AMN \cong \triangle BPQ$,于是 $AN = BQ$. 从而由 $S_{\triangle ABC} = S_{\triangle ABD}$ 知 $BC = AD$. 同理可知 $AC = BD$,$AB = CD$. 因此四面体 $ABCD$ 是等腰四面体,其各面均为全等的三角形.

充分性. 若四面体 $ABCD$ 的重心 G 和内心 I 重合. 由四面体重心的性质知四面体 $GABC$,$GACD$,$GBCD$,$GABD$ 的体积相等. 又 I 到各侧面距离相等,因而四面体各侧面面积相等,故由辅助命题知四面体 $ABCD$ 的各侧面均为全等的三角形,从而四面体 $ABCD$ 为等腰

258

四面体.

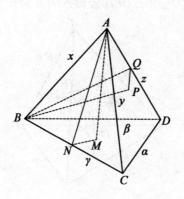

图 5.63

引理 5.14　端点分别在两条异面直线上的直线线段被过此二异面直线公垂线的中点且和此二异面直线平行的平面所平分.

证明从略.

定义 5.1　设四面体 $ABCD$ 的内切球和四个侧面分别切于 A', B', C', D',则四面体 $A'B'C'D'$ 称为四面体 $ABCD$ 的切点四面体.

引理 5.15　四面体为等腰四面体的充分必要条件是它的切点四面体为等腰四面体.

证明　必要性. 如图 5.64,设 O 为等腰四面体 $ABCD$ 的重心. 由引理 5.13,则 O 也是它的内心.

若 E, F 分别为棱 BC, DA 的中点,由四面体重心的性质知 O 是 EF 的中点.

设四面体 $ABCD$ 的内切球分别和面 BCD, CDA, ABD, ABC 切于 A', B', C', D',则

$$OA' = OB' = OC' = OD'$$

于是

$$\text{Rt}\triangle OEA' \cong \text{Rt}\triangle OED' \cong \text{Rt}\triangle OFB' \cong \text{Rt}\triangle OFC'$$

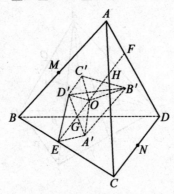

图 5.64

进而 $\triangle OD'A \cong OB'C'$，所以 $D'A' = B'C'$．同理有 $A'B' = C'D'$，$A'C' = B'D'$，即四面体 $A'B'C'D'$ 为等腰四面体．

充分性．设 O 为四面体 $ABCD$ 的内心，亦即它的切点四面体 $A'B'C'D'$ 的外心．

过 OA'，OD' 作平面交 BC 于 E，则 $OE \perp BC$．由 O 为四面体 $ABCD$ 的内心，易证 OE 是 $D'A'$ 的垂直平分线；同样过 OB'，OC' 作平面交 DA 于 F，则 $OF \perp DA$，且 OF 是 $B'C'$ 的垂直平分线．

若四面体 $A'B'C'D'$ 为等腰四面体，由引理 5.12，O 也是它的重心．设 OE 和 $D'A'$ 交于 G，OF 和 $B'C'$ 交于 H，则 G，H 分别为 $D'A'$，$B'C'$ 的中点，于是 G，O，H 三点共线，从而 E，G，O，H，F 五点共线，由此知 EF 为 BC，AD 的公垂线．再由 $D'A' = B'C'$ 知 $\triangle OD'A' \cong \triangle OB'C'$，$\text{Rt}\triangle OEA' \cong \text{Rt}\triangle OFB'$，从而 O 为 EF 的中点．

类似地，设过 OC'，OD' 的平面和 AB 交于 M，OM 和 $C'D'$ 交于 I；过 OA'，OB' 的平面交 CD 于 N，ON 和

260

$A'B'$ 交于 J，则 M,I,O,J,N 五点共线，且 MN 为 AB,CD 的公垂线，而 O 为 MN 的中点.

因为四面体 $A'B'C'D'$ 为等腰四面体，所以 GH 和 IJ 在点 O 互相垂直平分，从而 EF 和 MN 在点 O 互相垂直平分.

同理，设过 OA',OC' 的平面和 BD 交于 P，过 OB'，OD' 的平面和 AC 交于 Q，则 PQ 为 AC,BD 的公垂线，且 EF,MN,PQ 在点 O 互相垂直平分.

因为 PQ 为 AC,BD 的公垂线，又过 E,F,M,N 四点的平面和 PQ 垂直且过 PQ 的中点 O，由引理 5.14，则 E,F,M,N 分别为 BC,DA,AB,CD 的中点，从而 O 为四面体 $ABCD$ 的重心. 再由引理 5.13，所以四面体 $ABCD$ 为等腰四面体.

定理 5.52 的证明　设四面体 $A_1A_2A_3A_4$ 的顶点 A_i 所对的侧面为 f_i，四面体的内切球分别和 f_i 切于 B_i $(i=1,2,3,4)$.

过内切球球心 I 和 B_1，B_4 作平面 S. 平面 S 交 A_2A_3 于 K，联结 KB_1,KB_4，则

$$\angle B_1KB_4 = Q_{14}, \angle B_1IB_4 = \pi - Q_{14}$$

若四面体 $A_1A_2A_3A_4$ 的内切球半径为 r，则在 $\triangle B_1IB_4$ 中，由余弦定理

$$B_1B_4^2 = 2r^2 - 2r^2\cos\angle B_1IB_4 = 2r^2(1+\cos Q_{14})$$

因此有

$$B_iB_j^2 = 2r^2(1+\cos Q_{ij}) \quad (1\leqslant i<j\leqslant 4)$$

将这样所得的六个等式相加得

$$\sum_{1\leqslant i<j\leqslant 4} B_iB_j^2 = 2r^2\left(6 + \sum_{1\leqslant i<j\leqslant 4}\cos Q_{ij}\right)$$

由引理 5.10 知

$$\sum_{1 \le i < j \le 4} B_i B_j^2 \le 16r^2$$

所以

$$\sum_{1 \le i < j \le 4} \cos Q_{ij} \le 2$$

再由引理 5.10,引理 5.12,引理 5.15 知(2.340)中等号当且仅当四面体 $A_1 A_2 A_3 A_4$ 为等腰四面体时成立.

由定理 5.52,可得如下推论:

推论 在四面体 $A_1 A_2 A_3 A_4$ 中不等式

$$\prod_{1 \le i < j \le 4} \cos Q_{ij} \le \frac{1}{36} \quad (Q_{ij} \text{为锐角}, 1 \le i < j \le 4)$$

(2.349)

$$\prod_{1 \le i < j \le 4} \cos \frac{Q_{ij}}{2} \le \frac{8}{27} \quad\quad (2.350)$$

成立,两式中等号当且仅当四面体 $A_1 A_2 A_3 A_4$ 为正四面体时成立.

证明 当 Q_{ij} 为锐角时,由算术 – 几何平均不等式及(2.336)即得(2.349),其中等号当且仅当所有的 $Q_{ij}(1 \le i < j \le 4)$ 均相等,亦即四面体 $A_1 A_3 A_3 A_4$ 为正四面体时成立.

由(2.340)及倍角公式可得

$$\sum_{1 \le i < j \le 4} \cos^2 \frac{Q_{ij}}{2} \le 4 \quad\quad (2.351)$$

再由算术 – 几何平均不等式及(2.351)即得(2.350).

定理 5.53 设四面体 $A_1 A_2 A_3 A_4$ 的顶点 A_i 所对的侧面为 $f_i (i = 1, 2, 3, 4)$,任意两个侧面 f_i, f_j 所成的内二面角记为

$$f_i \overset{\wedge}{f_j} = Q_{ij} = Q_{ji} \quad (1 \le i < j \le 4)$$

则有

$$\sum_{1\leqslant i<j\leqslant 4}\sin^2 Q_{ij}\leqslant\frac{16}{3} \tag{2.352}$$

其中等号当且仅当 $a=b=c=d=e=f$ 时成立.

我们首先给出如下的引理：

引理 5.16　设 $a,b,c,d,e,f\in\mathbf{R}$，则

$$(a^2+b^2+c^2+d^2+e^2+f^2)^3$$

$$\geqslant\frac{27}{2}(abd+ace+bcf+def)^2 \tag{2.353}$$

其中等号成立当且仅当 $a=b=c=d=e=f$.

证明　因为 (2.353) 的左端括号内为平方和形式，故只证明不等式 (2.353) 当 a,b,c,d,e,f 均为正数时成立即可.

因为

$$abd+ace=a(bd+ce)\leqslant\frac{1}{2}a(b^2+d^2+c^2+e^2)$$

$$bcf+def=f(bc+de)\leqslant\frac{1}{2}f(b^2+c^2+d^2+e^2)$$

$$(abd+ace+bcf+def)^2\leqslant\frac{1}{4}(a+f)^2(b^2+c^2+d^2+e^2)$$

因为

$$a^2+f^2\geqslant\frac{1}{2}(a+f)^2$$

故由算术 - 几何平均不等式，得

$$(a^2+b^2+c^2+d^2+e^2+f^2)^3$$

$$\geqslant\left[\frac{1}{2}(a+f)^2+\frac{1}{2}(b^2+c^2+d^2+e^2)+\frac{1}{2}(b^2+c^2+d^2+e^2)\right]^3$$

$$\geqslant\frac{27}{8}(a+f)^2(b^2+c^2+d^2+e^2)$$

因而，有

$$(a^2 + b^2 + c^2 + d^2 + e^2 + f^2)^3$$
$$\geqslant \frac{27}{2}(abd + ace + bcf + def)^2$$

于是引理得证.

定理 5.53 的证明 设 f_i 的面积为 S_i，则不难证明

$$S_i = \sum_{\substack{j=1 \\ j \neq i}}^{4} S_j \cos Q_{ij} \quad (i = 1, 2, 3, 4)$$

于是有

$$\begin{cases} S_1 - S_2 \cos Q_{12} - S_3 \cos Q_{13} - S_4 \cos Q_{14} = 0 \\ -S_1 \cos Q_{21} + S_2 - S_3 \cos Q_{23} - S_4 \cos Q_{24} = 0 \\ -S_1 \cos Q_{31} - S_2 \cos Q_{32} + S_3 - S_4 \cos Q_{34} = 0 \\ -S_1 \cos Q_{41} - S_2 \cos Q_{42} - S_3 \cos Q_{43} + S_4 = 0 \end{cases}$$

即

$$D = \begin{vmatrix} 1 & -\cos Q_{12} & -\cos Q_{13} & -\cos Q_{14} \\ -\cos Q_{21} & 1 & -\cos Q_{23} & -\cos Q_{24} \\ -\cos Q_{31} & -\cos Q_{32} & 1 & -\cos Q_{34} \\ -\cos Q_{41} & -\cos Q_{42} & -\cos Q_{43} & 1 \end{vmatrix} = 0$$

考虑以 λ 为根的方程

$$\begin{vmatrix} \lambda - 1 & \cos Q_{12} & \cos Q_{13} & \cos Q_{14} \\ \cos Q_{21} & \lambda - 1 & \cos Q_{23} & \cos Q_{24} \\ \cos Q_{31} & \cos Q_{32} & \lambda - 1 & \cos Q_{34} \\ \cos Q_{41} & \cos Q_{42} & \cos Q_{43} & \lambda - 1 \end{vmatrix} = 0 \quad (2.354)$$

将 (2.354) 的左端行列式展开后得到

$$\lambda^4 + m_1 \lambda^3 + m_2 \lambda^2 + m_3 \lambda + m_4 = 0 \quad (2.355)$$

其中

$$m_1 = -4$$
$$m_2 = \sum_{1 \leqslant i < j \leqslant 4} \sin^2 Q_{ij}$$

$$m_3 = 2 \sum_{1 \leqslant i < j \leqslant 4} \cos^2 Q_{ij} + 2 \sum_{1 \leqslant i < j < k \leqslant 4} \cos Q_{ij} \cos Q_{jk} \cos Q_{ki} - 4$$

$$m_4 = D$$

方程式(2.355)可写为

$$\lambda^3 + m_1 \lambda^2 + m_2 \lambda + m_3 = 0 \qquad (2.356)$$

设方程(2.356)的 3 个非零根分别为 $\lambda_1, \lambda_2, \lambda_3$, 利用方程根与系数之间的关系, 有

$$\lambda_1 + \lambda_2 + \lambda_3 = 4$$

$$\lambda_1\lambda_2 + \lambda_2\lambda_3 + \lambda_3\lambda_1 = \sum_{1 \leqslant i < j \leqslant 4} \sin^2 Q_{ij}$$

设 x_1, x_2, x_3 均为实数, 容易证明

$$(x_1 + x_2 + x_3)^2 \geqslant 3(x_1 x_2 + x_2 x_3 + x_3 x_1) \qquad (2.357)$$

其中等号当且仅当 $x_1 = x_2 = x_3$ 时成立. 在(2.357)中令 $x_1 = \lambda_1, x_2 = \lambda_2, x_3 = \lambda_3$ 即得(2.352).

　　下面证明不等式(2.352)等号成立的充要条件. 若四面体 $A_1A_2A_3A_4$ 为正四面体, 不难求得

$$\sin Q_{ij} \leqslant \frac{2\sqrt{2}}{3} \quad (1 \leqslant i < j \leqslant 4)$$

此时(2.352)中等号成立.

　　反之, 若不等式(2.352)等号成立, 即

$$\sum_{1 \leqslant i < j \leqslant 4} \sin^2 Q_{ij} = \frac{16}{3} \text{ 或 } \sum_{1 \leqslant i < j \leqslant 4} \cos^2 Q_{ij} = \frac{2}{3}$$

由不等式(2.357)中等号成立条件知不等式(2.352)中等号当且仅当 $\lambda_1 = \lambda_2 = \lambda_3$ 时成立. 利用(2.357), 故当(2.352)中等号成立时, $\lambda_1 = \lambda_2 = \lambda_3 = \frac{4}{3}$.

　　再次利用方程的根与系数的关系, 有

$$\lambda_1 \lambda_2 \lambda_3$$

$$= -a_3$$

$$= 4 - 2 \sum_{1 \le i < j \le 4} \cos^2 \theta_{ij} - 2 \sum_{1 \le i < j < k \le 4} \cos \theta_{ij} \cos \theta_{jk} \cos \theta_{ki}$$

$$= \left(\frac{4}{3} \right)^3$$

从而有

$$\sum_{1 \le i < j < k \le 4} \cos \theta_{ij} \cos \theta_{jk} \cos \theta_{ki} = \frac{4}{27}$$

令

$$\cos \theta_{12} = a, \cos \theta_{13} = b, \cos \theta_{14} = c$$
$$\cos \theta_{23} = d, \cos \theta_{24} = e, \cos \theta_{34} = f$$

则有

$$(a^2 + b^2 + c^2 + d^2 + e^2 + f^2)^3 = \frac{27}{2} (abd + ace + bcf + def)^2$$

故由引理 5.16 中不等式(2.353)等号成立条件知

$$a = b = c = d = e = f$$

从而所有的 $\cos \theta_{ij}$ 均相等,故

$$\cos \theta_{ij} \le \frac{1}{3}$$

从而

$$\theta_{ij} = \arccos \frac{1}{3} \quad (1 \le i < j \le 4)$$

由于六个二面角相等的四面体为正四面体,所以当不等式(2.352)等号成立时,四面体 $A_1 A_2 A_3 A_4$ 为正四面体.

于是定理 5.53 得证.

由定理 5.53 我们可得如下的推论:

推论 1 在四面体 $A_1 A_2 A_3 A_4$ 中,成立不等式

$$\sum_{1 \le i < j \le 4} \cos^2 Q_{ij} \ge \frac{2}{3} \qquad (2.358)$$

$$\sum_{1 \le i < j \le 4} \sin Q_{ij} \le 4\sqrt{2} \qquad (2.359)$$

$$\prod_{1 \le i < j \le 4} \sin Q_{ij} \le \left(\frac{8}{9}\right)^3 \qquad (2.360)$$

且三式中等号当且仅当四面体 $A_1 A_2 A_3 A_4$ 为正四面体时成立.

推论 2　四面体 $A_1 A_2 A_3 A_4$ 的四个侧面 f_i 的面积 S_i $(i=1,2,3,4)$ 和体积 V 之间有不等式

$$S_1 S_2 S_3 S_4 \ge \frac{3^{\frac{14}{3}}}{2^4} V^{\frac{8}{3}} \qquad (2.361)$$

$$S_1 + S_2 + S_3 + S_4 \ge 6 \sqrt[6]{3} V^{\frac{2}{3}} \qquad (2.362)$$

两式中等号当且仅当 $A_1 A_2 A_3 A_4$ 为正四面体时成立.

证明　设 $A_i A_j = a_{ij} (1 \le i < j \le 4)$. 易证四面体 $A_1 A_2 A_3 A_4$ 的体积为

$$V = \frac{2}{3} \cdot \frac{S_1 S_2}{a_{34}} \sin \theta_{12}$$

类似于上面的公式共有六个,将这些等式相乘,得

$$V^6 = \left(\frac{2}{3}\right)^6 \cdot \frac{\left(\prod\limits_{i=1}^{4} S_i\right)^3}{\prod\limits_{1 \le i < j \le 4} a_{ij}} \cdot \prod_{1 \le i < j \le 4} \sin \theta_{ij}$$

利用不等式(2.360),所以

$$V^6 \le \left(\frac{2}{3}\right)^6 \left(\frac{8}{9}\right)^3 \frac{\left(\prod\limits_{i=1}^{4} S_i\right)^3}{\prod\limits_{1 \le i < j \le 4} a_{ij}}$$

在 $\triangle A_1 A_2 A_3$ 中,因为

$$(a_{12} a_{23} a_{31})^2 = \frac{8 S_4^3}{\sin A_1 \sin A_2 \sin A_3}$$

而

$$\sin A_1 \sin A_2 \sin A_3 \leqslant \frac{3\sqrt{3}}{8}$$

所以

$$(a_{12}a_{23}a_{31})^2 \geqslant \frac{64}{3\sqrt{3}} S_4^3$$

在 $\triangle A_1A_2A_4$，$\triangle A_1A_3A_4$，$\triangle A_2A_3A_4$ 中也有类似的不等式. 将这些不等式相乘,得

$$\left(\prod_{1\leqslant i<j\leqslant 4} a_{ij}\right)^4 \geqslant \left(\frac{64}{3\sqrt{3}}\right)^4 \left(\prod_{i=4}^{4} S_i\right)^3$$

由此及上述不等式即得(2.361)成立,且易知其中等号当且仅当 $f_i(i=1,2,3,4)$ 均为正三角形,即 $A_1A_2A_3A_4$ 为正四面体时成立.

推论 3 四面体 $A_1A_2A_3A_4$ 的棱长 $a_{ij}=A_iA_j$ 与体积 V 之间有不等式

$$\prod_{1\leqslant i<j\leqslant 4} a_{ij} \geqslant 72V^2 \qquad (2.363)$$

其中等号当且仅当 $A_1A_2A_3A_4$ 为正四面体时成立.

评注 不等式(2.363)给出了四面体的六条棱长的乘积与体积之间的关系式,它可以看作是 Pólya-Szegö 不等式在三维空间的推广.

不等式(2.363)还有各种不同的加强形式,如下:

定理 5.54 设一个四面体的体积为 V,外接球半径为 R,其六条棱的乘积为 P,则有

$$V \leqslant \frac{\sqrt{3}}{24R} P^{\frac{2}{3}} \qquad (2.364)$$

而等号成立的充分必要条件是该四面体的三组相对棱的乘积相等.

定理 5.55 设四面体的体积为 V,外接球半径为

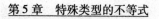

R,六条棱的乘积为 P,三组对棱分别为 $a, a_1 ; b, b_1 ; c, c_1$,则有

$$P \geqslant \left[72^2 V^4 + (aa_1 - bb_1)^2 (bb_1 - cc_1)^2 (cc_1 - aa_1)^2 \right]^{\frac{1}{2}}$$

(2.365)

$$VR \leqslant \frac{\sqrt{3}}{24} P^{\frac{1}{3}} \left[P^2 - (aa_1 - bb_1)^2 (bb_1 - cc_1)^2 (cc_1 - aa_1)^2 \right]^{\frac{1}{6}}$$

(2.366)

(2.365)中等号当且仅当四面体为正四面体时成立；

(2.366)中等号当且仅当 $aa_1 = bb_1 = cc_1$ 时成立.

定理 5.56　设四面体 $A_1A_2A_3A_4$ 的体积为 V,六条棱长的乘积为 P,顶点 A_i 处的三个面角为 $\alpha_i, \beta_i, \gamma_i$,并记

$$M_i = \frac{1}{2}(\alpha_i + \beta_i + \gamma_i) \quad (i = 1, 2, 3, 4)$$

则

$$P \geqslant 72 V^2 \prod_{i=1}^{4} \csc^{\frac{1}{4}} M_i \qquad (2.367)$$

其中等号当且仅当四面体为正四面体时成立.

下面我们介绍不等式(2.361) ~ (2.363)的一些应用.

定理 5.57　设四面体 $A_1A_2A_3A_4$ 的六条棱长分别为 $a_i (i = 1, 2, \cdots, 6)$,体积为 V,则有

$$\sum_{i=1}^{6} a_i^2 \geqslant 12 (3V)^{\frac{2}{3}} + \frac{1}{3} \sum_{1 \leqslant i < j \leqslant 6} (a_i - a_j)^2 \qquad (2.368)$$

或

$$\sum_{1 \leqslant i < j \leqslant 6} a_i a_j \geqslant 18 (3V)^{\frac{2}{3}} + \sum_{i=1}^{6} a_i^2 \qquad (2.369)$$

其中等号当且仅当四面体 $A_1A_2A_3A_4$ 为正四面体时成立.

证明 如图 5.65,在四面体 $A_1A_2A_3A_4$ 中,设

$$A_1A_2 = a_1 , A_1A_3 = a_2 , A_1A_4 = a_3$$
$$A_2A_3 = a_4 , A_2A_4 = a_5 , A_3A_4 = a_6$$

$\triangle A_2A_3A_4 , \triangle A_1A_3A_4 , \triangle A_1A_2A_4 , \triangle A_1A_2A_3$ 的面积分别为 S_1 , S_2 , S_3 , S_4 ,对 $\triangle A_2A_3A_4 , \triangle A_1A_3A_4 , \triangle A_1A_2A_4 ,$ $\triangle A_1A_2A_3$ 分别运用 Finsler-Hadwiger 不等式(2.45),可得

$$a_4^2 + a_5^2 + a_6^2$$
$$\geqslant 4\sqrt{3}S_1 + (a_4 - a_5)^2 + (a_5 - a_6)^2 + (a_6 - a_4)^2$$

$$(2.370)$$

$$a_2^2 + a_3^2 + a_6^2$$
$$\geqslant 4\sqrt{3}S_2 + (a_2 - a_3)^2 + (a_3 - a_6)^2 + (a_6 - a_2)^2$$

$$(3.371)$$

$$a_1^2 + a_2^2 + a_4^2$$
$$\geqslant 4\sqrt{3}S_4 + (a_1 - a_2)^2 + (a_2 - a_4)^2 + (a_4 - a_1)^2$$

$$(3.372)$$

又

$$(a_6 - a_1)^2 + (a_5 - a_2)^2 + (a_3 - a_4)^2$$
$$\equiv (a_6 - a_1)^2 + (a_5 - a_2)^2 + (a_3 - a_4)^2 \qquad (2.373)$$

将式(2.570)~(2.373)相加得

$$3 \sum_{i=1}^{6} a_i^2 = 2(a_1a_6 + a_2a_5 + a_3a_4)^2$$
$$\geqslant 4\sqrt{3}(S_1 + S_2 + S_3 + S_4) +$$
$$\sum_{1 \leqslant i < j \leqslant 6} (a_i - a_j)^2 \qquad (2.374)$$

即

$$3 \sum_{i=1}^{6} a_i \geqslant 4\sqrt{3}(S_1 + S_2 + S_3 + S_4) +$$

270

$$2(a_1a_6 + a_2a_3 + a_3a_4) + \sum_{1 \le i < j \le 6} (a_i - a_j)^2$$

$$(2.375)$$

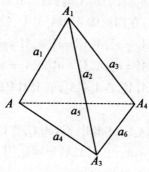

图 5.65

再由算术 – 几何平均不等式,得

$$a_1a_6 + a_2a_5 + a_3a_4 \ge 3\Big(\prod_{i=1}^{6} a_i\Big)^{\frac{1}{3}}$$

再利用(2.362)与(2.363)即得到(2.368).

不等式(2.368)可以看作是 Finsler-Hadwiger 不等式(2.45)在三维空间的推广.

定理 5. 58　设四面体 $A_1A_2A_3A_4$ 与四面体 $A_1'A_2'A_3'A_4'$ 的六棱长分别为 a_i 与 $a_i'(i = 1,2,\cdots,6)$,它们的四个侧面面积分别为 S_i 与 $S_i'(i = 1,2,3,4)$,则有

$$\sum_{i=1}^{6} a_i'^2\Big(\sum_{j=1}^{6} a_j^2 - 2a_i^2\Big) \ge 128\Big(\prod_{i=1}^{4} S_iS_i'\Big)^{\frac{1}{4}} \quad (2.376)$$

$$\sum_{i=1}^{6} a_i'\Big(\sum_{j=1}^{6} a_j - 2a_i\Big) \ge 32\sqrt{3}\Big(\prod_{i=1}^{4} S_iS_i'\Big)^{\frac{1}{8}} \quad (2.377)$$

且两式中等号当且仅当四面体 $A_1A_2A_3A_4$ 与四面体 $A_1'A_2'A_3'A_4'$ 均为正四面体时成立.

证明　在四面体 $A_1A_2A_3A_4$ 中,设

$$A_1A_2 = a_1 , A_1A_3 = a_2 , A_1A_4 = a_3$$
$$A_2A_3 = a_4 , A_2A_4 = a_5 , A_3A_4 = a_6$$

$\triangle A_2A_3A_4 , \triangle A_1A_3A_4 , \triangle A_1A_2A_4 , \triangle A_1A_2A_3$ 的面积分别为 S_1 , S_2 , S_3 , S_4;在四面体 $A_1'A_2'A_3'A_4'$ 中,设

$$A_1'A_2' = a_1' , A_1'A_3' = a_2' , A_1'A_4' = a_3'$$
$$A_2'A_3' = a_4' , A_2'A_4' = a_5' , A_3'A_4' = a_6'$$

$\triangle A_2'A_3'A_4' , \triangle A_1'A_3'A_4' , \triangle A_1'A_2'A_4' , \triangle A_1'A_2'A_3'$ 的面积分别为 $S_1' , S_2' , S_3' , S_4'$.

对于 $\triangle A_2A_3A_4 , \triangle A_2'A_3'A_4';\triangle A_1A_3A_4 , \triangle A_1'A_3'A_4';\triangle A_1A_2A_4 ,$ $\triangle A_1'A_2'A_4';\triangle A_1A_2A_3 , \triangle A_1'A_2'A_3'$ 分别运用 Pedoe 不等式(2.69)得

$$\sum_{i=1}^{6} a_i'^2 \left(\sum_{j=1}^{6} a_j^2 - 2a_i^2 \right)$$
$$\geq 16 \sum_{i=1}^{4} S_i S_i' + \sum_{i=1}^{6} a_i^2 a_i'^2 + a_1^2 a_6'^2 + a_2^2 a_5'^2 +$$
$$a_3^2 a_4'^2 + a_6^2 a_1'^2 + a_5^2 a_2'^2 + a_4^2 a_3'^2 \qquad (2.378)$$

利用 Pólya-Szegö 不等式(2.12)知

$$a_4 a_5 a_6 \geq \frac{8}{\sqrt[4]{27}} S_1^{\frac{3}{2}} , a_2 a_3 a_6 \geq \frac{8}{\sqrt[4]{27}} S_2^{\frac{3}{2}}$$
$$a_1 a_3 a_5 \geq \frac{8}{\sqrt[4]{27}} S_3^{\frac{3}{2}} , a_1 a_2 a_4 \geq \frac{8}{\sqrt[4]{27}} S_4^{\frac{3}{2}}$$

将此四个不等式相乘再开平方,得

$$\prod_{i=1}^{6} a_i \geq \frac{64}{\sqrt{27}} \left(\prod_{i=1}^{4} S_i \right)^{\frac{3}{4}} \qquad (2.379)$$

同理

$$\prod_{i=1}^{6} a_i' \geq \frac{64}{\sqrt{27}} \left(\prod_{i=1}^{4} S_i' \right)^{\frac{3}{4}} \qquad (2.380)$$

利用算术 – 几何平均不等式,有

$$\sum_{i=1}^{6} a_i^2 a_i'^2 + a_1^2 a_6'^2 + a_2^2 a_5'^2 + a_3^2 a_4'^2 + a_6^2 a_1'^2 +$$

$$a_5^2 a_2'^2 + a_4^2 a_3'^2 \geqslant 12\Big(\prod_{i=1}^{6} a_i a_i'\Big)^{\frac{1}{3}} \qquad (2.381)$$

故由(2.379)与(2.380),得

$$\sum_{i=1}^{6} a_i^2 a_i'^2 + a_1^2 a_6'^2 + a_2^2 a_5'^2 + a_3^2 a_4'^2 + a_6^2 a_1'^2 +$$

$$a_5^2 a_2'^2 + a_4^2 a_3'^2 \geqslant 64\Big(\prod_{i=1}^{6} S_i S_i'\Big)^{\frac{1}{4}} \qquad (2.382)$$

再次利用算术 – 几何平均不等式,有

$$\sum_{i=1}^{4} S_i S_i' \geqslant 4\Big(\prod_{i=1}^{4} S_i S_i'\Big)^{\frac{1}{4}} \qquad (2.383)$$

将(2.382)与(2.383)代入(2.378),故有

$$\sum_{i=1}^{6} a_i'^2 \Big(\sum_{j=1}^{6} a_j^2 - 2a_i^2\Big) \geqslant 128\Big(\prod_{i=1}^{4} S_i S_i'\Big)^{\frac{1}{4}}$$

仿不等式(2.376)的证明,即可证得(2.377).

推论　设四面体 $A_1 A_2 A_3 A_4$ 和四面体 $A_1' A_2' A_3' A_4'$ 的六条棱长分别为 a_i 与 $a_i'(i=1,2,\cdots,6)$,它们的体积分别为 V 与 V',则

$$\sum_{i=1}^{6} a_i'^2 \Big(\sum_{j=1}^{6} a_j^2 - 2a_i^2\Big) \geqslant 288\sqrt[3]{3}\,(VV')^{\frac{2}{3}} \qquad (2.384)$$

$$\sum_{i=1}^{6} a_i' \Big(\sum_{j=1}^{6} a_j - 2a_i\Big) \geqslant 48\sqrt[3]{9}\,(VV')^{\frac{1}{3}} \qquad (2.385)$$

且两式中等号当且仅当四面体 $A_1 A_2 A_3 A_4$ 与四面体 $A_1' A_2' A_3' A_4'$ 均为正四面体时成立.

定理 5.59　若 $a_i(i=1,2,\cdots,6)$,R,r 与 $a_i'(i=1,2,\cdots,6)$,R',r' 分别表示四面体 $ABCD$ 与四面体 $A'B'C'D'$ 的六条棱长、外接球半径和内切球半径,则不等式

$$144rr' \leqslant \sum_{i=1}^{6} a_i a_i' \leqslant 16RR' \qquad (2.386)$$

成立,其中左边等号成立的充分必要条件为两个四面体均为正四面体;右边等号成立的充分必要条件为两个四面体对应棱长成比例且每一四面体均为等腰四面体.

定理 5.60 若 $m_i, h_i (i = 1, 2, 3, 4), R, r$ 与 m_i', $h_i'(i = 1, 2, 3, 4), R', r'$ 分别表示四面体 $ABCD$ 和四面体 $A'B'C'D'$ 的四条中线、四条高和外接球半径、内切球半径,则不等式

$$64rr' \leqslant \sum_{i=1}^{4} h_i h_i' \leqslant \sum_{i=1}^{4} m_i m_i' \leqslant \frac{64}{9}RR' \qquad (2.387)$$

成立,其中左边等号成立的充分必要条件为两个四面体均为等腰四面体;中间等号成立的充分必要条件为两个四面体均为正四面体;右边等号成立的充分必要条件为两个四面体的对应中线成比例且两个四面体均为等腰四面体.

首先证明下面的引理:

引理 5.17 设四面体的体积为 V,内切球半径为 r,则有

$$V \geqslant 8\sqrt{3}\,r^3 \qquad (2.388)$$

其中等号当且仅当四面体为正四面体时成立.

证明 由不等式(2.362),知

$$S_1 + S_2 + S_3 + S_4 \geqslant 6\sqrt[6]{3}\,V^{\frac{2}{3}}$$

其中 S_1, S_2, S_3, S_4 为四面体四个侧面的面积. 又

$$\frac{1}{3}r(S_1 + S_2 + S_3 + S_4) = V$$

所以

$$V \geqslant \frac{1}{3} r \cdot 6 \sqrt[6]{3} V^{\frac{2}{3}}$$

从而

$$V \geqslant 8 \sqrt{3} r^3$$

引理 5.18　若四面体的四条中线与其对应的四条高等长,则四面体为正四面体.

证明　如图 5.62 所示,若 $A_1 G_1$ 垂直于 $\triangle A_2 A_3 A_4$ 所在的平面,则有

$$A_1 A_2^2 = A_1 G_1^2 + A_2 G_1^2$$
$$A_1 A_3^2 = A_1 G_1^2 + A_3 G_1^2$$
$$A_1 A_4^2 = A_1 G_1^2 + A_4 G_1^2$$

将 $A_1 A_2, A_1 A_3, A_1 A_4, A_1 G_1, A_2 G_1, A_3 G_1, A_4 G_1$ 的值(用 a_i 表示,$i = 1, 2, \cdots, 6$)分别代入并计算得

$$a_1^2 + 3a_4^2 = a_3^2 + 3a_5^2 = a_2^2 + 3a_6^2$$

同理,有

$$a_4^2 + 3a_1^2 = a_5^2 + 3a_3^2 = a_2^2 + 3a_6^2$$
$$a_4^2 + 3a_1^2 = a_3^2 + 3a_5^2 = a_6^2 + 3a_2^2$$
$$a_1^2 + 3a_4^2 = a_5^2 + 3a_3^2 = a_6^2 + 3a_2^2$$

故 $a_1 = a_2 = a_3 = a_4 = a_5 = a_6$. 此时四面体为正四面体.

引理 5.19　四面体的四条高之积不小于其内切球半径 4 次方的 256 倍,即

$$\prod_{i=1}^{4} h_i \geqslant (4r)^4 \qquad (2.389)$$

其中等号当且仅当四面体为等腰四面体时成立.

证明　利用算术 – 几何平均不等式以及引理5.13 中的辅助命题即得证.

定理 5.59 的证明　利用 Cauchy 不等式及引理 5.10 得

$$\sum_{i=1}^{6} a_i a_i' \leqslant \Big(\sum_{i=1}^{6} a_i^2 \sum_{i=1}^{6} a_i'^2 \Big)^{\frac{1}{2}} \leqslant 16RR' \qquad (2.390)$$

利用算术 – 几何平均不等式及定理 5.53 的推论 3 得

$$\sum_{i=1}^{6} a_i a_i' \geqslant 6 \Big(\prod_{i=1}^{6} a_i a_i' \Big)^{\frac{1}{6}} \geqslant 6 (72^2 V^2 V'^2)^{\frac{1}{6}}$$

$$\geqslant 6 \big[72^2 (8\sqrt{3})^4 r^6 r'^6 \big]^{\frac{1}{6}} = 144 rr' \qquad (2.391)$$

由(2.390)与(2.391)即得式(2.386).

定理 5.60 的证明 利用 Cauchy 不等式及引理 5.10 与引理 5.11 得

$$\sum_{i=1}^{4} m_i m_i' \leqslant \Big(\sum_{i=1}^{4} m_i^2 \sum_{i=1}^{4} m_i'^2 \Big)^{\frac{1}{2}}$$

$$= \frac{4}{9} \Big(\sum_{i=1}^{6} a_i^2 \sum_{i=1}^{6} a_i'^2 \Big)^{\frac{1}{2}}$$

$$\leqslant \frac{64}{9} RR' \qquad (2.392)$$

显然

$$\sum_{i=1}^{4} h_i h_i' \leqslant \sum_{i=1}^{4} m_i m_i' \qquad (2.393)$$

利用算术 – 几何平均不等式及引理 5.19,得

$$\sum_{i=1}^{4} h_i h_i' \geqslant 4 \Big(\prod_{i=1}^{4} h_i h_i' \Big)^{\frac{1}{4}} \geqslant 64 rr' \qquad (2.394)$$

由(2.392) ~ (2.394)即得

$$64 rr' \leqslant \sum_{i=1}^{4} h_i h_i' \leqslant \sum_{i=1}^{4} m_i m_i' \leqslant \frac{64}{9} RR'$$

由(2.389)中等号成立的条件,(2.387)左边等号当且仅当四面体 $ABCD$ 与四面体 $A'B'C'D'$ 均为等腰四面体时成立. 由引理 5.18 知(2.387)中间等号成立当且仅当两个四面体 $ABCD$ 与四面体 $A'B'C'D'$ 均为正四面体

时成立. 由 Cauchy 不等式等号成立条件及引理 5.10 与引理 5.12 知(2.387)右边等号当且仅当两个四面体 $ABCD$ 与 $A'B'C'D'$ 的对应中线成比例且两个四面体均为等腰四面体时成立.

利用定理 5.59, 5.60 容易导出如下推论:

推论　沿用定理 5.59, 5.60 中的符号, 则有

$$12\sqrt{6}\,r \leqslant \sum_{i=1}^{6} a_i \leqslant 4\sqrt{6}R \qquad (2.395)$$

$$144r^2 \leqslant \sum_{i=1}^{6} a_i^2 \leqslant 16R^2 \qquad (2.396)$$

$$360r^2 \leqslant \sum_{1 \leqslant i < j \leqslant 6} a_i a_j \leqslant 40R^2 \qquad (2.397)$$

$$16r \leqslant \sum_{i=1}^{4} m_i \leqslant \frac{16}{3}R \qquad (2.398)$$

$$64r^2 \leqslant \sum_{i=1}^{4} m_i^2 \leqslant \frac{64}{9}R^2 \qquad (2.399)$$

$$96r^2 \leqslant \sum_{1 \leqslant i < j \leqslant 4} m_i m_j \leqslant \frac{32}{3}R^2 \qquad (2.400)$$

将 m_i 换成 $h_i(i=1,2,3,4)$, $(2.398) \sim (2.400)$ 仍成立

$$24\sqrt{3}\,r^2 \leqslant \sum_{i=1}^{4} S_i \leqslant \frac{8\sqrt{3}}{3}R^2 \qquad (2.401)$$

$$R \geqslant 3r \qquad (2.402)$$

以上各式中除(2.396)与(2.399)两式右端不等式当且仅当四面体为等腰四面体时等号成立外, 其余各式中等号当且仅当四面体为正四面体时成立.

利用不等式(2.362), (2.363), (2.341), (2.388)及

$$\sum_{i=1}^{6} a_i^2 \geqslant 2\sqrt{3} \sum_{i=1}^{4} S_i^2 \qquad (2.403)$$

不难得到四面体和它的切点四面体的各种不变量之间的关系(证明过程这里从略).

定理 5.61 设四面体 $ABCD$ 和它的切点四面体 $A'B'C'D'$ 的棱长、各侧面面积、体积、外接球半径及内切球半径分别为 $a_i(i=1,2,\cdots,6)$, $S_i(i=1,2,3,4)$, V,R,r 及 $a_i'(i=1,2,\cdots,6)$, $S_i'(i=1,2,3,4)$, V',R',r', 则有

$$\sum_{i=1}^{6} a_i' \leqslant \frac{1}{3} \sum_{i=1}^{6} a_i \qquad (2.404)$$

$$\sum_{i=1}^{4} S_i \leqslant \frac{1}{9} \sum_{i=1}^{4} S_i \qquad (2.405)$$

$$V' \leqslant \frac{1}{27} V \qquad (2.406)$$

$$R' \leqslant \frac{1}{3} R \qquad (2.407)$$

$$r' \leqslant \frac{1}{3} r \qquad (2.408)$$

以及

$$\sum_{1 \leqslant i < j \leqslant 6} a_i' a_j' \leqslant \frac{1}{9} \sum_{1 \leqslant i < j \leqslant 6} a_i a_j \qquad (2.409)$$

$$\sum_{i=1}^{6} a_i'^2 \leqslant \frac{1}{9} \sum_{i=1}^{6} a_i^2 \qquad (2.410)$$

$$\prod_{i=1}^{6} a_i' \leqslant \frac{1}{3^6} \prod_{i=1}^{6} a_i \qquad (2.411)$$

$$\sum_{1 \leqslant i < j \leqslant 4} S_i' S_j' \leqslant \frac{1}{81} \sum_{1 \leqslant i < j \leqslant 4} S_i S_j \qquad (2.412)$$

$$\sum_{i=1}^{4} S_i'^2 \leqslant \frac{1}{81} \sum_{i=1}^{4} S_i^2 \qquad (2.413)$$

$$\prod_{i=1}^{4} S_i' \leqslant \frac{1}{3^8} \prod_{i=1}^{4} S_i \qquad (2.414)$$

其中所有不等式中的等号当且仅当四面体 $ABCD$ 为正四面体时成立.

5.3　其他特殊类型的不等式

本节我们介绍其他几种特殊类型的不等式, 主要有绝对值不等式、数列不等式、复数不等式、函数不等式等. 这些不等式的内容极为丰富, 这里只能举例说明证明这些特殊类型的不等式所用到的一些方法和一些特殊技巧.

一、含有绝对值的不等式

以下有关绝对值的运算性质是众所周知的：

性质 5.1

$$\left| \sum_{i=1}^{n} a_i \right| \leqslant \sum_{i=1}^{n} |a_i| \tag{3.1}$$

性质 5.2

$$|a - b| \geqslant |a| - |b| \tag{3.2}$$

性质 5.3

$$\left| \prod_{i=1}^{n} a_i \right| = \prod_{i=1}^{n} |a_i| \tag{3.3}$$

特别地

$$|a^n| = |a|^n \quad (n \in \mathbf{N}) \tag{3.4}$$

性质 5.4

$$\left| \frac{a}{b} \right| = \frac{|a|}{|b|} \tag{3.5}$$

我们这里主要在实数范围内讨论含绝值的不等式, 但上面的这些性质对复数也是成立的.

例 1　若 $a, b \in \mathbf{R}$, 求证

$$\frac{|a+b|}{1+|a+b|} \leqslant \frac{|a|}{1+|a|} + \frac{|b|}{1+|b|} \qquad (3.6)$$

证法 1(利用函数的单调性) 设

$$f(x) = \frac{x}{1+x} \quad (x > 0)$$

则当 $x_2 > x_1 > 0$ 时

$$f(x_2) - f(x_1) = \frac{x_2}{1+x_2} - \frac{x_1}{1+x_1} = \frac{x_2 - x_1}{(1+x_1)(1+x_2)} > 0$$

所以,当 $x > 0$ 时,$f(x)$ 为增函数. 因为

$$|a+b| \leqslant |a| + |b|$$

故

$$\frac{|a+b|}{1+|a+b|} \leqslant \frac{|a|+|b|}{1+|a|+|b|}$$

$$= \frac{|a|}{1+|a|+|b|} + \frac{|b|}{1+|a|+|b|}$$

$$\leqslant \frac{|a|}{1+|a|} + \frac{|b|}{1+|b|}$$

证法 2(放缩法) 因 $0 \leqslant |a+b| \leqslant |a|+|b|$,所以

$$\frac{|a+b|}{1+|a+b|} = 1 - \frac{1}{1+|a+b|}$$

$$\leqslant 1 - \frac{1}{1+|a|+|b|} = \frac{|a|+|b|}{1+|a|+|b|}$$

$$\leqslant \frac{|a|}{1+|a|} + \frac{|b|}{1+|b|}$$

证法 3(放缩法) 因为

$$\frac{|a+b|}{1+|a+b|} = \frac{1}{\frac{1}{|a+b|}+1} \leqslant \frac{1}{\frac{1}{|a|+|b|}+1}$$

$$= \frac{|a|+|b|}{1+|a|+|b|} \leqslant \frac{|a|}{1+|a|} + \frac{|b|}{1+|b|}$$

证法 4（利用已知不等式） 设 $a, b, m \in \mathbf{R}_+, a < b$，则有

$$\frac{a}{b} < \frac{a+m}{b+m} \qquad (3.7)$$

因为 $|a+b| \leqslant |a| + |b|$，由 (3.7)，知

$$\frac{|a+b|}{|a|+|b|} \leqslant \frac{1+|a+b|}{1+|a|+|b|}$$

从而

$$\frac{|a+b|}{1+|a+b|} \leqslant \frac{|a|+|b|}{1+|a|+|b|}$$

$$= \frac{|a|}{1+|a|+|b|} + \frac{|b|}{1+|a|+|b|}$$

$$\leqslant \frac{|a|}{1+|a|} + \frac{|b|}{1+|b|}$$

评注 由数学归纳法不难将不等式 (3.6) 推广为

$$\frac{|a_1 + a_2 + \cdots + a_n|}{1+|a_1 + a_2 + \cdots + a_n|}$$

$$\leqslant \frac{|a_1|}{1+|a_1|} + \frac{|a_2|}{1+|a_2|} + \cdots + \frac{|a_n|}{1+|a_n|} \qquad (3.8)$$

其中 $a_i \in \mathbf{R}_+ (i = 1, 2, \cdots, n)$. 我们在 3.4 节中的例 4 就证明了该不等式.

例 2 $(1) a_i, b_i \in \mathbf{R}(i = 1, 2, \cdots, n)$，证明

$$\left| \sqrt{\sum_{i=1}^{n} a_i^2} - \sqrt{\sum_{i=1}^{n} b_i^2} \right| \leqslant \sqrt{\sum_{i=1}^{n} (a_i - b_i)^2} \qquad (3.9)$$

(2) 对任意实数 x，证明

$$|\sqrt{x^2 + x + 1} - \sqrt{x^2 - x + 1}| < 1 \qquad (3.10)$$

证明 利用 Cauchy 不等式

$$\sum_{i=1}^{n} a_i b_i \leqslant \left(\sum_{i=1}^{n} a_i^2 \right)^{\frac{1}{2}} \left(\sum_{i=1}^{n} b_i^2 \right)^{\frac{1}{2}}$$

或

$$\sum_{i=1}^{n} a_i^2 - 2 \sum_{i=1}^{n} a_i b_i + \sum_{i=1}^{n} b_i^2$$

$$\geqslant \sum_{i=1}^{n} a_i^2 - 2 \sqrt{\sum_{i=1}^{n} a_i^2} \cdot \sqrt{\sum_{i=1}^{n} b_i^2} + \sum_{i=1}^{n} b_i^2$$

即

$$\sum_{i=1}^{n} (a_i - b_i)^2$$

$$\geqslant \left(\sqrt{\sum_{i=1}^{n} a_i^2} - \sqrt{\sum_{i=1}^{n} b_i^2} \right)^2$$

上式两边开平方即得(3.9). 由(3.9)得

$$\left| \sqrt{x^2 + x + 1} - \sqrt{x^2 - x + 1} \right|$$

$$= \left| \sqrt{\left(x + \frac{1}{2}\right)^2 + \left(\frac{\sqrt{3}}{2}\right)^2} - \sqrt{\left(x - \frac{1}{2}\right)^2 + \left(\frac{\sqrt{3}}{2}\right)^2} \right|$$

$$\leqslant \sqrt{\left[\left(x + \frac{1}{2}\right) - \left(x - \frac{1}{2}\right)\right]^2 + \left(\frac{\sqrt{3}}{2} - \frac{\sqrt{3}}{2}\right)^2} = 1$$

评注 不等式(3.9)也可以写成如下形式

$$\sqrt{\prod_{i=1}^{n} (a_i + b_i)^2} \leqslant \sqrt{\sum_{i=1}^{n} a_i^2} + \sqrt{\sum_{i=1}^{n} b_i^2} \qquad (3.11)$$

在一维情况下,(3.11)表示三角形一边小于其他两边之和;(3.10)表示三角形两边之差小于第三边. 故(3.10)与(3.11)均称为三角不等式.

例3 证明:关于绝对值的不等式 $|a + b| \leqslant |a| + |b|$ 可推广为(Hlawka 不等式)

$$|a| + |b| + |c| - |b + c| - |c + a| -$$
$$|a + b| + |a + b + c| \geqslant 0 \qquad (3.1')$$

证明 我们有

282

$$(|a| + |b| + |c| - |b+c| -$$
$$|c+a| - |a+b| + |a+b+c|) \cdot$$
$$(|a| + |b| + |c| + |a+b+c|)$$
$$= (|b| + |c| - |b+c|) \cdot$$
$$(|a| - |b+c| + |a+b+c|) +$$
$$(|c| + |a| - |c+a|) \cdot$$
$$(|b| - |c+a| + |a+b+c|) +$$
$$(|a| + |b| - |a+b|) \cdot$$
$$(|c| - |a+b| + |a+b+c|) \geqslant 0$$

故 $(3.1')$ 得证.

评注　不等式 $(3.1')$ 不能对 $n \geqslant 4$ 拓展成

$$\sum_{k=1}^{n} |a_k| - \sum_{k<j} |a_k + a_j| +$$

$$\sum_{k<j<i} |a_k + a_j + a_i| - \cdots + (-1)^{n-1} \left| \sum_{k=1}^{n} a_k \right| \geqslant 0$$

事实上,当 $a_1 = a_2 = \cdots = a_{n-1} = 1, a_n = -2$ 时,上述不等式便不成立. 这一论断是由 Luxemburg 给出的.

例 4　证明:存在这样的整系数多项式 $P(x)$,对区间 $\left[\dfrac{1}{10}, \dfrac{9}{10} \right]$ 中的一切 x 值,它适合不等式

$$\left| P(x) - \frac{1}{2} \right| < \frac{1}{1\,000}$$

证明　考虑多项式

$$f_n(x) = \frac{1}{2} \left[(2x-1)^n + 1 \right] \quad (n \in \mathbf{N})$$

易知 $f_n(x)$ 是整系数多项式. 当 $x \in \left[\dfrac{1}{10}, \dfrac{9}{10} \right]$ 时,有

$$-\frac{4}{5} \leqslant 2x - 1 \leqslant \frac{4}{5}$$

所以

$$\left| f_n(x) - \frac{1}{2} \right| = \frac{1}{2} |2x-1|^n \leqslant \frac{1}{2} \left(\frac{4}{5} \right)^n$$

若 $\dfrac{1}{2} \left(\dfrac{4}{5} \right)^n < \dfrac{1}{1\ 000}$，则

$$n > \frac{\ln \dfrac{1}{500}}{\ln \dfrac{4}{5}} = 27.8$$

因此当 $n \geqslant 28$ 时，任一多项式 $f_n(x)$ 都满足问题的要求.

例5 设二次函数 $y = ax^2 + bx + c$ 且 $|y|_{x=0,1,2} \leqslant 1$，证明 $\max\limits_{x \in [0,2]} |y| \leqslant 4$.

证明 令 $t = x - 1$，则

$$\begin{aligned}
y &= ax^2 + bx + c \\
&= a(t+1)^2 + b(t+1) + c \\
&= a_1 t^2 + b_1 t + c_1 = f(t)
\end{aligned}$$

且有

$$|f(t)|_{t=-1,0,1} \leqslant 1$$

由于

$$\begin{cases}
a_1 - b_1 + c_1 = f(-1) \\
c_1 = f(0) \\
a_1 + b_1 + c_1 = f(1)
\end{cases}$$

故

$$\begin{cases}
a_1 = \dfrac{1}{2}[f(1) + f(-1)] - f(0) \\[2mm]
b_1 = \dfrac{1}{2}[f(1) - f(-1)] \\[2mm]
c_1 = f(0)
\end{cases}$$

284

从而

$$|a_1| \leqslant \frac{1}{2}[\,|f(1)| + |f(-1)|\,] + |f(0)| \leqslant 2$$

$$|b_1| \leqslant \frac{1}{2}[\,|f(1)| + |f(-1)|\,] \leqslant 1$$

$$|c_1| \leqslant |f(0)| \leqslant 1$$

故当 $t \in [-1,1]$ 时,有

$$|f(t)| \leqslant |a_1| + |b_1| + |c_1| \leqslant 4$$

即

$$\max_{x \in [0,2]} |y| \leqslant 4$$

例 6 求所有的 a,b,使 $|2x^2 + ax + b| \leqslant 1$ 对一切 $-1 \leqslant x \leqslant 1$ 均成立.

解 先考虑较为一般的情形:对任意 $\alpha \in (-\infty, +\infty)$,当且仅当 $2\cos^2\alpha + a\cos\alpha + b = \cos 2\alpha$ 时

$$|2\cos^2\alpha + a\cos\alpha + b| \leqslant 1$$

若 $2\cos^2\alpha + a\cos\alpha + b = \cos 2\alpha$,显然能使

$$|2\cos^2\alpha + a\cos\alpha + b| \leqslant 1$$

对任意 $\alpha \in (-\infty, +\infty)$ 都成立. 反之,设 $b > -1$,则

$$2\cos^2\alpha + a\cos\alpha + b = 2\cos^2\alpha - 1 + a\cos\alpha + b + 1$$

由假设知 $b + 1 > 0$. 若令 $\cos^2\alpha = 1$ 且使 $a\cos\alpha = |a|$,则有

$$|2\cos^2\alpha + a\cos\alpha + b| = 1 + |a| + b + 1 > 1$$

矛盾. 设 $b < -1$,若令 $\cos\alpha = 0$,则有

$$|2\cos^2\alpha + a\cos\alpha + b| = |b| > 1$$

矛盾. 由此可见 $b = -1$. 当 $b = -1$ 时,设 $a > 0$,则可取 $\cos\alpha = 1$,于是

$$|2\cos^2\alpha + a\cos\alpha - 1| = 1 + a > 0$$

矛盾. 设 $a < 0$,则可取 $\cos\alpha = -1$,于是

$$|2\cos^2\alpha + a\cos\alpha - 1| = 1 - a > 1$$

由此知 $a = 0$.

特别地,有

(1)令 $\cos\alpha = x$,则对任意 $x \in [-1,1]$,当且仅当 $a = 0, b = -1$ 时,$|2x^2 + ax + b| \leqslant 1$,此即原问题的结论.

(2)令 $\cos\alpha = \dfrac{1}{2}x$,则对任意 $x \in [-2,2]$,当且仅当 $a = 0, b = -4$ 时,$|2x^2 + ax + b| \leqslant 4$.

(3)令 $\cos\alpha = \dfrac{1}{3}(2x - 1)$,则对任意 $x \in [-1,2]$,当且仅当 $a = -8, b = -7$ 时,$|8x^2 + ax + b| \leqslant 9$.

(4)令 $\cos\alpha = \dfrac{1}{n-m}(2x - m - n)$,$m < n$,则对任意 $x \in [m,n]$,有

$$|8x^2 + ax + b| \leqslant (n-m)^2$$

当且仅当 $a = -8(m+n), b = 2(m+n)^2 - (n-m)^2$ 时成立.

这个问题更一般的情形为:

命题 5.32 若 $f_n(\cos\alpha)$ 是关于 $\cos\alpha$ 的 n 次实系数多项式,且最高次项系数为 2^{n-1},对任意 $\alpha \in (-\infty, +\infty)$,当且仅当 $f_n(\cos\alpha) = \cos n\alpha (n \in \mathbf{N})$ 时,不等式 $|f_n(\cos\alpha)| \leqslant 1$ 成立.

例7 设 $x \in \mathbf{R}$,令 $f(x) = x - [x] - \dfrac{1}{2}$,其中 $[x]$ 表示不超过 x 的整数,试证明对任意的 x, m 都有

$$\left| \sum_{k=1}^{m} f\left(2^k x + \frac{1}{2}\right) \right| \leqslant 1$$

证明 显然 $|f(x)| \leqslant \dfrac{1}{2}$. 注意到

$$[2y] = [y] + \left[y + \frac{1}{2} \right]$$

令 $y = 2^k x$,可得

$$f\left(2^k x + \frac{1}{2} \right)$$
$$= 2^k x + \frac{1}{2} - \left[2^k x + \frac{1}{2} \right] - \frac{1}{2}$$
$$= 2^k x - [2 \cdot 2^k x] + [2^k x]$$
$$= 2^{k+1} x - [2^{k+1} x] - \frac{1}{2} - \left(2^k x - [2^k x] - \frac{1}{2} \right)$$
$$= f(2^{k+1} x) - f(2^k x)$$

所以

$$\left| \sum_{k=1}^{m} f\left(2^k x + \frac{1}{2} \right) \right| = \left| \sum_{k=1}^{m} [f(2^{k+1} x) - f(2^k x)] \right|$$
$$= | f(2^{m+1} x) - f(2x) |$$
$$\leqslant | f(2^{m+1} x) | + | f(2x) | \leqslant 1$$

例 8　设 $x_i \in \mathbf{R}(i = 1, 2, \cdots, n)$ 满足 $\sum_{k=1}^{n} x_k^2 = 1$. 求证:对每一整数 $k \geqslant 2$,存在不全为零的整数 $a_i (i = 1, 2, \cdots, n)$,使得 $|a_i| \leqslant k - 1 (i = 1, 2, \cdots, n)$ 且

$$\left| \sum_{i=1}^{n} a_i x_i \right| \leqslant \frac{(k-1)\sqrt{n}}{k^n - 1}$$

证明　由 Cauchy 不等式,得

$$(|x_1| + |x_2| + \cdots + |x_n|)^2$$
$$\leqslant (1^2 + 1^2 + \cdots + 1^2)(x_1^2 + x_2^2 + \cdots + x_n^2)$$

即

$$|x_1| + |x_2| + \cdots + |x_n| \leqslant \sqrt{n}$$

所以,当 $0 \leqslant a_i \leqslant k - 1$ 时,有

$$a_1 |x_1| + a_2 |x_2| + \cdots + a_n |x_n|$$

287

$$\leqslant (k-1)(|x_1| + |x_2| + \cdots + |x_n|)$$

$$\leqslant (k-1)\sqrt{n}$$

把区间 $[0,(k-1)\sqrt{n}]$ 等分成 $k^n - 1$ 个小区间,每个小区间的长度为 $\dfrac{(k-1)\sqrt{n}}{k^n - 1}$. 由于每一个 a_i 只能取 k 个整数,所以 $a_1|x_1| + a_2|x_2| + \cdots + a_n|x_n|$ 共有 k^n 个正数,因此必有两数会落在同一个小区间之内,设它们分别是 $\sum\limits_{i=1}^{n} a_i'|x_i|$ 与 $\sum\limits_{i=1}^{n} a_i''|x_i|$. 因此,有

$$\left| \sum_{i=1}^{n} (a_i' - a_i'')|x_i| \right| \leqslant \frac{(k-1)\sqrt{n}}{k^n - 1} \qquad (3.12)$$

显然,我们有 $|a_i' a_i''| \leqslant k-1, i = 1,2,\cdots,n$. 现取

$$a_i = \begin{cases} a_i' - a_i'' & (\text{如果 } x_i \geqslant 0) \\ a_i'' - a_i' & (\text{如果 } x_i < 0) \end{cases}$$

这里 $i = 1,2,\cdots,n$. 于是 (3.12) 可表为

$$\left| \sum_{i=1}^{n} a_i x_i \right| \leqslant \frac{(k-1)\sqrt{n}}{k^n - 1}$$

这里 a_i 为整数,适合 $|a_i| \leqslant k-1, i = 1,2,\cdots,n$. 证毕.

例9 设 $P(x) = a_0 + a_1 x + \cdots + a_n x^n$ 是 n 次实系数多项式,$a \geqslant 3$ 是一实数,求证:在 $|1 - P(0)|, |a - P(1)|, |a^2 - P(2)|, \cdots, |a^{n+1} - P(n+1)|$ 中至少有一个不小于 1.

证明 当 $n = 0$ 时,结论显然成立. 假设 $n \leqslant k-1$ 时结论成立,当 $n = k$ 时 $P(x)$ 为 k 次实系数多项式,作多项式

$$Q(x) = \frac{P(x+1) - P(x)}{a-1}$$

易见 $Q(x)$ 是不超过 $k-1$ 次的实系数多项式. 依归纳

假设,存在一个 $i(0 \leqslant i \leqslant k-1)$,适合 $|a^i - Q(i)| \geqslant 1$.
于是

$$1 \leqslant \left| a^i - \frac{P(i+1) - P(i)}{a-1} \right|$$

$$= \frac{1}{a-1} |a^{i+1} - P(i+1) - a^i + P(i)|$$

$$\leqslant \frac{1}{a-1} |a^{i+1} - P(i+1)| + \frac{1}{a-1} |a^i - P(i)|$$

因此最后式中的两项中至少有一项不小于 $\frac{1}{2}$.

若

$$\frac{1}{a-1} |a^{i+1} - P(i+1)| \geqslant \frac{1}{2}$$

则

$$|a^{i+1} - P(i+1)| \geqslant \frac{a-1}{2} \geqslant 1$$

若

$$\frac{1}{a-1} |a^i - P(i)| \geqslant \frac{1}{2}$$

则

$$|a^i - P(i)| \geqslant \frac{a-1}{2} \geqslant 1$$

故由归纳假设知,结论对所有的 $n \geqslant 0$ 均成立.

例 10　设 $\delta(x)$ 是正整数 x 的最大奇因子,求证:
对任意的 x,有 $\left| \sum\limits_{n=1}^{x} \frac{\delta(n)}{n} - \frac{2x}{3} \right| < 1$.

证明　记 $S(x) = \sum\limits_{n=1}^{x} \frac{\delta(n)}{n}$,由 $\delta(2m+1) = 2m + 1$,知

$$S(2x+1) = S(2x) + 1$$

注意 $\delta(2m) = \delta(m)$,并将 $S(2x)$ 的和式按项的奇偶性分部相加即得

$$S(2x) = \sum_{m=1}^{x} \frac{\delta(2m)}{2m} + \sum_{m=1}^{x} \frac{\delta(2m-1)}{2m-1}$$

$$= \frac{1}{2} S(x) + x$$

再记 $F(x) = S(x) - \frac{2}{3}x$,则上式即化为

$$F(2x) = \frac{1}{2} F(x)$$

及

$$F(2x+1) = F(2x) + \frac{1}{3} \qquad (3.13)$$

由数学归纳法易证

$$0 < F(x) < \frac{2}{3}$$

事实上,当 $x = 1$ 时

$$F(1) = S(1) - \frac{2}{3} = \frac{1}{3}$$

命题正确.

假定对于 $x \leqslant k$(某个自然数)时

$$0 < F(k) < \frac{2}{3}$$

则由

$$F(k+1) = \begin{cases} F(x) + \dfrac{1}{3} = \dfrac{1}{2} F\left(\dfrac{k}{2}\right) + \dfrac{1}{3} & (k\ 为偶数) \\[3mm] \dfrac{1}{2} F\left(\dfrac{k+1}{2}\right) & (k\ 为奇数) \end{cases}$$

由归纳假设知

$$0 < F(k+1) < \frac{2}{3}$$

因此结论对任意正整数 x 都成立. 从而有

$$0 < \sum_{n=1}^{x} \frac{\delta(n)}{n} - \frac{2}{3}x < \frac{2}{3} \qquad (3.14)$$

评注 (3.14)比欲证的结论更强.

例 11 设 $0 \le P_i \le 1 (i=1,2,\cdots,n)$，证明存在 x，$0 \le x \le 1$，满足

$$\sum_{i=1}^{n} \frac{1}{|x-P_i|} \le 8n\left(1 + \frac{1}{3} + \frac{1}{5} + \cdots + \frac{1}{2n-1}\right)$$

$$(3.15)$$

证明 对 $k=0,1,\cdots,2n-1$，考虑 $2n$ 个开区间 $I_k = \left(\frac{k}{2n}, \frac{k+1}{2n}\right)$，其中至少有 n 个 I_k 不包含任何 P_i. 用 $x_j(j=1,2,\cdots,n)$ 表示这些区间的中点，令 $|x_j - P_i| = d_{ij}$，又令 $B = 8n\left(1 + \frac{1}{3} + \frac{1}{5} + \cdots + \frac{1}{2n-1}\right)$. 对任何固定的 $i,d_{ij} \ge \frac{1}{4n}$ 均成立，而且对至多两个 $j,d_{ij} \ge \frac{3}{4n}$ 不成立，对至多 4 个 $j,d_{ij} \ge \frac{5}{4n}$ 不成立，等等. 于是不难证明

$$\sum_{j=1}^{n} \frac{1}{d_{ij}} \le 2 \sum_{h=0}^{n-1} \frac{4n}{1+2h} = B$$

从而有

$$\sum_{j=1}^{n} \left(\sum_{i=1}^{n} \frac{1}{d_{ij}}\right) = \sum_{i=1}^{n} \left(\sum_{j=1}^{n} \frac{1}{d_{ij}}\right) \le nB$$

所以对某个 j，$\sum_{i=1}^{n} \frac{1}{d_{ij}} \le B$ 成立. 故选这个 j 所对应的 x_j 为 x 即可. 于是命题得证.

例 12 已知 $x^2 + y^2 \le 1$，求证

$$|x^2 + 2xy - y^2| \le \sqrt{2} \qquad (3.16)$$

证明 令 $x = r\cos\theta, y = r\sin\theta, r > 0, 0 \le \theta \le 2\pi$，则

由已知条件即可得证(3.16).

评注 不等(3.16)可推广为:设 $x^2 + y^2 \leqslant 1$,用 $[m]$ 表示不超过 m 的整数,则

$$|C_n^0 x^n + C_n^1 x^{n-1}y - C_n^2 x^{n-2}y^2 - C_n^3 x^{n-3}y^3 + \cdots + (-1)^{[\frac{k}{2}]} C_n^k x^{n-k}y^k + \cdots + (-1)^{[\frac{n}{2}]} C_n^n y^n| \leqslant \sqrt{2}$$

$$(3.17)$$

例13 求证

$$\left| \sin\left[(\sqrt{3}+1)^{2n} \cdot \frac{\pi}{2} \right] \right| \leqslant (\sqrt{3}-1)^{2n} \cdot \frac{\pi}{2} \quad (n \in \mathbf{N})$$

$$(3.18)$$

证明 因为

$$(\sqrt{3}+1)^{2n} = \sum_{k=0}^{2n} C_{2n}^k (\sqrt{3})^k$$

$$(\sqrt{3}-1)^{2n} = \sum_{k=0}^{2n} (-1)^{2n-k} C_{2n}^k (\sqrt{3})^k$$

将两式相加,得

$$(\sqrt{3}+1)^{2n} + (\sqrt{3}-1)^{2n}$$

$$= 2\sum_{k=0}^{n} C_{2n}^k 3^k = 2M \quad (M \in \mathbf{N})$$

于是

$$(\sqrt{3}+1)^{2n} \cdot \frac{\pi}{2} = \left[2M - (\sqrt{3}-1)^{2n} \right] \cdot \frac{\pi}{2}$$

$$= M\pi - (\sqrt{3}-1)^{2n} \cdot \frac{\pi}{2}$$

因为 $|\sin \alpha| \leqslant |\alpha|$,所以(3.18)得证.

例14 试证:对任意的自然数 n,有不等式

$$\frac{|\sin n|}{n} + \frac{|\sin(n+1)|}{n+1} + \cdots + \frac{|\sin(3n-1)|}{3n-1} > \frac{1}{9}$$

$$(3.19)$$

证明　如图 5.66,单位圆与直线 $y = \dfrac{1}{3}$ 及 $y = -\dfrac{1}{3}$

相交于 A, B,显然只要证明 $\angle AOB$ 小于一个弧度. 事实
上

$$\sin \angle AOB = \sin(2\angle COB)$$

$$= \sin\left(2\arcsin\frac{1}{3}\right)$$

$$= 2\sin\left(\arcsin\frac{1}{3}\right)\cos\left(\arcsin\frac{1}{3}\right)$$

$$= \frac{4\sqrt{2}}{9} < 0.7$$

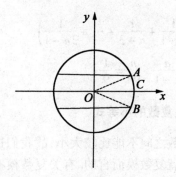

图 5.66

因为 $\sin 1 > \sin\dfrac{\pi}{4} > 0.7$ 及 $0 < \angle AOB < \dfrac{\pi}{4}$,所以

$\angle AOB < 1$,即 $\angle AOB$ 小于一个弧度. 由此易知对任意

实数 x, $|\sin x|$, $|\sin(x+1)|$ 之中至少有一个大于 $\dfrac{1}{3}$.

从而,有

$$\frac{|\sin n|}{n} + \frac{|\sin(n+1)|}{n+1} + \cdots + \frac{|\sin(3n-1)|}{3n-1}$$

$$= \left(\frac{|\sin n|}{n} + \frac{|\sin(n+1)|}{n+1} \right) +$$

$$\left(\frac{|\sin(n+2)|}{n+2} + \frac{|\sin(n+3)|}{n+3} \right) + \cdots +$$

$$\left(\frac{|\sin(3n-2)|}{3n-2} + \frac{|\sin(3n-1)|}{3n-1} \right)$$

$$> \frac{1}{n+1} \left[|\sin n| + |\sin(n+1)| \right] +$$

$$\frac{1}{n+3} \left[|\sin(n+2)| + |\sin(n+3)| \right] + \cdots +$$

$$\frac{1}{3n-1} \left[|\sin(3n-2)| + |\sin(3n-1)| \right]$$

$$> \frac{1}{3} \left(\frac{1}{n+1} + \frac{1}{n+3} + \cdots + \frac{1}{3n-1} \right)$$

$$> \frac{1}{3} \cdot \frac{n}{n-1} > \frac{n}{9n} = \frac{1}{9}$$

二、有关复数的不等式

由于复数之间不能比较大小,故我们这里所讨论的不等式是就复数模而言的. 有关复数模有如下一些熟知的性质:

(1) $|z| = \sqrt{|\operatorname{Re} z|^2 + |\operatorname{Im} z|^2}$;

(2) $|z_1 \cdot z_2 \cdots z_n| = |z_1| \cdot |z_2| \cdots |z_n|$;

(3) $|z|^2 = |\bar{z}|^2 = z \cdot \bar{z}$;

(4) $|\operatorname{Re} z| \leqslant |z|$, $|\operatorname{Im} z| \leqslant |z|$;

(5) $||z_1| - |z_2|| \leqslant |z_1 + z_2| \leqslant |z_1| + |z_2|$;

(6) $||z_1| - |z_2|| \leqslant |z_1 - z_2| \leqslant |z_1| + |z_2|$;

(7) $\frac{1}{\sqrt{2}} (|\operatorname{Re} z| + |\operatorname{Im} z|) \leqslant |z| \leqslant |\operatorname{Re} z| + |\operatorname{Im} z|$;

(8) $|\operatorname{Re} z \cdot \operatorname{Im} z| \leqslant \dfrac{1}{2}|z|^2.$

其中 $z = a + bi = \operatorname{Re} z + \operatorname{Im} z \cdot i$ 是一复数, $\bar{z}$ 表示 z 的共轭复数, $|z|$ 表示 z 的模.

利用这些性质不仅可以解决有关复数模的一些不等式,而且还可以用来证明某些实数不等式.

例 15　设 $z_1, z_2, \cdots, z_n$ 是复数,则

$$|1 + z_1| + |z_1 + z_2| + |z_2 + z_3| + |z_3| \geqslant 1 \quad (3.20)$$
$$|1 + z_1| + |z_1 + 2z_2| + |2z_2 + 3z_3| + \cdots +$$
$$|(n-1)z_{n-1} + nz_n| + |nz_n| \geqslant 1 \quad (3.21)$$

证明　因为

$$1 = |(1 + z_1) - (z_1 + z_2) + (z_2 + z_3) - z_3|$$

故由前述复数的性质知 (3.20) 成立. 类似地可证 (3.21).

例 16　已知 z 是复数,且 $\left| z + \dfrac{1}{z} \right| = 1$,求证:

(1) 复平面上表示复数 z 的点 $P(x, y)$ 满足方程

$$(x^2 + y^2)^2 + x^2 - 3y^2 + 1 = 0$$

(2)

$$\frac{1}{2}(\sqrt{5} - 1) \leqslant |z| \leqslant \frac{1}{2}(\sqrt{5} + 1) \quad (3.22)$$

$$k\pi + \frac{\pi}{3} \leqslant \arg z \leqslant k\pi + \frac{2}{3}\pi \quad (k \in \mathbf{Z}) \quad (3.23)$$

证明　(1) 在复平面上以原点为极点,实轴为极轴建立极坐标系. 设点 P 的极坐标为 (ρ, θ). 显然,当 ρ 取非负实数时, ρ 是复数 z 的模, θ 是复数 z 的辐角. 于是

$$z = \rho(\cos\theta + i\sin\theta)$$

$$\frac{1}{z} = \rho^{-1}(\cos\theta - i\sin\theta)$$

于是,有

$$\left| z + \frac{1}{z} \right|^2 = (\rho + \rho^{-1})^2 \cos^2\theta + (\rho - \rho^{-1})^2 \sin^2\theta$$
$$= \rho^2 + \rho^{-2} + 2\cos 2\theta$$

因为

$$\left| z + \frac{1}{z} \right| = 1$$

所以

$$\rho^2 + \rho^{-2} + 2\cos^2\theta = 1 \qquad (3.24)$$

即

$$\rho^4 + (2\cos 2\theta - 1)\rho^2 + 1 = 0 \qquad (3.25)$$

将(3.25)化成直角坐标系,即得(1).

(2)在(3.25)中,因 $\rho^2 \in \mathbf{R}$,故

$$\Delta = (2\cos 2\theta - 1)^2 - 4 \geqslant 0 \qquad (3.26)$$

由(3.26)可解得

$$k\pi + \frac{\pi}{3} \leqslant \arg z \leqslant k\pi + \frac{2\pi}{3} \qquad (k \in \mathbf{Z}) \qquad (3.27)$$

由(3.27)并利用(3.24),可得

$$\left(\rho + \frac{\sqrt{5}+1}{2} \right)\left(\rho + \frac{\sqrt{5}-1}{2} \right)\left(\rho - \frac{\sqrt{5}-1}{2} \right)\left(\rho - \frac{\sqrt{5}+1}{2} \right) \leqslant 0$$

由此即得(3.22).

评注 不等式(3.22)可推广为:若 $b \neq 0$ 是复数, 且 $a > 0$. 设 z 满足 $\left| z + \frac{b}{z} \right| = a(z$ 是复数$)$,则有

$$\max_{z \in C} |z| = \frac{1}{2}\left(\sqrt{a^2 + 4|b|} + a \right) \qquad (3.28)$$

$$\max_{z \in C} |z| = \frac{1}{2}\left(\sqrt{a^2 + 4|b|} - a \right) \qquad (3.29)$$

其中 C 是由 $\left| z + \frac{b}{z} \right| = a$ 定义的一条曲线.

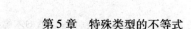

例 17 设 z_1, z_2, z_3 是三个复数,证明

$$|z_1| + |z_2| + |z_3| + |z_1 + z_2 + z_3|$$

$$\geqslant |z_1 + z_2| + |z_2 + z_3| + |z_3 + z_1| \qquad (3.30)$$

证明 令

$$z_1 = a_1 + b_1 \mathrm{i}, z_2 = a_2 + b_2 \mathrm{i}, z_3 = a_3 + b_3 \mathrm{i}$$

则易得

$$|z_1|^2 + |z_2|^2 + |z_3|^2 + |z_1 + z_2 + z_3|^2$$

$$= (a_1 + a_2)^2 + (b_1 + b_2)^2 + (a_2 + a_3)^2 +$$

$$(b_2 + b_3)^2 + (a_3 + a_1)^2 + (b_3 + b_1)^2$$

$$= |z_1 + z_2|^2 + |z_2 + z_3|^2 + |z_3 + z_1|^2$$

又

$$2|z_1||z_2| + 2|z_3||z_1 + z_2 + z_3|$$

$$= 2(|z_1||z_2| + |z_3 z_1 + z_3 z_2 + z_3^2|)$$

$$\geqslant 2|z_1 z_2 + z_2 z_3 + z_3 z_1 + z_3^2|$$

$$= 2|z_2 + z_3||z_3 + z_1|$$

同理

$$2|z_2||z_3| + 2|z_1||z_1 + z_2 + z_3|$$

$$\geqslant 2|z_3 + z_1||z_1 + z_2|$$

$$2|z_3||z_1| + 2|z_2||z_1 + z_2 + z_3|$$

$$\geqslant 2|z_1 + z_2||z_2 + z_3|$$

将此三个不等式以及前面的恒等式相加即得(3.30).

不等式(3.30)一般称为 Hlawka 不等式,它的更一般形式为:设 $z_i(i = 1, 2, \cdots, n)$ 为复数,则

$$(n-2)\sum_{i=1}^{n} |z_i| + \left|\sum_{i=1}^{n} z_i\right| \geqslant \sum_{1 \leqslant i < j \leqslant n} |z_i + z_j| \qquad (n \geqslant 2)$$

$$(3.31)$$

例 18 设 $m = z + z^{-1}, m' = z' + z'^{-1}, z = x + y\mathrm{i}, z' = x' + y'\mathrm{i}$. 若 $|z| = |z'| = 1, yy' > 0$,则有

$$|m - m'| \geqslant |z - z'|^2$$

证明 易知

$$|z - \bar{z}'|^2 \geqslant |z - z'|^2$$

或

$$|z - \bar{z}'| \geqslant |z - z'|$$

所以

$$
\begin{aligned}
m - m' &= z + z^{-1} - z' - z'^{-1} \\
&= (z - z') - (zz')^{-1}(z - z') \\
&= (z - z')(1 - (zz')^{-1}) \\
&= (z - z')(1 - \bar{z}\bar{z}') \\
&= (z - z')(z\bar{z} - \bar{z}\bar{z}') \\
&= (z - z')(z - \bar{z}')\bar{z}
\end{aligned}
$$

由此得

$$
\begin{aligned}
|m - m'| &= |z - z'||z - \bar{z}'||\bar{z}| \\
&= |z - z'||z - \bar{z}'| \geqslant |z - z'|^2
\end{aligned}
$$

例 19 设 α, β, γ 为任意复数,且 $|\alpha|, |\beta|, |\gamma|$ 不都小于(或等于)1,则当 $\lambda \leqslant \dfrac{2}{3}$ 时,有

$$
\begin{aligned}
&1 + |\alpha + \beta + \gamma| + |\alpha\beta + \beta\gamma + \gamma\alpha| + |\alpha\beta\gamma| \\
&\geqslant \lambda(|\alpha| + |\beta| + |\gamma|)
\end{aligned}
\tag{3.32}
$$

证明 不妨设 $|\alpha| \geqslant |\beta| \geqslant |\gamma|$,则有 $\beta = b\alpha, \gamma = c\alpha$,这里 $1 \geqslant |b| \geqslant |c|$ 且 $|\alpha| > 1$. 令

$$
\begin{aligned}
f(\theta) &= 1 + \theta|1 + b + c| + \theta^2|b + c + bc| + \\
&\quad \theta^3|bc| - \lambda\theta(1 + |b| + |c|)
\end{aligned}
$$

则 $f(|\alpha|)$ 即为(3.32)左右两端之差. 易证 $f(1) \geqslant 0$,且当 $\theta \geqslant 1$ 时,有

$$f'(\theta) \geqslant \frac{1}{3}(1 - 2|c|)^2 \geqslant 0$$

故 $f(\theta)$ 当 $\theta \geqslant 1$ 时为增函数. 由于 $|\alpha| > 1$,所以

298

$f(|\alpha|) > f(1) > 0$,故(3.32)得证.

评注　(1)易证能使(3.32)成立的 λ 的最大值是 $\dfrac{3\sqrt{2}}{2}$.

(2)由数学归纳法易将(3.32)推广为

$$1 + \left|\sum_{i=1}^{n} \alpha_i\right| + \left|\sum_{1 \le i < j \le n} \alpha_i \alpha_j\right| +$$

$$\left|\sum_{1 \le i < j < l \le n} \alpha_i \alpha_j \alpha_l\right| + \cdots + |\alpha_1 \alpha_2 \cdots \alpha_n| \geqslant \lambda \sum_{i=1}^{n} |\alpha_i|$$

$$(3.33)$$

其中 $\alpha_1, \alpha_2, \cdots, \alpha_n$ 为 n 个任意复数.

例20　设 $z_1, z_2, \cdots, z_n$ 为复数,且 $\sum_{i=1}^{n} |z_i| = 1$,求证:上述 n 个复数中,必存在若干个复数,它们和的模不小于 $\dfrac{1}{6}$.

证明　令 $z_k = x_k + \mathrm{i} y_k, k = 1, 2, \cdots, n.$ 由于
$$|z_k| \leqslant |x_k| + |y_k|$$
故得

$$1 = \sum_{k=1}^{n} |z_k| \leqslant \sum_{k=1}^{n} |x_k| + \sum_{k=1}^{n} |y_k|$$

因显然有

$$\sum_{k=1}^{n} |x_k| = \sum_{x_k > 0} x_k - \sum_{x_k < 0} x_k$$

$$\sum_{k=1}^{n} |y_k| = \sum_{y_k > 0} y_k - \sum_{y_k < 0} y_k$$

这里, $\sum\limits_{x_k > 0} x_k$ 表示把 $x_1, x_2, \cdots, x_n$ 中全部正数都加起来,而 $\sum\limits_{y_k < 0} y_k$ 表示把 $y_1, y_2, \cdots, y_n$ 中全部负数加起来.

由于

$$\sum_{x_k>0} x_k + \left(-\sum_{x_k<0} x_k\right) + \sum_{y_k>0} y_k + \left(-\sum_{y_k<0} y_k\right) \geqslant 1$$

故左边四个和式中必有一个不小于 $\dfrac{1}{4}$. 不妨设

$$-\sum_{y_k<0} y_k = \sum_{y_k<0} |y_k| \geqslant \frac{1}{4}$$

这时

$$\left| \sum_{y_k<0} z_k \right| = \left| \sum_{y_k<0} x_k + i \sum_{y_k<0} y_k \right| \geqslant \left| \sum_{y_k<0} y_k \right|$$

$$= \sum_{y_k<0} |y_k| \geqslant \frac{1}{4} > \frac{1}{6}$$

上式中 $\displaystyle\sum_{y_k<0} z_k$ 表示把复数 $z_1, z_2, \cdots, z_n$ 中具有负虚部的那一部分复数加起来.

例 21 令 $z_k = x_k + iy_k, k = 1, 2, \cdots, n$,其中 $x_k, y_k \in$ **R**, $i = \sqrt{-1}$. 用 r 表示 $\pm\sqrt{z_1^2 + z_2^2 + \cdots + z_n^2}$ 实部的绝对值,证明

$$r \leqslant |x_1| + |x_2| + \cdots + |x_n| \tag{3.34}$$

证明 令 $a + bi$ 为 $z_1^2 + z_2^2 + \cdots + z_n^2$ 两个平方根中的任意一个,则由

$$(a + bi)^2 = \sum_{k=1}^n z_k^2 = \sum_{k=1}^n (x_k + y_k i)^2$$

知

$$ab = \sum_{k=1}^n x_k y_k, \quad a^2 - b^2 = \sum_{k=1}^n (x_k^2 - y_k^2)$$

由 Cauchy 不等式知

$$|a|^2 |b|^2 = \left| \sum_{k=1}^n x_k y_k \right|^2 \leqslant \left(\sum_{k=1}^n x_k^2 \right)\left(\sum_{k=1}^n y_k^2 \right)$$

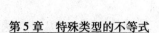

故若 $|a|^2 > \sum\limits_{k=1}^{n} x_k^2$，则必有 $|b|^2 \leqslant \sum\limits_{k=1}^{n} y_k^2$，从而由

$$a^2 = b^2 + \sum_{k=1}^{n} x_k^2 - \sum_{k=1}^{n} y_k^2$$

知 $|a|^2 \leqslant \sum\limits_{k=1}^{n} x_k^2$，得出矛盾. 故(3.34)得证.

例 22　设 z_1 和 z_2 是复数，u 和 v 是实数，且 $uv \neq 0$，$u + v \neq 0$，则当 $\dfrac{1}{u} + \dfrac{1}{v} > 0$ 时

$$\frac{|z_1 + z_2|^2}{u + v} \leqslant \frac{|z_1|^2}{u} + \frac{|z_2|^2}{v} \qquad (3.35)$$

当 $\dfrac{1}{u} + \dfrac{1}{v} < 0$ 时

$$\frac{|z_1 + z_2|^2}{u + v} \geqslant \frac{|z_1|^2}{u} + \frac{|z_2|^2}{v} \qquad (3.36)$$

证明　由

$$\frac{|z_1|^2}{u} + \frac{|z_2|^2}{v} - \frac{|z_1 + z_2|^2}{u + v} = \frac{|vz_1 - uz_2|}{uv(u + v)}$$

即知(3.35)与(3.36)分别成立.

例 23　设 2^{k+1} 个相异复数 z_j 满足 $|z_j| = 1$（$j = 1$，$2, \cdots, 2^{k+1}$），求证：从这些复数中可以选取两个使它们的和的模不小于 $\underbrace{\sqrt{2 + \sqrt{2 + \cdots + \sqrt{2 + \sqrt{2}}}}}_{n\text{个根号}}$.

证明　不失一般性，设 $z_1, z_2, \cdots, z_{2^k+1}$ 按逆时针方向排列在单位圆上，令 $\angle z_j O z_{j+1} = \theta_j$（$j = 1, 2, 3, \cdots$，$2^{k+1}$ 且 $z_{2^{k+1}+1} = z_1$），这里 O 为单位圆圆心.

记 $\theta = \min\{\theta_j, j = 1, 2, \cdots, 2^{k+1}\}$，则

$$2^{k+1}\theta \leqslant \sum_{j=1}^{2^{k+1}} \theta_j = 2\pi$$

所以 $\theta \leqslant \dfrac{\pi}{2^k}$. 如果 $\theta = \theta_k$(k 是 $1,2,3,\cdots,2^{k+1}$ 中的某一个),则取复数 z_k 与 z_{k+1},由复数加法的几何意义(图 5.67),有

$$|z_k + z_{k+1}| = |OP| = 2|OM|$$

$$= 2|z_k|\cos\dfrac{\theta}{2} = 2\cos\dfrac{\theta}{2} \geqslant 2\cos\dfrac{\pi}{2^{k+1}}$$

记 $\theta^* = \max\{\theta_j, j = 1,2,3,\cdots,2^{k+1}\}$,则

$$2^{k+1}\theta^* \geqslant \sum_{j=1}^{2^{k+1}} \theta_j = 2\pi$$

所以 $\theta^* \geqslant \dfrac{\pi}{2^k}$. 如果 $\theta^* = \theta_m$(m 是 $1,2,3,\cdots,2^{k+1}$ 中的某一个),则取复数 z_m 与 z_{m+1},由复数加法的几何意义(图 5.68),有

$$|z_m + z_{m+1}| = |OQ| = 2|ON|$$

$$= 2|z_m|\cos\dfrac{\theta^*}{2} \leqslant 2\cos\dfrac{\pi}{2^{k+1}}$$

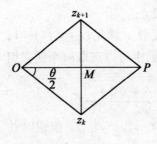
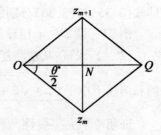

图 5.67　　　　　　　图 5.68

连续使用三角函数的半角公式,可得

$$2\cos\dfrac{\pi}{2^{k+1}} = 2\sqrt{\dfrac{1}{2}\left(1 + \cos\dfrac{\pi}{2^k}\right)} = \sqrt{2 + 2\cos\dfrac{\pi}{2^k}}$$

$$= \sqrt{2 + \sqrt{2 + 2\cos\frac{\pi}{2^{k-1}}}} = \cdots$$

$$= \sqrt{2 + \sqrt{2 + \sqrt{2 + \cdots + \sqrt{2 + \cos\frac{\pi}{4}}}}}$$

$$= \underbrace{\sqrt{2 + \sqrt{2 + \sqrt{2 + \cdots + \sqrt{2 + \sqrt{2}}}}}}_{k\text{个根号}}$$

例24 设 $z_1, z_2, \cdots, z_n$ 是互不相同的 n 个复数,它们每两点间距离的最小值是 δ,求证

$$\prod_{j=2}^{n} |z_1 - z_j| \geqslant \left(\frac{\delta}{3}\right)^{n-1} \sqrt{n!} \qquad (3.37)$$

如果再设在复平面内,$z_1, z_2, \cdots, z_n$ 在一直线上,则有

$$\prod_{j=2}^{n} |z_1 - z_j| \geqslant \left(\frac{\delta}{2}\right)^{n-1} (n-1)! \qquad (3.38)$$

证明 不妨设

$$|z_1 - z_2| \leqslant |z_1 - z_3| \leqslant \cdots \leqslant |z_1 - z_i| \leqslant |z_1 - z_{i+1}|$$
$$\leqslant \cdots \leqslant |z_1 - z_n|$$

(1)若 $n \leqslant \delta$,则 $\frac{\sqrt{j}}{3} < 1 (j = 1, 2, \cdots, n)$. 于是有

$$|z_1 - z_j| \geqslant \delta > \frac{\sqrt{j}}{3}\delta \quad (j = 2, 3, \cdots, n)$$

故得

$$\prod_{j=2}^{n} |z_1 - z_j| > \left(\prod_{j=2}^{n} \frac{\sqrt{j}}{3}\right)\delta^{n-1} = \left(\frac{\delta}{3}\right)^{n-1} \sqrt{n!}$$

(2)若 $n > \delta$,对每个点 z_j,作一个以 z_j 为中心,$\frac{\delta}{2}$ 为半径的圆 c_j,由 δ 的定义知这些圆互不相交. 又作以

z_1 为中心，$|z_1 - z_j| + \dfrac{\delta}{2}$ 为半径的圆，那么这个圆包含

了 j 个圆 $c_1, c_2, \cdots, c_j, \cdots$. 从这些圆的面积关系得到

$$\pi\left(|z_1 - z_j| + \frac{\delta}{2}\right)^2 \geqslant j\pi\left(\frac{\delta}{2}\right)^2$$

所以

$$|z_1 - z_j| \geqslant \frac{\sqrt{j} - 1}{2}\delta \quad (j = 1, 2, 3, \cdots, n)$$

从而

$$\prod_{j=2}^{n} |z_1 - z_j| \geqslant \left(\prod_{j=2}^{n} \frac{\sqrt{j} - 1}{2}\right)\delta^{n-1}$$

由(1)可得

$$\prod_{j=2}^{8} \left(\frac{\sqrt{j} - 1}{2}\right) \geqslant \left(\frac{1}{3}\right)^7 \sqrt{8!}$$

当 $j \geqslant 9$ 时，$\dfrac{\sqrt{j} - 1}{2} \geqslant \dfrac{\sqrt{j}}{3}$，所以

$$\prod_{j=9}^{n} \left(\frac{\sqrt{j} - 1}{2}\right) \geqslant \sqrt{\prod_{j=9}^{n} j} \cdot \left(\frac{1}{3}\right)^{n-3}$$

从而，得

$$\prod_{j=2}^{n} |z_1 - z_j| \geqslant \delta^{(n-1)} \cdot \prod_{j=2}^{8} \left(\frac{\sqrt{j} - 1}{2}\right) \cdot \prod_{j=9}^{n} \left(\frac{\sqrt{j} - 1}{2}\right)$$

$$\geqslant \delta^{n-1} \left(\frac{1}{3}\right)^7 \sqrt{8!} \cdot \sqrt{\prod_{j=9}^{n} j} \cdot \left(\frac{1}{3}\right)^{n-3}$$

$$= \left(\frac{\delta}{3}\right)^{n-1} \cdot \sqrt{n!}$$

即(3.37)得证. 又因 $z_1, z_2, \cdots, z_n$ 在一条直线上，此时
(1)中所作各圆 c_j 的直径 l_j 便构成 j 个区间. 由 δ 的定
义，它们互不相重，大圆的直径便包含了 j 个区间 l_1，

$l_2, \cdots, l_j$, 从 l_j 的长度关系可得到

$$2\left(|z_j - z_1| + \frac{\delta}{2} \right) \geq j\delta$$

所以

$$|z_j - z_1| \geq \frac{j-1}{2}\delta \quad (j = 1, 2, \cdots, n)$$

故得

$$\prod_{j=2}^{n} |z_j - z_1| \geq \left(\prod_{j=2}^{n} \frac{j-1}{2} \right) \delta^{n-1}$$

$$= \left(\frac{\delta}{2} \right)^{n-1} \cdot (n-1)!$$

例 25　已知

$$P(x) = x^n + a_1 x^{n-1} + \cdots + a_{n-1} x + a_n$$

有复数根 $\alpha_1, \alpha_2, \cdots, \alpha_n$. 令

$$\alpha_0 = \frac{1}{n} \sum_{k=1}^{n} \alpha_k, \beta^2 = \frac{1}{n} \sum_{k=1}^{n} |\alpha_k|^2$$

如果 $\beta^2 < 1 + |\alpha_0|^2$, 复数 α 适合

$$|\alpha - \alpha_0|^2 \leq 1 - \beta^2 + |\alpha_0|^2$$

试证明 $|P(\alpha)| \leq 1$.

证明　由算术 - 几何平均不等式, 得

$$\sqrt[n]{|P(\alpha)|^2} = \sqrt[n]{\prod_{k=1}^{n} |\alpha - \alpha_k|^2} \leq \frac{1}{n} \sum_{k=1}^{n} |\alpha - \alpha_k|^2$$

$$= \frac{1}{n} \sum_{k=1}^{n} \left(|\alpha|^2 - 2\mathrm{Re}(\bar{\alpha}\alpha_k) + |\alpha_k|^2 \right)$$

$$= |\alpha|^2 - 2\mathrm{Re}(\bar{\alpha}\alpha_0) + \beta^2$$

$$= |\alpha - \alpha_0|^2 - |\alpha_0|^2 + \beta^2 \leq 1$$

故 $|P(\alpha)| \leq 1$.

例 26　设复数 $z = x + \mathrm{i}y$, 证明

$$|x|^3 + |y|^3 \leq |z|^3 \leq \sqrt{2}(|x|^3 + |y|^3) \tag{3.39}$$

证明 由于

$$|z| = (x^2 + y^2)^{\frac{1}{2}} = (|x|^2 + |y|^2)^{\frac{1}{2}}$$

故(3.39)等价于

$$|x|^3 + |y|^3 \leqslant (|x|^2 + |y|^2)^{\frac{3}{2}}$$
$$\leqslant \sqrt{2}(|x|^3 + |y|^3)$$

由经典不等式卷4.7节中的 Jensen 不等式及4.3节中的幂平均不等式即可得(3.39).

例27 设 z 为复数,证明

$$1 + 2(z + \bar{z}) + |z|^2 + \frac{1}{5}|z|^4$$

$$\leqslant |1 + z|^4 \leqslant 1 + 2(z + \bar{z}) + 8|z|^2 + 3|z|^4 \quad (3.40)$$

证明 令 $z = re^{i\theta}$,则

$$F \equiv |1 + z|^4 - \left[1 + 2(z + \bar{z}) + |z|^2 + \frac{1}{5}|z|^4\right]$$

$$= \frac{4}{5}r^2 + (4\cos\theta)r + (3 + 2\cos 2\theta)$$

由判别式 $\Delta = -\dfrac{8}{5}(1 - \cos 2\theta) \leqslant 0$ 知:对所有 $r \geqslant 0$,有 $F \geqslant 0$,故(3.40)左边不等式获证,而右边不等式显然成立.

例28 设 z 为复数,且 $|z| \leqslant 1$,证明

$$\left| \frac{\sqrt{1-z}}{(1 + \sqrt{1-z})^2} \right| \leqslant \frac{\sqrt{6}}{9} \quad (3.41)$$

证明 设 $0 < t < 1, |z| \leqslant t$. 若记

$$r = \left| \frac{\sqrt{1-z}}{(1 + \sqrt{1-z})^2} \right|, 1 - z = \rho e^{i\theta}$$

则 $1 - t \leqslant \rho \leqslant 1 + t, |\theta| < \dfrac{\pi}{2}$,并且

$$r = \frac{\sqrt{\rho}}{1 + \rho + 2\sqrt{\rho}\cos\dfrac{\theta}{2}}$$

固定 ρ，上式右端关于 $|\theta|$ 是单调的．$|\theta|$ 的最大值应当在圆周 $|z| = t$，即 $|-\rho e^{i\theta}| = t$ 达到．由此解得此最大值 $|\theta| = \theta^*$ 应满足

$$2\sqrt{\rho}\cos\frac{\theta^*}{2} = \sqrt{(1+\rho)^2 - t^2}$$

因此

$$r \leqslant \frac{\sqrt{\rho}}{1 + \rho + \sqrt{(1+\rho)^2 - t^2}} \xlongequal{\text{记作}} \varphi(\rho)$$

在 $1 - t \leqslant \rho \leqslant 1 + t$ 的范围内，$\varphi(\rho)$ 当 $\rho = \dfrac{1}{3}(1 + \sqrt{4 - 3t^2})$ 时取最大值 $\dfrac{\sqrt{3 + 3\sqrt{4 - 3t^2}}}{3(2 + \sqrt{4 - 3t^2})}$，所以我们得到

$$\left| \frac{\sqrt{1-z}}{(1 + \sqrt{1-z})^2} \right| \leqslant \frac{\sqrt{3 + 3\sqrt{4 - 3t^2}}}{3(2 + \sqrt{4 - 3t^2})}$$

$$\xlongequal{\text{记作}} R(t) \quad (|z| \leqslant t)$$

$R(t)$ 当 $0 < t < 1$ 时单调

$$R(t) < R(1 - 0) = \frac{\sqrt{6}}{9}$$

由此即得 (3.41)．

例 29　设 $\alpha \in \mathbf{R}, 0 < \theta < \dfrac{\pi}{2}, \alpha - \theta \leqslant \arg z_k \leqslant \alpha + \theta$，$k = 1, 2, \cdots, n$，求证

$$\left| \sum_{k=1}^{n} z_k \right| \geqslant (\cos\theta) \sum_{k=1}^{n} |z_k| \qquad (3.42)$$

307

证明

$$\left| \sum_{k=1}^{n} z_k \right| = \left| e^{i\alpha} \sum_{k=1}^{n} z_k \right| \geqslant \mathrm{Re}\left(e^{-i\alpha} \sum_{k=1}^{n} z_k \right)$$

$$= \sum_{k=1}^{n} |z_k| \cos(-\alpha + \arg z_k)$$

$$\geqslant (\cos \theta) \sum_{k=1}^{n} |z_k|$$

例 30 设 z_1, z_2, z_3 均为复数, 记

$$d(z_1, z_2) = \frac{|z_1 - z_2|}{\sqrt{(1 + |z_1|^2)(1 + |z_2|^2)}}$$

证明

$$d(z_1, z_2) \leqslant d(z_1, z_3) + d(z_2, z_3) \qquad (3.43)$$

证明 因为

$$(z_1 - z_2)(1 + z_3 \bar{z}_3)$$

$$= (z_1 - z_3)(1 + z_2 \bar{z}_3) + (z_3 - z_2)(1 + z_1 \bar{z}_3)$$

所以, 有

$$|z_1 - z_2|(1 + |z_3|^2)$$

$$\leqslant |z_1 - z_3||1 + z_2 \bar{z}_3| + |z_3 - z_2||1 + z_1 \bar{z}_3|$$

再由

$$|1 + z_2 \bar{z}_3|^2 \leqslant (1 + |z_2|^2)(1 + |z_3|^2)$$

及

$$|1 + \bar{z}_1 z_3|^2 \leqslant (1 + |z_1|^2)(1 + |z_3|^2)$$

即得 (3.43).

三、数列不等式

数列不等式往往是对数列的通项或通项绝对值的大小进行估计, 或对数列的部分和的大小进行估计. 但在很多情况下, 由于数列的通项及数列的部分和不易

求得,所以证明数列不等式往往比较困难. 在前面各章中我们已经看出,应用数学归纳法、换元法、放缩法,利用重要不等式等往往是处理数列不等式的重要手断.

1. 充分利用数列的性质和定义

例31　已知等差数列的通项 a_n,等比数列的通项 b_n,且对所有自然数 n, $a_1 = b_1$, $a_2 = b_2$, $a_1 \neq a_2$, $a_n > 0$. 求证:当 $n > 2$ 时, $a_n < b_n$.

证明　设 $a_1 = b_1 = a$,由条件 $a_2 = b_2$,我们有 $a + d = aq$, d 为公差, q 为公比. 注意到条件,对所有的 n, $a_n > 0$,所以 $d > 0$. 又因 $a_1 \neq a_2$,所以 $d \geq 0$,由此得 $q = 1 + \dfrac{d}{a} > 1$. 因

$$1 + q + \cdots + q^{n-2} > n - 1 \quad (n > 2)$$

或

$$q^{n-1} - 1 > (n-1)(q-1)$$

所以

$$a(n-1)(q-1) < a(q^{n-1} - 1)$$

但 $a(q-1) = d$,故有

$$a + (n-1)d < aq^{n-1}$$

此即

$$a_n < b_n \quad (n > 2)$$

2. 利用数学归纳法

由于数列不等式一般都涉及自然数 n,因而这类不等式常可用数学归纳法证明.

例32　设 $0 < u < 1$,定义数列

$$u_1 = 1 + u, u_2 = \frac{1}{u_1} + u, \cdots, u_{n+1} = \frac{1}{u_n} + u \quad (n \geq 1)$$

对 n 的一切值,求证:$1 < u_n \leqslant 1 + u$.

证明 当 $n=1$ 时,因为 $0<u<1, u_1=1+u$,显然 $1<u_1\leqslant 1+u$ 成立.

假设当 $n=k$ 时,$1<u_k\leqslant 1+u$ 成立. 因为 $0<u<1$,所以

$$1-u<1, \frac{1}{1-u}>1$$

注意到 $1+u=\frac{1-u^2}{1-u}<\frac{1}{1-u}$,从 $1<u_k\leqslant 1+u$ 得

$$1<u_k<\frac{1}{1-u}$$

成立. 于是

$$1-u<\frac{1}{u_k}<1$$

又

$$1=(1-u)+u<\frac{1}{u_k}+u<1+u$$

而 $\frac{1}{u_k}+u=u_{k+1}$,所以

$$1<u_{k+1}<1+u$$

成立. 故对一切自然数 n,不等式 $1<u_n\leqslant 1+u$ 成立.

例 33 设 $x>0$,定义

$$f_n(x)=x^{\overset{\displaystyle x}{\overset{\displaystyle \ddots}{\overset{\displaystyle x}{}}}} \qquad (\text{共 } n \text{ 个 } x, n=1,2,\cdots)$$

求证:当 $m\geqslant 3$ 时,对一切 $n\in\mathbf{N}$,有

$$f_{n+1}(m)>2f_n(m+1)$$

证明 注意到函数列 $\{f_n(x)\}$ 有下面的递归关系

$$f_{n+1}(x)=x^{f_n(x)} \qquad (n\geqslant 1)$$

就不难用归纳法证明了.

当 $n=1$ 时,由定义及 $m \geqslant 3$,有
$$f_2(m) = m^m > m^2$$
$$2f_1(m+1) = 2(m+1)$$
$$f_2(m) - 2f_1(m+1)$$
$$= m^m - 2(m+1) > m^2 - 2(m+1)$$
$$= (m-1)^2 - 3 \geqslant 4 - 3 > 0$$

故当 $n=1$ 时命题得证.

假设当 $n=k$ 时
$$f_{k+1}(m) > 2f_k(m+1)$$
由定义及 $m^2 > 2(m+1)$ 得
$$f_{k+2}(m) = m^{f_{k+1}(m)} > m^{2f_k(m+1)}$$
$$= (m^2)^{f_k(m+1)} > [2(m+1)]^{f_k(m+1)}$$
$$= 2f_k^{(m+1)}(m+1)^{f_k(m+1)}$$
$$> 2f_{k+1}(m+1)$$

故当 $n=k+1$ 时不等式也成立. 从而便知对一切自然数 n,原不等式均成立.

例 34　设 $x_i \in \mathbf{R}_+ (i=1,2,\cdots,n, n \geqslant 2)$,求证
$$\frac{x_1^2}{x_1^2 + x_2 x_3} + \frac{x_2^2}{x_2^2 + x_3 x_4} + \cdots +$$
$$\frac{x_{n-1}^2}{x_{n-1}^2 + x_n x_1} + \frac{x_n^2}{x_n^2 + x_1 x_2} \leqslant n-1 \qquad (3.44)$$

证明　令 $x_{n+1} = x_1, x_{n+2} = x_2$,则 (3.44) 可写为
$$\sum_{i=1}^{n} \frac{x_i^2}{x_i^2 + x_{i+1} x_{i+2}} \leqslant n-1 \qquad (3.45)$$

再令 $y_i = \dfrac{x_i^2}{x_{i+1} x_{i+2}} (i=1,2,\cdots,n)$,显然 $y_i > 0$ 且有 $y_1 y_2 \cdots y_n = 1 (n \geqslant 2)$,而且 (3.45) 成为

$$\sum_{i=1}^{n} \frac{1}{1+y_i} \geq 1 \qquad (3.46)$$

当 $n=2$ 时,因

$$y_1 y_2 = 1, \frac{1}{1+y_1} + \frac{1}{1+y_2} = \frac{2+y_1+y_2}{1+y_1+y_2+y_1 y_2} = 1$$

故结论成立. 假设当 $n=k$ 时(3.46)成立,因为

$$y_1 y_2 \cdots y_{k-1}(y_k y_{k+1}) = 1$$

$$\frac{1}{1+y_1} + \cdots + \frac{1}{1+y_{k-1}} + \frac{1}{1+y_k y_{k+1}} \geq 1$$

下面需要证明

$$\frac{1}{1+y_1} + \cdots + \frac{1}{1+y_{k-1}} + \frac{1}{1+y_k} + \frac{1}{1+y_{k+1}} \geq 1$$

而这只需证明

$$\frac{1}{1+y_k} + \frac{1}{1+y_{k+1}} \geq \frac{1}{1+y_k y_{k+1}}$$

而这是显然的. 从而由归纳假设便知不等式(3.46)得证.

3. 特殊技巧

有些数列不等式,需要用一些特殊的技巧才能证明. 这包括由一些简单不等式累加,适当放缩,应用恒等式(差分求和)等.

例 35 设 $a_n = \dfrac{1}{n^2} + \dfrac{1}{n^2+1} + \dfrac{1}{n^2+2} + \cdots + \dfrac{1}{(n+1)^2+1}$ ($n=1,2,\cdots$),求证:$a_n > a_{n+1}$.

证明 因为

$$a_n = \frac{1}{n^2} + \frac{1}{n^2+1} + \cdots + \frac{1}{n^2+n} +$$

$$\frac{1}{n^2+n+1} + \cdots + \frac{1}{n^2+2n}$$

$$> \frac{n+1}{n^2+n} + \frac{n}{n^2+2n}$$

$$= \frac{1}{n} + \frac{1}{n+2}$$

$$> \frac{2}{n+1}$$

又因

$$a_{n+1} = \frac{1}{(n+1)^2} + \frac{1}{(n+1)^2+1} + \cdots + \frac{1}{(n+1)^2+n} +$$

$$\frac{1}{(n+1)^2+(n+1)} + \cdots + \frac{1}{(n+1)^2+2(n+1)}$$

$$< \frac{n+1}{(n+1)^2} + \frac{n+2}{(n+1)^2+(n+1)}$$

$$= \frac{1}{n+1} + \frac{1}{n+1} = \frac{2}{n+1}$$

所以 $a_n > a_{n+1}$.

例 36 已知数列 $\{x_n\}$ 满足 $x_1 = \frac{3}{4}\pi$ 且 $2x_{n+1} + \cos x_n - \pi = 0$,求证: $\left| x_n - \frac{\pi}{2} \right| \leqslant \frac{\pi}{2^{n+1}}$.

证明 由 $2x_{n+1} + \cos x_n - \pi = 0$,得

$$x_{n+1} - \frac{\pi}{2} = \frac{1}{2}\sin\left(x_n - \frac{\pi}{2} \right)$$

所以

$$\left| x_{n+1} - \frac{\pi}{2} \right| = \frac{1}{2}\left| \sin\left(x_n - \frac{\pi}{2} \right) \right|$$

$$\leqslant \frac{1}{2}\left| x_n - \frac{\pi}{2} \right|$$

由此得

$$\left| x_n - \frac{\pi}{2} \right| \leqslant \frac{1}{2}\left| x_{n-1} - \frac{\pi}{2} \right|$$

$$\left|x_{n-1} - \frac{\pi}{2}\right| \leqslant \frac{1}{2}\left|x_{n-2} - \frac{\pi}{2}\right|$$

$$\vdots$$

$$\left|x_2 - \frac{\pi}{2}\right| \leqslant \frac{1}{2}\left|x_1 - \frac{\pi}{2}\right|$$

将以上各式相乘,得

$$\left|x_n - \frac{\pi}{2}\right| \leqslant \frac{1}{2^{n-1}}\left|x_1 - \frac{\pi}{2}\right|$$

$$= \frac{1}{2^{n-1}}\left|\frac{3}{4}\pi - \frac{\pi}{2}\right| = \frac{\pi}{2^{n+1}}$$

例 37 对一切大于 1 的自然数 n,证明:

(1) 设 $a_n = \sqrt{1 \times 2} + \sqrt{2 \times 3} + \cdots + \sqrt{n \times (n+1)}$,则有

$$\frac{n(n+1)}{2} < a_n < \frac{(n+1)^2}{2} \tag{3.47}$$

(2)

$$\left(1 + \frac{1}{3}\right)\left(1 + \frac{1}{5}\right)\cdots\left(1 + \frac{1}{2^{n-1}}\right) > \frac{\sqrt{2n+1}}{2}$$

$$\tag{3.48}$$

证明 (1)设

$$x_n = a_n - \frac{n(n+1)}{2}$$

$$= \sqrt{1 \times 2} + \sqrt{2 \times 3} + \cdots + \sqrt{n \times (n+1)} - \frac{n(n+1)}{2}$$

则

$$x_{n-1}$$

$$= \sqrt{1 \times 2} + \sqrt{2 \times 3} + \cdots + \sqrt{(n-1) \times n} - \frac{(n-1)n}{2}$$

于是

$$x_n - x_{n-1} = \sqrt{n(n+1)} - \frac{n(n+1)}{2} + \frac{n(n-1)}{2}$$

$$= \sqrt{(n+1)n} - n > 0$$

所以

$$x_n = x_1 + x_2 - x_1 + x_3 - x_2 + \cdots + x_n - x_{n-1} > x_1$$

$$= \sqrt{2} - 1$$

即(3.47)的前半不等式得证. 类似地可证(3.47)的后半不等式.

(2)令

$$x_n = \left(1 + \frac{1}{3}\right)\left(1 + \frac{1}{5}\right)\cdots\left(1 + \frac{1}{2n-1}\right) \cdot \frac{2}{\sqrt{2n+1}} \quad (n \geqslant 2)$$

则

$$x_{n-1} = \left(1 + \frac{1}{3}\right)\left(1 + \frac{1}{5}\right)\cdots\left(1 + \frac{1}{2n-3}\right) \cdot \frac{2}{\sqrt{2n-1}}$$

故

$$\frac{x_n}{x_{n-1}} = \left(1 + \frac{1}{2n-1}\right) \cdot \sqrt{\frac{2n-1}{2n+1}}$$

$$= \frac{2n}{\sqrt{4n^2 - 1}} > 1 \quad (n \geqslant 3)$$

所以

$$x_n = x_2 \cdot \frac{x_3}{x_2} \cdot \frac{x_4}{x_3} \cdot \cdots \cdot \frac{x_n}{x_{n-1}} > x_2 = \left(1 + \frac{1}{3}\right) \cdot \frac{2}{\sqrt{5}}$$

$$= \frac{8}{3\sqrt{5}} > 1$$

即

$$\left(1 + \frac{1}{3}\right)\left(1 + \frac{1}{5}\right)\cdots\left(1 + \frac{1}{2n-1}\right) \cdot \frac{2}{\sqrt{2n+1}} > 1$$

于是(3.48)得证.

例38 设 $a_1,a_2,\cdots,a_n,\cdots$ 为各项均是正数的等差数列,公差为 d 且 $a_1>d$,求证

$$\sqrt{\frac{a_{2n+1}}{a_1}}<\frac{a_2a_4\cdots a_{2n}}{a_1a_3\cdots a_{2n-1}}<\sqrt{\frac{a_{2n}}{a_1-d}}\qquad(3.49)$$

证明 设

$$A=\frac{a_2}{a_1}\cdot\frac{a_4}{a_3}\cdot\cdots\cdot\frac{a_{2n}}{a_{2n-1}}$$

则

$$A^2=\left(\frac{a_2}{a_1}\right)^2\left(\frac{a_4}{a_3}\right)^2\cdots\left(\frac{a_{2n}}{a_{2n-1}}\right)^2$$

因为 $a_{2k}>a_{2k-1}>0,d>0$,所以

$$\frac{a_{2k+1}}{a_{2k}}<\frac{a_{2k}}{a_{2k-1}}<\frac{a_{2k-1}}{a_{2k-2}}$$

由此

$$A^2<\frac{a_2}{a_1}\cdot\frac{a_1}{a_1-d}\cdot\frac{a_4}{a_3}\cdot\frac{a_3}{a_2}\cdot\cdots\cdot\frac{a_{2n}}{a_{2n-1}}\cdot\frac{a_{2n-1}}{a_{2n-2}}=\frac{a_{2n}}{a_1-d}$$

$$A^2>\frac{a_2}{a_1}\cdot\frac{a_3}{a_2}\cdot\frac{a_4}{a_3}\cdot\frac{a_5}{a_4}\cdot\cdots\cdot\frac{a_{2n}}{a_{2n-1}}\cdot\frac{a_{2n+1}}{a_{2n}}=\frac{a_{2n+1}}{a_1}$$

所以

$$\frac{a_{2n+1}}{a_1}<A^2<\frac{a_{2n}}{a_1-d}$$

即有(3.49)成立.

特别地,由(3.49)立得

$$\frac{3\times7\times11\times\cdots\times(4n-1)}{5\times9\times13\times\cdots\times(4n+1)}<\sqrt{\frac{3}{4n+3}}\qquad(3.50)$$

$$\frac{1}{2}\times\frac{3}{4}\times\cdots\times\frac{2n-1}{2n}<\frac{1}{\sqrt{2n+1}}\qquad(3.51)$$

$$\sqrt{n}<\frac{3}{2}\times\frac{5}{4}\times\cdots\times\frac{2n-1}{2n-2}<\sqrt{2n}\qquad(3.52)$$

$$\frac{9}{10} \times \frac{11}{12} \times \frac{13}{14} \times \cdots \times \frac{999\ 999}{1\ 000\ 000} < \frac{3}{1\ 000} \quad (3.53)$$

例 39　设 $\{a_n\}$ 是具有下列性质的实数列

$$1 = a_0 \leqslant a_1 \leqslant a_2 \leqslant \cdots \leqslant a_{n-1} \leqslant a_n \leqslant \cdots \quad (3.54)$$

而 $\{b_n\}$ 则由下式定义

$$b_n = \sum_{i=1}^{n} \left(1 - \frac{a_{i-1}}{a_i}\right) \cdot \frac{1}{\sqrt{a_i}} \quad (n = 1, 2, \cdots) \quad (3.55)$$

证明:(1)对所有的 $n = 1, 2, \cdots$,有 $0 \leqslant b_n < 2$;

(2)对满足 $0 \leqslant c < 2$ 的任意 c,总存在一个满足 (3.54) 的数列 $\{a_n\}$,使得在由式 (3.55) 定义的数列 $\{b_n\}$ 中,有无穷多个指标 n,使 $b_n > c$.

证明　(1)由所设条件,有 $\dfrac{a_{i-1}}{a_i} \leqslant 1$,于是

$$\left(1 - \frac{a_{i-1}}{a_i}\right)\frac{1}{\sqrt{a_i}} = \left(\frac{1}{a_{i-1}} - \frac{1}{a_i}\right)\frac{a_{i-1}}{\sqrt{a_i}}$$

$$= \left(\frac{1}{\sqrt{a_{i-1}}} + \frac{1}{\sqrt{a_i}}\right)\left(\frac{1}{\sqrt{a_{i-1}}} - \frac{1}{\sqrt{a_i}}\right)\frac{a_{i-1}}{\sqrt{a_i}}$$

$$= \left(\frac{1}{\sqrt{a_{i-1}}} - \frac{1}{\sqrt{a_i}}\right)\left(\sqrt{\frac{a_{i-1}}{a_i}} + \frac{a_{i-1}}{a_i}\right)$$

$$\leqslant 2\left(\frac{1}{\sqrt{a_{i-1}}} - \frac{1}{\sqrt{a_i}}\right)$$

故

$$b_n = \sum_{i=1}^{n} \left(1 - \frac{a_{i-1}}{a_i}\right)\frac{1}{\sqrt{a_i}} \leqslant 2\sum_{i=1}^{n}\left(\frac{1}{\sqrt{a_{i-1}}} - \frac{1}{\sqrt{a_i}}\right)$$

$$= 2\left(\frac{1}{\sqrt{a_0}} - \frac{1}{\sqrt{a_n}}\right) = 2\left(1 - \frac{1}{\sqrt{a_n}}\right) < 2$$

(2)设 $c(0 \leqslant c < 2)$ 已给定,试设 $\{a_i\}$ 是一等比数列,令

$$a_i = \frac{1}{a^{2i}} \quad (i = 0, 1, 2, \cdots) \quad\quad (3.56)$$

当 $0 < a < 1$ 时,数列 $\{a_i\}$ 满足(3.54). 相应地,由式(3.55)确定的数列

$$b_n = \sum_{i=1}^{n} (1 - a^2) a^i$$

$$= a(1+a)(1-a^n) \quad (n = 1, 2, \cdots) \quad (3.57)$$

显然这时 $\{b_n\}$ 是递增数列. 下证对适当选取的 a,存在自然数 N,使得 $b_N > c$. 事实上

$$b_N = a(1+a)(1-a^N) > c \Leftrightarrow a^N < 1 - \frac{c}{a(1+a)}$$

$$(3.58)$$

由 $0 \leqslant c < 2$,有 $0 \leqslant \sqrt{\frac{c}{2}} < 1$. 现选取 a 满足条件

$$\sqrt{\frac{c}{2}} < a < 1 \quad\quad (3.59)$$

则

$$c < 2a^2 < a + a^2 = a(1+a)$$

又 $\lim\limits_{n \to +\infty} a^n = 0$,故当 N 充分大时,(3.58)成立. 再由 $\{b_n\}$ 的递增性,得知当 $n \geqslant N$ 时 $b_n > c$.

例 40 设有三个由自然数组成的无穷数列

$$a_1, a_2, \cdots, a_n, \cdots; b_1, b_2, \cdots, b_n, \cdots; c_1, c_2, \cdots, c_n, \cdots$$

证明存在一对整数 p 和 q,使得

$$a_p \geqslant a_q, b_p \geqslant b_q, c_p \geqslant c_q$$

证明 显然,必存在一个标号 i_1,使 a_{i_1} 是数列 $\{a_i\}$ 中最小的自然数,进而我们考察数列 $\{a_{i_1+n}\}$ ($n = 1, 2, \cdots$). 同样,应存在一个 $i_2 (= i_1 + m, m \geqslant 1) > i_1$,使 a_{i_2} 是 $\{a_{i_1+n}\}$ 的最小者. 显然 $a_{i_1} \leqslant a_{i_2}$. 再考察自然数列

318

$\{a_{i_2+n}\}$，又在其中找出最小的 $a_{i_3}(i_3>i_2)$，显然 $a_{i_1}\leqslant a_{i_2}\leqslant a_{i_3}(i_1<i_2<i_3)$．依此法继续进行下去，便可以找到无穷多个标号 $i_1<i_2<i_3<\cdots<i_n<\cdots$，使

$$a_{i_1}\leqslant a_{i_2}\leqslant a_{i_3}\leqslant a_{i_4}\leqslant\cdots$$

数列 $\{a_{i_n}\}$ 是 $\{a_n\}$ 的子列且是单调上升的．

考察 $\{b_n\}$ 的子列 $\{b_{i_n}\}$，它并不一定是上升的．但我们总可以从中挑出一上升的子列

$$b_{j_1}\leqslant b_{j_2}\leqslant b_{j_3}\leqslant b_{j_4}\leqslant\cdots\quad(j_1<j_2<j_3<\cdots)$$

最后，$\{c_n\}$ 的子列 $\{c_{j_n}\}$ 也不一定是上升的，但我们也可以从中挑选出一个上升的子列

$$\{c_{k_n}\}\quad(k_1<k_2<\cdots)$$

下面考察三个数列

$$a_{k_1},a_{k_2},\cdots;b_{k_1},b_{k_2},\cdots;c_{k_1},c_{k_2},\cdots$$

易知它们都是上升的子列．这时取 q 为任意的 k_s（p 为大于 k_s 的任意的 k_t）即得所证．

引理 5.20　若 $\varepsilon\geqslant0$，而实数 $s_1,s_2,\cdots,s_n$ 满足条件

$$|s_1|\leqslant\varepsilon,|s_{i+1}-s_i|\leqslant\varepsilon\quad(i=1,2,\cdots,n-1)$$

$$(3.60)$$

则存在自然数 $k\leqslant n$，适合

$$\left|s_k-\frac{1}{2}s_n\right|\leqslant\frac{1}{2}\varepsilon\qquad(3.61)$$

证明　若 $\varepsilon=0$，易知 $s_1=s_2=\cdots=s_n$，故结论成立．下设 $\varepsilon>0$，a,b 分别是 $s_1,s_2,\cdots,s_n$ 中的最大数和最小数，则 $s_1,s_2,\cdots,s_n$ 把区间 $[a,b]$ 分成一些长度不超过 ε 的小区间．$[a,b]$ 中的任一数与 $s_1,s_2,\cdots,s_n$ 中某数之距离不大于 $\frac{1}{2}\varepsilon$．特别地，如果 $\frac{1}{2}s_n\in[a,b]$，则

(3.61) 满足. 现设 $\frac{1}{2}s_n \notin [a,b]$. 显然, $s_n \in [a,b]$, 且 $0 \notin [a,b]$. 不妨设 $s_1, s_2, \cdots, s_n > 0$, 于是

$$0 < a \leqslant s_n \leqslant b \qquad (3.62)$$
$$0 < a \leqslant s_1 \leqslant \varepsilon \qquad (3.63)$$

由 (3.62) 知

$$0 < \frac{1}{2}a \leqslant \frac{1}{2}s_n < a$$

应用 (3.63) 可将它改写为

$$\left| a - \frac{1}{2}s_n \right| < \frac{1}{2}a \leqslant \frac{1}{2}\varepsilon$$

于是引理即得证.

例41 证明:对任何自然数 n 以及实数列 a_1, $a_2, \cdots, a_n$, 存在自然数 k, 满足

$$\left| \sum_{i=1}^{k} a_i - \sum_{i=k+1}^{n} a_i \right| \leqslant \max_{1 \leqslant i \leqslant n} |a_i| \qquad (3.64)$$

证明 在引理 5.20 中令

$$\varepsilon = \max_{1 \leqslant i \leqslant n} |a_i|, s_i = \sum_{k=1}^{i} a_k \quad (i = 1, 2, \cdots, n)$$

即证得 (3.64) 成立.

例42 设有无穷数列 $\{x_i\}: x_0 = 1, x_{i+1} \leqslant x_i (i = 0, 1, 2, \cdots)$.

(1)证明:对每一个这样的数列,存在自然数 $n \geqslant 1$, 使得

$$\frac{x_0^2}{x_1} + \frac{x_1^2}{x_2} + \cdots + \frac{x_{n-1}^2}{x_n} \geqslant 3.999 \qquad (3.65)$$

(2)求这样一个数列,对所有的 n, 有

$$\frac{x_0^2}{x_1} + \frac{x_1^2}{x_2} + \cdots + \frac{x_{n-1}^2}{x_n} < 4 \qquad (3.66)$$

证明　（1）由数学归纳法可证：对每一数列

$$1 = x_0 \geqslant x_1 \geqslant x_2 \geqslant \cdots \geqslant x_n \geqslant \cdots \geqslant 0$$

存在正数列 $\{c_n\}$，使得

$$\frac{x_i^2}{x_{i+1}} + \frac{x_{i+1}^2}{x_{i+2}} + \cdots + \frac{x_{i+n-1}^2}{x_{i+n}} \geqslant c_n x_i \qquad (3.67)$$

这里 c_n 与 i 的取值无关，且 $c_n = 4 \cdot 2^{-\frac{1}{2^{n-2}}}$.

特别地，由（3.67），有

$$\frac{x_0^2}{x_1} + \frac{x_1^2}{x_2} + \cdots + \frac{x_{n-1}^2}{x_n} \geqslant c_n$$

为使上式左边大于或等于 3.999，只需取 n，使

$$4 \cdot 2^{-\frac{1}{2^{n-2}}} \geqslant 3.999$$

即

$$\left(\frac{4}{3.999}\right)^{2^{n-2}} \geqslant 2$$

但

$$\left(\frac{4}{3.999}\right)^{2^{n-2}} > \left(1 + \frac{1}{4\,000}\right)^{2^{n-2}} \geqslant 1 + \frac{2^{n-2}}{4\,000}$$

当 $n = 14$ 时

$$1 + \frac{2^{12}}{4\,000} = 1 + \frac{4\,096}{4\,000} > 2$$

因此取 $n = 14$ 即可.

（2）取无穷等比数列

$$x_n = \left(\frac{1}{2}\right)^n \quad (n = 0,1,2,\cdots)$$

则

$$\frac{x_0^2}{x_1} + \frac{x_1^2}{x_2} + \cdots + \frac{x_{n-1}^2}{x_n}$$

$$= 2 + 1 + \frac{1}{2} + \cdots + \left(\frac{1}{2}\right)^{n-2}$$

$$= 4 - \left(\frac{1}{2}\right)^{n-2} < 4$$

例 43 设 $n(\geqslant 2) \in \mathbf{N}$,求证

$$\frac{1}{n+1}\left(1 + \frac{1}{3} + \frac{1}{5} + \cdots + \frac{1}{2n-1}\right)$$

$$> \frac{1}{n}\left(\frac{1}{2} + \frac{1}{4} + \cdots + \frac{1}{2n}\right) \qquad (3.68)$$

证明 显然有

$$\frac{1}{2} = \frac{1}{2}, \frac{1}{3} > \frac{1}{4}, \frac{1}{5} > \frac{1}{6}, \cdots, \frac{1}{2n-1} > \frac{1}{2n}$$

及

$$\frac{1}{2} > \frac{1}{n}\left(\frac{1}{2} + \frac{1}{4} + \cdots + \frac{1}{2n}\right)$$

把以上各式累加,得

$$1 + \frac{1}{3} + \frac{1}{5} + \cdots + \frac{1}{2n-1}$$

$$> \frac{1}{2} + \frac{1}{4} + \cdots + \frac{1}{2n} + \frac{1}{n}\left(\frac{1}{2} + \frac{1}{4} + \cdots + \frac{1}{2n}\right)$$

$$= \frac{n+1}{n}\left(\frac{1}{2} + \frac{1}{4} + \cdots + \frac{1}{2n}\right)$$

即

$$\frac{n}{n+1}\left(1 + \frac{1}{3} + \cdots + \frac{1}{2n-1}\right) > \frac{1}{n}\left(\frac{1}{2} + \frac{1}{4} + \cdots + \frac{1}{2n}\right)$$

例 44 设 $a_i, x_i \in \mathbf{R}(i = 1, 2, \cdots, n)$,且 $\sum_{i=1}^{n} |x_i| = 1$, $\sum_{i=1}^{n} x_i = 0$,求证

$$\left| \sum_{i=1}^{n} a_i x_i \right| \leqslant \frac{1}{2}\left(\max_{1 \leqslant i \leqslant n} a_i - \min_{1 \leqslant i \leqslant n} a_i \right) \qquad (3.69)$$

证法 1 不妨设 $a_1 = \max\limits_{1 \leqslant i \leqslant n} a_i$, $a_n = \min\limits_{1 \leqslant i \leqslant n} a_i$,因

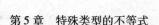

$$\sum_{i=1}^{n} a_1 x_i = a_1 \cdot \sum_{i=1}^{n} x_i = 0, \quad \sum_{i=1}^{n} a_n x_i = a_n \cdot \sum_{i=1}^{n} x_i = 0$$

所以

$$\left| \sum_{i=1}^{n} a_i x_i \right| = \frac{1}{2} \left| \sum_{i=1}^{n} (2a_i - a_1 - a_n) x_i \right|$$

$$\leqslant \frac{1}{2} \sum_{i=1}^{n} |2a_i - a_1 - a_n| |x_i|$$

又因易证

$$|2a_i - a_1 - a_n| \leqslant a_1 - a_n$$

从而

$$\left| \sum_{i=1}^{n} a_i x_i \right| \leqslant \frac{1}{2} \sum_{i=1}^{n} (a_1 - a_n) |x_i|$$

$$= \frac{1}{2} (a_1 - a_n) \sum_{i=1}^{n} |x_i|$$

$$= \frac{1}{2} (a_1 - a_n)$$

证法 2　令 $A = \sum_{x_i \geqslant 0} x_i, B = \sum_{x_i < 0} x_i.$ 于是

$$\sum_{i=1}^{n} |x_i| = A - B = 1$$

$$\sum_{i=1}^{n} x_i = A + B = 0$$

解之得

$$A = \frac{1}{2}, B = -\frac{1}{2}$$

若 $\sum_{k=1}^{n} a_k x_k \geqslant 0$，仍设 $a_1 = \max_{1 \leqslant i \leqslant n} a_i, a_n = \min_{1 \leqslant i \leqslant n} a_i$，则当 $x_i \geqslant 0$ 时，有 $a_1 x_i \geqslant a_i x_i$；当 $x_i < 0$ 时，有 $a_n x_i \geqslant a_i x_i$. 所以

$$\left| \sum_{i=1}^{n} a_i x_i \right| = \sum_{i=1}^{n} a_i x_i = \sum_{x_i \geq 0} a_i x_i + \sum_{x_i < 0} a_i x_i$$

$$\leq \sum_{x_i \geq 0} a_1 x_i + \sum_{x_i < 0} a_n x_i = a_1 A + a_n B$$

$$= \frac{1}{2}(a_1 - a_n)$$

若 $\sum_{i=1}^{n} a_i x_i < 0$,可类似地证明.

例 45 设 $a_i \in \mathbf{R}(i = 1, 2, \cdots, n)$,且 $x_i + x_j \geq 0 (i, j = 1, 2, \cdots, n)$. 那么对满足 $\sum_{i=1}^{n} x_i = 1$ 的任意 $x_i \geq 0$ $(i = 1, 2, \cdots, n)$,有

$$\sum_{i=1}^{n} a_i x_i \geq \sum_{i=1}^{n} a_i x_i^2 \qquad (3.70)$$

证明 不妨设 $a_1 = \min(a_i)$. 由题设有

$$|a_1| \leq a_i \qquad (i \neq 1)$$

于是(3.70)等价于

$$\sum_{k=2}^{n} a_k x_k - \sum_{k=2}^{n} a_k x_k^2 \geq a_1 x_1^2 - a_1 x_1 \qquad (3.71)$$

而由

$$1 - x_i = \sum_{j \neq i} x_j \geq x_1 \qquad (i \neq 1)$$

有

$$\sum_{k=2}^{n} a_k x_k - \sum_{k=2}^{n} a_k x_k^2$$
$$= a_2 x_2 (1 - x_2) + \cdots + a_n x_n (1 - x_n)$$
$$\geq |a_1| x_1 (x_2 + \cdots + x_n)$$
$$= |a_1| x_1 (1 - x_1)$$
$$\geq -a_1 x_1 (1 - x_1)$$
$$= a_1 x_1^2 - a_1 x_1$$

故(3.71)得证.

评注 例 45 的逆命题亦正确.事实上,对任意 $k \neq 1$,取 $x_k = x_l = \dfrac{1}{2}$,其余 $x_i = 0$,则 $\sum\limits_{i=1}^{n} x_i = 1$. 对这组特殊的值,(3.70)便成为

$$\frac{1}{2}(a_k + a_l) \geqslant \frac{1}{4}(a_k + a_l)$$

所以

$$a_k + a_l \geqslant 0 \quad (1 \leqslant k \neq l \leqslant n)$$

例46 证明:使得对任何满足:$x_1 \leqslant x_2 \leqslant \cdots \leqslant x_n$ 的实数

$$\sum_{i=1}^{n} a_i x_i \leqslant \sum_{i=1}^{n} b_i x_i \tag{3.72}$$

都成立的充分必要条件是

$$\sum_{i=1}^{k} a_i \geqslant \sum_{i=1}^{k} b_i \quad (k = 1, 2, \cdots, n-1)$$

及

$$\sum_{i=1}^{n} a_i = \sum_{i=1}^{n} b_i$$

证明 必要性.令

$$x_1 = y_1, x_2 = y_1 + y_2, \cdots, x_n = y_1 + y_2 + \cdots + y_n$$

由题设知

$$y_2, y_3, \cdots, y_n \geqslant 0$$

则

$$\sum_{i=1}^{n} a_i x_i = a_1 y_1 + a_2 (y_1 + y_2) + \cdots +$$
$$a_{k+1}(y_1 + \cdots + y_{k+1}) + \cdots +$$
$$a_n (y_1 + \cdots + y_n)$$
$$= \left(\sum_{i=1}^{n} a_i \right) y_1 + \left(\sum_{i=2}^{n} a_i \right) y_2 + \cdots +$$

$$\left(\sum_{i=k+1}^{n} a_i \right) y_{k+1} + \cdots + a_n y_n \qquad (3.73)$$

同样

$$\sum_{i=1}^{n} b_i x_i$$

$$= \left(\sum_{i=1}^{n} b_i \right) y_1 + \cdots + \left(\sum_{i=k+1}^{n} b_i \right) y_{k+1} + \cdots + b_n y_n$$

$$(3.74)$$

若(3.72)成立,即

$$\left(\sum_{i=1}^{n} a_i \right) y_1 + \cdots + \left(\sum_{i=k+1}^{n} a_i \right) y_{k+1} + \cdots + a_n y_n$$

$$\leqslant \left(\sum_{i=1}^{n} b_i \right) y_1 + \cdots + \left(\sum_{i=k+1}^{n} b_i \right) y_{k+1} + \cdots + b_n y_n$$

$$(3.75)$$

在(3.75)中,令 $y_2 = y_3 = \cdots = y_n = 0$,得

$$\left(\sum_{i=1}^{n} a_i \right) y_1 \leqslant \left(\sum_{i=1}^{n} b_i \right) y_1$$

分别令 $y_1 = 1$ 及 -1,可得

$$\sum_{i=1}^{n} a_i = \sum_{i=1}^{n} b_i \qquad (3.76)$$

又在(3.75)中令 $y_1 = \cdots = y_k = 0$, $y_{k+1} = 1$, $y_{k+2} = \cdots = y_n = 0 (k = 1, 2, \cdots, n-1)$,得

$$\sum_{i=k+1}^{n} a_i \leqslant \sum_{i=k+1}^{n} b_i \qquad (3.77)$$

由(3.76)与(3.77),即得

$$\sum_{i=1}^{k} a_i \geqslant \sum_{i=1}^{k} b_i \quad (k = 1, 2, \cdots, n-1)$$

充分性由(3.73)与(3.74)不难得到. 这里从略.

例 47　设 $a_1, a_2, \cdots, a_n, a_{n+1}$ 是等差正数列,且公

326

差为 $d \geqslant 0$. 求证:当 $n \geqslant 2$ 时,有

$$\frac{1}{a_2^2} + \frac{1}{a_3^2} + \cdots + \frac{1}{a_n^2} \leqslant \frac{n-1}{2} \cdot \frac{a_1 a_n + a_2 a_{n+1}}{a_1 a_2 a_n a_{n+1}} \quad (3.78)$$

证明　不妨设 $d > 0$,则

$$a_k^2 > a_k^2 - d^2 = (a_k - d)(a_k + d) = a_{k-1} a_{k+1} \quad (k > 1)$$

从而

$$\frac{1}{a_k^2} < \frac{1}{a_{k-1} a_{k+1}} = \frac{1}{a_{k+1} - a_{k-1}} \left(\frac{1}{a_{k-1}} - \frac{1}{a_{k+1}} \right)$$

$$= \frac{1}{2d} \left(\frac{1}{a_{k-1}} - \frac{1}{a_{k+1}} \right)$$

故

$$\frac{1}{a_2^2} + \frac{1}{a_3^2} + \cdots + \frac{1}{a_n^2}$$

$$< \frac{1}{2d} \left(\frac{1}{a_1} - \frac{1}{a_3} + \frac{1}{a_2} - \frac{1}{a_4} + \frac{1}{a_3} - \frac{1}{a_5} + \cdots + \right.$$

$$\left. \frac{1}{a_{n-2}} - \frac{1}{a_n} + \frac{1}{a_{n-1}} - \frac{1}{a_{n+1}} \right)$$

$$= \frac{1}{2d} \left(\frac{1}{a_1} + \frac{1}{a_2} - \frac{1}{a_n} - \frac{1}{a_{n+1}} \right)$$

$$= \frac{1}{2d} \cdot \frac{a_1 a_n (a_{n+1} - a_2) + a_2 a_{n+1} (a_n - a_1)}{a_1 a_2 a_n a_{n+1}}$$

$$= \frac{n-1}{2} \cdot \frac{a_1 a_n + a_2 a_{n+1}}{a_1 a_2 a_n a_{n+1}}$$

特别地,取 $a_k = k (k = 1, 2, \cdots, n, n+1)$,由 (3.78) 得

$$\frac{1}{2^2} + \frac{1}{3^2} + \cdots + \frac{1}{n^2} < \frac{(n-1)(3n+2)}{4n(n+1)} < 1 \quad (3.79)$$

取 $a_k = 2k - 1 (k = 1, 2, \cdots, n, n+1)$,由 (3.78) 得

$$\frac{1}{3^2} + \frac{1}{5^2} + \cdots + \frac{1}{(2n-1)^2} < \frac{(n-1)(4n+1)}{4(4n^2-1)} < \frac{1}{3}$$

$$(3.80)$$

例48 设

$$\sum_{i=1}^n x_i = b, \quad \sum_{i=1}^n x_i^2 = \frac{b^2}{n-1} \quad (b > 0, n \geqslant 0)$$

则

$$0 \leqslant x_i \leqslant \frac{2b}{n} \quad (i = 1, 2, \cdots, n) \qquad (3.81)$$

证明 由假设,有

$$\sum_{i=1}^n x_i^2 = \frac{b^2}{n-1} = \frac{1}{n-1}\left(\sum_{i=1}^n x_i\right)^2$$

于是

$$(n-2)\sum_{i=1}^n x_i^2 = 2(x_1 x_2 + \cdots + x_1 x_n + x_2 x_3 + \cdots + x_2 x_n + \cdots + x_{n-1} x_n)$$

从而

$$(n-2)x_1^2 + (x_2 - x_3)^2 + \cdots +$$
$$(x_2 - x_n)^2 + (x_3 - x_4)^2 + \cdots +$$
$$(x_3 - x_n)^2 + \cdots + (x_{n-1} - x_n)^2$$
$$= 2x_1(x_2 + \cdots + x_n) \qquad (3.82)$$

若 $x_1 < 0$,则从(3.82)有

$$x_1 + x_2 + \cdots + x_n < 0$$

于是

$$b = x_1 + (x_2 + \cdots + x_n) < 0$$

这与假设矛盾. 因此,必须 $x_1 \geqslant 0$. 同理可证 $x_i \geqslant 0, i = 1, 2, \cdots, n$. 为证式(3.81)的右端,可令 $y_i = \frac{2b}{n} - x_i, i = 1, 2, \cdots, n$,则

$$\sum_{i=1}^n y_i = b, \quad \sum_{i=1}^n y_i^2 = \frac{b^2}{n-1}$$

从而 $y_i \geqslant 0$,即

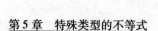

$$x_i \leqslant \frac{2b}{n} \quad (i = 1, 2, \cdots, n)$$

例 49 已知数列 $\{x_n\}$ 满足 $x_0 = 5$，$x_{n+1} = x_n + \frac{1}{x_n}$，证明：$45 < x_{1\,000} < 45.1$.

证明 由假设易得

$$x_n^2 = 2n + 25 + \sum_{k=0}^{n-1} \frac{1}{x_k^2} > 2n + 25 \qquad (3.83)$$

特别地，取 $n = 1\,000$，得

$$x_{1\,000}^2 > 2\,025 = 45^2, x_{1\,000} > 45$$

由题设易知 $x_{k+1} > x_k > 0$，故

$$\frac{1}{x_1^2} > \frac{1}{x_2^2} > \cdots > \frac{1}{x_k^2} > \frac{1}{x_{k+1}^2}$$

又由 (3.83)，得

$$\frac{1}{x_n^2} < \frac{1}{2n + 25}$$

特别地，有

$$\frac{1}{x_{25}^2} < \frac{1}{75}, \frac{1}{x_{225}^2} < \frac{1}{475}$$

$$x_{1\,000}^2 = 2\,025 + \left(\frac{1}{x_0^2} + \frac{1}{x_1^2} + \cdots + \frac{1}{x_{24}^2} \right) +$$

$$\left(\frac{1}{x_{25}^2} + \cdots + \frac{1}{x_{224}^2} \right) + \cdots + \left(\frac{1}{x_{225}^2} + \cdots + \frac{1}{x_{999}^2} \right)$$

$$< 2\,025 + 25 \times \frac{1}{x_0^2} + 200 \times \frac{1}{x_{25}^2} + 675 \times \frac{1}{x_{225}^2}$$

$$< 2\,025 + 1 + 200 \times \frac{1}{75} + 675 \times \frac{1}{475}$$

$$< 2\,031 < 2\,034.01 = (45.1)^2$$

故 $x_{1\,000} < 45.1$.

评注 在上述证明中，若不把和式分组进行估计，

则只能得到下面不够精确的结果

$$x_{1\,000}^2 = 2\,025 + \sum_{k=0}^{999} \frac{1}{x_k^2} < 2\,025 + 1\,000 \cdot \frac{1}{x_0^2}$$
$$= 2\,065 < (45.5)^2$$

例 50　对任何 $n \in \mathbf{N}$，从和 $1 + \dfrac{1}{2} + \dfrac{1}{3} + \cdots + \dfrac{1}{n}$ 中去掉分母含数码 5 的各项，留下的和记作 $\displaystyle\sum_{k=1}^{n}{}' \frac{1}{k}$，求证

$$\sum_{k=1}^{n}{}' \frac{1}{k} < 80$$

证明　设 n 是一个 m 位数，即
$$10^{m-1} \leqslant n \leqslant 10^m - 1$$

当 k 是 1 位数时，显然，这个和中还有 8 项；当 k 是 2 位数时，设 $k = \overline{ab}$（a, b 是数码），由于 a 不取 0 及 5，b 不取 5，所以，和中形如 $\dfrac{1}{\overline{ab}}$ 的项共有 8×9 项；……；同理，当 k 是 m 位数时，和中至多还有 $8 \times 9^{m-1}$ 项. 由于

$$\frac{1}{k} > \frac{1}{k+1} \quad (k = 1, 2, \cdots)$$

所以

$$\sum_{k=1}^{n}{}' \frac{1}{k} \leqslant \sum_{k=1}^{10^{m-1}-1} \frac{1}{k}$$

$$= \sum_{k \text{是1位数}}{}' \frac{1}{k} + \sum_{k \text{是2位数}}{}' \frac{1}{k} + \cdots + \sum_{k \text{是}m\text{位数}}{}' \frac{1}{k}$$

$$< 8 \times 1 + 8 \times 9 \times \frac{1}{10} + 8 \times 9^2 \times \frac{1}{10^2} + \cdots +$$

$$8 \times 9^{m-1} \times \frac{1}{10^{m-1}}$$

$$= \left[1 + \frac{9}{10} + \left(\frac{9}{10} \right)^2 + \cdots + \left(\frac{9}{10} \right)^{m-1} \right] \times 8$$

$$= 8 \times \frac{1 - \left(\frac{9}{10} \right)^m}{1 - \frac{9}{10}} < 80$$

例 51 若数列 $\{u_n\}$ 满足 $u_1 = u_2 = 1$,且有

$$u_n = u_{n-1} + u_{n-2} \quad (n > 2)$$

则称 $\{u_n\}$ 为 Fibonacci 数列. 这时对于 $s_n = \sum_{k=1}^{n} u_k$,有

$$u_{n+1} \leqslant s_n < u_{n+2} \tag{3.84}$$

证明 因 $u_n = u_{n-1} + u_{n-2}$,故

$$u_1 = u_3 - u_2, u_2 = u_4 - u_3, u_3 = u_5 - u_4$$
$$\vdots$$
$$u_{n-1} = u_{n+1} - u_n, u_n = u_{n+2} - u_{n+1}$$

将以上各等式两边相加,可得

$$s_n = u_{n+2} - 1$$

故

$$s_n < u_{n+2}$$

又

$$u_n \geqslant 1 \quad (n = 1, 2, \cdots)$$
$$u_{n+2} = u_n + u_{n+1}$$

故

$$s_n = u_{n+2} - 1 = u_{n+1} + (u_n - 1) \geqslant u_{n+1}$$

于是 (3.84) 得证.

例 52 设实数列 $\{x_n\}$ 满足

$$x_{n+1} = x_n \left(x_n + \frac{1}{n} \right) \quad (n \geqslant 1)$$

证明:存在一个唯一确定的 x_1,使得对一切 $n \geqslant 1$,都有

$$0 < x_n < x_{n+1} < 1$$

证明 设有

$$0 < x_1 < x_2 < \cdots < x_n < \cdots < 1$$

则数列 $\{x_n\}$ 必有极限 x. 在递推公式

$$x_{n+1} = x_n\left(x_n + \frac{1}{n}\right) \tag{3.85}$$

两边取极限得 $x = x^2$,且易知 $x = 1$.

又若有

$$0 < x_1' < x_2' < \cdots < x_n' < \cdots < 1$$

满足同样的递推关系,则也有

$$\lim_{n\to\infty} x_n' = 1$$

而有

$$x_n - x_n' \to 0 \quad (n \to \infty)$$

注意从 (3.85) 及 $x_n < x_{n+1}$,可得

$$x_n + \frac{1}{n} > 1$$

即

$$x_n > 1 - \frac{1}{n} \tag{3.86}$$

故

$$x_{n+1} - x_{n+1}' = x_n\left(x_n + \frac{1}{n}\right) - x_n'\left(x_n' + \frac{1}{n}\right)$$

$$= (x_n - x_n')\left(x_n + x_n' + \frac{1}{n}\right)$$

$$\geqslant x_n - x_n' \geqslant \cdots \geqslant x_1 - x_1'$$

所以 $x_1 = x_1'$.

下证 x_1 的存在性. 对每个自然数 n,若取

$$x_{n+1} \in \left(1 - \frac{1}{n+1}, 1\right)$$

332

那么由 (3.85) 可求出

$$x_n = \frac{1}{2}\left[-\frac{1}{n} + \sqrt{\frac{1}{n^2} + 4x_{n+1}}\right] \in \left(1 - \frac{1}{n}, 1\right) \quad (3.87)$$

从而由 (3.85) 可依次求出 $x_n, x_{n-1}, \cdots, x_1$，满足

$$0 < x_1 < x_2 < \cdots < x_n < x_{n+1} < 1 \quad (3.88)$$

及关系式 (3.85)，且有

$$x_1 = \frac{1}{2}\left(-1 + \sqrt{1 + 4x_2}\right) \in \left(\frac{-1 + \sqrt{3}}{2}, \frac{-1 + \sqrt{5}}{2}\right) \quad (3.89)$$

形如 (3.88) 的数列，如果能依 (3.85) 推至无穷，那么 x_1 即为所求，否则在递推过程中将有 m，使下列两种情况之一发生：

$(1) x_m \geqslant x_{m+1}$；$(2) x_m > 1$。

可用反证法证明这两种情况均不可能发生。于是 x_1 即为所求。

4. 二次函数的应用

例 53　设 $\sum_{i=1}^{n} x_i = p$，$\sum_{1 \leqslant i < j \leqslant n} x_i x_j = q (n > 2)$，求证：

$(1) p^2 - \frac{2n}{n-1} q \geqslant 0$；

$(2) \frac{p}{n} - \frac{n-1}{n}\sqrt{p^2 - \frac{2n}{n-1} q} \leqslant x_i \leqslant \frac{p}{n} + \frac{n-1}{n} \cdot$

$\sqrt{p^2 - \frac{2n}{n-1} q} (i = 1, 2, \cdots, n)$。

证明　(1) 因

$$\left(\sum_{i=1}^{n} x_i\right)^2 = \sum_{i=1}^{n} x_i^2 + 2\sum_{1 \leqslant i < j \leqslant n} x_i x_j \quad (3.90)$$

故

$$\sum_{i=1}^{n} x_i^2 = p^2 - 2q$$

又

$$0 \leqslant \sum_{1 \leqslant i < j \leqslant n} (x_i - x_j)^2$$

$$= (n-1) \sum_{i=1}^{n} x_i^2 - 2 \sum_{1 \leqslant i < j \leqslant n} x_i x_j$$

$$= (n-1)(p^2 - 2q) - 2q$$

$$= (n-1)p^2 - 2nq \qquad (3.91)$$

(2)由于题设条件关于 $x_1, x_2, \cdots, x_n$ 是对称的,故只需就 x_1 证明(2). 令

$$A = \sum_{i=2}^{n} x_i = p - x_1$$

$$B = \sum_{2 \leqslant i < j \leqslant n} x_i x_j$$

$$= \sum_{1 \leqslant i < j \leqslant n} x_i x_j - x_1(x_2 + \cdots + x_n)$$

$$= q - px_1 + x_1^2$$

由(3.91),得

$$(n-2)A^2 - 2(n-1)B \geqslant 0$$

即

$$nx_1^2 - 2px_1 + 2(n-1)q - (n-2)p^2 \leqslant 0 \qquad (3.92)$$

由(3.92)即可解得(2)成立.

5. 部分求和法

设

$$s_k = a_1 + a_2 + \cdots + a_k \quad (k=1,2,\cdots,n)$$

则有

$$\sum_{k=1}^{n} a_k b_k = s_n b_n + \sum_{k=1}^{n-1} s_k(b_k - b_{k+1}) \qquad (3.93)$$

由简单的计算易证恒等式(3.93)成立. 它就是著

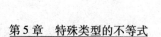

名的 Abel 恒等式.

例 54（Abel 不等式） 设

$$a_i, b_i \in \mathbf{R} \quad (i = 1, 2, \cdots, n)$$

$$b_1 \geqslant b_2 \geqslant \cdots \geqslant b_n \geqslant 0$$

$$s_k = a_1 + a_2 + \cdots + a_k$$

又记

$$M = \max_{1 \leqslant k \leqslant n} s_k, \quad m = \min_{1 \leqslant k \leqslant n} s_k$$

求证

$$mb_1 \leqslant \sum_{i=1}^{n} a_i b_i \leqslant M b_1 \qquad (3.94)$$

证明 由（3.93）及 $b_k - b_{k+1} \geqslant 0$，得

$$\sum_{i=1}^{n} a_i b_i = \sum_{i=1}^{n-1} s_i (b_i - b_{i+1}) + s_n b_n$$

$$\leqslant M \left[\sum_{i=1}^{n-1} (b_i - b_{i+1}) + b_n \right]$$

$$= M b_1$$

同理可证

$$\sum_{i=1}^{n} a_i b_i \geqslant m b_1$$

例 55 设 $x \neq 2l\pi \, (l \in \mathbf{Z})$. 求证

$$\left| \sum_{i=1}^{n} \frac{\sin ix}{i} \right| \leqslant \frac{1}{\left| \sin \dfrac{x}{2} \right|} \qquad (3.95)$$

证明 令 $b_i = \dfrac{1}{i}$，则

$$b_1 \geqslant b_2 \geqslant \cdots \geqslant b_n > 0, a_i = \sin ix$$

则

$$s_k = \sum_{i=1}^{k} \sin ix$$

且

$$s_k \sin \frac{x}{2} = \frac{1}{2} \sum_{i=1}^{k} \left[\cos\left(i - \frac{1}{2}\right)x - \cos\left(i + \frac{1}{2}\right)x \right]$$

$$= \frac{1}{2} \left[\cos\frac{x}{2} - \cos\left(k + \frac{1}{2}\right)x \right]$$

故

$$\left| s_k \sin \frac{x}{2} \right|$$

$$\leqslant \frac{1}{2} \left[\left| \cos \frac{x}{2} \right| + \left| \cos\left(n + \frac{1}{2}\right)x \right| \right] \leqslant 1$$

从而

$$-\frac{1}{\left| \sin \dfrac{x}{2} \right|} \leqslant s_k \leqslant \frac{1}{\left| \sin \dfrac{x}{2} \right|}$$

于是由 Abel 不等式(3.94),得

$$-\frac{1}{\left| \sin \dfrac{x}{2} \right|} \leqslant \sum_{i=1}^{n} \frac{\sin ix}{i} \leqslant \frac{1}{\left| \sin \dfrac{x}{2} \right|}$$

即(3.95)得证.

6. 凸数列

定义 5.2　若实数列 $\{a_n\}$ 满足条件

$$a_{i-1} + a_{i+1} \geqslant 2a_i \quad (i = 2,3,\cdots) \qquad (3.96)$$

则称数列 $\{a_n\}$ 是一凸数列.

命题 5.33　数列 $\{a_n\}$ 是凸数列的充分必要条件是下列条件之一成立:

(1)数列 $\{a_{n+1} - a_n\}$ 是单调递增数列;

(2)对任意的自然数 m,n,恒有

$$a_n - a_m \geqslant (n - m)(a_{m+1} - a_n) \qquad (3.97)$$

(3)对任意三个自然数 k,m,n,当 $k \leqslant m \leqslant n$ 时,恒有

$$(n-m)a_k + (k-n)a_m + (m-k)a_n \geqslant 0$$

$$(3.98)$$

命题 5.34(肖振纲) 若数列 $\{a_n\}$ 是凸数列,则下列不等式均成立

$$S_n = \sum_{i=1}^{n} a_i \leqslant \frac{1}{2} n(a_1 + a_n) \qquad (3.99)$$

$$\sum_{i=0}^{n} a_{i+1} C_n^i \leqslant 2^{n-1}(a_1 + a_{n+1}) \qquad (3.100)$$

$$\frac{\displaystyle\sum_{i=0}^{n} a_{i+1} C_n^i}{2^n} \leqslant \frac{S_{n+1}}{n+1} \qquad (3.101)$$

$\left\{ \dfrac{S_n}{n} \right\}$ 也是一凸数列.

若 $m < n$,则

$$\frac{S_n - S_m}{n - m} \leqslant \frac{S_{n+m}}{n+m} \qquad (3.102)$$

例 56 设 $x > 0$,$m, n \in \mathbf{N}$,则

$$n + m x^{m+n} \geqslant (m+n) x^m \qquad (3.103)$$

证明 因数列 $\{x^{n-1}\}$ 是一凸数列,且有

$$1 < m+1 < m+n+1$$

于是由 (3.98) 即得

$$[(m+n+1) - (m+1)]x^0 +$$

$$[1 - (m+n+1)]x^m + [(m+1) - 1]x^{m+n} \geqslant 0$$

整理即得 (3.103).

例 57 证明不等式

$$\frac{x^n + y^n}{2} \geqslant \left(\frac{x+y}{2} \right)^n \qquad (3.104)$$

其中 $x \geqslant 0$,$y \geqslant 0$,$n \in \mathbf{N}$.

证明 当 $x = y = 0$ 时,(3.104)显然成立. 当 $x > 0, y > 0$ 时,因数列 $\left\{\left(\dfrac{x}{y}\right)^{n-1}\right\}$ 是一凸数列,由(3.100)得

$$\sum_{i=0}^{n} \left(\frac{x}{y}\right)^i C_n^i \leqslant 2^{n-1}\left[1 + \left(\frac{x}{y}\right)^n\right]$$

整理即得(3.104).

例58 设 $x > 0, x \neq 1, n \in \mathbf{N}$,则有

$$(n+1)(1+x)^n \leqslant 2^n \cdot \frac{1 - x^{n+1}}{1 - x} \quad (3.105)$$

证明 因 $\{x^{n-1}\}$ 是一凸数列,由(3.101)即可得(3.105).

例59 设 $x > 0, x \neq 1, m, n \in \mathbf{N}$,且 $m \leqslant n$,则

$$(n+m)(1+x^n) \geqslant 2m \frac{1 - x^{n+m}}{1 - x^m} \quad (3.106)$$

证明 当 $n = m$ 时,(3.106)显然成立,下设 $n > m$,因数列 $\{x^{n-1}\}$ 是凸数列,由(3.102),得

$$\frac{\dfrac{1 - x^n}{1 - x} - \dfrac{1 - x^m}{1 - x}}{n - m} \leqslant \frac{\dfrac{1 - x^{n+m}}{1 - x}}{n + m}$$

由此化简即得(3.106).

例60 设 $\{a_k\}$ 是一凸数列且满足 $\sum\limits_{j=1}^{k} a_j \leqslant 1$. 证明

$$0 \leqslant a_k - a_{k+1} < \frac{2}{k^2} \quad (3.107)$$

证明 由命题5.33(2)及题设,对任意两个自然数 n, k,有

$$a_n \geqslant a_k + (n - k)(a_{k+1} - a_k)$$
$$\geqslant (n - k)(a_{k+1} - a_k)$$

于是,当 $n > k$ 时,有

$$a_{k+1} - a_k \leqslant \frac{a_n}{n-k} \leqslant \frac{1}{n-k} \qquad (3.108)$$

固定 k,让 $n \to \infty$ 即得 $a_{k+1} - a_k \leqslant 0$,故(3.107)左半不等式得证.

同样,由命题 5.33(2)及题设,我们有

$$
\begin{aligned}
a_j &\geqslant a_k + (j-k)(a_{k+1} - a_k) \\
&= a_{k+1} + (k+1-j)(a_k - a_{k+1}) \\
&\geqslant (k+1-j)(a_k - a_{k+1})
\end{aligned}
$$

所以

$$
\begin{aligned}
\sum_{j=1}^{k} a_j &\geqslant \Big[k(k+1) - \sum_{j=1}^{k} j \Big](a_k - a_{k+1}) \\
&= \frac{1}{2} k(k+1)(a_k - a_{k+1})
\end{aligned}
$$

而 $\displaystyle\sum_{j=1}^{k} a_j \leqslant 1$,因此(3.107)得证.

例 61　若数列 $a_1, a_2, \cdots, a_{2n+1}$ 为凸数列,则

$$\frac{\displaystyle\sum_{i=0}^{n} a_{2i+1}}{n+1} \geqslant \frac{\displaystyle\sum_{i=1}^{n} a_{2i}}{n} \qquad (3.109)$$

证明　由数学归纳法及命题 5.33(1)便知不等式(3.109)成立.

四、函数不等式

通常把含有自变量和未知函数的不等式称为函数不等式. 在初等数学里,函数不等式是指不等式两端的表示式是由有限个(已知或未知)函数与自变量的有限次代数(或超越)运算或迭代构成的代数表达式.

显然,函数方程只是函数不等式的极端(取等号)情形.

如果一个函数在其定义域内满足所给的函数不等式,则称此函数为该函数不等式的解;如果一个函数只是某函数不等式的一个特定的解,则称其为特解;如果一个函数包括了某个函数不等式在一定条件下的全部解,则称其为函数不等式的通解;如果一个函数包括了某个函数不等式在一定条件下的全部解,则称此函数为该函数不等式在所述条件下的全解.

如下所述不等式均为函数不等式

$$f(xy) \geq f(x) + f(y) \qquad (3.110)$$

$$f(x+1) \geq xf(x) \qquad (3.111)$$

$$\varphi[f(x)] \geq s\varphi(x) \qquad (3.112)$$

$$\varphi[f(x)] \geq \varphi(x) + c \quad (c \neq 0) \qquad (3.113)$$

其中 $\varphi(x)$ 表示未知函数. (3.110)称为 Cauchy 型函数不等式,(3.111)称为 Gamma 型函数不等式,(3.112)称为 Schrder 型函数不等式,(3.113)称为 Abel 型函数不等式. 如函数不等式

$$f[f(x)] \geq \frac{x+1}{x+2}$$

有两个特解 $f_1(x) = \dfrac{1}{1+x}$ 和 $f_2(x) = \dfrac{2x+1}{x+3}$. 而函数不等式

$$f(x) + g(x) \geq \frac{1}{x-1}$$

($f(x)$ 是偶函数,$g(x)$ 为奇函数)有通解

$$f(x) = \frac{1}{x^2 - 1} + [q(x) + q(-x)]$$

$$g(x) = \frac{x}{x^2 - 1} + \frac{1}{2}[q(x) - q(-x)]$$

函数不等式通常分为单变量函数不等式和多变量

函数不等式(按照不等式中出现的自变量个数进行分类). 如上述函数不等式(3. 110) ~ (3. 113)均为单变量函数不等式,而如下不等式

$$f[ax + (1-a)g] \leqslant af(x) + (1-a)f(g)$$

$(a \in [0,1])$及

$$f\left(x + y, \frac{y}{x}\right) \leqslant x^2 - y^2$$

均为二元函数不等式.

　　函数不等式的内容十分丰富,又十分复杂(以至于对它进行分类都非常困难),但初等数学范畴内的函数不等式通常只有求解函数不等式和证明函数不等式等内容. 所谓解函数不等式,就是在某种假定下寻找函数不等式的解或确定函数不等式无解的过程. 因此函数不等式的求解实际上也是一个探求函数解析式的过程. 解函数不等式主要有赋值法、验证法、变量代换法、待定系数法、迭代法、构造法等. 而函数不等式的证明,除了利用完全平方数的非负性、利用二次三项式的判别式、利用重要不等式等方法外,还可以利用微分学的方法来证明. 下面我们举例说明函数不等式的一些证明和求解技巧.

　　例62　证明:如果$|x| < 1$,则对任意整数$n \geqslant 2$,有

$$(1-x)^n + (1+x)^n < 2^n \qquad (3. 114)$$

　　证明　因为

$$(1+x)^n + (1-x)^n = 2(1 + C_n^2 x^2 + C_n^4 x^4 + \cdots)$$

若n是偶数,上式右边括号里最后一项是x^n,否则是nx^{n-1}. 由于$-1 < x < 1$,故对所有整数k,有

$$C_n^{2k} x^{2k} < C_n^{2k}$$

所以

$$(1+x)^n + (1-x)^n < A_n$$

其中 A_n 是当 $x = \pm 1$ 时多项式 $(1+x)^n + (1-x)^n$ 的值,即 $A_n = 2^n$. 故(3.114)得证.

例 63 求证:当 x, y 为不等于零的任意实数时,有

$$3\left(\frac{x^2}{y^2} + \frac{y^2}{x^2}\right) - 8\left(\frac{x}{y} + \frac{y}{x}\right) + 10 \geqslant 0 \quad (3.115)$$

证明 设 $\dfrac{x}{y} + \dfrac{y}{x} = z$,则

$$\frac{x^2}{y^2} + \frac{y^2}{x^2} = z^2 - 2$$

于是

$$3\left(\frac{x^2}{y^2} + \frac{y^2}{x^2}\right) - 8\left(\frac{x}{y} + \frac{y}{x}\right) + 10$$
$$= 3z^2 - 8z + 4 = f(z)$$

若 x 与 y 的符号相反,则 $z < 0$,这时 $f(z) > 0$;

若 x 与 y 的符号相同,则 $z \geqslant 2$. 因为 $f(z) = 0$ 的根为 $\dfrac{2}{3}, 2$,所以当 $z \geqslant 2$ 时,$f(z) \geqslant 0$. 由上所述知,若 $z < 0, z \geqslant 2, f(z)$ 是非负数,故(3.115)得证.

引理 5.21 设 $a_k \in \mathbf{R}, b_k \in \mathbf{R}_+, k = 1, 2, \cdots,$ 则有

$$\min_{1 \leqslant k \leqslant n} \frac{a_k}{b_k} \leqslant \frac{\sum\limits_{k=1}^{n} a_k}{\sum\limits_{k=1}^{n} b_k} \leqslant \max_{1 \leqslant k \leqslant n} \frac{a_k}{b_k} \quad (3.116)$$

证明 令 $m = \min \dfrac{a_k}{b_k}, M = \max \dfrac{a_k}{b_k}$,则有

$$m \leqslant \frac{a_k}{b_k} \leqslant M, mb_k \leqslant a_k \leqslant Mb_k \quad (k = 1, 2, \cdots, n)$$

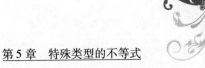

于是

$$m \sum_{k=1}^{n} b_k \leqslant \sum_{k=1}^{n} a_k \leqslant M \sum_{k=1}^{n} b_k$$

上式两边同除以 $\sum_{k=1}^{n} b_k (>0)$ 即得 (3.116).

例 64 设 $x > 0$, 证明

$$\frac{1}{n} \leqslant \frac{1 + 2x + \cdots + nx^{n-1}}{n + (n-1)x + \cdots + x^{n-1}} \leqslant n \quad (3.117)$$

$$\frac{1}{n} \leqslant \frac{1 + 2x + \cdots + nx^{n-1}}{1 + 2^2 x + \cdots + n^2 x^{n-1}} \leqslant 1 \quad (3.118)$$

其中 n 为自然数.

证明 由引理 5.21 即得 (3.117) 与 (3.118).

例 65 设 $y = \dfrac{x^2 - 2mx + p^2}{x^2 + 2mx + p^2}$, 则对一切 $x \in \mathbf{R}$, 有

$$\min\left(\frac{p-m}{p+m}, \frac{p+m}{p-m}\right)$$

$$\leqslant y \leqslant \max\left(\frac{p-m}{p+m}, \frac{p+m}{p-m}\right) \quad (0 \leqslant |m| < |p|)$$

$$(3.119)$$

$$y \leqslant \min\left(\frac{p-m}{p+m}, \frac{p+m}{p-m}\right)$$

或

$$y \geqslant \max\left(\frac{p-m}{p+m}, \frac{p+m}{p-m}\right) \quad (0 < |p| < |m|) \quad (3.120)$$

证明 当 $m = 0$ 时 $y = 1$, 显然 (3.119) 成立. 假定 $m \neq 0$ 且将 (3.119) 写成

$$(y-1)x^2 + 2m(y+1)x + p^2(y-1) = 0$$

这个关于 x 的二次方程有实根的充要条件是

$$(m^2 - p^2)y^2 + 2(m^2 + p^2)y + m^2 - p^2 \geqslant 0$$

还可假定 $|m| \neq |p|$, 首先有

$$(m^2 - p^2)y^2 + 2(m^2 + p^2)y + m^2 - p^2$$
$$= (m^2 - p^2)(y - y_1)(y - y_2)$$

其中

$$y_1 = \frac{p - m}{p + m}, \quad y_2 = \frac{p + m}{p - m}$$

若 $mp > 0$ 且 $0 < |m| < |p|$，则

$$\frac{p - m}{p + m} \leqslant y \leqslant \frac{p + m}{p - m}$$

若 $mp < 0$ 且 $0 < |m| < |p|$，则

$$\frac{p + m}{p - m} \leqslant y \leqslant \frac{p - m}{p + m}$$

若 $mp > 0$ 且 $0 < |p| < |m|$，则

$$y \leqslant \frac{p + m}{p - m} \text{或} y \geqslant \frac{p - m}{p + m}$$

若 $mp < 0$ 且 $0 < |p| < |m|$，则

$$y \leqslant \frac{p - m}{p + m} \text{或} y \geqslant \frac{p + m}{p - m}$$

于是(3.119)与(3.120)获证.

例66 设 $f(x,y) = \dfrac{3x + 4y + 12}{x^2 + y^2 + 1}$，证明：对一切实

数 x 和 y，都有 $|f(x,y)| < 13$.

证明 对任意实数 x 和 y，$x^2 + y^2 + 1 > 0$，因而

$$|f(x,y)| = \frac{|3x + 4y + 12|}{x^2 + y^2 + 1}$$

令

$$F(x,y) = 13 - |f(x,y)|$$

(1)当 $3x + 4y + 12 \geqslant 0$ 时

$$F(x,y) = 13 - \frac{3x + 4y + 12}{x^2 + y^2 + 1}$$

344

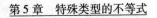

$$= \frac{13x^2 + 13y^2 - 3x - 4y + 1}{x^2 + y^2 + 1}$$

将分子看成是 x 的二次三项式,其判别式

$$\Delta = 9 - 52(13y^2 - 4y + 1) < 0$$

又 x^2 的系数为 13,所以

$$13x^2 + 13y^2 - 3x - 4y + 1 > 0$$

从而知,当 $3x + 4y + 13 \geqslant 0$ 时

$$|f(x,y)| < 13$$

(2)当 $3x + 4y + 12 < 0$ 时,类似于(1)可证得

$$|f(x,y)| < 13$$

例 67　设 $x, \beta \in \mathbf{R}_+$,且 x 和 βx 都小于 1,证明

$$(1+x)^\beta < \frac{1}{1 - \beta x} \qquad (3.121)$$

证明　将(3.121)写成

$$1 - \beta x < (1+x)^{-\beta}$$

应用二项式定理,得

$$(1+x)^{-\beta}$$

$$= 1 - \beta x + \frac{\beta(\beta+1)}{2!}x^2 - \frac{\beta(\beta+1)(\beta+2)}{3!}x^3 + \cdots$$

现在比较右边的第三项和第四项. 已知 $x < 1$, $\beta x < 1$,所以

$$3 > \beta x + 2x$$

两边同乘以 $\dfrac{\beta(\beta+1)}{3!}x^2$,得

$$\frac{\beta(\beta+1)}{2!}x^2 > \frac{\beta(\beta+1)(\beta+2)x^3}{3!}$$

同理可证第五项大于第六项的绝对值. 继续考虑下去,得到

$$(1+x)^{-\beta} = 1 - \beta x + (某一正数)$$

所以

$$(1+x)^{-\beta} > 1 - \beta x$$

从而

$$(1+x)^{\beta} < \frac{1}{1-\beta x}$$

例 68 求最小正数 α，使得存在 β，当 $0 \leqslant x \leqslant 1$ 时，不等式

$$\sqrt{1+x} + \sqrt{1-x} \leqslant 2 - \frac{x^{\alpha}}{\beta} \qquad (3.122)$$

成立.

解 对任何 $x \in [0,1]$，有恒等式

$$(\sqrt{1+x} + \sqrt{1-x} - 2) \cdot$$

$$(\sqrt{1+x} + \sqrt{1-x} + 2)(\sqrt{1-x^2} + 1)$$

$$= -2x^2$$

成立. 因为在闭区间 $[0,1]$ 上

$$0 < \sqrt{1+x} + \sqrt{1-x} + 2$$

$$\leqslant \sqrt{1+x+\frac{x^2}{4}} + \sqrt{1-x+\frac{x^2}{4}} + 2$$

$$= \left(1+\frac{x}{2}\right) + \left(1-\frac{x}{2}\right) + 2 = 4$$

$$0 \leqslant \sqrt{1-x^2} \leqslant 1$$

所以在 $[0,1]$ 上，函数

$$h(x) = \frac{1}{2}(\sqrt{1+x} + \sqrt{1-x} + 2)(\sqrt{1-x^2} + 1)$$

满足 $0 \leqslant h(x) \leqslant 4$. 故对 $x \in [0,1]$，有

$$\sqrt{1+x} + \sqrt{1-x} - 2 = \frac{-x^2}{h(x)} \leqslant -\frac{x^2}{4}$$

如果对某个适合 $0 < \alpha < 2$ 的数 α 及 $\beta > 0$，下列与

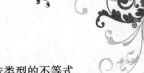

上式类似的不等式成立

$$\sqrt{1+x} + \sqrt{1-x} - 2 \leqslant -\frac{x^2}{\beta} \quad (x \in [0,1])$$

$$(3.123)$$

亦即

$$-\frac{x^2}{h(x)} \leqslant -\frac{x^\alpha}{\beta}$$

则

$$x^{2-\alpha} \geqslant \frac{h(x)}{\beta} \quad (x \in [0,1])$$

令 $x \to 0$, 得 $0 \geqslant \dfrac{h(0)}{\beta}$, 但 $h(0) = 4$, 所得的矛盾表明

$\alpha = 2$ 是满足条件 (3.123) 的最小数. 使不等式

$$\sqrt{1+x} + \sqrt{1-x} - 2 \leqslant -\frac{x^2}{\beta} \quad (x \in [0,1])$$

$$(3.124)$$

或

$$-\frac{x^2}{h(x)} \leqslant -\frac{x^2}{\beta}$$

成立的最小数 β, 等于满足

$$h(x) \leqslant \beta \quad (x \in [0,1])$$

的最小数 β. 因此

$$\beta = \max_{0 \leqslant x \leqslant 1} h(x)$$

因对任何 $u, v \geqslant 0$, 有

$$\sqrt{u} + \sqrt{v} \leqslant \sqrt{2(u+v)} \quad (3.125)$$

在 (3.125) 中令 $u = 1+x, v = 1-x$, 得

$$\sqrt{1+x} + \sqrt{1-x} \leqslant 2$$

于是再次得到

347

$$h(x) = \frac{1}{2}\left(\sqrt{1+x} + \sqrt{1-x} + 2 \right)\left(\sqrt{1-x^2} + 1 \right)$$

$$\leq 2\left(\sqrt{1-x^2} + 1 \right) \leq 4$$

另一方面,上面已经指出 $h(0) = 4$. 因此有 $\max\limits_{0 \leq x \leq 1} h(x) = 4$. 故满足(3.124)的最小正数 $\beta = 4$.

例69 设 $k \in \mathbf{N}$,若存在函数 $f : \mathbf{N} \to \mathbf{N}$ 是严格递增的,且对每一 $n \in \mathbf{N}$,都有 $f(f(n)) = kn$,则对每一自然数 $n \in \mathbf{N}$,都有

$$\frac{2k}{k+1}n \leq f(n) \leq \frac{k+1}{2}n \qquad (3.126)$$

证明 由条件知 $f(n+1) - f(n) \geq 1$,于是当 $m > n$ 时,有

$$f(m) - f(n) = \sum_{i=0}^{m-n} \left[f(n+i+1) - f(n+i) \right]$$

$$\geq m - n$$

$$f(f(n)) - f(n) = kn - f(n) \geq f(n) - n$$

即

$$2f(n) \leq (k+1)n$$

从而

$$f(n) \leq \frac{k+1}{2}n$$

另一方面

$$kn = f(f(n)) \leq \frac{k+1}{2}f(n)$$

故有

$$f(n) \geq \frac{2k}{k+1}n$$

从而知(3.126)成立.

例70 设函数 $f(x)$ 对 $x \geq 0$ 有定义且满足条件:

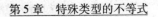

（1）对任何 $x,y \geqslant 0$

$$f(x)f(y) \leqslant y^2 f\left(\frac{x}{2}\right) + x^2 f\left(\frac{y}{2}\right)$$

（2）存在常数 $M > 0$，当 $0 \leqslant x \leqslant 1$ 时，$|f(x)| \leqslant M$.

求证：$f(x) \leqslant x^2$.

证明 令 $y = x$，得

$$f^2(x) \leqslant 2x^2 f\left(\frac{x}{2}\right)$$

从而

$$\frac{f^2(x)}{x^4} \leqslant \frac{2f\left(\frac{x}{2}\right)}{x^2} = \frac{1}{2}\sqrt{\frac{f^2\left(\frac{x}{2}\right)}{\left(\frac{x}{2}\right)^4}} \leqslant \cdots$$

$$\leqslant 2^{-\left(1 + \frac{1}{2} + \cdots + \frac{1}{2^n}\right)} \left(\frac{f^2\left(\frac{x}{2^n}\right)}{\left(\frac{x}{2^n}\right)^4}\right)^{\frac{1}{2^n}}$$

$$\leqslant 2^{-\left(1 + \frac{1}{2} + \cdots + \frac{1}{2^n}\right) + \frac{4n}{2^n}} \left(\frac{M^2}{x^4}\right)^{\frac{1}{2^n}}$$

对任意 $\varepsilon > 0$，当 n 足够大时

$$\frac{M^2}{x^4} < (1 + \varepsilon)^{2^n} = 1 + 2^n \cdot \varepsilon + \cdots$$

而

$$2^{-\left(1 + \frac{1}{2} + \cdots + \frac{1}{2^n}\right) + \frac{4n}{2^n}} = 2^{-2 + \frac{4n+1}{2^n}} < 2^{-1}$$

所以

$$\frac{f^2(x)}{x^4} < \frac{1 + \varepsilon}{2} < 1$$

从而知

$$f(x) \leqslant x^2$$

用类似地方法,可证得更强的结论

$$f(x) \leqslant \frac{1}{2}x^2$$

例71 设 g,φ 是定在 $\mathbf{R}_+$ 上的两个非负凹函数,f 是 $\mathbf{R}$ 上任意的凸函数,若

$$\varphi(x_i)g(y_i) - f^2(z_i) > 0 \quad (\text{对任意 } x,y,z > 0, i = 1,2)$$

则

$$\frac{2}{\varphi\left(\dfrac{x_1 + x_2}{2}\right)g\left(\dfrac{y_1 + y_2}{2}\right) - f^2\left(\dfrac{z_1 + z_2}{2}\right)}$$

$$\leqslant \sum_{i=1}^{2} \frac{1}{\varphi(x_i)g(y_i) - f^2(z_i)}$$

证明 记

$$u_i = \varphi(x_i)g(y_i) - f^2(z_i) \quad (i = 1,2)$$

$$V = \varphi(x_1)g(y_2) + \varphi(x_2)g(y_1) - 2|f(z_1)f(z_2)|$$

则由条件,知

$$W = \varphi\left(\frac{x_1 + x_2}{2}\right)g\left(\frac{y_1 + y_2}{2}\right) - f^2\left(\frac{z_1 + z_2}{2}\right)$$

$$\geqslant \frac{1}{4}[\varphi(x_1) + \varphi(x_2)][g(y_1) + g(y_2)] -$$

$$\frac{1}{4}[f(z_1) + f(z_2)]^2$$

$$\geqslant \frac{1}{4}(u_1 + u_2) + \frac{1}{4}V$$

易证

$$V \geqslant 2\sqrt{\varphi(x_1)g(y_2)\varphi(x_2)g(y_1)} - 2|f(z_1)f(z_2)|$$

$$\geqslant 2\sqrt{u_1 u_2}$$

于是

$$W \geqslant \frac{1}{4}(u_1 + u_2) + \frac{1}{4}V \geqslant \sqrt{u_1 u_2}$$

$$\frac{1}{W} \leqslant \frac{1}{2}\left(\frac{1}{u_1} + \frac{1}{u_2}\right)$$

故原函数不等式成立.

例 72　设 f, g 是定义在 $(-\infty, +\infty)$ 上的实函数,而且对所有的 x 和 y,成立

$$f(x+y) + f(x-y) = 2f(x)g(x)$$

证明:若 $f(x) \not\equiv 0$ 且 $|f(x)| \leqslant 1$ 对所有的 x 都成立,则对所有的 y,有 $|g(y)| \leqslant 1$.

证明　设 $M = \sup|f(x)|$,则由题设知,$M > 0$. 对任意的 $\delta, 0 < \delta < M$,总可找到 x,使

$$|f(x)| > M - \delta$$

此时,对任意的 y,有

$$2M \geqslant |f(x+y)| + |f(x-y)|$$
$$\geqslant |f(x+y) + f(x-y)|$$
$$= 2|f(x)||g(y)| > 2(M-\delta)|g(y)|$$

于是

$$|g(y)| < \frac{M}{M-\delta} = 1 + \frac{\delta}{M-\delta}$$

由于 δ 是任意的,令 $\delta \to 0$ 即有 $|g(y)| \leqslant 1$.

例 73　设 $f(x), g(x)$ 是定义在区间 $[0,1]$ 上的实值函数,试证:存在 $0 \leqslant x_0, y_0 \leqslant 1$,使得

$$|x_0 y_0 - f(x_0) - g(y_0)| \geqslant \frac{1}{4}$$

证明　假若不然,则对任意 $x_0 \in [0,1]$,有

$$|x_0 y_0 - f(x_0) - g(y_0)| < \frac{1}{4}$$

特别地,对 $x_0 = 0, 1, y_0 = 0, 1$,有

$$|0 - f(0) - g(0)| < \frac{1}{4}$$

$$|0 \times 1 - f(0) - g(1)| < \frac{1}{4}$$

$$|1 \times 0 - f(1) - g(0)| < \frac{1}{4}$$

$$|1 \times 1 - f(1) - g(1)| < \frac{1}{4}$$

以上四式相加,得

$$1 > |f(0) + g(0)| + |-f(0) - g(1)| +$$
$$|-f(1) - g(0)| + |f(1) + g(1) - 1|$$
$$\geqslant 1$$

矛盾. 故原不等式得证.

例 74 试证:对任何实数 $x, y \in \mathbf{R}$,成立

$$[2x] + [2y] \geqslant [x] + [x+y] + [y] \quad (3.127)$$

其中 $[a]$ 表示不超过 a 的最大整数,以下用 $\{a\}$ 表示 a 的小数部分,即有实数 $a = [a] - \{a\}$(下同).

证明 令 $n = [x], m = [y]$,则

$$x = n + a, y = m + b$$

其中 $0 \leqslant a < 1, 0 \leqslant b < 1$. 由函数 $[x]$ 的性质知,只需证明

$$2m + [2a] + 2n + [2b] \geqslant m + m + n + [a+b] + n$$

即

$$[2a] + [2b] \geqslant [a+b]$$

不妨设 $a \leqslant b$,此时总有

$$[2a] + [2b] \geqslant [2b] \geqslant [a+b]$$

故 (3.127) 得证.

例 75 设 $x, y \geqslant 0$,求证

$$[5x] + [5y] \geqslant [3x+y] + [3y+x] \quad (3.128)$$

证明 我们这里证明比 (3.128) 更强的结论

$$[5x] + [5y] \geqslant [3x + y] + [3y + x] + [x] + [y]$$
$$(3.129)$$

将 $x = [x] + \{x\}, y = [y] + \{y\}$ 代入 (3.129) 得到与 (3.129) 等价的不等式

$$5\{x\} + [5\{y\}]] \geqslant [3\{x\} + \{y\}] + [3\{y\} + \{x\}]]$$
$$(3.130)$$

这就是 (3.128) 在 $0 \leqslant x, y < 1$ 的情形. 下面假定 $0 \leqslant x, y < 1$. 设

$$\frac{i-1}{5} \leqslant x < \frac{i}{5} \quad (1 \leqslant i < 5)$$

$$\frac{j-1}{5} \leqslant y < \frac{j}{5} \quad (1 \leqslant j < 5)$$

于是

$$[5x] + [5y] = i - 1 + j - 1 = i + j - 2$$

并且

$$3x + y < \frac{3i + j}{5}, 3y + x < \frac{3j + i}{5}$$

如果 $i + j \geqslant 5$, 则有

$$[3x + y] + [3y + x]$$

$$\leqslant 3x + y + 3y + x < \frac{4(i + j)}{5}$$

$$= i + j - \frac{i + j}{5}$$

$$\leqslant i + j - 1$$

从而

$$[3x + y] + [3y + x] \leqslant i + j - 2 = [5x] + [5y]$$

再设 $i + j = 4$, 这时 $i = 4 - j \leqslant 3$, 从而

$$3x + y < \frac{3i + j}{5} = \frac{2i + (i + j)}{5}$$

$$= \frac{2i+4}{5} \leqslant \frac{6+4}{5} = 2$$

所以 $[3x+y] \leqslant 1$. 对称地, 有 $[3y+x] \leqslant 1$.

故有

$$[3x+y] + [3y+x] \leqslant 1 + 1 = 2 = i + j - 2$$
$$= [5x] + [5y]$$

如果 $i+j \leqslant 3$, 这时 i 与 j 中必有一个等于 1. 不妨设 $i = 1$, 于是

$$3x+y < \frac{3i+j}{5} = \frac{2i+(i+j)}{5} \leqslant \frac{2+3}{5} = 1$$

故 $[3x+y] = 0$, 此时

$$3y+x < \frac{i+3y}{5} = \frac{i+j+2j}{5} \leqslant \frac{3+2j}{5} \leqslant j$$

这表明 $[3y+x] \leqslant j - 1$. 总之, 有

$$[3x+y] + [3y+x] \leqslant 0 + j - 1$$
$$= i + j - 2$$
$$= [5x] + [5y]$$

这样, 对适合 $x,y \in (0,1)$ 的 x,y 有 (3.128) 得证, 即 (3.129) 对一切 $x,y \in \mathbf{R}$ 成立.

例 76 对 $n \in \mathbf{N}, x \in \mathbf{R}$, 求证

$$[nx] \geqslant [x] + \frac{[2x]}{2} + \cdots + \frac{[nx]}{n} \quad (3.131)$$

证明 令

$$A_n = [x] + \frac{[2x]}{2} + \cdots + \frac{[nx]}{n}$$

则当 $n = 1$ 时, (3.131) 显然成立. 假设当 $k < n$ 时, (3.131) 成立, 即有

$$A_k \leqslant [(k-1)x] \quad (k = 1, 2, \cdots, n-1)$$

由于 $A_n - A_{n-1} = [nx]$, 故

$$nA_n = nA_{n-1} + [nx]$$

让 n 取遍 $\{1,2,\cdots,n\}$,得下面 n 个不等式

$$nA_n - nA_{n-1} = [nx]$$

$$(n-1)A_{n-1} - (n-1)A_{n-2} = [(n-1)x]$$

$$\vdots$$

$$2A_2 - 2A_1 = [2x]$$

$$A_1 = [x]$$

将以上不等式两边分别相加,得

$$nA_n - (A_1 + A_2 + \cdots + A_{n-1})$$

$$= [x] + [2x] + \cdots + [nx]$$

即

$$nA_n = [x] + [2x] + \cdots + [nx] +$$

$$A_{n-1} + A_{n-2} + \cdots + A_1$$

由归纳假设,知

$$nA_n \leqslant [x] + [2x] + \cdots + [(n-1)x] + [nx] +$$

$$[(n-1)x] + [(n-2)x] + \cdots + [2x] + [x]$$

$$= ([x] + [(n-1)x]) + ([2x] + [(n-2)x]) + \cdots +$$

$$([(n-1)x] + [x] + [nx])$$

从而

$$nA_n \leqslant [nx] + [nx] + \cdots + [nx] = n[nx]$$

故(3.131)得证.

例 77　设 $a,b \in \mathbf{R}$,求证

$$(1 + e^a)(1 + e^b) \geqslant [1 + e^{\frac{1}{2}(a+b)}]^2 \quad (3.132)$$

证明　令 $f(x) = \ln(1 + e^x)$,易证 $f(x)$ 是 $(-\infty,$ $+\infty)$ 上的下凸函数. 故由凸函数的 Jensen 不等式,得

$$\frac{1}{2}[\ln(1 + e^a) + \ln(1 + e^b)]$$

$$\geqslant \ln[1 + e^{\frac{1}{2}(a+b)}]$$

此即(3.132).

设 $x_i \in \mathbf{R}(i=1,2,\cdots,n)$,则(3.132)有更一般的形式

$$\prod_{i=1}^{n}(1+e^{x_i}) \geqslant [1+e^{\frac{1}{n}\sum_{i=1}^{n}x_i}]^n \qquad (3.133)$$

例78(Stolarsky) 设 $x,y \in \mathbf{R}_+$ 且 $x \neq y$,则

$$\left(\frac{x^{\frac{2}{3}}+y^{\frac{2}{3}}}{2}\right)^{\frac{3}{2}} < e^{-1} \cdot \left(\frac{x^x}{y^y}\right)^{\frac{1}{x-y}} \qquad (3.134)$$

证明 在(3.134)两端取对数,命题归结为

$$\frac{3}{2}\ln\frac{x^{\frac{2}{3}}+y^{\frac{2}{3}}}{2} \leqslant -1 + \ln x + y \cdot \frac{\ln x - \ln y}{x-y}$$

不妨再设 $y < x$,令 $u = \dfrac{x}{y}$,则上面不等式又归结为

$$f(u) = \frac{\ln u}{u-1} + \frac{3}{2}\ln\frac{1}{1-u^{-\frac{2}{3}}} - 1 > f(1+0)$$

$$= 0 \quad (u > 1)$$

于是,通过下列计算即可得证

$$f'(u) = -\frac{\ln u}{(u-1)^2} + \frac{1}{u(u-1)} + \frac{1}{u(1+u^{\frac{2}{3}})}$$

$$f'(t^3) = \frac{1}{(t^3-1)^2}\left\{\frac{(t+1)(t^3-1)}{t(t^2+1)} - 3\ln t\right\}$$

$$= \frac{g(t)}{(t^3-1)^2}$$

$$g'(t) = (t-1)^3(t^3-1) > 0$$

$$g(t) > g(1) = 0 \quad (t > 1)$$

例79 设 $f:\mathbf{R}\rightarrow\mathbf{R}$ 是一可微函数,满足如下函数不等式

$$f(x+y)f(x-y) \geqslant [f(x)f(y)]^2 \qquad (3.135)$$

(1)求证:$f(x)$ 是偶函数;

（2）求 $f'(0)$ 的值；

（3）求证：$|f(kx)| \geqslant [f(x)]^{k^2}(k \in \mathbf{N}_+)$.

解　（1）显然 $f(x) = 0$ 是一个特解.

设 $f(x) \neq 0$ 是一个解，则 $-f(x)$ 也为其解. 因此，不妨设 $f(x_0) > 0$，下证 $f(x) > 0$ 对任何 $x \in \mathbf{R}$ 均成立.

如果上述假设不成立，由连续性知，存在 x_1，有 $f(x_1) = 0$. 于是令 $x = y = \dfrac{x_1}{2}$，有

$$0 = f(x_1)f(0) \geqslant \left[f\left(\frac{x_1}{2} \right) \right]^4$$

这就证明了 $f\left(\dfrac{x_1}{2} \right) = 0$.

再取 $x = y = \dfrac{x_1}{4}$，类似可推出 $f\left(\dfrac{x_1}{4} \right) = 0$. 于是，一般地，我们有 $f\left(\dfrac{x_1}{2^n} \right) = 0$.

当 $n \to \infty$ 时，便得 $f(0) = 0$. 在 (3.135) 中取 $y = x$，有

$$[f(x)]^4 \leqslant f(2x)f(0) = 0$$

即 $f(x) = 0$ 对所有 $x \in \mathbf{R}$ 成立，矛盾. 这样就证明了 $f(x) > 0$.

在式 (3.135) 中取 $x = y = 0$，有

$$[f(0)]^4 \leqslant [f(0)]^2$$

由于 $f(x) > 0$，所以 $f(0) = 1$.

在 (3.135) 中再取 $x = 0$，有

$$[f(y)]^2 \leqslant f(y)f(-y)$$

即

$$f(y) \leqslant f(-y)$$

以 $-y$ 代 y，得

$$f(-y) \leqslant f(y)$$

故

$$f(-y) = f(y) \quad (y \in \mathbf{R})$$

即 $f(x)$ 是偶函数.

(2)令 $g(x) = \ln f(x)$,由 $f(0) = 1$ 知 $g(0) = 0$. 由 $f(x)$ 是偶函数,知 $g(x)$ 也是偶函数. 将 $g(x) = \ln f(x)$,代入(3.135),得

$$g(x+y) + g(x-y) \geqslant 2[g(x) + g(y)]$$

即

$$g(x+y) - g(y) + g(x-y) - g(-y) \geqslant 2g(x)$$

$$(3.136)$$

当 $x > 0$ 时,在式(3.136)两边同除以 x,得

$$\frac{g(x+y) - g(y)}{x} + \frac{g(x-y) - g(-y)}{x} \geqslant 2\frac{g(x)}{x}$$

令 $x \to 0$,得

$$g'(y) + g'(-y) \geqslant 2g'(0) \quad (3.137)$$

当 $x < 0$ 时,在式(3.136)两边同除以 x,得

$$\frac{g(x+y) - g(y)}{x} + \frac{g(x-y) - g(y)}{x} \leqslant 2\frac{g(x)}{x}$$

令 $x \to 0$,得

$$g'(y) + g'(-y) \leqslant 2g'(0) \quad (3.138)$$

由(3.137)与(3.138)可得

$$g'(y) + g'(-y) = 2g'(0)$$

又 $g(y)$ 是偶函数,所以

$$g'(y) = -g'(-y)$$

故 $g'(0) = 0$. 而

$$g'(y) = \frac{f'(y)}{f(y)}$$

所以 $f'(0) = 0$.

(3) 在 (3.136) 中, 令 $y = x$, 得
$$g(2x) + g(0) \geqslant 4g(x)$$
即 $g(2x) \geqslant 4g(x)$. 又由于
$$g(3x) + g(x) \geqslant 2[g(2x) + g(x)]$$
于是, 有
$$g(3x) \geqslant 2g(2x) + g(x) \geqslant 9g(x)$$
由数学归纳法并结合不等式
$$g[(2k-1)x] + g(x) \geqslant 2g(kx) + g[(k-1)x]$$
不难证明: 对任意正奇数 $k = 2k'-1$, 有
$$g(kx) = g[(2k'-1)x] \geqslant (2k'-1)^2 g(x) = k^2 g(x)$$
$$(3.139)$$

当 k 为任意正偶数时, 设 $k = 2^t(2k'-1)$, $t, k' \in \mathbf{N}_+$, 反复利用前面已证的 $g(2x) \geqslant 4g(x)$, 结合式 (3.139), 得
$$
\begin{aligned}
g(kx) &= g[2 \times 2^{t-1}(2k'-1)x] \\
&\geqslant 4g[2^{t-1}(2k'-1)x] \\
&= 4g[2 \times 2^{t-2}(2k'-1)x] \\
&\geqslant 4^2 g[2^{t-2}(2k'-1)x] \\
&\geqslant \cdots \geqslant 4^t g[(2k'-1)x] \\
&\geqslant 4^t(2k'-1)^2 g(x) \\
&= k^2 g(x)
\end{aligned}
$$
从而知, 对任意正整数 n
$$g(nx) \geqslant n^2 g(x)$$
恒成立, 故有
$$|f(kx)| \geqslant [f(x)]^{k^2} \quad (k \in \mathbf{N}_+)$$
成立.

例 80 设函数 $f: \mathbf{R}_+ \to \mathbf{R}_+$, 且对任意的 $x, y \in \mathbf{R}_+$, 满足函数不等式

$$f(xy)f\left(\frac{x}{y}\right) \geqslant x \qquad (3.140)$$

试求 $f(x)$.

解 在 (3.140) 中令 $y=1$,得

$$f(x)f(x) \geqslant x$$

可得

$$f(x) \geqslant \sqrt{x} \quad (x \in \mathbf{R}_+)$$

而当 $f(x) \geqslant \sqrt{x}, x \in \mathbf{R}_+$ 时,若 $x, y \in \mathbf{R}_+$,则

$$f(xy)f\left(\frac{x}{y}\right) \geqslant \sqrt{xy} \cdot \sqrt{\frac{x}{y}} = x$$

故函数不等式 (3.140) 恒成立. 从而得函数不等式 (3.140) 的全解为 $f(x) \geqslant \sqrt{x}, x \in \mathbf{R}_+$.

例 81 求满足下列条件的 $f: \mathbf{R} \to \mathbf{R}$,对任意的 x, $y \in \mathbf{R}$ 满足

$$xf(y) - yf(x) \leqslant (x+y)f(x)f(y) \quad (3.141)$$

解 在 (3.141) 中,令 $x=y=-1$,得

$$0 \leqslant -2f^2(-1)$$

即

$$f(-1) = 0$$

在 (3.141) 中,再分别令 $x=-1, y=0$ 及 $x=0, y=-1$,得

$$-f(0) \leqslant -f(-1)f(0) = 0$$

$$f(0) \leqslant -f(-1)f(0) = 0$$

由上两式得 $f(0)=0$. 又在 (3.141) 中令 $x=y$,得

$$2xf^2(x) \geqslant 0$$

可见,当 $x < 0$ 时,$f(x) = 0$.

在 (3.141) 中,再令 $y=-x$,得

$$xf(-x) + xf(x) \leqslant 0 \qquad (3.142)$$

在(3.142)中,再用 $-x$ 代 x,得

$$xf(-x) + xf(x) \geqslant 0 \qquad (3.143)$$

由式(3.142)与(3.143),得

$$xf(-x) + xf(x) = 0 \qquad (3.144)$$

当 $x > 0$ 时,$-x < 0$,$f(-x) = 0$,代入式(3.144)即得 $f(x) = 0$.

从而函数不等式(3.141)的解是 $f(x) = 0, x \in \mathbf{R}$.

例 82　试求满足函数不等式

$$f(x) + f(y) + f(z) \geqslant 3f(\sqrt[3]{xyz}) \quad (x, y, z \in \mathbf{R}_+) \qquad (3.145)$$

的所有函数 $f: \mathbf{R}_+ \to \mathbf{R}$.

解　在(3.145)中,令 $z = \sqrt{xy}$,得

$$f(x) + f(y) + f(\sqrt{xy}) \geqslant 3f(\sqrt[3]{xy\sqrt{xy}}) \quad (x, y, z \in \mathbf{R}_+)$$

即

$$f(x) + f(y) \geqslant 2f(\sqrt{xy}) \quad (x, y \in \mathbf{R}_+) \qquad (3.146)$$

反之,若

$$f(x) + f(y) \geqslant 2f(\sqrt{xy}) \quad (x, y \in \mathbf{R}_+)$$

则对 $z > 0$,有

$$f(z) + f(\sqrt[3]{xyz}) \geqslant 2f(\sqrt{z\sqrt[3]{xyz}}) \quad (x, y, z \in \mathbf{R}_+)$$

$$f(x) + f(y) + f(z) + f(\sqrt[3]{xyz})$$

$$\geqslant 2f(\sqrt{xy}) + 2f(\sqrt{z\sqrt[3]{xyz}})$$

$$\geqslant 4f(\sqrt{\sqrt{xy} \cdot \sqrt{z\sqrt[3]{xyz}}}) = 4f(\sqrt[3]{xyz})$$

所以

$$f(x) + f(y) + f(z) \geqslant 3f(\sqrt[3]{xyz}) \quad (x, y, z \in \mathbf{R}_+)$$

由此可知(3.145)与(3.146)等价. 而(3.146)可化为

$$f(e^{\ln x}) + f(e^{\ln y}) \geqslant 2f\left[e^{\frac{1}{2}(\ln x + \ln y)}\right] \quad (x, y \in \mathbf{R}_+)$$

故函数不等式(3.145)的全解是凸函数 $f(e^x)$ $(x \in \mathbf{R})$.

例83 若 $f:(1, +\infty) \to (1, +\infty)$ 且对任意 $x, y > 1, u, v > 0$,有

$$f(x^u y^v) \leqslant [f(x)]^{\frac{1}{4u}} [f(y)]^{\frac{1}{4v}}$$

试确定 $f(x)$.

解 令 $u = \dfrac{1}{2}$,则由已知得

$$f(x^{\frac{1}{2}} y^v) \leqslant f^{\frac{1}{2}}(x)[f(y)]^{\frac{1}{4v}} \qquad (3.147)$$

对任何 x, y,可选出 $v > 0$,使 $x^{\frac{1}{2}} y^v = x$,则有

$$v = \frac{1}{2} \cdot \frac{\ln x}{\ln y}$$

代入(3.147),得

$$f(x) \leqslant f^{\frac{1}{2}}(x)[f(y)]^{\frac{\ln y}{2\ln x}}$$

由于 $f(x) > 0$,故

$$f^{\frac{1}{2}}(x) \leqslant [f(y)]^{\frac{\ln y}{2\ln x}}$$

即

$$f^{\frac{\ln x}{2}}(x) \leqslant f^{\frac{\ln y}{2}}(y) \text{ 或 } f^{\ln x}(x) \leqslant f^{\ln y}(y)$$

由对称性,又有

$$f^{\ln y}(y) \leqslant f^{\ln x}(x)$$

从而

$$f^{\ln x}(x) \equiv 常数 \ C > 1$$

即

$$f(x) \equiv C^{\frac{1}{\ln x}} \quad (C > 1)$$

例84 实连续函数 $f(x)$ 对一切 $x, y \in \mathbf{R}_+$ 满足

$$f(\sqrt{x^2 + y^2}) \geqslant f(x)f(y) \qquad (3.148)$$

且 $f(1) = a > 0$，试求 $f(x)$ 的一个通解.

解　构造函数

$$f(x) = a^{x^2} h(x^2)$$

则 $h(1) = 1$. 所给函数不等式(3.148)可化为

$$h(x^2 + y^2) \geqslant h(x^2)h(y^2)$$

易知

$$h(x) = x^a \quad (x > 0, a \in \mathbf{R})$$

从而可得函数不等式的一个解为

$$f(x) = a^{x^2} x^{2a} \quad (x > 0, a \in \mathbf{R})$$

例 85　设函数 $f: \mathbf{R} \to \mathbf{R}$，且对 $a, b > 0$ 和任意的 $x \in \mathbf{R}$，满足不等式

$$f\left(x - \frac{b}{a}\right) + 2x \leqslant \frac{a}{b}x^2 + \frac{2b}{a} \leqslant f\left(x + \frac{b}{a}\right) - 2x$$

试求所有这样的函数 $f(x)$.

解　对题中的函数不等式作替换 $x - \dfrac{2b}{a} \to x$，可得

$$\frac{a}{b}\left(x - \frac{2b}{a}\right)^2 + \frac{2b}{a}$$

$$\leqslant f\left(x - \frac{b}{a}\right) - 2\left(x - \frac{2b}{a}\right)$$

$$\leqslant \frac{a}{b}x^2 + \frac{2b}{a} - 2x - 2\left(x - \frac{2b}{a}\right)$$

$$= \frac{a}{b}\left(x - \frac{2b}{a}\right)^2 + \frac{2b}{a}$$

所以

$$\frac{a}{b}\left(x - \frac{2b}{a}\right)^2 + \frac{2b}{a} = f\left(x - \frac{b}{a}\right) - 2\left(x - \frac{2b}{a}\right)$$

即

$$f(x) = \frac{a}{b}\left(x - \frac{b}{a}\right)^2 + \frac{2b}{a} + 2\left(x - \frac{b}{a}\right)$$

从而知所给函数元不等式的全解是

$$f(x) = \frac{a}{b}x^2 + \frac{b}{a} \quad (x \in \mathbf{R})$$

例 86 试求满足函数不等式组

$$\begin{cases} f(x + y) \geqslant f(x)e^{f(y)} & (2.149) \\ f(x) \geqslant x^2 & (2.150) \end{cases}$$

的可微函数解 $f: \mathbf{R} \rightarrow \mathbf{R}$.

解 在(2.149)与(2.150)中,取 $y = x = 0$,则不等式组化为

$$f(0) \geqslant f(0)e^{f(0)}, f(0) \geqslant 0$$

由此可得 $f(0) = 0$. 将式(2.149)变形为

$$f(x + y) - f(x) \geqslant f(x)\left[e^{f(y)} - 1\right] \quad (2.151)$$

当 $y > 0$ 时,式(2.151)可化为

$$\frac{f(x + y) - f(x)}{y} \geqslant f(x)\left[\frac{e^{f(y)} - 1}{y}\right]$$

令 $y \rightarrow 0$,得

$$f'(x) \geqslant f(x)f'(0)e^{f(0)} = af(x) \quad (2.152)$$

这里 $a = f'(0)$. 当 $y < 0$ 时,式(2.151)可化为

$$\frac{f(x + y) - f(x)}{y} \leqslant f(x)\left[\frac{e^{f(y)} - 1}{y}\right]$$

令 $y \rightarrow 0$,得

$$f'(x) \leqslant f(x)f'(0)e^{f(0)} = af(x) \quad (2.153)$$

由(2.152)与(2.153)得

$$f'(x) = af(x)$$

于是

$$\left[e^{-ax}f(x)\right]' = e^{-ax}\left[f'(x) - af(x)\right] = 0$$

故 $f(x) = ce^{ax}$(其中 c 是任意常数). 由于 $f(0) = 0$,所

以 $f(x)=0$,与(2.150)矛盾.故所给函数不等式组无连续函数解.

评注 函数不等式是富有魅力的课题,它与变分不等式理论、泛函不等式以及各种微分不等式、积分不等式密切相关,并有着极为广泛的应用,如在微分方程动力系统、函数迭代、函数方程和微分方程等领域中都是富有成效的工具.在国内外各种数学竞赛,尤其是IMO 中也频频出现有关函数不等式的命题.早在1994年我们便对函数不等式进行过一些探索(参见王向东、李文荣、马林茂,《函数方程、函数迭代与数学竞赛》,首都师范大学出版社,1994),李世杰等国内学者对函数不等式进行过系统研究(参见李世杰、李盛,《函数元不等式理论及其应用》,浙江大学出版社,2011),并取得丰硕成果,限于篇幅,本书不详细介绍.

五、循环不等式

设
$$x_i \geqslant 0, x_i + x_{i+1} > 0 \quad (x_{n+1} = x_1, x_{n+2} = x_2, i = 1, 2, \cdots, n)$$
称如下不等式
$$f_n(x_1, x_2, \cdots, x_n)$$
$$= \frac{x_1}{x_2 + x_3} + \frac{x_2}{x_3 + x_4} + \cdots + \frac{x_{n-1}}{x_n + x_1} + \frac{x_n}{x_1 + x_2}$$
$$\geqslant \frac{n}{2} \tag{3.154}$$

为循环不等式,其中(3.154)中的和式 $\displaystyle\sum_{i=1}^{n} \frac{x_i}{x_{i+1} + x_{i+2}}$ 称为循环和.这是1954 年 H. S. Shapira 所提出的.

1956 年,H. S. Shapiro 与 C. R. Phelps 分别给出了当 $n = 3, 4, 5$ 时(3.154)的证明,M. J. Lighthill 举出反

例,证明了当 $n = 20$ 时(3.154)不成立;1958 年,L. J. Mordell 不但用新的方法证明了对 $n = 3,4,5$ 时不等式 (3.154)成立,而且也证明了 $n = 6$ 时(3.154)成立; A. Zulauf 给出当 $n = 14$ 时(3.154)不成立的反例(如这些数是 50,5,48,3,48,1,50,0,52,1,54,4,53,6). 由这一结果易推出对一切不小于 14 的偶数 n,不等式 (3.154)均不成立. 事实上,由恒等式

$$f_{n+2}(x_1,x_2,\cdots,x_{n-1},x_n,x_{n-1},x_n) = f_n(x_1,x_2,\cdots,x_n) + 1$$

$$(3.155)$$

知,若(3.154)对 n 不成立,则对 $n + 2$ 亦不成立;1960 年,M. Herschorn 和 J. E. L. Peck 也给出了一个当 $n = 14$ 时的反例. 这样,对于 n 是偶数的情况,就只剩下 $n = 8,10$ 和 12 这三个数了. 在 M. Herschorn 和 J. E. L. Peck 的反例之后不久,D. Ž. Djoković 在 1963 年证明了当 $n = 8$ 时(3.154)成立;1968 年,P. Nowosad 给出当 $n = 10$ 时(3.154)的证明;1976 年,E. K. Godunov 和 V. J. Levin 证明了当 n 是偶数时的最后一个数 $n = 12$ 时 (3.154)是成立的. 至此,当 n 是偶数时,不等式 (3.154)就完全确定了.

当 $n > 5$ 为奇数时,若令

$$\mu(n) = \inf_{x_j \geq 0} f_n(x_1,x_2,\cdots,x_n),\lambda(n) = \frac{\mu(n)}{n}$$

则由恒等式(3.155)易推出如下不等式

$$\mu(n+2) \leq \mu(n) + 1 \qquad (3.156)$$

1958 年,R. A. Rankin 得到:存在 $\lambda = \lim_{n \to \infty} \lambda(n)$ 和

$$\lim_{n \to \infty} \lambda(n) = \inf_{n \geq 1} \lambda(n) \qquad (3.157)$$

同时,Rankin 还证明了

$$\lambda < \frac{1}{2} - 7 \times 10^{-8}$$

由此便知,对充分大的 n,(3.154)不成立;1959 年,A. Zulauf 对 λ 的上界进行了改进,证明了 $\lambda < 0.499\ 503\ 17$;1962 年,P. H. Diananda 进一步改进了 λ 的上界,证明了 $\lambda < 0.499\ 197$,从而给出当 $n = 27$ 时不等式(3.154)的反例;1963 年,P. H. Diananda 证明了 Djoković 关于 $n = 8$ 的结果蕴含了当 $n = 7$ 时(3.154)成立. 更一般地,他还证明了下面的不等式

$$\mu(2m) \leqslant \mu(2m-1) + \frac{1}{2} \qquad (3.158)$$

故由(3.158)知,当 $n = 9$ 时不等式(3.154)也成立. 综上所述,对于不等式(3.154)不确定的自然数就只剩下:11,13,15,17,19,21,23,25 这八个奇数了. 而 1971 年,M. A. Malcolm 借助计算机给出了当 $n = 25$ 时的反例,这些数分别是

$$x_1 = 5.711\ 38, x_2 = 0, x_3 = 6.760\ 97$$
$$x_4 = 1.100\ 52, x_5 = 6.902\ 41, x_6 = 2.573\ 79$$
$$x_7 = 5.915\ 61, x_8 = 3.336\ 13, x_9 = 4.609\ 51$$
$$x_{10} = 3.471\ 49, x_{11} = 3.436\ 93, x_{12} = 3.333\ 60$$
$$x_{13} = 2.470\ 11, x_{14} = 3.153\ 75, x_{15} = 1.666\ 22$$
$$x_{16} = 3.058\ 00, x_{17} = 0.980\ 38, x_{18} = 3.125\ 82$$
$$x_{19} = 0.400\ 648, x_{20} = 3.443\ 28, x_{21} = 0$$
$$x_{22} = 4.075\ 89, x_{23} = 0, x_{24} = 4.324\ 8, x_{25} = 0$$

而且有如下估计

$$12.498\ 47 < f_{25}(x_1, x_2, \cdots, x_{25}) < 12.498\ 51$$

$$(3.159)$$

1972 年,P. Алекееву 和 E. Фошкцку 也在计算机

上找到了 $n=25$ 时的反例,他们的数字较为规范,即为
$32,0,37,0,43,0,50,0,59,8,62,21,55,29,44,32,33,$
$31,24,30,16,29,10,29,4.$

由于不能对大奇数 $n(n\leqslant23)$ 判断(3.154),因此人们只得从寻找证明和构造反例两方面进行考虑. 1976 年,Godunov 和 Levin 证明了当 $n=12$ 时(3.154)成立,从而由不等式(3.158)便知当 $n=11$ 时,不等式(3.154)亦成立. 至此未解决情况已减少到六个,即 $n=13,15,17,19,21,23$ 时的情形.

1989 年,B. A. Troesch 用数值计算的方法研究了 n 为奇数和偶数两种反例做法的差异. 他的研究表明,数值计算支持这六个未解决情形均有肯定答案. Troesch 分别在 1985 年和 1989 年用数值计算的方法判定了 $n=13$ 和 $n=23$ 均正确.

本部分我们主要介绍循环不等式的一些加强、改进和推广形式.

定理 5.62 设正数列 $\{x_k\}_{k=1}^n$ 是单调的,则对任意自然数 $n\geqslant3$,有

$$f_n(x_1,x_2,\cdots,x_n)\geqslant\frac{n}{2} \qquad (3.160)$$

证明 首先考虑 $\{x_k\}_{k=1}^n$ 是单调减的情形. 因为

$$f_n(x_1,x_2,\cdots,x_n)-f_{n-1}(x_1,x_2,\cdots,x_{n-1})$$

$$=\sum_{i=1}^n\frac{x_i}{x_{i+1}+x_{i+2}}-\sum_{i=1}^{n-1}\frac{x_i}{x_{i+1}+x_{i+2}}$$

$$=\frac{x_{n-2}}{x_{n-1}+x_n}+\frac{x_{n-1}}{x_n+x_1}+\frac{x_n-x_{n-1}}{x_1+x_2}-\frac{x_{n-2}}{x_{n-1}+x_1}$$

$$=\frac{(x_{n-2}-x_{n-1})(x_1-x_n)}{(x_{n-1}+x_n)(x_1+x_{n-1})}+\frac{(x_{n-1}-x_n)(x_1-x_n)}{(x_1+x_2)(x_1+x_n)}+$$

368

$$\frac{(x_1 - x_n)(x_1 - x_{n-1})(x_{n-1} - x_n)}{2(x_1 + x_n)(x_1 + x_{n-1})(x_{n-1} + x_n)} + \frac{1}{2} \geqslant \frac{1}{2}$$

故得到

$$f_n(x_1, x_2, \cdots, x_n) \geqslant f_{n-1}(x_1, x_2, \cdots, x_{n-1}) + \frac{1}{2}$$

$$(3.161)$$

反复运用不等式(3.161)得

$$f_n \geqslant f_{n-1} + \frac{1}{2} \geqslant f_{n-2} + 1 \geqslant \cdots \geqslant f_3 + \frac{n-3}{2}$$

$$\geqslant \frac{3}{2} + \frac{n-3}{2} = \frac{n}{2}$$

下面再证 $\{x_k\}_{k=1}^n$ 单调增的情形. 由于

$$f_n = \sum_{i=1}^n \frac{x_i}{x_{i+1} + x_{i+2}}$$

$$= \sum_{i=1}^n \frac{x_i}{x_{i+1} + x_{i+2}} + \sum_{i=1}^n \frac{x_{i+1} + x_{i+2}}{x_{i+1} + x_{i+2}} - n$$

$$= \sum_{i=1}^n \frac{x_i + x_{i+1}}{x_{i+1} + x_{i+2}} + \sum_{i=1}^n \frac{x_{i+2}}{x_{i+1} + x_{i+2}} - n$$

$$= \sum_{i=1}^n \frac{x_i + x_{i+1}}{x_{i+1} + x_{i+2}} + \sum_{i=1}^n \frac{x_{i+1}}{x_i + x_{i+1}} - n$$

而且

$$\sum_{i=1}^n \frac{x_i + x_{i+1}}{x_{i+1} + x_{i+2}} \geqslant n \cdot \sqrt[n]{\prod_{i=1}^n \frac{x_i + x_{i+1}}{x_{i+1} + x_{i+2}}} = n$$

故得

$$f_n \geqslant \sum_{i=1}^n \frac{x_{i+1}}{x_i + x_{i+1}} \qquad (3.162)$$

记

$$g_n(x_1, x_2, \cdots, x_n) = g_n = \sum_{i=1}^n \frac{x_{i+1}}{x_i + x_{i+1}}$$

仿(3.161)的证明可得

$$g_n(x_1,x_2,\cdots,x_n) - g_{n-1}(x_1,x_2,\cdots,x_{n-1}) \geqslant \frac{1}{2}$$

$$(3.163)$$

反复运用不等式(3.163)得

$$g_n \geqslant g_{n-1} + \frac{1}{2} \geqslant g_{n-2} + 1 \geqslant \cdots \geqslant g_n + \frac{1}{2}(n-2)$$

$$= \frac{x_2}{x_1 + x_2} + \frac{x_1}{x_2 + x_1} + \frac{n-2}{2} = 1 + \frac{1}{2}(n-2) = \frac{1}{2}n$$

实际上,由数学归纳法不难将定理 5.62 进一步推广成如下更为广泛的形式:

定理 5.63 设 $x_i > 0, i = 1, 2, \cdots, n, x_{n+1} = x_1, x_{n+2} = x_2,$ 且设

$$x_1 \geqslant x_2 \geqslant \cdots \geqslant x_{n-1} \geqslant x_n \qquad (3.164)$$

则对于一切自然数 $n \geqslant 3$,有

$$\sum_{k=1}^n \frac{x_k}{x_{k+1} + x_{k+2}} \geqslant \frac{1}{2} \sum_{k=1}^n \frac{x_k + x_{k+1}}{x_{k+1} + x_{k+2}} \quad (3.165)$$

评注 当 $n = 3$ 或 4 时,定理 5.63 的条件(3.164)是不必要的,即对任意的正数 x_1, x_2, x_3,有

$$\frac{x_1}{x_2 + x_3} + \frac{x_2}{x_3 + x_1} + \frac{x_3}{x_1 + x_2}$$

$$\geqslant \frac{1}{2} \left(\frac{x_1 + x_2}{x_2 + x_3} + \frac{x_2 + x_3}{x_3 + x_1} + \frac{x_3 + x_1}{x_1 + x_2} \right) \quad (3.166)$$

事实上,记(3.166)左边为 M,则

$$2M + 3$$

$$= \frac{2x_1 + x_2 + x_3}{x_2 + x_3} + \frac{2x_2 + x_3 + x_1}{x_3 + x_1} + \frac{2x_3 + x_1 + x_2}{x_1 + x_2}$$

$$= \left(\frac{x_1 + x_2}{x_2 + x_3} + \frac{x_2 + x_3}{x_3 + x_1} + \frac{x_3 + x_1}{x_1 + x_2} \right) +$$

$$\left(\frac{x_1 + x_3}{x_2 + x_3} + \frac{x_2 + x_1}{x_3 + x_1} + \frac{x_3 + x_2}{x_1 + x_2} \right)$$

由于

$$\frac{x_1 + x_3}{x_2 + x_3} + \frac{x_2 + x_1}{x_3 + x_1} + \frac{x_3 + x_2}{x_1 + x_2} \geqslant 3$$

故由算术 – 几何平均不等式,得

$$2M + 3 \geqslant \frac{x_1 + x_2}{x_2 + x_3} + \frac{x_2 + x_3}{x_3 + x_1} + \frac{x_3 + x_1}{x_1 + x_2} + 3$$

将上式整理后即得不等式(3.166).

显然,当且仅当 $x_1 = x_2 = x_3$ 时,(3.166)中等号成立.

同理,可证 $n = 4$ 的情形.

由于循环不等式(3.154)不能对所有自然数成立,所以除了如前所述给出一些带附加条件的循环不等式外,也可以讨论较弱的循环不等式

$$f_n(x_1, x_2, \cdots, x_n) \geqslant rn \qquad (3.167)$$

其中 $0 < r < 0.5$.

定理 5.64　设 $x_i > 0 (i = 1, 2, \cdots, n, n \geqslant 3)$,则

$$f_n > \frac{n}{4} = 0.25n \qquad (3.168)$$

证明　令 $a_{i_1} = \max\limits_{1 \leqslant i \leqslant n} a_i$,则 f_n 中分子含 a_{i_1} 的一项是

$\dfrac{a_{i_1}}{a_{i_1} + a_{i_1} + 2}$. 令 $a_{i_2} = \max\{a_{i_1 + 1}, a_{i_1 + 2}\}$;仿此,取 $a_{i_3} = \max\{a_{i_2 + 1}, a_{i_2 + 2}\}$,把上述步骤继续下去,最终回到 a_{i_1},即经 k 次后,有 $a_{i_{k+1}} = a_{i_1}$. 把号码 $1, 2, \cdots, n$ 放在一个圆周上,并注意到

$$i_2 - i_1 \leqslant 2, i_3 - i_2 \leqslant 2, \cdots$$

即得 $k \geqslant \dfrac{n}{2}$. 于是由平均值不等式即得

$$f_n > \frac{a_{i_1}}{2a_{i_2}} + \frac{a_{i_2}}{2a_{i_3}} + \cdots + \frac{a_{i_k}}{2a_{i_{k+1}}}$$

$$\geqslant \frac{1}{2}k \cdot \sqrt[k]{\frac{a_{i_1}}{a_{i_2}} \cdot \frac{a_{i_2}}{a_{i_3}} \cdot \cdots \cdot \frac{a_{i_k}}{a_{i_1}}}$$

$$= \frac{1}{2}k \geqslant \frac{1}{4}n$$

定理 5.65 设 $x_i > 0 (i = 1, 2, \cdots, n, n \geqslant 3)$,则有

$$f_n > (\sqrt{2} - 1)n \approx 0.414n \qquad (3.169)$$

$$f_n > \frac{5}{12}n \approx 0.4167n \qquad (3.170)$$

证明 因为

$$\frac{x_i}{x_{i+1} + x_{i+2}} = \frac{x_i + \frac{1}{2}x_{i+1}}{x_{i+1} + x_{i+2}} + \frac{\frac{1}{2}x_{i+1} + x_{i+2}}{x_{i+1} + x_{i+2}} - 1$$

故有

$$f_n = \sum_{i=1}^{n} \frac{x_i + \frac{1}{2}x_{i+1}}{x_{i+1} + x_{i+2}} + \sum_{i=1}^{n} \frac{\frac{1}{2}x_{i+1} + x_{i+2}}{x_{i+1} + x_{i+2}} - n$$

$$= \sum_{i=1}^{n} \frac{x_i + \frac{1}{2}x_{i+1}}{x_{i+1} + x_{i+2}} + \sum_{i=1}^{n} \frac{\frac{1}{2}x_i + x_{i+1}}{x_i + x_{i+1}} - n$$

而又由于

$$\frac{x_i + \frac{1}{2}x_{i+1}}{x_{i+1} + x_{i+2}} + \frac{\frac{1}{2}x_i + x_{i+1}}{x_i + x_{i+1}}$$

$$\geqslant 2 \cdot \sqrt{\frac{\left(\frac{1}{2}x_i + x_{i+1}\right)\left(x_i + \frac{1}{2}x_{i+1}\right)}{(x_i + x_{i+1})(x_{i+1} + x_{i+2})}}$$

$$= 2 \cdot \sqrt{\left(\frac{1}{2} + \frac{x_i x_{i+1}}{4(x_i + x_{i+1})^2}\right)\frac{x_i + x_{i+1}}{x_{i+1} + x_{i+2}}}$$

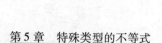

$$> \sqrt{2} \cdot \sqrt{\frac{x_i + x_{i+1}}{x_{i+1} + x_{i+2}}}$$

从而,有

$$f_n > \sqrt{2} \cdot \sum_{i=1}^{n} \sqrt{\frac{x_i + x_{i+1}}{x_{i+1} + x_{i+2}}} - n$$

$$\geqslant \sqrt{2}\, n \cdot \sqrt[2n]{\prod_{i=1}^{n} \frac{x_i + x_{i+1}}{x_{i+1} + x_{i+2}}} - n$$

$$= (\sqrt{2} - 1)\, n$$

先引进参数 α, β 满足 $\beta + \alpha\beta = \alpha$,并由上面的证法即可得证.

评注　实际上,对所有然数 $n \geqslant 3$,下列结论均成立:

(i)$f_n \geqslant 0.304\,5 \cdot n$;

(ii)$f_n \geqslant 0.330\,5 \cdot n$;

(iii)$f_n \geqslant 0.457 \cdot n$;

(iv)$f_n \geqslant 0.461 \cdot n$;

(v)$f_n \geqslant 0.494 \cdot n$.

其中结果(i)是 L. J. Mordell 在 1957 年获得的;(ii)是他在 1961 年的改进结果;(iii)和(iv)是 1962 年由 Diananda 得到的;而(v)是由 1990 年菲尔兹奖获得者,前苏联数学家 B·德林菲尔德在 1969 年得到的,这可能是目前使 $f_n \geqslant \lambda n$ 成立的最大的 λ 之值.

1958 年,Zulauf 将循环和修改成 $\displaystyle\sum_{k=1}^{n} \frac{x_k}{x_k + x_{k+1}}$ 的形式,得到如下结果:

定理 5.66　设 $x_i \geqslant 0, x_i + x_{i+1} > 0, i = 1, 2, \cdots, n$, $n \geqslant 3$,则有

$$1 < \sum_{k=1}^{n} \frac{x_k}{x_k + x_{k+1}} < n - 1 \qquad (3.171)$$

证明 因为 $x_i \geqslant 0$ 且 $x_i + x_{i+1} > 0 (i=1,2,\cdots,n)$，故 $x_1, x_2, \cdots, x_n$ 不会全为零. 于是

$$\frac{x_1}{x_1 + x_2} + \frac{x_2}{x_2 + x_3} + \cdots + \frac{x_n}{x_n + x_1}$$

$$> \frac{x_1}{x_1 + x_2 + \cdots + x_n} + \frac{x_2}{x_1 + x_2 + \cdots + x_n} + \cdots +$$

$$\frac{x_n}{x_1 + x_2 + \cdots + x_n}$$

$$= \frac{x_1 + x_2 + \cdots + x_n}{x_1 + x_2 + \cdots + x_n} = 1$$

另外，若 $x_1, x_2, \cdots, x_n$ 全相等,则有

$$\frac{x_1}{x_1 + x_2} + \frac{x_2}{x_2 + x_3} + \cdots + \frac{x_n}{x_n + x_1} = n \cdot \frac{1}{2} < n - 1$$

若 $x_1, x_2, \cdots, x_n$ 不全相等,不妨设 x_k 最小,则

$$\frac{x_1}{x_1 + x_2} + \frac{x_2}{x_2 + x_3} + \cdots + \frac{x_k}{x_k + x_{k+1}} + \frac{x_{k+1}}{x_{k+1} + x_{k+2}} + \cdots + \frac{x_n}{x_n + x_1}$$

$$\leqslant (n-2) + \frac{x_k}{x_k + x_{k+1}} + \frac{x_{k+1}}{x_{k+1} + x_{k+2}}$$

$$< (n-2) + \frac{x_k}{x_k + x_{k+1}} + \frac{x_{k+1}}{x_{k+1} + x_k}$$

$$= (n-2) + 1 = n - 1$$

这里 $x_{n+1} = x_1, x_{n+2} = x_2$.

评注 容易证明式 (3.171) 中两边的界是最佳的.

定理 5.67 设 $x_i \geqslant 0, x_i + x_{i+1} > 0 (i=1,2,\cdots,n, n \geqslant 3)$,则有

$$\frac{x_1 + x_2}{x_2 + x_3} + \frac{x_2 + x_3}{x_3 + x_4} + \cdots + \frac{x_n + x_1}{x_1 + x_2} \geq n \quad (3.172)$$

证明 利用算术 – 几何平均不等式即得证.

定理 5.68 设 $x_i > 0, x_{n+k} = x_k, i = 1, 2, \cdots, n.$

(1)若

$$\sin \frac{r}{n}\pi \geq \sin(2m+1)\frac{r}{n}\pi \quad (r = 1, 2, \cdots, \left[\frac{n}{2}\right])$$

$$(3.173)$$

成立,则有

$$\sum_{i=1}^{n} \frac{x_i}{x_{i+1} + \cdots + x_{i+m}} \geq \frac{n}{m} \quad (3.174)$$

(2)若 $n \mid (m+2)$ 或 $2m$ 或 $2m+1$ 或 $2m+2$,则有 (3.174) 成立;

(3)若(3.173)成立,则有

$$\left(\sum_{i=1}^{n} x_i\right)^2 \geq \frac{n}{m} \sum_{i=1}^{n} x_i(x_{i+1} + \cdots + x_{i+m})$$

更一般地,P. H. Diananda 给出了如下不等式

$$\sum_{i=1}^{n} \frac{x_i}{x_{i+1} + \cdots + x_{i+m}} \geq \frac{1}{n}\left[\frac{n+m-1}{m}\right] \geq \frac{n}{m^2}$$

D. S. Mitrinović 也曾给出如下循环不等式

$$\frac{x_1 + x_2 + \cdots + x_k}{x_{k+1} + \cdots + x_n} + \frac{x_2 + x_3 + \cdots + x_{k+1}}{x_{k+2} + \cdots + x_1} + \cdots +$$

$$\frac{x_n + x_1 + \cdots + x_{k-1}}{x_k + \cdots + x_{n-1}} \geq \frac{nk}{n-k}$$

其中 $x_1, x_2, \cdots, x_n$ 是正数,$n > k \geq 1$.

参考文献

［1］ HARDY G H,LITTLEWOOD J E,PÓLYA G. 不等式［M］. 越民义,译. 北京:科学出版社,1965.

［2］ MITRINOVIĆ D S,VASIĆ P M. 分析不等式［M］. 赵汉宾,译. 南宁:广西人民出版社,1986.

［3］ BECKENBACH E F, BELLMAN R E. Inequalities ［M］. Berlin:Springer-Verlag,1961.

［4］ 匡继昌. 常用不等式［M］. 长沙:湖南教育出版社,1989.

［5］ 常庚哲. 数学竞赛中的函数［x］［M］. 北京:中国科学技术出版社,1989.

［6］ 史济怀. 平均［M］. 北京:中国青年出版社,1963.

［7］ 贝肯巴赫 E,贝尔曼 R. 不等式入门［M］. 文丽,译. 北京:北京大学出版社,1985.

［8］ 张运筹. 微微对偶不等式及应用［M］. 长沙:湖南大学出版社,1989.

［9］ 张运筹. 三角不等式及应用［M］. 上海:上海教育出版社,1984.

［10］ 左宗明. 世界数学各题选讲［M］. 上海:上海科学技术出版社,1990.

［11］ 卡扎里诺夫 N D. 几何不等式［M］. 刘西垣,译. 北京:北京大学出版社,1986.

［12］　吴振奎.数学解题的特殊方法［M］.沈阳:辽宁教育出版社,1987.

［13］　汉斯・拉德梅彻,奥托・托普利茨.数学欣赏［M］.左平,译.北京:北京出版社,1981.

［14］　伯拉须凯 W.圆与球［M］.苏步青,译.上海:上海科学技术出版社,1986.

［15］　柯朗 R,罗宾 H.数学是什么［M］.左平,张饴慈,译.北京:科学出版社,1985.

［16］　常庚哲,张锦文,李克正.初等数学编丛［M］.上海:上海教育出版社,1985.

［17］　徐利治,王兴华.数学分析的方法及例题选讲［M］.北京:高等教育出版社,1983.

［18］　格里果列夫 Н И.不等式［M］.北京:人民教育出版社,1958.

［19］　BOTTEMA O, DJORDJEVIĆ R Z, JANIĆ R R. Geometric Inequalities［M］. Groningen:Wolters-Noordhoff,1969.

［20］　蔡宗熹.等周问题［M］.北京:人民教育出版社,1964.

［21］　常庚哲.复数计算与几何证明［M］.上海:上海教育出版社,1980.

［22］　波利亚 G,舍贵 G.数学分析中的问题和定理:第Ⅰ卷［M］.张奠宙,译.上海:上海科学技术出版社,1981.

［23］　波利亚 G,舍贵 G.数学分析中的问题和定理:第Ⅱ卷［M］.张奠宙,译.上海:上海科学技术出版社,1985.

［24］　刘裔宏,许康.普特南数学竞赛［M］.长沙:湖

南科学技术出版社,1983.

[25] 耶·勃罗夫金,斯·斯特拉谢维奇.波兰数学
竞赛题解[M].朱尧辰,译.北京:知识出版社,
1982.

[26] 杨森茂,陈圣德.国际中学生数学竞赛题解(第
1~22届)[M].福建:福建科学技术出版社,
1983.

[27] 王伯英.控制不等式基础[M].北京:北京师范
大学出版社,1990.

[28] 王向东.初等数学实用解题方法与技巧[M].
北京:兵器工业出版社,1989.

[29] 杨世明.中国初等数学研究文集:1980~1990
[M].郑州:河南教育出版社,1992.

[30] 张石生.变分不等式和相补问题[M].上海:上
海科学技术文献出版社,1991.

[31] BECKENBACH E F,BELLMAN R E. An Intro-
duction to Inequalities[M]. New York:Random
House Inc. , 1961.

[32] GERBER L. An extension of Bernoulli's inequali-
ty[J]. Amer. Math. Monthly,1968,75:875-876.

[33] 童道权.多项式值的符号及应用[J].(上海)数
学教学,1983(1):33-34.

[34] 黎友源.一元高次不等式的公式解法[J].(武
汉)数学通讯,1982(5):9-11.

[35] 何培尧.一元高次不等式的解法[J].(广东)中
学数学研究,1982(4):10-15.

[36] 陈绍刚.解不等式时可以两边平方吗[J].(北
京)数学通报,1981(5):14-16.

［37］ 秦雪生.怎样求无理不等式的解［J］.（天津）中等数学,1984（2）:18-22.

［38］ 吴世煦.无理不等式［J］.（北京）数学通报,1980（7）:11-14.

［39］ 胡绍培.关于解不等式 $\sqrt{f(x)}<$（或$>$）$g(x)$ 的问题［J］.（武汉）数学通讯,1986（6）:23-27.

［40］ 李勤.对数不等式的解法［J］.（广西）中学数学解题技巧,1985（4）:9-15.

［41］ 刘志浩.三角不等式［J］.（上海）数学教学,1981（4）:28-31.

［42］ 黄继炳.三角不等式的教学［J］.（湖南）数学通讯,1983（3）:4-8.

［43］ 王一纲.一类绝对值不等式（方程）的特殊解法［J］.（武汉）中学数学,1983（4）:26-27.

［44］ 熊曾润.不等式$|f(x)|\vee\varphi(x)$的同解定理及其应用［J］.（武汉）数学通讯,1986（10）:20-22.

［45］ 王卫东.绝对值不等式的拓广［J］.（北京）数学通报,1990（2）:10-12.

［46］ 曾思江.一类绝对值不等式的解集公式［J］.（武汉）数学通讯,1990（12）:19-20.

［47］ 徐一山.一类组合数不等式的解法［J］.（江苏）中学数学,1983（2）:47.

［48］ 叶家振.解不等式中的参数讨论［J］.（广西）中学理解参考资料,1987（4）:9-11.

［49］ 尚成.对"解不等式中的参数讨论"一文的商讨［J］.（广西）中学理科参考资料,1987（9）:8-10.

［50］ 虞天明.谈解含参数的指数、对数不等式［J］.

(武汉)数学通讯,1990(5):4-6.

[51] 花煜宽.不等式解题过程中的一些常见错误[J].(江苏)中学数学,1983(5):36-31.

[52] 贺家勇.解对数不等式常见错误浅析[J].(北京)数学通报,1987(3):15-18.

[53] 张立吾.关于不等式性质及其应用的两点看法[J].(武汉)数学通讯,1987(9):21-23.

[54] 刘开蕃.一类确定取值范围问题的错解思路探源[J].(武汉)数学通讯,1989(2):23-25.

[55] 邵品琮.谈不等式与规划[J].(北京)数学通报,1987(6):32-35.

[56] 简超.关于一类取值范围问题的解法[J].(武汉)数学通讯,1990(5):20-21.

[57] 唐复苏.介值定理与区间法解不等式[J].(北京)数学通报,1990(8):25-28.

[58] 廖晓昕,唐承果.解不等式的一个简捷方法[J].(武汉)数学通讯,1980(5):11-14.

[59] 王中坎.一种二元一次不等式表示的区域的判断方法[J].(北京)数学通报,1985(9):28-29.

[60] 胡隆汉.利用平面区域研究三角不等式[J].(北京)数学通报,1987(10):17-18.

[61] 华昌年,吴荣宝.不等式[M].南京:江苏人民出版社,1979.

[62] 张弛.不等式[M].上海:上海教育出版社,1963.

[63] 张硕才,龚延华.不等式[M].武汉:湖北教育出版社,1983.

[64] 吴志翔.证明不等式[M].石家庄:河北人民出

版社,1982.

[65]　王传荣,张云晓.不等式的证明及应用[M].天津:天津科技出版社,1983.

[66]　闻厚贵.不等式证法[M].北京:北京师范学院出版社,1987.

[67]　张运筹.三角不等式及应用[M].上海:上海教育出版社,1984.

[68]　吴承郵,李绍荣.不等式的证明[M].上海:上海教育出版社,1987.

[69]　单墫.几何不等式[M].上海:上海教育出版社,1980.

[70]　湖南省数学会普及委员会.数学奥林匹克的理论方法技巧[M].长沙:湖南教育出版社,1990.

[71]　胡大同,严镇军.第一届数学奥林匹克国家集训队资料选编(1986)[M].北京:北京大学出版社,1988.

[72]　李宁.不等式的证明方法浅谈[J].(四川)数学教学通讯,1986(4):10-13.

[73]　李名德.不等式的一些证明方法[J].国内外中学数学,1987(2):20-22.

[74]　沈倩文.求差比较法证不等式中的常用技巧[J].中学生数学,1988(3):29-30.

[75]　高奇峰,孟建业.用放缩法证明不等式[J].数学通报,1986(12):30-32.

[76]　王金玉.利用放大或缩小证明不等式[J].中学数学研究,1985(7):27-29.

[77]　华庚国."放缩法"思维过程初探[J].中学教研

(数学),1988(1):29-30.

[78] 陈彤.如何运用"放缩法"证明不等式[J].中学数学,1986(6):16-18.

[79] 胡克俭,施瑞祥.用"放缩法"证明不等式时的适度问题[J].数学通讯,1986(3):23-25.

[80] 王卫达.不等式证明中要重视放缩法[J].教学月刊(中学理科版),1990(7):5-8.

[81] 丁宗武.换元法证明不等式[J].中学生数学,1985(1):11-13.

[82] 菅志宏.再谈换元法证明不等式[J].中学生数学,1986(5):6-9.

[83] 杨峥.用换元法证明不等式[J].中学数学教学,1985(5):21-22.

[84] 徐淑芹.换元法证明不等式举隅[J].中学数学研究,1985(10):21-23.

[85] 罗云山,王卫达.换元法在不等式证明中应用[J].中学数学研究,1985(6):16-19.

[86] 张闻.用换元法证明不等式的若干技巧[J].湖南数学通讯,1989(5):7-9.

[87] 贾士代.平均值换元法证明不等式举例[J].中学理科教学参考,1983(9):22-24.

[88] 兰松斌.用设差换元的方法证明不等式[J].中学数学研究,1988(9):16-19.

[89] 陈传麟.用反证法证明不等式[J].湖南数学通讯,1985(1):5-9.

[90] 赵南平.反证法在不等式证明中的应用[J].福建中学数学,1983(6):10-13.

[91] 王连笑.利用判别式证明不等式[J].中等数

学,1983(6):22-24.

[92] 何亚魂.用判别式法证明一类不等式[J].中学
理科教学参考,1988(9):7-9.

[93] 何宗祥,傅香平.不等式证明中的常用代换
[J].中学数学,1990(3):11-13.

[94] 王连城.用不等量代换证条件不等式[J].中学
理科教学参考,1983(7):24-26.

[95] 周万林.利用代换法证明不等式[J].福建中学
数学,1990(3):16-18.

[96] 莫颂清.代换法在推导或证明不等式时的应用
[J].中学数学,1984(2):14-17.

[97] 张立吾.代数代换法证不等式[J].中学数学研
究,1988(7):24-27.

[98] 徐飞.不等式证明中的构造性方法[J].数学通
报,1990(11):30-31.

[99] 邓正德.谈谈"构造法"证不等式[J].教学与研
究(中学数学),1987(2):16-18.

[100] 吴乃曦.巧用构造法证明不等式[J].福建中
学数学,1989(2):26-29.

[101] 钟森.构造二次方程证明不等式[J].中学数
学研究,1988(8):4-6.

[102] 肖学平.构造二次函数证明不等式[J].福建
中学数学,1989(2):11-13.

[103] 陈祖瑜.构造平方和证明不等式[J].福建中
学数学,1990(3):7-9.

[104] 严宗德.构造数列证明不等式[J].(江苏)中
学数学,1989(10):14-16.

[105] 葛崇,邵先发.构造单调函数证明不等式[J].

数学教学通讯,1989(2):2-3.

[106] 陈世祥.构造法证明不等式浅谈[J].中学教研(数学),1988(6):23-24.

[107] 刘桦."数中构形"证明不等式[J].福建中学数学,1990(2):11-15.

[108] 黄宏勋.巧构几何图形证明不等式[J].中学教研(数学),1990(4):22-24.

[109] 黄兆金.构造图形证明不等式的思考途径[J].中学数学教学参考,1990(2):6-9.

[110] 黄宏勋.巧用几何图形证明不等式[J].中学教研(数学),1989(10):23-24.

[111] 冯跃峰.借助几何图形证明不等式几例[J].中学数学,1985(5):5-7.

[112] 尚强.谈谈用图像法证明不等式[J].数学教学通讯,1986(2):20-21.

[113] 李长明.不等式的几何证法中应注意两个问题[J].中等数学,1986(4):24-28.

[114] 严德炬.数学归纳法证明不等式若干技巧[J].数学教学通讯,1989(4):9.

[115] 王乾玲,汪鹏.一类条件不等式的数学归纳法证明[J].数学通讯,1990(11):2-7.

[116] 杨应丰.复数证明不等式初探[J].数学教学通讯,1985(4):21-22.

[117] 周远方.运用复数的代数式证不等式数例[J].数学通讯,1986(6):18-20.

[118] 周玉湘.利用复数的模证明某些无理不等式[J].湖南数学通讯,1986(1):15-17.

[119] 罗建中.证明不等式的待定系数法[J].福建

中学数学,1989(3):1-3.

[120] 周万林.巧用配方法证明不等式[J].中学教学通讯,1990(6):22.

[121] 陶建山.不等式证明的平均值法[J].数学通报,1990(7):23-25.

[122] 丁并桐.递推法证明不等式[J].中学数学,1988(2):12-14.

[123] 田隆岗.应用行列式证明不等式举例[J].数学教学通讯,1986(6):26.

[124] 朱芝华.证明不等式的"化整为零"法[J].中学数学研究,1990(6):28-30.

[125] 冯跃峰.分区法证明不等式[J].数学教学通讯,1990(2):18.

[126] 袁纠.一类不等式证明中的"对称配偶法"[J].数学教学通讯,1990(4):17.

[127] 杜锡录.证明不等式的逐差法[J].中学数学文摘,1985(6):4-9.

[128] 周鸿生.添辅助项证不等式[J].中学数学研究,1990(6):7-11.

[129] 陶建山.添因子巧证不等式例谈[J].福建中学数学,1989(3):13-15.

[130] 司存端.用概率方法证明不等式[J].中学数学,1990(7):22-24.

[131] 杨肇澂.微积分在不等式证明中的应用[J].中等数学,1983(2):14-18.

[132] 杨思源.利用导数证明不等式[J].中学数学研究,1983(6):15-17.

[133] 王淦生.用导数法证明不等式的方法[J].数

学教学通讯,1986(3):12-14.

[134] 李昌烈.应用微分中值定理证明不等式[J].
中等数学,1983(2):38-39.

[135] 吕柏荣.浅淡利用可导函数的增减性判别定
理证明不等式[J].中学数学研究,1983(7):
13-15.

[136] 詹新建,岳明义.浅谈不等式的积分法证明
[J].教学通讯(中学理科版),1984(2):7-9.

[137] 杨涤尘.定积分在不等式证明中的应用[J].
中学数学研究,1985(11):6-8.

[138] 于先金.用定积分证明不等式[J].福建中学
数学,1989(1):2-5.

[139] 张枫森.利用定积分证明某些不等式[J].中
学数学,1981(4):11-13.

[140] 孙维梓.应用函数性质证不等式[J].教学月
刊(中学理科版),1989(5):21-23.

[141] 徐学军.应用函数增减性证明不等式[J].中
学数学教学,1983(3):16-19.

[142] 蒋国华.浅谈利用辅助函数证不等式[J].厦
门数学通讯,1984(2):3-6.

[143] 尚瑞山.利用数列的单调性证明不等式[J].
中学数学研究,1986(5):19-21.

[144] 陈祖瑜.妙用一个简单法则证明不等式[J].
福建中学数学,1990(5):6-9.

[145] 李和盛,曹时武.平均数在不等式证明中的应
用[J].数学通讯,1986(6):20.

[146] 付佑举.用凸函数证明不等式[J].数学爱好
者,1987(3):7-9.

[147] 荆昌汉. 凸(凹)函数定理在不等式证明中的应用[J]. 数学通讯, 1980(4):39-41.

[148] 钱亦青. 凸函数几何不等式及其应用[J]. 中学教研(数学), 1990(6):28-31.

[149] 朱芝华. "排序原理"及其应用[J]. 数学通报, 1986(6):16-19.

[150] 汤正谊. 利用排序原理证明不等式补充举例[J]. 中等数学, 1986(5):27-30.

[151] 周华生, 张肇平. 排序原理与不等式数学的深化[J]. 数学通报, 1989(12):2-5.

[152] 冯跃. 余弦定理证明不等式几例[J]. 中学理科教学参考, 1987(7):5-9.

[153] 金惠明, 郭雄. 参数在证明不等式关系中的应用[J]. 福建中学数学, 1989(5):11-15.

[154] 崔永生. 证明条件不等式的一种方法——调整法[J]. 数学教学研究, 1988(3):22.

[155] 蒋礼迪. 一些对称不等式的证明技巧[J]. 中学数学研究, 1989(4):2-7.

[156] 周延生. 循环对称不等式的解题思路[J]. 中等数学, 1985(2):29-32.

[157] 何子冈. 浅谈绝对值不等式的证明[J]. 湖南数学通讯, 1985(5):6-9.

[158] 周良桂. 含有绝对值不等式的证明[J]. 中学数学研究, 1986(6):11-14.

[159] 王纯儒. 含有绝对值的不等式的证明[J]. 中学数学教学参考, 1990(10):18-19.

[160] 陈镇忠. 含有绝对值不等式的几种证法[J]. 中学数学, 1986(6):6-8.

[161] 陈传麟. 含有自然数 n 的不等式的证明[J]. 教学月刊(中学理科),1990(6):21-23.

[162] 陈炳堂. 与自然数 n 有关的不等式的新证法[J]. 数学通报,1989(5):11-13.

[163] 王德刚. 与自然数 n 有关的不等式的一种证法[J]. 中学教研(数学),1990(6):12-13.

[164] 罗纬. 与自然数 n 有关的不等式的又一种证法[J]. 中学教研(数学),1990(11):5-6.

[165] 谢荣锦. 三角不等式的几条常用证法[J]. 中学数学教学,1988(2):6-9.

[166] 朱荣兴. 三角不等式的常用证法补遗[J]. 中学数学教学,1988(4):12-14.

[167] 冷岗松. 三角不等式证法浅谈[J]. 数学教学,1983(4):14-18.

[168] 贾士代. 三角不等式的证明方法[J]. 中学数学研究,1984(6):9-11.

[169] 孙建斌. 统一代替法证明三角形不等式[J]. 湖南数学通讯,1990(4):21-23.

[170] 安振平. 一类三角形不等式的换元证法[J]. 中学数学研究,1986(6):26-29.

[171] 潘欣生. 关于一类三角形不等式的换元证法[J]. 中学数学研究,1987(5):9-11.

[172] 时统业. 也谈一类三角形不等式的换元证法[J]. 中学数学研究,1987(7):9-13.

[173] 叶文涛. 浅谈角的不等式的证明方法[J]. 中学数学,1989(3):26-29.

[174] 罗会元. 与角有关的不等式的一种证明方法[J]. 中学教研(数学),1990(10):13.

[175] 朱荣兴. 探求角的不等式证明方法[J]. 中学数学,1990(1):17-19.

[176] 严镇军. 几何不等式[J]. 中学教研(数学),1989(10):28-32.

[177] 张玉春. 用射影定理证三角不等式[J]. 中学数学研究,1988(3):5-8.

[178] 袁桐,周香生. 基本不等式的运用技巧[J]. 中学数学,1985(3):22-24.

[179] 金庆建. 基本不等式的变形及其应用[J]. 中学教研(数学),1990(4):17-19.

[180] 管建福. 基本不等式的应用技巧[J]. 数学教学通讯,1990(2):19-20.

[181] 管志宏. 基本不等式的一个推论及其应用[J]. 中学数学研究,1987(5):22-25.

[182] 肖兼林,沈文兆. 不等式 $a^2+b^2 \geqslant 2ab$ 的又一推广及其应用[J]. 数学通讯,1986(7):23.

[183] 汪璧奎. 用 $a^2+b^2 \geqslant 2ab$ 的推论证竞赛题[J]. 中学教研(数学),1990(1):28-30.

[184] 吴前杰. 不等式 $\dfrac{a+b}{2} \geqslant \sqrt{ab}$ 的证明和应用[J]. 中学数学教学,1980(2):16-22.

[185] 闻年霞. 均值不等式在几何上的应用[J]. 中学数学,1987(6):15-17.

[186] 王茂森. 不等式 $\sqrt{ab} \leqslant \dfrac{a+b}{2}$ 在平几中应用(Ⅰ)[J]. 厦门数学通讯,1983(1):16-18.

[187] 黄全福. 不等式 $\sqrt{ab} \leqslant \dfrac{a+b}{2}$ 在平几中应用(Ⅱ)[J]. 厦门数学通讯,1983(3):9-11.

[188]　刘桦. 浅谈基本不等式取等号条件的应用
　　　　[J]. 中学数学研究,1987(5):22-24.

[189]　刘诗雄. 算术——几何平均不等式[J]. 数学
　　　　通讯,1990(11):32-38.

[190]　党宇飞. 算术——几何平均不等式的应用
　　　　[J]. 数学通讯,1986(8):8-10.

[191]　朱道勋. 算术几何平均不等式的特殊应用
　　　　[J]. 中学数学教育,1990(2):9-11.

[192]　顾喆明. 几个重要不等式的教学[J]. 数学教
　　　　学,1990(4):4-8.

[193]　陶为渡. 柯西不等式在中学数学中的应用
　　　　[J]. 教学通讯(中学理科),1982(4):16-17.

[194]　罗增儒,陆志昌. 柯西不等式的应用[J]. 中学
　　　　数学教学,1990(2):36-39.

[195]　蔡玉书. 柯西不等式的应用技巧[J]. 中学数
　　　　学,1990(6):22-24.

[196]　张寿昌. 柯西不等式的妙用[J]. 中学数学教
　　　　学,1989(2):31-33.

[197]　赵国民. 巧用柯西不等式证题[J]. 中学数学
　　　　教学参考,1990(6):35-37.

[198]　苏化明. 柯西不等式在几何上的应用[J]. 数
　　　　学教学研究,1986(4):42-45.

[199]　张耀明. 巧用柯西不等式解三角题[J]. 中学
　　　　数学,1988(3):1-5.

[200]　钟森. 构造柯西不等式用取等号条件解题
　　　　[J]. 中学教研(数学),1989(10):18-20.

[201]　蔡玉书. 柯西不等式的推广及其应用[J]. 中
　　　　学数学,1989(9):7-9.

[202] 汤正谊. 伯努利不等式证明及其应用[J]. 中等数学,1985(3):11-14.

[203] 程德吾. 伯努利不等式应用数例[J]. 中学数学,1988(12):24-25.

[204] 赵振威. 琴森不等式及其应用[J]. 中学数学教学,1982(3):19-23.

[205] 苏化明. 切比雪夫不等式的应用[J]. 中学数学,1988(4):18-23.

[206] 诸学璞. 布涅亚柯夫斯基不等式及其应用(上)(下)[J]. 中学数学研究,1982(5):21-22.

[207] 张广柱. 平均不等式及其应用[J]. 数学通讯,1983(8):19-21.

[208] 陈彤. 不等式$\dfrac{a+m}{b+m}>\dfrac{a}{b}$的推广及其应用[J]. 福建中学教学,1989(1):18-20.

[209] 牟之森. 不等式$\dfrac{a+m}{b+m}>\dfrac{a}{b}$的应用[J]. 中学数学,1987(3):24-26.

[210] 陆志昌. 一个不等式的证明及应用[J]. 数学教学通讯,1990(1):27-29.

[211] 熊万钟. 乘方平均不等式及其应用[J]. 中学数学研究,1987(4):19-21.

[212] 吕中伟. 不等式$\left(\dfrac{a}{b}\right)^{a-b}\geqslant1$的应用[J]. 中学数学,1985(5):20-22.

[213] 管志宏. 超越不等式在证明不等式中的应用举例[J]. 中学数学,1984(4):24-27.

[214] 朱恩九. $\sin x<x<\tan x$ 在不等式证明中的一

些应用[J]. 中学数学,1988(5):26-28.

[215] 孙建斌. 从 $(a+b+c)\left(\dfrac{1}{a}+\dfrac{1}{b}+\dfrac{1}{c}\right)\geqslant 9$ 引起的联想[J]. 中学数学,1985(6):19.

[216] 陈荣. $\sqrt{\dfrac{a^2+b^2}{2}}\geqslant\dfrac{a^2+b^2}{2}$ 的几种几何证明[J]. 中学数学教学,1984(4):14-15.

[217] 黄跃进. 一组三角不等式的证明和应用[J]. 中学数学,1986(12):16-17.

[218] 孙彪. 观察·猜想·证明·应用——一类不等式的简便判定法[J]. 中学数学,1986(2):15-17.

[219] 郑文卿. 两个不等式的推广和证明[J]. 中学教研(数学),1990(2):19-20.

[220] 章润生,周伟元. 证明不等式的"逐步调整法"[J]. 中学数学,1987(8):21-22.

[221] 陈胜利. 不等式的"踏脚石"——特殊化[J]. 福建中学数学,1990(5):12-13.

[222] 南秀全. 利用判别式证明不等式的几种方法[J]. 中学数学,1987(9):14-15.

[223] 刘桦. 证明三角不等式的几种方法和技巧[J]. 中学数学,1987(12):23-24.

[224] 蔡水明. 用韦达定理构造二次方程证一类不等式[J]. 中学数学,1987(12):18-20.

[225] 谭登林. 用换元法证明含条件不等式的方法 8 种[J]. 中学数学,1987(3):17-20.

[226] 薄幼培. 不等式证明技巧拾零[J]. 中学数学,1984(11):19-21.

[227] 陆志昌.不等式证明中的常见错误举例[J].中学数学,1986(2):23-25.

[228] 王祥林.用不等式定理证立体几何的不等关系[J].中学数学教学,1990(5):39-41.

[229] 张寿昌.不等式在几何证题中的应用[J].中学数学教学,1984(1):27-29.

[230] 金惠明,郭雄.在不等式证明中"1"的作用[J].教学月刊(中学理科版),1990(3):23-24.

[231] 郑良俊.方程的不等式解法[J].中学数学研究,1987(12):19-21.

[232] 毛泽辉.谈用不等式处理方程(组)问题[J].中学数学研究,1987(11):17-18.

[233] 张寿昌.利用不等式解方程和方程组[J].中学数学研究,1988(8):15-16.

[234] 陈艺文.直线方程在证明不等式中的应用[J].中学数学研究,1988(11):21-22.

[235] 戈仁耀.用类比法证明不等式举例[J].中学理科教学参考,1988(10):20-21.

[236] SHAPIRO H S. Problem 4603[J]. Amer. Math. Monthly,1954,61:571.

[237] SHAPIRO H S. Problem 4603[J]. Amer. Math. Monthly,1956,63:191-192.

[238] DURELL C V. Query[J]. Math. Gaz. ,1956,40:266.

[239] MORDELL L J. On the inequality and some others[J]. Abh. Math. Univ. Hamburg, 1958,22:229-240.

[240]   ZULAUF A. Note on a conjecture of L. J. Mordell[J]. Abh. Math. Sem. Univ. Hamburg, 1968,22:240-241.

[241]   HERSCHORN M, PECK J E L. Problem 4603 [J]. Amer. Math. Monthly,1960,67:87-88.

[242]   NOWOSAD P. Isoperimetric eigenvalue problems in algebras [J]. Comm. Pure. Appl. Math. ,1968,21:401-465.

[243]   RANKIY R A. An inequality[J]. Math. Gaz. , 1958,42:39-40.

[244]   ZULAUF A. On a conjecture of L. J. Mordell Ⅱ [J]. Math. Gaz. ,1959,43:182-184.

[245]   DIANANDA P H. A cyclic inequality and an extension of it[J]. Proc. Edinburgh Math. , Soc. 1962,13(2):79-84.

[246]   DIANANDA P H. On a cyclic sum[J]. Proc. Glasyow Math. Assoc. ,1963,6:11-13.

[247]   TROESCH B A. The validity of Shapiro's cyclic inequality [J]. Math. Comp. , 1989, 53: 657-664.

[248]   MITRINOVIĆ D S. Problem 75 [J]. Math. Vesnik,1967,4(19):103.

[249]   MITRINOVIĆ D S. Analytic Inequalities[M]. New York:Springer-Verlag,1970.

[250]   BECKENBACH E F. On Hölder inquality[J]. J. Math. Anal. Appl. ,1966,15:21-29.

[251]   ALZER H. A proof of the arithmetic mean-geometric mean inequality[J]. Amer. Math. Month-

ly,1990,103(7):585.

[252]　LANDSBERG P T. A thermodynamic proof of the inequality between arithmetic and geometric mean[J]. Phys. Lett. ,1978,67(1):272-275.

[253]　WANG C L. Functional equation approach to inequalities, Ⅳ[J]. J. Math. Anal. Appl. ,1982, 86:96-98.

[254]　BECKENBACH H F. Isoperimetric inequalities for related conformal maps[J]. Michigan Math. J. ,1964,11(4):36-41.

[255]　SANDOR J. Some integral inequalities[J]. EI. Math. ,1988,43(6):112-115.

中外人名对照表

阿贝尔	N. H. Abel
奥采尔	J. Aczél
艾狄莫维克	D. D. Adamovic
艾克鲍尔德	J. W. Archbold
班考夫	L. Bankoff
巴罗	D. F. Barrow
贝蒂	S. Beatty
贝尔曼	R. E. Bellman
伯努利	J. Bernoulli
博尔	H. Bohr
布劳肯	H. D. Brunk
卡尔松	F. Carlson
卡利茨	L. Carlitz
柯西	A. L. Cauchy
切比雪夫	P. L. Chebyshev
希塞尔斯基	Z. Ciesielski
克里斯托尔	G. Chrystal
达朗贝尔	J. L. R. d'Alembert
达茨	J. B. Diaz
狄利克雷	P. G. L. Dirichlet
杰自考维奇	D. Ž. Djoković
艾格莱司通	H. G. Eggleston

爱尔迪希	P. Erdös
欧拉	L. Euler
费歇－吐斯	L. Fejes Tóth
费马	P. Fermat
斐波那契	L. Fibonacci
芬斯勒	P. Finsler
富鲁歇	R. Frucht
高斯	C. F. Gauss
高瓦纳	L. Galvani
阿达马	J. Hadamard
哈德维格尔	H. Hadwiger
哈代	G. H. Hardy
海伦	Heron
拉夫卡	Hlawka
赫尔德	O. L. Hölder
洛必达	L'Hospital
杰考比斯特尔	Jacobsthal
詹森	J. L. W. Jensen
若尔当	Jordan
康托罗维奇	L. V. Kantorovich
克莱姆金	M. S. Klamkin
拉格朗日	J. L. Lagrange
拉普拉斯	P. S. Laplace
勒让德	A. M. Legendre
兰哈特	H. C. Lenhard
莱布尼兹	G. W. Leibnit
李普希茨	R. Lipschitz
麦克劳林	C. Maclaurin

曼特卡尔夫	F. T. Metcalf
闵勒	A. Minle
闵可夫斯基	H. Minkowski
密特诺维奇	D. S. Mitrinović
蒙日	I. Monge
莫德尔	L. J. Mordell
牛顿	I. Newton
纽曼	D. J. Newman
沃肯	I. Olkin
奥本海姆	A. Oppenheim
佩多	D. Pedoe
庞加莱	H. Poincaré
波利亚	G. Pólya
波波维奇	T. Popoviciu
托勒密	C. Ptolemy
拉多	R. Rado
拉东	J. K. A. Radon
莱得夫尔	R. Redheffer
舒尔	I. Schur
施瓦兹	L. Schwarz
谢尔品斯基	W. Sierpriński
斯特芬森	J. E. Steffensen
斯坦纳	J. Steiner
舍贵	G. Szegö
泰勒	B. Taylor
范德蒙特	A. T. Vandermonde
瓦西克	P. M. Vasić
维尔德坎普	T. Veldkamp

外森比克	R. Weisenböck
魏尔斯特拉斯	K. Weierstrass
杨	W. H. Young

基础卷及经典不等式卷目录

基础卷

哈尔滨工业大学出版社刘培杰数学工作室
已出版(即将出版)图书目录

书　名	出版时间	定价	编号
世界著名平面几何经典著作钩沉——几何作图专题卷(上)	2009－06	48.00	49
世界著名平面几何经典著作钩沉——几何作图专题卷(下)	2011－01	88.00	80
世界著名平面几何经典著作钩沉(民国平面几何老课本)	2011－03	38.00	113
世界著名解析几何经典著作钩沉——平面解析几何卷	2014－01	38.00	273
世界著名数论经典著作钩沉(算术卷)	2012－01	28.00	125
世界著名数学经典著作钩沉——立体几何卷	2011－02	28.00	88
世界著名三角学经典著作钩沉(平面三角卷Ⅰ)	2010－06	28.00	69
世界著名三角学经典著作钩沉(平面三角卷Ⅱ)	2011－01	38.00	78
世界著名初等数论经典著作钩沉(理论和实用算术卷)	2011－07	38.00	126
发展空间想象力	2010－01	38.00	57
走向国际数学奥林匹克的平面几何试题诠释(上、下)(第1版)	2007－01	68.00	11,12
走向国际数学奥林匹克的平面几何试题诠释(上、下)(第2版)	2010－02	98.00	63,64
平面几何证明方法全书	2007－08	35.00	1
平面几何证明方法全书习题解答(第1版)	2005－10	18.00	2
平面几何证明方法全书习题解答(第2版)	2006－12	18.00	10
平面几何天天练上卷·基础篇(直线型)	2013－01	58.00	208
平面几何天天练中卷·基础篇(涉及圆)	2013－01	28.00	234
平面几何天天练下卷·提高篇	2013－01	58.00	237
平面几何专题研究	2013－07	98.00	258
最新世界各国数学奥林匹克中的平面几何试题	2007－09	38.00	14
数学竞赛平面几何典型题及新颖解	2010－07	48.00	74
初等数学复习及研究(平面几何)	2008－09	58.00	38
初等数学复习及研究(立体几何)	2010－06	38.00	71
初等数学复习及研究(平面几何)习题解答	2009－01	48.00	42
几何学教程(平面几何卷)	2011－03	68.00	90
几何学教程(立体几何卷)	2011－07	68.00	130
几何变换与几何证题	2010－06	88.00	70
计算方法与几何证题	2011－06	28.00	129
立体几何技巧与方法	2014－04	88.00	293
几何瑰宝——平面几何500名题暨1000条定理(上、下)	2010－07	138.00	76,77
三角形的解法与应用	2012－07	18.00	183
近代的三角形几何学	2012－07	48.00	184
一般折线几何学	即将出版	58.00	203
三角形的五心	2009－06	28.00	51
三角形趣谈	2012－08	28.00	212
解三角形	2014－01	28.00	265
三角学专门教程	2014－09	28.00	387

哈尔滨工业大学出版社刘培杰数学工作室
已出版(即将出版)图书目录

书　名	出版时间	定　价	编号
距离几何分析导引	2015—02	68.00	446
圆锥曲线习题集(上册)	2013—06	68.00	255
圆锥曲线习题集(中册)	2015—01	78.00	434
圆锥曲线习题集(下册)	即将出版		
近代欧氏几何学	2012—03	48.00	162
罗巴切夫斯基几何学及几何基础概要	2012—07	28.00	188
罗巴切夫斯基几何学初步	2015—06	28.00	474
用三角、解析几何、复数、向量计算解数学竞赛几何题	2015—03	48.00	455
美国中学几何教程	2015—04	88.00	458
三线坐标与三角形特征点	2015—04	98.00	460
平面解析几何方法与研究(第1卷)	2015—05	18.00	471
平面解析几何方法与研究(第2卷)	2015—06	18.00	472
平面解析几何方法与研究(第3卷)	2015—07	18.00	473
解析几何研究	2015—01	38.00	425
初等几何研究	2015—02	58.00	444
俄罗斯平面几何问题集	2009—08	88.00	55
俄罗斯立体几何问题集	2014—03	58.00	283
俄罗斯几何大师——沙雷金论数学及其他	2014—01	48.00	271
来自俄罗斯的5000道几何习题及解答	2011—03	58.00	89
俄罗斯初等数学问题集	2012—05	38.00	177
俄罗斯函数问题集	2011—03	38.00	103
俄罗斯组合分析问题集	2011—01	48.00	79
俄罗斯初等数学万题选——三角卷	2012—11	38.00	222
俄罗斯初等数学万题选——代数卷	2013—08	68.00	225
俄罗斯初等数学万题选——几何卷	2014—01	68.00	226
463个俄罗斯几何老问题	2012—01	28.00	152
超越吉米多维奇. 数列的极限	2009—11	48.00	58
超越普里瓦洛夫. 留数卷	2015—01	28.00	437
超越普里瓦洛夫. 无穷乘积与它对解析函数的应用卷	2015—05	28.00	477
超越普里瓦洛夫. 积分卷	2015—06	18.00	481
超越普里瓦洛夫. 基础知识卷	2015—06	28.00	482
超越普里瓦洛夫. 数项级数卷	2015—07	38.00	489
初等数论难题集(第一卷)	2009—05	68.00	44
初等数论难题集(第二卷)(上、下)	2011—02	128.00	82,83
数论概貌	2011—03	18.00	93
代数数论(第二版)	2013—08	58.00	94
代数多项式	2014—06	38.00	289
初等数论的知识与问题	2011—02	28.00	95
超越数论基础	2011—03	28.00	96
数论初等教程	2011—03	28.00	97
数论基础	2011—03	18.00	98
数论基础与维诺格拉多夫	2014—03	18.00	292
解析数论基础	2012—08	28.00	216
解析数论基础(第二版)	2014—01	48.00	287
解析数论问题集(第二版)	2014—05	88.00	343

哈尔滨工业大学出版社刘培杰数学工作室
已出版(即将出版)图书目录

书　名	出版时间	定价	编号
数论入门	2011－03	38.00	99
代数数论入门	2015－03	38.00	448
数论开篇	2012－07	28.00	194
解析数论引论	2011－03	48.00	100
Barban Davenport Halberstam 均值和	2009－01	40.00	33
基础数论	2011－03	28.00	101
初等数论100例	2011－05	18.00	122
初等数论经典例题	2012－07	18.00	204
最新世界各国数学奥林匹克中的初等数论试题(上、下)	2012－01	138.00	144,145
初等数论(Ⅰ)	2012－01	18.00	156
初等数论(Ⅱ)	2012－01	18.00	157
初等数论(Ⅲ)	2012－01	28.00	158
平面几何与数论中未解决的新老问题	2013－01	68.00	229
代数数论简史	2014－11	28.00	408
谈谈素数	2011－03	18.00	91
平方和	2011－03	18.00	92
复变函数引论	2013－10	68.00	269
伸缩变换与抛物旋转	2015－01	38.00	449
无穷分析引论(上)	2013－04	88.00	247
无穷分析引论(下)	2013－04	98.00	245
数学分析	2014－04	28.00	338
数学分析中的一个新方法及其应用	2013－01	38.00	231
数学分析例选:通过范例学技巧	2013－01	88.00	243
高等代数例选:通过范例学技巧	2015－06	88.00	475
三角级数论(上册)(陈建功)	2013－01	38.00	232
三角级数论(下册)(陈建功)	2013－01	48.00	233
三角级数论(哈代)	2013－06	48.00	254
三角级数	2015－07	28.00	263
超越数	2011－03	18.00	109
三角和方法	2011－03	18.00	112
整数论	2011－05	38.00	120
随机过程(Ⅰ)	2014－01	78.00	224
随机过程(Ⅱ)	2014－01	68.00	235
算术探索	2011－12	158.00	148
组合数学	2012－04	28.00	178
组合数学浅谈	2012－03	28.00	159
丢番图方程引论	2012－03	48.00	172
拉普拉斯变换及其应用	2015－02	38.00	447
同余理论	2012－05	38.00	163
[x]与{x}	2015－04	48.00	476
极值与最值.上卷	2015－06	38.00	486
极值与最值.中卷	2015－06	38.00	487
极值与最值.下卷	2015－06	28.00	488
整数的性质	2012－11	38.00	192

哈尔滨工业大学出版社刘培杰数学工作室
已出版(即将出版)图书目录

书　名	出版时间	定　价	编号
历届美国中学生数学竞赛试题及解答(第一卷)1950—1954	2014—07	18.00	277
历届美国中学生数学竞赛试题及解答(第二卷)1955—1959	2014—04	18.00	278
历届美国中学生数学竞赛试题及解答(第三卷)1960—1964	2014—06	18.00	279
历届美国中学生数学竞赛试题及解答(第四卷)1965—1969	2014—04	28.00	280
历届美国中学生数学竞赛试题及解答(第五卷)1970—1972	2014—06	18.00	281
历届美国中学生数学竞赛试题及解答(第七卷)1981—1986	2015—01	18.00	424
历届IMO试题集(1959—2005)	2006—05	58.00	5
历届CMO试题集	2008—09	28.00	40
历届中国数学奥林匹克试题集	2014—10	38.00	394
历届加拿大数学奥林匹克试题集	2012—08	38.00	215
历届美国数学奥林匹克试题集:多解推广加强	2012—08	38.00	209
历届波兰数学竞赛试题集.第1卷,1949~1963	2015—03	18.00	453
历届波兰数学竞赛试题集.第2卷,1964~1976	2015—03	18.00	454
保加利亚数学奥林匹克	2014—10	38.00	393
圣彼得堡数学奥林匹克试题集	2015—01	48.00	429
历届国际大学生数学竞赛试题集(1994—2010)	2012—01	28.00	143
全国大学生数学夏令营数学竞赛试题及解答	2007—03	28.00	15
全国大学生数学竞赛辅导教程	2012—07	28.00	189
全国大学生数学竞赛复习全书	2014—04	48.00	340
历届美国大学生数学竞赛试题集	2009—03	88.00	43
前苏联大学生数学奥林匹克竞赛题解(上编)	2012—04	28.00	169
前苏联大学生数学奥林匹克竞赛题解(下编)	2012—04	38.00	170
历届美国数学邀请赛试题集	2014—01	48.00	270
全国高中数学竞赛试题及解答.第1卷	2014—07	38.00	331
大学生数学竞赛讲义	2014—09	28.00	371
亚太地区数学奥林匹克竞赛题	2015—07	18.00	492
高考数学临门一脚(含密押三套卷)(理科版)	2015—01	24.80	421
高考数学临门一脚(含密押三套卷)(文科版)	2015—01	24.80	422
新课标高考数学题型全归纳(文科版)	2015—05	72.00	467
新课标高考数学题型全归纳(理科版)	2015—05	82.00	468
王连笑教你怎样学数学:高考选择题解题策略与客观题实用训练	2014—01	48.00	262
王连笑教你怎样学数学:高考数学高层次讲座	2015—02	48.00	432
高考数学的理论与实践	2009—08	38.00	53
高考数学核心题型解题方法与技巧	2010—01	28.00	86
高考思维新平台	2014—03	38.00	259
30分钟拿下高考数学选择题、填空题(第二版)	2012—01	28.00	146
高考数学压轴题解题诀窍(上)	2012—02	78.00	166
高考数学压轴题解题诀窍(下)	2012—03	28.00	167
北京市五区文科数学三年高考模拟题详解:2013~2015	2015—08	48.00	500
向量法巧解数学高考题	2009—08	28.00	54
整函数	2012—08	18.00	161
近代拓扑学研究	2013—04	38.00	239
多项式和无理数	2008—01	68.00	22
模糊数据统计学	2008—03	48.00	31
模糊分析学与特殊泛函空间	2013—01	68.00	241

哈尔滨工业大学出版社刘培杰数学工作室
已出版（即将出版）图书目录

书　名	出版时间	定　价	编号
受控理论与解析不等式	2012—05	78.00	165
解析不等式新论	2009—06	68.00	48
建立不等式的方法	2011—03	98.00	104
数学奥林匹克不等式研究	2009—08	68.00	56
不等式研究（第二辑）	2012—02	68.00	153
不等式的秘密（第一卷）	2012—02	28.00	154
不等式的秘密（第一卷）（第2版）	2014—02	38.00	286
不等式的秘密（第二卷）	2014—01	38.00	268
初等不等式的证明方法	2010—06	38.00	123
初等不等式的证明方法（第二版）	2014—11	38.00	407
不等式·理论·方法（基础卷）	2015—07	38.00	496
不等式·理论·方法（经典不等式卷）	2015—07	38.00	497
不等式·理论·方法（特殊类型不等式卷）	2015—07	48.00	498
谈谈不定方程	2011—05	28.00	119
数学奥林匹克在中国	2014—06	98.00	344
数学奥林匹克问题集	2014—01	38.00	267
数学奥林匹克不等式散论	2010—06	38.00	124
数学奥林匹克不等式欣赏	2011—09	38.00	138
数学奥林匹克超级题库（初中卷上）	2010—01	58.00	66
数学奥林匹克不等式证明方法和技巧（上、下）	2011—08	158.00	134,135
新编640个世界著名数学智力趣题	2014—01	88.00	242
500个最新世界著名数学智力趣题	2008—06	48.00	3
400个最新世界著名数学最值问题	2008—09	48.00	36
500个世界著名数学征解问题	2009—06	48.00	52
400个中国最佳初等数学征解老问题	2010—01	48.00	60
500个俄罗斯数学经典老题	2011—01	28.00	81
1000个国外中学物理好题	2012—04	48.00	174
300个日本高考数学题	2012—05	38.00	142
500个前苏联早期高考数学试题及解答	2012—05	28.00	185
546个早期俄罗斯大学生数学竞赛题	2014—03	38.00	285
548个来自美苏的数学好问题	2014—11	28.00	396
20所苏联著名大学早期入学试题	2015—02	18.00	452
161道德国工科大学生必做的微分方程习题	2015—05	28.00	469
500个德国工科大学生必做的高数习题	2015—06	28.00	478
德国讲义日本考题. 微积分卷	2015—04	48.00	456
德国讲义日本考题. 微分方程卷	2015—04	38.00	457
中国初等数学研究　2009卷（第1辑）	2009—05	20.00	45
中国初等数学研究　2010卷（第2辑）	2010—05	30.00	68
中国初等数学研究　2011卷（第3辑）	2011—07	60.00	127
中国初等数学研究　2012卷（第4辑）	2012—07	48.00	190
中国初等数学研究　2014卷（第5辑）	2014—02	48.00	288
中国初等数学研究　2015卷（第6辑）	2015—06	68.00	493

哈尔滨工业大学出版社刘培杰数学工作室
已出版（即将出版）图书目录

书　名	出版时间	定　价	编号
博弈论精粹	2008—03	58.00	30
博弈论精粹.第二版(精装)	2015—01	88.00	461
数学 我爱你	2008—01	28.00	20
精神的圣徒　别样的人生——60位中国数学家成长的历程	2008—09	48.00	39
数学史概论	2009—06	78.00	50
数学史概论(精装)	2013—03	158.00	272
斐波那契数列	2010—02	28.00	65
数学拼盘和斐波那契魔方	2010—07	38.00	72
斐波那契数列欣赏	2011—01	28.00	160
数学的创造	2011—02	48.00	85
数学中的美	2011—02	38.00	84
数论中的美学	2014—12	38.00	351
数学王者 科学巨人——高斯	2015—01	28.00	428
振兴祖国数学的圆梦之旅:中国初等数学研究史话	2015—06	78.00	490
最新全国及各省市高考数学试卷解法研究及点拨评析	2009—02	38.00	41
2011年全国及各省市高考数学试题审题要津与解法研究	2011—10	48.00	139
2013年全国及各省市高考数学试题解析与点评	2014—01	48.00	282
全国及各省市高考数学试题审题要津与解法研究	2015—02	48.00	450
全国中考数学压轴题审题要津与解法研究	2013—04	78.00	248
新编全国及各省市中考数学压轴题审题要津与解法研究	2014—05	58.00	342
全国及各省市5年中考数学压轴题审题要津与解法研究	2015—04	58.00	462
新课标高考数学——五年试题分章详解(2007~2011)(上、下)	2011—10	78.00	140,141
中考数学专题总复习	2007—04	28.00	6
数学解题——靠数学思想给力(上)	2011—07	38.00	131
数学解题——靠数学思想给力(中)	2011—07	48.00	132
数学解题——靠数学思想给力(下)	2011—07	38.00	133
我怎样解题	2013—01	48.00	227
数学解题中的物理方法	2011—06	28.00	114
数学解题的特殊方法	2011—06	48.00	115
中学数学计算技巧	2012—01	48.00	116
中学数学证明方法	2012—01	58.00	117
数学趣题巧解	2012—03	28.00	128
高中数学教学通鉴	2015—05	58.00	479
和高中生漫谈:数学与哲学的故事	2014—08	28.00	369
自主招生考试中的参数方程问题	2015—01	28.00	435
自主招生考试中的极坐标问题	2015—04	28.00	463
近年全国重点大学自主招生数学试题全解及研究.华约卷	2015—02	38.00	441
近年全国重点大学自主招生数学试题全解及研究.北约卷	即将出版		
格点和面积	2012—07	18.00	191
射影几何趣谈	2012—04	28.00	175
斯潘纳尔引理——从一道加拿大数学奥林匹克试题谈起	2014—01	28.00	228
李普希兹条件——从几道近年高考数学试题谈起	2012—10	18.00	221
拉格朗日中值定理——从一道北京高考试题的解法谈起	2012—10	18.00	197
闵科夫斯基定理——从一道清华大学自主招生试题谈起	2014—01	28.00	198
哈尔测度——从一道冬令营试题的背景谈起	2012—08	28.00	202

哈尔滨工业大学出版社刘培杰数学工作室
已出版(即将出版)图书目录

书　名	出版时间	定价	编号
切比雪夫逼近问题——从一道中国台北数学奥林匹克试题谈起	2013—04	38.00	238
伯恩斯坦多项式与贝齐尔曲面——从一道全国高中数学联赛试题谈起	2013—03	38.00	236
卡塔兰猜想——从一道普特南竞赛试题谈起	2013—06	18.00	256
麦卡锡函数和阿克曼函数——从一道前南斯拉夫数学奥林匹克试题谈起	2012—08	18.00	201
贝蒂定理与拉姆贝克莫斯尔定理——从一个拣石子游戏谈起	2012—08	18.00	217
皮亚诺曲线和豪斯道夫分球定理——从无限集谈起	2012—08	18.00	211
平面凸图形与凸多面体	2012—10	28.00	218
斯坦因豪斯问题——从一道二十五省市自治区中学数学竞赛试题谈起	2012—07	18.00	196
纽结理论中的亚历山大多项式与琼斯多项式——从一道北京市高一数学竞赛试题谈起	2012—07	28.00	195
原则与策略——从波利亚"解题表"谈起	2013—04	38.00	244
转化与化归——从三大尺规作图不能问题谈起	2012—08	28.00	214
代数几何中的贝祖定理(第一版)——从一道IMO试题的解法谈起	2013—08	18.00	193
成功连贯理论与约当块理论——从一道比利时数学竞赛试题谈起	2012—04	18.00	180
磨光变换与范·德·瓦尔登猜想——从一道环球城市竞赛试题谈起	即将出版		
素数判定与大数分解	2014—08	18.00	199
置换多项式及其应用	2012—10	18.00	220
椭圆函数与模函数——从一道美国加州大学洛杉矶分校(UCLA)博士资格考题谈起	2012—10	28.00	219
差分方程的拉格朗日方法——从一道2011年全国高考理科试题的解法谈起	2012—08	28.00	200
力学在几何中的一些应用	2013—01	38.00	240
高斯散度定理、斯托克斯定理和平面格林定理——从一道国际大学生数学竞赛试题谈起	即将出版		
康托洛维奇不等式——从一道全国高中联赛试题谈起	2013—03	28.00	337
西格尔引理——从一道第18届IMO试题的解法谈起	即将出版		
罗斯定理——从一道前苏联数学竞赛试题谈起	即将出版		
拉克斯定理和阿廷定理——从一道IMO试题的解法谈起	2014—01	58.00	246
毕卡大定理——从一道美国大学数学竞赛试题谈起	2014—07	18.00	350
贝齐尔曲线——从一道全国高中联赛试题谈起	即将出版		
拉格朗日乘子定理——从一道2005年全国高中联赛试题的高等数学解法谈起	2015—05	28.00	480
雅可比定理——从一道日本数学奥林匹克试题谈起	2013—04	48.00	249
李天岩一约克定理——从一道波兰数学竞赛试题谈起	2014—06	28.00	349
整系数多项式因式分解的一般方法——从克朗耐克算法谈起	即将出版		
布劳维不动点定理——从一道前苏联数学奥林匹克试题谈起	2014—01	38.00	273
压缩不动点定理——从一道高考数学试题的解法谈起	即将出版		
伯恩赛德定理——从一道英国数学奥林匹克试题谈起	即将出版		

哈尔滨工业大学出版社刘培杰数学工作室
已出版(即将出版)图书目录

书　名	出版时间	定　价	编号
布查特—莫斯特定理——从一道上海市初中竞赛试题谈起	即将出版		
数论中的同余数问题——从一道普特南竞赛试题谈起	即将出版		
范·德蒙行列式——从一道美国数学奥林匹克试题谈起	即将出版		
中国剩余定理:总数法构建中国历史年表	2015—01	28.00	430
牛顿程序与方程求根——从一道全国高考试题解法谈起	即将出版		
库默尔定理——从一道IMO预选试题谈起	即将出版		
卢丁定理——从一道冬令营试题的解法谈起	即将出版		
沃斯滕霍姆定理——从一道IMO预选试题谈起	即将出版		
卡尔松不等式——从一道莫斯科数学奥林匹克试题谈起	即将出版		
信息论中的香农熵——从一道近年高考压轴题谈起	即将出版		
约当不等式——从一道希望杯竞赛试题谈起	即将出版		
拉比诺维奇定理	即将出版		
刘维尔定理——从一道《美国数学月刊》征解问题的解法谈起	即将出版		
卡塔兰恒等式与级数求和——从一道IMO试题的解法谈起	即将出版		
勒让德猜想与素数分布——从一道爱尔兰竞赛试题谈起	即将出版		
天平称重与信息论——从一道基辅市数学奥林匹克试题谈起	即将出版		
哈密尔顿—凯莱定理:从一道高中数学联赛试题的解法谈起	2014—09	18.00	376
艾思特曼定理——从一道CMO试题的解法谈起	即将出版		
一个爱尔特希问题——从一道西德数学奥林匹克试题谈起	即将出版		
有限群中的爱丁格尔问题——从一道北京市初中二年级数学竞赛试题谈起	即将出版		
贝克码与编码理论——从一道全国高中联赛试题谈起	即将出版		
帕斯卡三角形	2014—03	18.00	294
蒲丰投针问题——从2009年清华大学的一道自主招生试题谈起	2014—01	38.00	295
斯图姆定理——从一道"华约"自主招生试题的解法谈起	2014—01	18.00	296
许瓦兹引理——从一道加利福尼亚大学伯克利分校数学系博士生试题谈起	2014—08	18.00	297
拉格朗日中值定理——从一道北京高考试题的解法谈起	2014—01		298
拉姆塞定理——从王诗宬院士的一个问题谈起	2014—01		299
坐标法	2013—12	28.00	332
数论三角形	2014—04	38.00	341
毕克定理	2014—07	18.00	352
数林掠影	2014—09	48.00	389
我们周围的概率	2014—10	38.00	390
凸函数最值定理:从一道华约自主招生题的解法谈起	2014—10	28.00	391
易学与数学奥林匹克	2014—10	38.00	392
生物数学趣谈	2015—01	18.00	409
反演	2015—01		420
因式分解与圆锥曲线	2015—01	18.00	426
轨迹	2015—01	28.00	427
面积原理:从常庚哲命的一道CMO试题的积分解法谈起	2015—01	48.00	431
形形色色的不动点定理:从一道28届IMO试题谈起	2015—01	38.00	439
柯西函数方程:从一道上海交大自主招生的试题谈起	2015—02	28.00	440
三角恒等式	2015—02	28.00	442
无理性判定:从一道2014年"北约"自主招生试题谈起	2015—01	38.00	443
数学归纳法	2015—03	18.00	451

哈尔滨工业大学出版社刘培杰数学工作室
已出版(即将出版)图书目录

书　名	出版时间	定价	编号
极端原理与解题	2015—04	28.00	464
法雷级数	2014—08	18.00	367
摆线族	2015—01	38.00	438
函数方程及其解法	2015—05	38.00	470
含参数的方程和不等式	2012—09	28.00	213
中等数学英语阅读文选	2006—12	38.00	13
统计学专业英语	2007—03	28.00	16
统计学专业英语(第二版)	2012—07	48.00	176
统计学专业英语(第三版)	2015—04	68.00	465
幻方和魔方(第一卷)	2012—05	68.00	173
尘封的经典——初等数学经典文献选读(第一卷)	2012—07	48.00	205
尘封的经典——初等数学经典文献选读(第二卷)	2012—07	38.00	206
代换分析:英文	2015—07	38.00	499
实变函数论	2012—06	78.00	181
非光滑优化及其变分分析	2014—01	48.00	230
疏散的马尔科夫链	2014—01	58.00	266
马尔科夫过程论基础	2015—01	28.00	433
初等微分拓扑学	2012—07	18.00	182
方程式论	2011—03	38.00	105
初级方程式论	2011—03	28.00	106
Galois 理论	2011—03	18.00	107
古典数学难题与伽罗瓦理论	2012—11	58.00	223
伽罗华与群论	2014—01	28.00	290
代数方程的根式解及伽罗瓦理论	2011—03	28.00	108
代数方程的根式解及伽罗瓦理论(第二版)	2015—01	28.00	423
线性偏微分方程讲义	2011—03	18.00	110
几类微分方程数值方法的研究	2015—05	38.00	485
N 体问题的周期解	2011—03	28.00	111
代数方程式论	2011—05	18.00	121
动力系统的不变量与函数方程	2011—07	48.00	137
基于短语评价的翻译知识获取	2012—02	48.00	168
应用随机过程	2012—04	48.00	187
概率论导引	2012—04	18.00	179
矩阵论(上)	2013—06	58.00	250
矩阵论(下)	2013—06	48.00	251
对称锥互补问题的内点法:理论分析与算法实现	2014—08	68.00	368
抽象代数:方法导引	2013—06	38.00	257
函数论	2014—11	78.00	395
反问题的计算方法及应用	2011—11	28.00	147
初等数学研究(Ⅰ)	2008—09	68.00	37
初等数学研究(Ⅱ)(上、下)	2009—05	118.00	46,47
数阵及其应用	2012—02	28.00	164
绝对值方程—折边与组合图形的解析研究	2012—07	48.00	186
代数函数论(上)	2015—07	38.00	494
代数函数论(下)	2015—07	38.00	495
闵嗣鹤文集	2011—03	98.00	102
吴从炘数学活动三十年(1951～1980)	2010—07	99.00	32
吴从炘数学活动又三十年(1981～2010)	2015—07	98.00	491

哈尔滨工业大学出版社刘培杰数学工作室
已出版(即将出版)图书目录

书　名	出版时间	定　价	编号
趣味初等方程妙题集锦	2014—09	48.00	388
趣味初等数论选美与欣赏	2015—02	48.00	445
耕读笔记(上卷):一位农民数学爱好者的初数探索	2015—04	48.00	459
耕读笔记(中卷):一位农民数学爱好者的初数探索	2015—05	28.00	483
耕读笔记(下卷):一位农民数学爱好者的初数探索	2015—05	28.00	484
数贝偶拾——高考数学题研究	2014—04	28.00	274
数贝偶拾——初等数学研究	2014—04	38.00	275
数贝偶拾——奥数题研究	2014—04	48.00	276
集合、函数与方程	2014—01	28.00	300
数列与不等式	2014—01	38.00	301
三角与平面向量	2014—01	28.00	302
平面解析几何	2014—01	38.00	303
立体几何与组合	2014—01	28.00	304
极限与导数、数学归纳法	2014—01	38.00	305
趣味数学	2014—03	28.00	306
教材教法	2014—04	68.00	307
自主招生	2014—05	58.00	308
高考压轴题(上)	2015—01	48.00	309
高考压轴题(下)	2014—10	68.00	310
从费马到怀尔斯——费马大定理的历史	2013—10	198.00	I
从庞加莱到佩雷尔曼——庞加莱猜想的历史	2013—10	298.00	II
从切比雪夫到爱尔特希(上)——素数定理的初等证明	2013—07	48.00	III
从切比雪夫到爱尔特希(下)——素数定理100年	2012—12	98.00	III
从高斯到盖尔方特——二次域的高斯猜想	2013—10	198.00	IV
从库默尔到朗兰兹——朗兰兹猜想的历史	2014—01	98.00	V
从比勃巴赫到德布朗斯——比勃巴赫猜想的历史	2014—02	298.00	VI
从麦比乌斯到陈省身——麦比乌斯变换与麦比乌斯带	2014—02	298.00	VII
从布尔到豪斯道夫——布尔方程与格论漫谈	2013—10	198.00	VIII
从开普勒到阿诺德——三体问题的历史	2014—05	298.00	IX
从华林到华罗庚——华林问题的历史	2013—10	298.00	X
吴振奎高等数学解题真经(概率统计卷)	2012—01	38.00	149
吴振奎高等数学解题真经(微积分卷)	2012—01	68.00	150
吴振奎高等数学解题真经(线性代数卷)	2012—01	58.00	151
钱昌本教你快乐学数学(上)	2011—12	48.00	155
钱昌本教你快乐学数学(下)	2012—03	58.00	171
第19~23届"希望杯"全国数学邀请赛试题审题要津详细评注(初一版)	2014—03	28.00	333
第19~23届"希望杯"全国数学邀请赛试题审题要津详细评注(初二、初三版)	2014—03	38.00	334
第19~23届"希望杯"全国数学邀请赛试题审题要津详细评注(高一版)	2014—03	28.00	335
第19~23届"希望杯"全国数学邀请赛试题审题要津详细评注(高二版)	2014—03	38.00	336
第19~25届"希望杯"全国数学邀请赛试题审题要津详细评注(初一版)	2015—01	38.00	416
第19~25届"希望杯"全国数学邀请赛试题审题要津详细评注(初二、初三版)	2015—01	58.00	417
第19~25届"希望杯"全国数学邀请赛试题审题要津详细评注(高一版)	2015—01	48.00	418
第19~25届"希望杯"全国数学邀请赛试题审题要津详细评注(高二版)	2015—01	48.00	419

哈尔滨工业大学出版社刘培杰数学工作室
已出版(即将出版)图书目录

书 名	出版时间	定 价	编号
高等数学解题全攻略(上卷)	2013－06	58.00	252
高等数学解题全攻略(下卷)	2013－06	58.00	253
高等数学复习纲要	2014－01	18.00	384
三角函数	2014－01	38.00	311
不等式	2014－01	38.00	312
数列	2014－01	38.00	313
方程	2014－01	28.00	314
排列和组合	2014－01	28.00	315
极限与导数	2014－01	28.00	316
向量	2014－09	38.00	317
复数及其应用	2014－08	28.00	318
函数	2014－01	38.00	319
集合	即将出版		320
直线与平面	2014－01	28.00	321
立体几何	2014－04	28.00	322
解三角形	即将出版		323
直线与圆	2014－01	28.00	324
圆锥曲线	2014－01	38.00	325
解题通法(一)	2014－07	38.00	326
解题通法(二)	2014－07	38.00	327
解题通法(三)	2014－05	38.00	328
概率与统计	2014－01	28.00	329
信息迁移与算法	即将出版		330
物理奥林匹克竞赛大题典——力学卷	2014－11	48.00	405
物理奥林匹克竞赛大题典——热学卷	2014－04	28.00	339
物理奥林匹克竞赛大题典——电磁学卷	即将出版		406
物理奥林匹克竞赛大题典——光学与近代物理卷	2014－06	28.00	345
历届中国东南地区数学奥林匹克试题集(2004～2012)	2014－06	18.00	346
历届中国西部地区数学奥林匹克试题集(2001～2012)	2014－07	18.00	347
历届中国女子数学奥林匹克试题集(2002～2012)	2014－08	18.00	348
几何变换(Ⅰ)	2014－07	28.00	353
几何变换(Ⅱ)	2015－06	28.00	354
几何变换(Ⅲ)	2015－01	38.00	355
几何变换(Ⅳ)	即将出版		356
美国高中数学竞赛五十讲.第1卷(英文)	2014－08	28.00	357
美国高中数学竞赛五十讲.第2卷(英文)	2014－08	28.00	358
美国高中数学竞赛五十讲.第3卷(英文)	2014－09	28.00	359
美国高中数学竞赛五十讲.第4卷(英文)	2014－09	28.00	360
美国高中数学竞赛五十讲.第5卷(英文)	2014－10	28.00	361
美国高中数学竞赛五十讲.第6卷(英文)	2014－11	28.00	362
美国高中数学竞赛五十讲.第7卷(英文)	2014－12	28.00	363
美国高中数学竞赛五十讲.第8卷(英文)	2015－01	28.00	364
美国高中数学竞赛五十讲.第9卷(英文)	2015－01	28.00	365
美国高中数学竞赛五十讲.第10卷(英文)	2015－02	38.00	366

哈尔滨工业大学出版社刘培杰数学工作室
已出版(即将出版)图书目录

书　名	出版时间	定　价	编号
IMO 50 年. 第 1 卷(1959－1963)	2014－11	28.00	377
IMO 50 年. 第 2 卷(1964－1968)	2014－11	28.00	378
IMO 50 年. 第 3 卷(1969－1973)	2014－09	28.00	379
IMO 50 年. 第 4 卷(1974－1978)	即将出版		380
IMO 50 年. 第 5 卷(1979－1984)	2015－04	38.00	381
IMO 50 年. 第 6 卷(1985－1989)	2015－04	58.00	382
IMO 50 年. 第 7 卷(1990－1994)	即将出版		383
IMO 50 年. 第 8 卷(1995－1999)	即将出版		384
IMO 50 年. 第 9 卷(2000－2004)	2015－04	58.00	385
IMO 50 年. 第 10 卷(2005－2008)	即将出版		386
历届美国大学生数学竞赛试题集. 第一卷(1938－1949)	2015－01	28.00	397
历届美国大学生数学竞赛试题集. 第二卷(1950－1959)	2015－01	28.00	398
历届美国大学生数学竞赛试题集. 第三卷(1960－1969)	2015－01	28.00	399
历届美国大学生数学竞赛试题集. 第四卷(1970－1979)	2015－01	18.00	400
历届美国大学生数学竞赛试题集. 第五卷(1980－1989)	2015－01	28.00	401
历届美国大学生数学竞赛试题集. 第六卷(1990－1999)	2015－01	28.00	402
历届美国大学生数学竞赛试题集. 第七卷(2000－2009)	2015－08	18.00	403
历届美国大学生数学竞赛试题集. 第八卷(2010－2012)	2015－01	18.00	404
新课标高考数学创新题解题诀窍:总论	2014－09	28.00	372
新课标高考数学创新题解题诀窍:必修 1～5 分册	2014－08	38.00	373
新课标高考数学创新题解题诀窍:选修 2－1,2－2,1－1,1－2分册	2014－09	38.00	374
新课标高考数学创新题解题诀窍:选修 2－3,4－4,4－5 分册	2014－09	18.00	375
全国重点大学自主招生英文数学试题全攻略:词汇卷	即将出版		410
全国重点大学自主招生英文数学试题全攻略:概念卷	2015－01	28.00	411
全国重点大学自主招生英文数学试题全攻略:文章选读卷(上)	即将出版		412
全国重点大学自主招生英文数学试题全攻略:文章选读卷(下)	即将出版		413
全国重点大学自主招生英文数学试题全攻略:试题卷	即将出版		414
全国重点大学自主招生英文数学试题全攻略:名著欣赏卷	即将出版		415

联系地址:哈尔滨市南岗区复华四道街 10 号　哈尔滨工业大学出版社刘培杰数学工作室
网　　址:http://lpj.hit.edu.cn/
邮　编:150006
联系电话:0451－86281378　　13904613167
E-mail:lpj1378@163.com